高等学校理工类课程学习丛书

工程热力学

精要解析（第2版）

何雅玲 编著

西安交通大学出版社
XI'AN JIAOTONG UNIVERSITY PRESS

内容简介

本书是作者在教学与教改实践的基础上,结合长期的教学经验、心得体会编写而成的。

本书按照"工程热力学"典型教材的章节进行划分,每章均按照基本要求、基本知识点、公式小结、重点与难点、典型题精解、自我测试等6个环节来编写,环环相扣,逐步铺垫和展开,做到层层深入,易于理解;突出了基本概念、基本原理,明确了重点和难点;列举了大量的经典例题,一题多解,大多附有启发读者思维的讨论,往往可以收到举一反三、画龙点睛的作用,并有自我测试题;结合工程实际,注重培养学生解决实际问题的能力;收录了多所高校的近年测试题,供读者参考。

本书可作为学生、教师及工程技术人员学习"工程热力学"时的参考用书,对深入学好"工程热力学"这门重要课程具有很好的指导作用。

图书在版编目(CIP)数据

工程热力学精要解析 / 何雅玲编著. —2 版. —西安 :西安交通大学出版社,2022.9(2023.7重印)

ISBN 978 - 7 - 5693 - 2657 - 4

Ⅰ. ①工… Ⅱ. ①何… Ⅲ. ①工程热力学 Ⅳ. ①TK123

中国版本图书馆 CIP 数据核字(2022)第 109923 号

GONGCHENG RELIXUE JINGYAO JIEXI
工程热力学精要解析(第 2 版)

编　著	何雅玲	
责任编辑	任振国	
责任校对	邓　瑞	

出版发行　西安交通大学出版社
　　　　　(西安市兴庆南路 1 号　邮政编码 710048)
网　　址　http://www.xjtupress.com
电　　话　(029)82668357　82667874(市场营销中心)
　　　　　(029)82668315(总编办)
传　　真　(029)82668280
印　　刷　陕西奇彩印务有限责任公司

开　　本　787mm×1 092mm　1/16　印张 25.25　字数 630 千字
版次印次　2022 年 9 月第 2 版　2023 年 7 月第 2 次印刷
书　　号　ISBN 978 - 7 - 5693 - 2657 - 4
定　　价　63.00 元

前　言

　　热现象是自然界与科学技术领域中最普遍的物理现象,热能的转换和利用仍然是人类有效利用能源的最主要方式,而工程热力学就是研究热功转换规律、热能合理高效利用的科学。我国目前的能源战略形势不容乐观,一方面人均能源资源量少,另一方面,能源利用效率低,环境污染严重,这极大地制约了国民经济的可持续发展和人民生活水平的提高。特别是在"双碳"目标下,如何保障能源安全、发展新能源、助力中国经济绿色转型升级,是我们科技攻关和经济建设的重中之重。因此,"工程热力学"作为能源科学的一门理论基础课程,必须予以特别重视。

　　作者长期从事工程热力学、传热传质学等工程热物理方面的教学与科研工作,为推进热工课程的教学与改革,进行了长期的积极探索和实践,对各类工程热力学教材情况比较熟悉,深知掌握好工程热力学对同学们将来继续深造和在工作中解决实际问题是非常重要的。自 2000 年,作者编写出版了《工程热力学精要分析及典型题精解》一书,经过 2008 年第 2 版和 2014 年第 3 版(本次书名改为《工程热力学精要解析》)修订,一直受到广大教师和同学们的欢迎,也给作者提出了一些很好的建议。有的读者来信写到"在学习完您的工程热力学书后,使我对学习有了新的认识,以前学习就是为了考试,但是,在认真学习完您的书后,我对学习的热情与渴求超过了以往。书中每一个概念的引入、延伸与联系对我有很深刻的启迪,每一个字符都有用意,尤其是思考题以及每道题后面的讨论,对我思路的拓展有很多的帮助。在解题后的总结中充分体现和说明了什么是活学活用,把很多知识从理论层面提升到实践品质,对于以后工作裨益巨大(尤其对于我这种工作的人)。真心地谢谢您,我不仅收获了知识,更多的是对生活要有善于思考和联系的态度,原来学习可以这么开心与有成就感,一本书,一辈子!"。有些青年教师也来信反映,这本书对他们深刻理解和把握工程热力学中的重要概念和重要内容,很有启发,对做好教学工作也有很多的帮助。各位读者给予的鼓励,我都铭记在心,并作为不断前行的动力。

为了帮助读者更好地掌握"工程热力学"这门重要课程,应西安交通大学出版社邀请,经过仔细修订,此次出版《工程热力学精要解析》第2版(也是该书自2000年首次出版以来的第4版)。工程热力学的特点是概念多、术语多、公式多、计算多、科学抽象多、工程背景和系统性强,本书在编写过程中,针对工程热力学的这些特点,结合国内外具有特色的多种版本的工程热力学教材,取其精华,融为一体,加以归纳总结;同时对工程热力学的基本内容、研究任务、对象、思路和方法进行了全面系统的总结,注重基本概念的深入理解和剖析,突出重点,有利于读者理解工程热力学的本质、把握工程热力学的主脉。具体来说本书有如下特点:

　　(1)思路清晰,层层深入,易于理解和掌握。本书每章均按基本要求和基本知识点、公式小结、重点与难点、典型题精解及自我测验题6个部分编写,仔细推敲,逐步铺垫,环环相扣,由易到难地不断深入,因此便于理解;

　　(2)突出基本概念和基本原理,详细阐述了各章的基本要求和基本知识点;

　　(3)明确学习重点和难点,逐一进行深入浅出的分析;

　　(4)举例典型,一题多解,富有启发性,并给出了自我测试题;

　　(5)结合工程实际,注重培养解决实际问题的能力;

　　(6)附录包含多所重点大学本科生和研究生的复习与测试试题,供读者参考。

　　工程热力学是一门重要的技术科学。技术科学作为自然科学、技术科学、工程技术三层次发展的中枢与栋梁,具有引领技术发展的功能、促进自主创新的功能、塑造战略思维的功能、支撑工程教育的功能、推动生产力发展的功能。著名工程热物理学者 Yunus A. Çengel 在他的经典教材 *Thermodynamics*:*An Engineering Approach* 中写道:"Thermodynamics is a fascinating subject that deals with energy. It has a broad application area ranging from microscopic organisms and household appliances, to vehicles, power generation systems, and even philosophy."认真学习工程热力学,您会发现这门学科蕴含着丰富的辩证思维、逻辑推理、系统论和方法论,许多概念(如平衡态、准平衡过程、可逆过程等)以及研究问题的方法都充满哲学的思辨。在"双碳"目标下,我国将彻底改变过去粗放式的能源消费和生产供给模式,积极推进能源革命特别是能源消费和生产革命,积极推进构建源网荷储一体化清洁能源综合供应体系,以满足不同品位能量"分配得当,各得其所,温度对口,梯级利用"的原则,这也正是工程热力学基本宗义所在。所以,作者无论是在工程热力学教材建设还是教学实践中,始终提倡:鱼渔兼授!不仅让同学们学习工程热力学的具体知识,同时也希望同学们汲取工程热力学思想方法的精髓,使同学们紧密联系并认识工程实际,掌握解决工程实际问题的理论基础,提高分析和解决工程实际问题的能力。"知之者不如好之者,好之者不如乐之者",希望同学们能喜欢、学好工程热力学,在工程热力学的学习、应用过程中,去发现它哲学的美,去体会工程热力学中系统论和方法论的奥秘!值《工程热力学精要解析》(第2版)出版之际,写了这篇短文与大家交流,权作前言。借此机会,衷心感谢给予我长期关心和支持的导师陶文铨院士,衷心感谢给我鼓励和厚爱的热心读者,衷心感谢西安交通大学出版社和责任编辑任振国、陈丽等对本书历次出版辛勤的付出。

本书自成体系,既可与其他教材配套使用,也可单独使用,特别适用于能源与动力类、机械类、航空航天类、化工与制药类、交通运输类、核工业类、土木类、水利类等专业,是学习工程热力学的有益工具,也可供有关工程技术人员自学或参考。

诚恳欢迎读者对本书提出宝贵的建议和批评,以图不断进步。

何雅玲

于西安交通大学

yalinghe@mail.xjtu.edu.cn

2022年3月

目　录

主要符号表

A	面积
a	加速度
c_f	流速
c	比热容(质量热容);声速
c_p	比定压热容
c_V	比定容热容
C_m	摩尔热容
$C_{p,m}$	摩尔定压热容
$C_{V,m}$	摩尔定容热容
D	蒸汽量
d	耗汽量(耗汽率);含湿量(比湿度)
E	储存能
e	比储存能
E_x	有效能(㶲)
e_x	比有效能(比㶲)
$E_{x,Q}$	热量有效能(热量㶲)
$e_{x,Q}$	比热量有效能
$E_{x,U}$	热力学能有效能
$e_{x,U}$	比热力学能有效能
$E_{x,H}$	焓有效能
$e_{x,H}$	比焓有效能
E_n	无效能
e_n	比无效能
E_k	宏观动能
E_p	宏观位能
F	力;亥姆霍兹函数
f	比亥姆霍兹函数
G	吉布斯函数
g	重力加速度;比吉布斯函数
H	焓
h	高度;比焓;普朗克常数
H_m	摩尔焓
ΔH_0^0	标准燃烧焓
ΔH_f^0	标准生成焓
I	有效能损失(能量损耗)
i	比有效能损失(比能量损耗)
K_c	以浓度表示的化学平衡常数
K_p	以分压力表示的化学平衡常数

L,l	长度
M	摩尔质量
Ma	马赫数
M_r	相对分子质量
M_{eq}	平均摩尔质量(折合摩尔质量)
n	多变指数,物质的量
P	功率
p	绝对压力
p_0,p_b	大气环境压力
p_g	表压力
p_i	分压力
p_s	饱和压力
p_v	真空度;湿空气中水蒸气分压力
Q	热量
q	比热量
q_m	质量流量
q_V	体积流量
Q_p	定压热效应
Q_V	定容热效应
R	摩尔气体常数
R_g	气体常数
$R_{g,eq}$	平均气体常数(折合气体常数)
S	熵
s	比熵
S_g	熵产
S_f	熵流
$S_{f,Q}$	热熵流
$S_{f,m}$	质熵流
S_m	摩尔熵
S_m^0	标准摩尔绝对熵
T	热力学温度
t	摄氏温度
T_s,t_s	沸点温度;饱和温度
T_w	湿球温度
U	热力学能
u	比热力学能
U_m	摩尔热力学能
V	体积
V_m	摩尔体积
v	比体积(质量体积)

W	膨胀功
w	比膨胀功
W_{net}	净功
w_{net}	比净功
W_t	技术功
w_t	比技术功
W_s	轴功
w_s	比轴功
W_f	流动功
w_f	比流动功
W_u	有用功
w_u	比有用功
w_i	质量分数
x	干度(专指湿蒸气中干饱和蒸气的质量分数)
x_i	摩尔分数
z	压缩因子;高度

希腊字母

α	抽汽量;离解度
α_V	体膨胀系数
γ	比热比(质量热容比)
ε	制冷系数;压缩比;化学反应度;粒子能量
ε'	供热系数
$\eta_{C,s}$	压气机绝热效率
η_{e_x}	有效能(㶲)效率
η_N	喷管效率
η_T	蒸汽轮机、燃气轮机相对内效率
$\eta_{t,c}$	卡诺循环热效率
η_t	循环热效率
η_R	回热器效率
κ	等熵指数
κ_S	等熵压缩率
κ_T	等温压缩率
λ	升压比
μ	化学势
μ_J	绝热节流系数(焦汤系数,微分节流温度效应)
ξ	能量利用系数;热量利用系数
π	压力比(增压比)
ν	化学计量系数
ν_{cr}	临界压力比

ρ	密度；预胀比
σ	表面张力；回热度
τ	时间
φ	相对湿度；喷管速度系数
φ_i	体积分数

下角标符号

a	空气中干空气的参数
ad	绝热系
B	锅炉
C	临界点参数
C	压缩机
con	冷凝器
cr	临界流动状况的参数
cv	控制体积
f	流体的参数
fg	汽化
g	气体的参数
G	发电机
i	序号
in	进口参数
iso	孤立系统
j	序号
m	物质的量；平均值
o	环境的参数；滞止参数
out	出口参数
opt	最佳值
p	定压过程物理量
P	管道；水泵
r	对比参数
re	可逆过程
s	等熵过程物理量
s	饱和状态参数
T	等温过程物理量
T	汽轮机；燃气轮机
tp	三相点
u	有用的功量
V	定容过程物理量
v	湿空气中蒸汽的物理量
w	水的参数

第1章　基本概念

在工程热力学中,要用到一组基本概念,这些概念构成了工程热力学独特研究方法的基础。对这些基本概念,读者一开始就必须予以重视,正确地理解它们的含义。然后,随着课程的展开,逐步学会熟练地利用它们来分析问题。

本章先对工程热力学的研究对象和研究方法,以及一些主要的基本概念、定义和术语作简要阐述,并以此为基础,在以后的章节中逐步扩展、深化。此外,对工程热力学分析问题的特点、方法和步骤也在原则上作了介绍,并提出了一些建议。

1.1　基本要求

(1)了解工程热力学的研究对象和研究方法。

(2)掌握工程热力学中一些基本术语和概念:热力系、平衡态、准平衡过程、可逆过程等。

(3)掌握状态参数的特征,基本状态参数 p、v、T 的定义和单位等。掌握热量和功量过程量的特征,并会用系统的状态参数对可逆过程的热量、功量进行计算。

(4)了解工程热力学分析问题的特点、方法和步骤。

1.2　基本知识点

1.2.1　工程热力学的研究对象和研究方法

1. 研究对象

工程热力学是研究热能与其他形式的能量(尤其是机械能)相互转换规律的一门学科。工程热力学的主要研究课题归纳起来包括以下几个方面:

(1)研究能量转换的客观规律,即热力学第一定律与第二定律。这是工程热力学的理论基础。其中,热力学第一定律从数量上描述了热能和机械能相互转换时的关系;热力学第二定律从质量上说明了热能与机械能之间的差别,指出能量转换的方向性。

(2)研究工质的基本热力性质。

(3)研究各种热工设备中的工作过程。即应用热力学的基本定律分析计算工质在各种热工设备中所经历的状态变化过程和循环,并探讨和分析影响能量转换效果的因素,以及提高能量转换效果的途径。

(4)研究与热工设备工作过程直接有关的一些化学和物理化学问题。目前,热能的主要来源是依靠燃料的燃烧,而燃烧是剧烈的化学反应过程,因此需要讨论化学热力学的基础知识。

2. 研究方法

热力学有两种不同的研究方法:一种是宏观研究方法;一种是微观研究方法。

宏观研究方法把物质看成连续的整体,并用宏观物理量来描述其状态,而不考虑物质的微观结构。以根据大量的观察和实验所总结出的基本定律为基础,进行演绎及推理,得出描述物质性质的宏观物理量之间的普遍关系及其他一些重要推论。这种方法具有高度的可靠性和普遍性,但由于不涉及物质的微观结构,因而往往不能解释热现象的本质及其内在机理。

微观研究方法是从物质由大量分子和原子所构成这一事实出发,利用表征分子、原子等运动规律的量子力学和统计方法,来研究热现象的规律。它弥补了宏观研究方法的不足,但所采用的微观结构模型基于必要的假设,只是实际结构的近似,结论在数量上与实际不完全符合,而且数学处理远比宏观方法复杂得多。

应用宏观研究方法的热力学称为宏观热力学或经典热力学及唯象热力学。应用微观研究方法的热力学称为微观热力学或统计热力学。

作为应用科学之一的工程热力学,以宏观研究方法为主,微观理论的某些结论用来帮助理解宏观现象的本质。

1.2.2 热力系和工质

1. 热力系

(1)定义: 根据研究问题的需要,人为地选取一定范围内的物质作为研究对象,称其为热力系(统),简称为系统。热力系以外的物质称为外界。热力系与外界的交界面称为边界。边界面的选取可以是真实的,也可以是假想的;可以是固定的,也可以是运动的;还可以是这几种边界面的组合。

(2)分类: 按系统与外界的质量和能量交换情况的不同,热力系可分为:

闭口系——热力系与外界无物质交换的系统。由于系统所包含的物质质量保持不变,亦称之为控制质量系统。对于闭口系,常用控制质量法来研究。

开口系——热力系与外界有物质交换的系统。开口系通常总是取一相对固定的空间,又称为控制容积系统,对其常用控制容积法来研究。

绝热系——热力系与外界无热量交换的系统。

孤立系——热力系与外界无任何能量和物质交换的系统。

简单可压缩系——热力系由可压缩流体构成,与外界只有可逆体积变化功的交换的系统。工程热力学讨论的大部分系统都是简单可压缩系。

另外,也可按系统内部状况的不同,将系统分为均匀系、非均匀系;单元系、多元系等。

2. 工质

用来实现能量相互转换的媒介物称为工质,它是实现能量转换必不可少的内部条件。

不同性质的工质对能量转换效果有直接影响,所以工质性质的研究是本学科的重要内容之一。在工程热力学中,主要研究对体积变化敏感,且迅速有效的气(汽)态工质及涉及气(汽)态工质相变的液体。

1.2.3 平衡状态

1. 状态

热力系在某一瞬间所呈现的宏观物理状况称为系统的状态。从热力学的观点出发,状态可分为平衡和非平衡两种。前者是经典热力学理论框架得以建立的重要基础;后者属于非平衡态热力学(或不可逆热力学)的研究范畴。

2. 平衡状态

（1）定义：　平衡态是指在没有外界作用（重力场除外）的情况下，系统的宏观性质不随时间变化的状态。

（2）实现平衡的充要条件：　系统内部及系统与外界之间各种不平衡势差（力差、温差、化学势差）的消失是系统实现热力平衡状态的充要条件。具体来说：力差消失而建立的平衡称为力平衡；温差消失而建立的平衡称为热平衡；化学势差消失而建立的平衡称为化学或物理化学平衡。

自然界的物质实际上都处于非平衡状态，平衡只是一种极限的理想状态。但是，忽略不平衡影响得出的结论通常能满足工程要求。

1.2.4　状态参数、状态公理与状态方程式

1. 状态参数

描述系统工质状态的客观物理量称为状态参数。在热力学中，常用的状态参数有 6 个，即压力（p）、温度（T）、比体积（v）、热力学能（U）、焓（H）和熵（S）。这些参数可分为强度参数（与系统内所含工质的数量无关的状态参数）和广延参数（与系统内所含工质的数量有关的状态参数）。如 p、T 等为强度参数，U、H、S、V 为广延参数。广延参数具有可加性，在系统中，它的总和等于系统内各部分同名参数值之和。单位质量的广延参数具有强度参数的性质，称为比参数。

2. 基本状态参数

在常用的 6 个状态参数中，压力 p、比体积 v 和温度 T 可以直接用仪表测定，称为基本状态参数。其他的状态参数可依据这些基本状态参数之间的关系间接导出。

（1）比体积 v：　比体积 v 是单位质量的工质所占有的体积，即 $v=\dfrac{V}{m}$，单位为 $\mathrm{m^3/kg}$。

（2）压力 p：　压力 p 是指单位面积上承受的垂直作用力。对于气体，实质上是气体分子运动撞击容器壁面，在单位面积的容器壁面上所呈现的平均作用力。压力的单位是帕（斯卡）（Pa），有时也用千帕（kPa）和兆帕（MPa）。

流体的压力常用压力表或真空表来测量。压力表测量的压力为表压力 p_g，真空表测量的压力为真空度 p_v，工质的真实压力称为绝对压力 p。p_g、p_v 及大气压力 p_b 之间的关系为

$$p = p_g + p_b \qquad （当 p > p_b 时）\qquad\qquad (1-1\mathrm{a})$$

$$p = p_b - p_v \qquad （当 p < p_b 时）\qquad\qquad (1-1\mathrm{b})$$

在后面的分析与计算中，所要用的压力均为绝对压力。

（3）温度 T：　温度 T 是确定一个系统是否与其他系统处于热平衡的状态函数。换言之，温度是热平衡的唯一判据。

温度的数量表示法称为温标。温标的建立一般需要选定测温物质及其某一物理性质，规定基准点及分度方法。

热力学温标，是建立在热力学第二定律基础上的而完全不依赖测温物质性质的温标。它采用开尔文（K）作为度量温度的单位，规定水的汽、液、固三相平衡共存的状态点（三相点）为基准点，并规定此点的温度为 273.16 K。

与热力学温度并用的有摄氏温度，以符号 t 表示，其单位为摄氏度（℃），定义为

$$t = T - 273.15 \text{ K} \tag{1-2}$$

显然,摄氏温度的零点相当于热力学温度的 273.15 K,而且这两种温标的温度间隔完全相同,即 $\Delta t = \Delta T$。

3. 状态公理与状态方程式

状态公理提供了确定热力系统平衡态所需的独立参数数目的经验规则,即对于组成一定的物质系统,若存在着几种可逆功(系统进行可逆过程时和外界交换的功量)的作用,则决定该系统平衡态的独立状态参数有 $n+1$ 个,其中"1"是考虑了系统与外界的热交换作用。

根据状态公理,简单可压缩系统平衡态的独立参数只有 2 个。原则上,可以选取可测量参数 p、v 和 T 中的任意两个独立参数作为自变量,其余参数(u、h、s 等)则为因变量,可以写出

$$\zeta = f(\zeta_1, \zeta_2)$$

对于基本状态参数之间,可以写成

$$v = v(p, T)$$

或

$$f(p, v, T) = 0 \tag{1-3}$$

此式建立了平衡状态下基本状态参数 p、v、T 之间的关系,称为状态方程式。状态方程式的具体形式取决于工质的性质。

对于只有 2 个独立参数的热力系,可以任选 2 个参数组成二维平面坐标图来描述被确定的平衡状态,这种坐标图称为状态参数坐标图。显然,不平衡状态由于没有一确定的参数,所以在坐标图上无法表示。经常应用的状态参数坐标图有压容图($p-v$ 图)和温熵图($T-s$ 图)等。利用坐标图进行热力分析,既直观清晰,又简单明了,因而它在后面的学习中得到了广泛的应用。

1.2.5 热力过程、功量和热量

热力过程是指热力系从一个状态向另一个状态变化时所经历的全部状态的总和。经典热力学可以描述的是两种理想化的过程:准平衡过程与可逆处理。

功量和热量是在热力过程中系统与外界发生的能量交换量,即通过两种不同的方式交换的能量。

准平衡过程与可逆过程,以及功量、热量是热力学中的重要概念,关于它们的定义、实现条件、特点等,将在本章重点与难点中详细讨论。

1.2.6 热力循环

工质由某一初态出发,经历一系列热力状态变化后,又回到原来初态的封闭热力过程称为热力循环,简称循环。系统实施热力循环的目的是为了实现预期连续的能量转换。

循环按照性质来分有可逆循环(全部由可逆过程组成的循环)和不可逆循环(含有不可逆过程的循环)。按照目的来分,有正向循环(即动力循环)和逆向循环(即制冷循环或热泵循环)。

循环的经济指标用工作系数来表示:

$$工作系数 = \frac{得到的收益}{花费的代价}$$

动力循环的经济性用循环热效率 η_{t} 来衡量,即

$$\eta_{\mathrm{t}} = \frac{W_{\mathrm{net}}}{Q_1} \tag{1-4}$$

式中: W_{net} 是循环对外界做出的功量; Q_1 是为了完成 W_{net} 输出从高温热源取得的热量。

制冷循环的经济性用制冷系数 ε 来衡量,即

$$\varepsilon = \frac{Q_2}{W_{\mathrm{net}}} \tag{1-5}$$

式中: Q_2 是该循环从低温热源(冷库)取出的热量; W_{net} 是为了取出 Q_2 所耗费的功量。

热泵循环的经济性用供热系数 ε' 来衡量,即

$$\varepsilon' = \frac{Q_1}{W_{\mathrm{net}}} \tag{1-6}$$

式中: Q_1 是热泵循环给高温热源(供暖的房间)提供的热量; W_{net} 是为了提供 Q_1 所耗费的功量。

1.2.7　工程热力学的分析方法

热力学分析方法的特点是着眼于系统,分析系统的状态以及状态变化与系统和外界之间各种相互作用的关系。在工程上,虽各种用途的热力系统在结构、组成和工作原理上有很大的不同,但从能量传递和转换的本质来看,都是通过它们各自选定的工质的状态变化(吸热、放热、膨胀和压缩),即各种不同的过程来实现其特定目的的。因此,不管各种热力系统在结构和组成的细节上有多少不同,对它们进行热力分析的方法基本上是相同的,其步骤如下:

(1) 根据所要求解的问题,选取便于分析求解的系统和边界,将与之相互作用的其他物体作为外界。

(2) 抓住影响所求问题的主要矛盾和必要的求解精度,对系统及其所处的外界条件建立模型,其中包括:

① 所选系统的工质是用理想气体模型,还是用其他模型;

② 系统与外界通过边界发生的质量交换、功量交换和热量交换的情况;

③ 与系统相互作用的外界的特性。

(3) 根据过程进行的特定条件,对过程作一些合理的抽象和简化,建立其数学模型。

(4) 对所选定的系统,将热力学第一定律、热力学第二定律和质量守恒原理等有关物理规律应用于该问题的数学模型,并进行求解。

如上所述,即分析任何问题时,第一步总是根据所要求解的问题选取系统,一旦选好,边界面和外界也就随之而定了。接着为了求解,就需要针对选定的系统、边界面结构和外界建立模型。显然,求解的难易程度取决于所建立的模型的复杂程度。因此,在要求的允许误差范围以内,应当力求模型简单,以便于求解。这需要抓住影响所求问题的主要因素,作一些合理的简化,并进行科学的抽象。

选取合适的系统,建立恰当的模型,是求解问题的关键。我们将通过后面章节的学习逐渐熟悉这些技巧。

1.3　公式小结

本章基本公式列于表 1-1,在学习中应熟练掌握。

表 1-1　第 1 章的基本公式

$v = \dfrac{V}{m}$	
$\rho = \dfrac{m}{V}$	
$p = p_g + p_b$	当 $p > p_b$ 时
$p = p_b - p_v$	当 $p < p_b$ 时
$t = T - 273.15\ \text{K}$ 　或　 $T = t + 273.15\ \text{K}$	
$W_{re} = \displaystyle\int_1^2 p\mathrm{d}V$ 　或　 $w_{re} = \displaystyle\int_1^2 p\mathrm{d}v$	条件:可逆过程
$Q_{re} = \displaystyle\int_1^2 T\mathrm{d}S$ 　或　 $q_{re} = \displaystyle\int_1^2 T\mathrm{d}s$	条件:可逆过程
$\eta_t = \dfrac{W_{net}}{Q_1} = \dfrac{w_{net}}{q_1}$	对于动力循环
$\varepsilon = \dfrac{Q_2}{W_{net}} = \dfrac{q_2}{w_{net}}$	对于制冷循环
$\varepsilon' = \dfrac{Q_1}{W_{net}} = \dfrac{q_1}{w_{net}}$	对于热泵循环

1.4　重点与难点

1.4.1　一些重要概念

1. 平衡状态

平衡状态的定义和实现条件在基本知识点中已叙述。在平衡状态时,参数不随时间改变只是现象,不能作为判断系统是否平衡的条件,只有系统内部及系统与外界之间的一切不平衡势差的消失,才是实现平衡的本质,也是实现平衡的充要条件。例如,在稳态导热中,系统的状态参数不随时间改变,但此时在外界的作用下,系统有内、外势差存在,该系统的状态只能称为稳态,而不是平衡态。可见,平衡必稳定,反之,稳定未必平衡。

另外,平衡和均匀也是两个不同的概念。平衡是相对时间而言的,而均匀是相对空间而言的。因此,平衡不一定均匀。例如,处于平衡状态下的水和水蒸气,虽然汽液两相的温度与压力分别相同,但比体积相差很大,不能称为均匀系。但是,对于单相系统(特别是气体组成的单相系统),如果忽略重力场对压力分布的影响,则可认为平衡必均匀,即平衡状态下单相系统内部各处参数不仅均匀一致,而且不随时间改变。因此,对于整个系统可用一组统一的并具有确定数值的状态参数来描述状态,使热力分析大为简化。这也是工程热力学只研究系统的平衡状态的原因所在。

平衡状态具有确定的状态参数,这是平衡状态的特点。

2. 准平衡过程和可逆过程

(1)准平衡过程　就热力系本身而言,热力学仅对平衡状态进行描述,"平衡"就意味着宏观是静止的;而要实现能量的转换,热力系又必须通过状态的变化即过程来完成,"过程"就意味着变化,意味着平衡被破坏。"平衡"和"过程"这两个矛盾的概念怎样统一起来呢? 这就需要引入准平衡过程。

定义:　在无限小势差的推动下,由一系列连续的平衡态组成的过程称为准平衡过程,也称为准静态过程。

实现条件:　推动过程进行的势差无限小。这样保证系统在任意时刻皆无限接近于平衡态。

特点:　准平衡过程是实际过程进行得足够缓慢的极限情况。这里的"缓慢"是热力学意义上的缓慢,即由不平衡到平衡的弛豫时间远小于过程进行所用的时间,就可认为足够缓慢。因此,工程上的大多数过程,由于热力系恢复平衡的速度很快,仍可以作为准平衡过程分析。

建立准平衡过程概念的好处:　①可以用确定的状态参数变化描述过程;②可以在参数坐标图上用一条连续曲线表示过程。

(2) 可逆过程　准平衡过程只是为了对系统的热力过程进行描述而引出的一个概念。但当研究涉及系统与外界的功量和热量交换时,即涉及热力过程能量传递的计算时,就必须引出可逆过程的概念。

定义:　如果系统完成某一热力过程后,再沿原来路径逆向进行时,能使系统和外界都返回原来状态而不留下任何变化,则这一过程称为可逆过程。

实现条件:　过程应为准平衡过程且过程中无任何耗散效应(通过摩擦、电阻、磁阻等使功变成热的效应),这是实现可逆过程的充要条件。也就是说,无耗散的准平衡过程为可逆过程。准平衡过程与可逆过程的差别就在于有无耗散损失。一个可逆过程必须同时也是一个准平衡过程,但准平衡过程则不一定是可逆的。

可逆过程的功和热量:　可以证明,可逆过程的体积变化功和热量可用系统的参数来计算,公式为

$$W_{re} = \int_1^2 p\mathrm{d}V \quad 或 \quad w_{re} = \int_1^2 p\mathrm{d}v \tag{1-7}$$

$$Q_{re} = \int_1^2 T\mathrm{d}S \quad 或 \quad q_{re} = \int_1^2 T\mathrm{d}s \tag{1-8}$$

建立可逆过程概念的好处:　①热力学中以热和功代表外界的作用。可逆过程的引入,使得系统与外界功量和热量的交换能用系统的参数来计算,无需考虑往往不知道情况的外界参数,从而使问题简化,而只需把注意力放在系统,即系统内工质的状态及状态的变化描述上,这正是可逆过程的突出优点;②由于可逆过程进行的结果不会产生任何能量损失,因而可逆过程可以作为实际过程中能量转换效果比较的标准和极限;③因实际过程或多或少地存在着各种不可逆因素(如摩擦、温差、力差或化学势差),所以实际过程都是不可逆的。为简便起见,通常

把实际过程当作可逆过程进行分析计算,然后再用一些经验系数加以修正。这是可逆过程引入的实际意义所在。

总之,平衡态、准平衡过程、可逆过程较多地体现了热力学研究问题和处理问题的方法,所以是热力学中重要的概念,应较好地掌握它们,为后面章节的学习打下基础。

1.4.2 状态量与过程量

1. 状态量

状态量指描述工质状态的状态参数。状态参数有如下性质:

(1) 状态参数的变化只取决于给定的初、终状态,与变化过程所经历的路径无关,即

$$\Delta z = \int_{1,a}^{2} \mathrm{d}z = \int_{1,b}^{2} \mathrm{d}z = z_2 - z_1 \tag{1-9}$$

当系统经历一系列状态变化而恢复到初态时,其状态参数的变化为 0,即它的循环积分为零

$$\oint \mathrm{d}z = 0 \tag{1-10}$$

(2) 状态参数是点函数,它的微分是全微分。设 $z = f(x, y)$,则

$$\mathrm{d}z = \left(\frac{\partial z}{\partial x}\right)_y \mathrm{d}x + \left(\frac{\partial z}{\partial y}\right)_x \mathrm{d}y \tag{1-11}$$

反之,如果能证明某物理量具有上述数学特征,则该物理量一定是状态参数。

附带指出,热力学是研究能量转换的科学,所有状态参数都直接或间接地与能量转换有关。例如,u、h 表征能量的数量,S 相应于能量的质(品位),p 和 T 则是驱动能量(或状态)改变的力(又称势)。

2. 过程量——功量和热量

热力过程中,系统与外界在不平衡势差的作用下会发生能量转换。能量交换的方式有两种——做功和传热。

功是系统与外界之间在力差的推动下,通过宏观的有序运动(有规则运动)的方式传递的能量。换言之,借做功来传递能量总是和物体的宏观位移有关。

热量是系统与外界之间在温差的推动下,通过微观粒子的无序运动(无规则运动)的方式传递的能量,也就是说,借传热来传递能量,不需要有物体的宏观移动。

功和热量都是系统和外界通过边界传递的能量,只有在传递过程中才有意义,一旦它们越过系统的边界,便转化为系统或外界的能量。因此,不能说,在某状态下系统或外界有多少功或热,即功和热不是状态参数。只有当系统状态发生变化时,才可能有功和热量的传递。所以功和热量的大小不仅与过程的初、终状态有关,而且与过程的性质有关,它们是过程量。这一点从示功图(p-v 图)和示热图(T-s 图)上也可看出。

可逆过程的功量 $w = \int p\mathrm{d}v$ 和热量 $q = \int T\mathrm{d}s$,可分别用 p-v 图和 T-s 图上的相应面积表示,如图 1-1 所示。

热力学中规定,系统对外做功时功取为正,外界对系统做功时功取为负;系统吸热时热量取为正,放热时取为负。

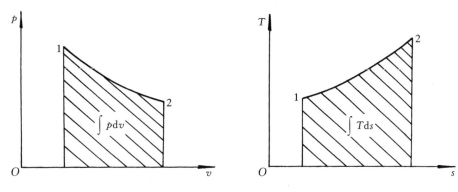

图 1 - 1　示功图和示热图

1.5　典型题精解

例题 1 - 1　某容器被一刚性壁分成两部分,在容器的不同部位安装有压力计,如图 1 - 2 所示,设大气压力为 97 kPa。

(1) 若压力表 B、表 C 的读数分别为 75 kPa、0.11 MPa, 试确定压力表 A 上的读数及容器两部分内气体的绝对压力。

(2) 若表 C 为真空计,读数为 24 kPa,压力表 B 的读数为 36 kPa,试问表 A 是什么表? 读数是多少?

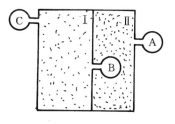

图 1 - 2　例题 1 - 1 附图

解　(1) 因 $p_I = p_{g,C} + p_b = p_{g,B} + p_{II} = p_{g,B} + p_{g,A} + p_b$

由上式得　　　　　$p_{g,C} = p_{g,B} + p_{g,A}$

则　　　　$p_{g,A} = p_{g,C} - p_{g,B} = 110 \text{ kPa} - 75 \text{ kPa} = 35 \text{ kPa}$

$$p_I = p_{g,C} + p_b = 110 \text{ kPa} + 97 \text{ kPa} = 207 \text{ kPa}$$

$$p_{II} = p_I - p_{g,B} = 207 \text{ kPa} - 75 \text{ kPa} = 132 \text{ kPa}$$

或　　　　$p_{II} = p_{g,A} + p_b = 35 \text{ kPa} + 97 \text{ kPa} = 132 \text{ kPa}$

(2) 由表 B 为压力表知,$p_I > p_{II}$;又由表 C 为真空计知

$$p_b > p_I > p_{II}$$

所以,表 A 一定是真空计。于是

$$p_I = p_b - p_{v,C} = p_{g,B} + p_{II} = p_{g,B} + (p_b - p_{v,A})$$

则

$$p_{v,A} = p_{g,B} + p_{v,C} = 36 \text{ kPa} + 24 \text{ kPa} = 60 \text{ kPa}$$

讨论

(1) 需要注意,不管用什么压力计,测得的都是工质的绝对压力 p 和环境压力之间的相对值,而不是工质的真实压力。

(2) 这个环境压力是指测压计所处的空间压力,可以是大气压力 p_b,如题目中的表 A、表 C;也可以是所在环境的空间压力,如题目中的表 B,其环境压力为 p_{II}。

例题 1 - 2　定义一种新的线性温度标尺——牛顿温标(单位为牛顿度,符号为°N),水的冰点和汽点分别为 100 °N 和 200 °N。

（1）试导出牛顿温标 T_N 与热力学温度 T 的关系式。

（2）热力学温度为 0 K 时，牛顿温度为多少°N？

解 （1）若任意温度在牛顿温标上的读数为 T_N，而在热力学温标上的读数为 T，则

$$\frac{200-100}{373.15-273.15}=\frac{T_N/°N-100}{T/K-273.15}$$

$$T/K=\frac{373.15-273.15}{200-100}(T_N/°N-100)+273.15$$

$$T/K=T_N/°N+173.15$$

（2）当 $T=0$ K 时，由上面所得的关系式有

$$0=T_N/°N+173.15$$

$$T_N=-173.15\ °N$$

例题 1-3 有人定义温度作为某热力学性质 Z 的对数函数关系，即

$$t^*=a\ln Z+b$$

已知 $t_i^*=0$ ℃时，$Z=6$ cm；$t_s^*=100$ ℃时，$Z=36$ cm。试求当 $t^*=10$ ℃和 $t^*=90$ ℃时的 Z 值为多少？

解 先确定 $t^*\sim Z$ 函数关系式中的 a 和 b。由已知条件

$$\begin{cases}0=a\ln6+b\\100=a\ln36+b\end{cases}$$

解后得

$$a=\frac{100}{\ln6}\qquad b=-100$$

则

$$t^*=\frac{100}{\ln6}\ln Z-100$$

当 $t^*=10$ ℃时，其相应的 Z 值为

$$\ln Z=\frac{110\times\ln6}{100}=\ln6^{1.1}$$

$$Z=6^{1.1}=7.18\ \text{cm}$$

当 $t^*=90$ ℃时，同理可解得 $Z=30$ cm。

例题 1-4 铂金丝的电阻在冰点时为 10.000 Ω，在水的沸点时为 14.247 Ω，在硫的沸点（446 ℃）时为 27.887 Ω。试求出温度 t/℃和电阻 R/Ω 的关系式 $R=R_0(1+At+Bt^2)$ 中的常数 A、B 的数值。

解 由已知条件可得

$$\begin{cases}10=R_0\\14.247=R_0(1+100\ \text{A}+10^4\ \text{B})\\27.887=R_0(1+446\ \text{A}+1.989\times10^5\ \text{B})\end{cases}$$

联立求解以上 3 式可得

$$R_0=10\ \Omega$$

$$\text{A}=4.32\times10^{-3}\quad 1/℃$$

$$\text{B}=-6.83\times10^{-7}\quad 1/℃$$

故温度 t/℃和电阻 R/Ω 之间的关系式为

$$R=10\times(1+4.32\times10^{-3}t-6.83\times10^{-7}t^2)$$

讨论

例题 1-2～例题 1-4 是建立温标过程中常遇到的一些实际问题。例题 1-2 是不同温标之间如何换算型的问题;例题 1-3 是在建立温标时,当测温性质已定,如何进行分度、刻度型的问题;例题 1-4 是当用热电偶或铂电阻来测量温度时,如何进行电势与温度或电阻与温度之间的关系式标定型的问题。

例题 1-5　判断下列过程中哪些是①可逆的;②不可逆的;③可以是可逆的,并扼要说明不可逆的原因。

(1) 对刚性容器内的水加热,使其在恒温下蒸发。

(2) 对刚性容器内的水做功,使其在恒温下蒸发。

(3) 对刚性容器中的空气缓慢加热,使其从 50 ℃升温到 100 ℃。

解　(1)可以是可逆过程,也可以是不可逆过程,取决于热源温度与水温是否相等。若两者不等,则存在外部的传热不可逆因素,便是不可逆过程。

(2) 对刚性容器的水做功,只可能是搅拌功,伴有摩擦扰动,因而有内不可逆因素,是不可逆过程。

(3) 可以是可逆的,也可以是不可逆的,取决于热源温度与空气温度是否随时相等或随时保持无限小的温差。

例题 1-6　一气缸活塞装置内的气体由初态 $p_1 = 0.3$ MPa,$V_1 = 0.1$ m³,缓慢膨胀到 $V_2 = 0.2$ m³,若过程中压力和体积间的关系为 $pV^n =$ 常数,试分别求出:(1) $n = 1.5$;(2) $n = 1.0$;(3) $n = 0$ 时的膨胀功。

解　选气缸内的气体为热力系

(1) 由 $p_1 V_1^n = p_2 V_2^n = C_1$ 得

$$p_2 = p_1 \left(\frac{V_1}{V_2} \right)^n = 0.3 \text{ MPa} \times \left(\frac{0.1 \text{ m}^3}{0.2 \text{ m}^3} \right)^{1.5} = 0.106 \text{ MPa}$$

则

$$W = \int_{V_1}^{V_2} p \mathrm{d}V = \int_{V_1}^{V_2} \frac{C_1}{V^n} \mathrm{d}V = C_1 \left(\frac{V_2^{1-n} - V_1^{1-n}}{1-n} \right)$$

$$= \frac{(p_2 V_2^n) V_2^{1-n} - (p_1 V_1^n) V_1^{1-n}}{1-n}$$

$$= \frac{p_2 V_2 - p_1 V_1}{1-n} \tag{1}$$

$$= \frac{0.106 \times 10^6 \text{ Pa} \times 0.2 \text{ m}^3 - 0.3 \times 10^6 \text{ Pa} \times 0.1 \text{ m}^3}{1 - 1.5}$$

$$= 17.6 \times 10^3 \text{ J} = 17.6 \text{ kJ}$$

(2) 式(1)除 $n = 1.0$ 外,对所有 n 都是适用的。当 $n = 1.0$ 时,即 $pV = C_2$,则

$$W = \int_{V_1}^{V_2} p \mathrm{d}V = \int_{V_1}^{V_2} \frac{C_2}{V} \mathrm{d}V$$

$$= C_2 \ln \frac{V_2}{V_1} = p_1 V_1 \ln \frac{V_2}{V_1}$$

$$= (0.3 \times 10^6 \text{ Pa}) \times 0.1 \text{ m}^3 \times \ln \frac{0.2 \text{ m}^3}{0.1 \text{ m}^3}$$

$$= 20.79 \times 10^3 \text{ J} = 20.79 \text{ kJ}$$

（3）对 $n=0$ 时,即 $p_1=p_2=C_3$,则

$$W = \int_{V_1}^{V_2} p\mathrm{d}V = p(V_2 - V_1) = (0.3 \times 10^6 \text{ Pa})(0.2 \text{ m}^3 - 0.1 \text{ m}^3)$$

$$= 30 \times 10^3 \text{ J} = 30 \text{ kJ}$$

在 p-V 图上,表示 3 个不同的过程,如图 1-3 所示,不同的过程分别为 $1—2a$, $1—2b$, $1—2c$。相应的膨胀功大小可分别用面积 $1—2a—n—m—1$, $1—2b—n—m—1$ 及 $1—2c—n—m—1$ 来表示。

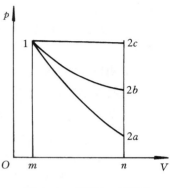

图 1-3 例题 1-6 附图

例题 1-7 把压力为 700 kPa,温度为 5 ℃的空气装于 0.5 m³ 的容器中,加热使容器中的空气温度升至 115 ℃。在这个过程中,空气由一小洞漏出,使压力保持在 700 kPa,试求热传递量。

解 $Q = \int_{T_1}^{T_2} mc_p\mathrm{d}T = \int_{T_1}^{T_2} c_p\dfrac{pV}{R_g T}\mathrm{d}T$

$$= \frac{pV}{R_g}c_p\int_{T_1}^{T_2}\frac{\mathrm{d}T}{T} = \frac{pV}{R_g}c_p\ln\frac{T_2}{T_1}$$

$$= \frac{700 \times 10^3 \text{ Pa} \times 0.5 \text{ m}^3}{287 \text{ J/(kg} \cdot \text{K)}} \times 1004 \text{ J/(kg} \cdot \text{K)} \times \ln\frac{388 \text{ K}}{278 \text{ K}}$$

$$= 408.2 \times 10^3 \text{ J} = 408.2 \text{ kJ}$$

例题 1-8 一蒸汽动力厂,锅炉的蒸汽产量 $D=180 \times 10^3$ kg/h,输出功率 $P=55000$ kW,全厂耗煤 $G=19.5$ t/h,煤的发热量为 $q_H=30 \times 10^3$ kJ/kg。蒸汽在锅炉中的吸热量 $q=2680$ kJ/kg。求:

（1）该动力厂的热效率 η_t;

（2）锅炉的效率 η_B（蒸汽总吸热量/煤的总发热量）。

解 （1）煤的总发热量为

$$\dot{Q}_H = G \cdot q_H = (19.5 \times 10^3/3600) \text{ kg/s} \times 30 \times 10^3 \text{ kJ/kg} = 162500 \text{ kW}$$

则

$$\eta_t = \frac{P}{\dot{Q}_H} = \frac{55000 \text{ kW}}{162500 \text{ kW}} = 33.85\%$$

（2）蒸汽总吸热量

$$\dot{Q} = D \cdot q = (180 \times 10^3/3600) \text{ kg/s} \times 2680 \text{ kJ/kg} = 134000 \text{ kW}$$

$$\eta_B = \frac{\dot{Q}}{\dot{Q}_H} = \frac{134000 \text{ kW}}{162500 \text{ kW}} = 82.46\%$$

1.6 自我测验题

1-1 引入热力平衡态解决了热力分析中的什么问题？准平衡过程如何处理"平衡状态"与"状态变化"的矛盾？准平衡过程的概念为什么不能完全表达可逆过程的概念？

1-2 判断下列过程中,哪些是可逆的,哪些是不可逆的,哪些可以是可逆的？并扼要说明不可逆的原因。

（1）定质量的空气在无摩擦、不导热的
气缸和活塞中被慢慢压缩。

（2）100 ℃的蒸汽流与 25 ℃的水流绝热
混合。

（3）在水冷摩托发动机气缸中的热燃气
随活塞迅速移动而膨胀。

（4）气缸中充有水，水上面有无摩擦的
活塞，缓慢地对水加热使之蒸发。

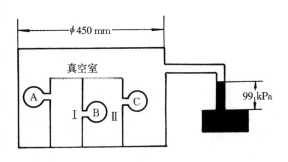

图 1-4　题 1-3 附图

1-3　如图 1-4 所示的一圆筒容器，表
A 的读数为 360 kPa；表 B 读数为 170 kPa，
表示 I 室压力高于 II 室的压力。大气压力为 1.013×10^5 Pa。试求：①真空室以及 I 室和 II 室
的绝对压力；②表 C 的读数；③圆筒顶面所受的作用力。

1-4　若用摄氏温度计和华氏温度计测量同一个物
体的温度，有人认为这两种温度计的读数不可能出现数值
相同的情况，对吗？若可能，读数相同的温度应是多少？

1-5　气缸内的气体由容积 0.4 m³ 可逆压缩到
0.1 m³，其内部压力和容积的关系式为 $p = 0.3V + 0.04$，
式中 p 的单位为 MPa，V 的单位为 m³。试求：①气缸做
功量；②若活塞与气缸间的摩擦力为 1000 N，活塞面积为
0.2 m² 时，实际耗功为多少？

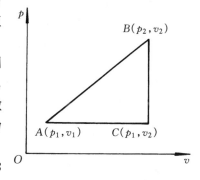

图 1-5　题 1-6 附图

1-6　1 kg 气体经历如图 1-5 所示的循环，A 到 B
为直线变化过程，B 到 C 为定容过程，C 到 A 为定压过
程。试求循环的净功量。如果循环为 $A—C—B—A$，则净
功量有何变化？

第 2 章　热力学第一定律

热力学第一定律的能量转换及守恒的实质是不难理解的,问题的复杂性在于应用。能量的转换有赖于物质的状态变化,同时能量有质的差异,因此要把转移中的能量和储存于物系中的能量分开。转移能又分为热量和功,储存能也有内部储存能与外部储存能的区别。热能转变为机械能要靠物体积的改变,但实际表现出来的并不总是膨胀功,因而应用中还要引入其他不同形式的功。最后,实际中的能量转移都是瞬变过程,所以又要抽象为与时间无关的稳态稳流过程。由于以上种种原因,同一性质的能量平衡方程式将以不同形式、不同内容出现。本章对热力学第一定律的应用逐一进行讨论。

2.1　基本要求

(1)应深入理解热力学第一定律的实质,熟练掌握热力学第一定律及其表达式。能够正确、灵活地应用热力学第一定律表达式来分析计算工程实际中的有关问题。

(2)掌握能量、储存能、热力学能、迁移能的概念。

(3)掌握体积变化功、推动功、轴功和技术功的概念及计算式。

(4)注意焓的引出及其定义式。

2.2　基本知识点

2.2.1　热力学第一定律的实质

热力学第一定律是能量转换与守恒定律在热力学中的应用,它确定了热力过程中各种能量在数量上的相互关系。

热力学第一定律可以表述为:当热能与其他形式的能量相互转换时,能的总量保持不变。

根据热力学第一定律,为了得到机械能必须花费热能或其他形式能量。因此,第一定律也可表述为:第一类永动机是不可能制造成功的。

热力学第一定律是热力学的基本定律,它适用于一切工质和一切热力过程。当用于分析具体问题时,需要将它表述为数学解析式,即根据能量守恒的原则,列出参与过程的各种能量的平衡方程式。

对于任何系统,各项能量之间的平衡关系可一般地表示为

进入系统的能量－离开系统的能量＝系统储存能的变化

2.2.2　储存能

能量是物质运动的量度,运动有各种不同的形式,相应的就有各种不同的能量。系统储存的能量称为储存能,它有内部储存能和外部储存能之分。

1. 内部储存能——热力学能

储存于系统内部的能量称为热力学能,它与系统内工质粒子的微观运动和粒子的空间位置有关,是下列各种能量的总和:

(1) 分子热运动形成的内动能。它是温度的函数。

(2) 分子间相互作用形成的内位能。它是比体积的函数。

(3) 维持一定分子结构的化学能、原子核内部的原子能及电磁场作用下的电磁能等。

应牢牢记住热力学能是状态参数。也就是说,若工质从初态 1 变化到终态 2,其热力学能的变化 ΔU 只与初终态有关,而与过程路径无关。工质经循环变化后,热力学能的变化为零,表示为

$$\Delta U = \int_1^2 dU = U_2 - U_1$$

$$\oint dU = 0$$

2. 外部储存能

需要用在系统外的参考坐标系测量的参数来表示的能量,称为外部储存能,它包括系统的宏观动能和重力位能,即

$$\frac{1}{2}mc_f^2 + mgz$$

3. 系统的总储存能(简称总能)

总储存能为热力学能、动能和位能之和,即

$$E = U + \frac{1}{2}mc_f^2 + mgz \tag{2-1a}$$

$$e = u + \frac{1}{2}c_f^2 + gz \tag{2-1b}$$

2.2.3　迁移能——功量和热量

能量是状态参数,但能量在传递和转换时,则以做功或传热方式表现出来。因此,功量和热量都是系统与外界所传递的能量,而不是系统本身所具有的能量,其值并不由系统的状态确定,而是与传递时所经历的具体过程有关。所以,功量和热量不是系统的状态参数,而是与过程特征有关的过程量,称为迁移能。

功的种类很多,与本课程关系密切的功有以下几种。

1. 体积变化功 W(或称膨胀功)

系统体积变化所完成的膨胀功或压缩功统称为体积变化功。由于热能和机械能的可逆转换总是和工质的膨胀或压缩联系在一起的,所以体积变化功是热变功的源泉,而体积变化功和其他能量形式间的关系,则属于机械能的转换。

2. 轴功 W_s

系统通过叶轮机械的轴与外界交换的功量称为轴功。

3. 推动功和流动功 W_f

开口系因工质流动而传递的功称为推动功。相当于一假想的活塞为把前方的工质推进(或推出)系统所做的功,其值为 pV。此量随工质进入(或离开)系统而成为带入(或带出)系

统的能量。推动功只有在工质流动时才有,当工质不流动时,虽然工质也具有一定的状态参数 p 和 V,但这时的乘积并不代表推动功。

工质在流动时,总是从后面获得推动功,而对前面做出推动功,进出质量的推动功之差称为流动功,表示为

$$W_f = p_2 V_2 - p_1 V_1 \qquad (2-2a)$$

或
$$w_f = p_2 v_2 - p_1 v_1 \qquad (2-2b)$$

流动功可理解为在流动过程中,系统与外界由于物质的进出而传递的机械功。

4. 技术功 W_t

技术上可以利用的功称为技术功,它是稳定流动系统动能、位能的增量与轴功三项之和,即

$$W_t = \frac{1}{2} m \Delta c_f^2 + mg \Delta z + W_s \qquad (2-3a)$$

或
$$w_t = \frac{1}{2} \Delta c_f^2 + g \Delta z + w_s \qquad (2-3b)$$

在稳定流动能量方程中,技术功的引入使方程变得较简洁。

5. 有用功 W_u 和无用功

凡是可以用来提升重物、驱动机器的功统称为有用功,反之,则称无用功。轴功和电功全部是有用功;体积变化功则不全是有用功。如图 2-1 所示的系统,则有用功为

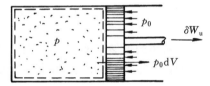

$$W_u = W - p_0 \Delta V \qquad (2-4)$$

若系统进行可逆过程,则有

$$W_u = \int_1^2 p dV - p_0 \Delta V \qquad (2-5)$$

图 2-1 闭口系

在进行热力学第二定律分析时,有用功和无用功是非常有用的概念。

以上各种功之间的关系将在 2.4.2 中讨论。

2.2.4 焓

焓的定义式为

$$H = U + pV \qquad (2-6a)$$

或
$$h = u + pv \qquad (2-6b)$$

因在流动过程中,工质携带的能量除热力学能外,总伴有推动功,所以为工程应用方便起见,把 U 和 pV 组合起来,引入焓 H。显然 H 也是状态参数,与是否流动毫无关系,它满足状态参数的一切特征。

2.2.5 闭口系的能量方程

热力学第一定律应用于控制质量系时,其一般表达式为

$$q = \Delta e + w \qquad (2-7a)$$

或
$$Q = \Delta E + W \qquad (2-7b)$$

对于控制质量闭口系来说,比较常见的情况是在状态变化过程中,系统的动能和位能的变

16

化为零,或动能和位能的变化与过程中参与能量转换的其他各项能量相比,可忽略不计。于是,上式中系统总能的变化,即是热力学能的变化。

闭口系能量方程的表达式有以下几种形式:

1 kg 工质经过有限过程　　$q = \Delta u + w$ $\qquad$ (2 − 8a)

1 kg 工质经过微元过程　　$\delta q = \mathrm{d}u + \delta w$ $\qquad$ (2 − 8b)

m kg 工质经过有限过程　　$Q = \Delta U + W$ $\qquad$ (2 − 8c)

m kg 工质经过微元过程　　$\delta Q = \mathrm{d}U + \delta W$ $\qquad$ (2 − 8d)

以上各式,对闭口系各种过程(可逆过程或不可逆过程)及各种工质都适用。

对于可逆过程,因 $\delta w = p\mathrm{d}v$, $w = \int_1^2 p\mathrm{d}v$,则以上各式又可表达为

$$q = \Delta u + \int_1^2 p\mathrm{d}v \qquad (2 - 9a)$$

$$\delta q = \mathrm{d}u + p\mathrm{d}v \qquad (2 - 9b)$$

$$Q = \Delta U + \int_1^2 p\mathrm{d}V \qquad (2 - 9c)$$

$$\delta Q = \mathrm{d}U + p\mathrm{d}V \qquad (2 - 9d)$$

闭口系经历一个循环时,由于 $\oint \mathrm{d}U = 0$,所以

$$\oint \delta Q = \oint \delta W \qquad (2 - 10)$$

式(2 − 10)是系统经历循环时的能量方程,即任意一循环的净吸热量与净功量相等。

2.2.6　稳定流动系的能量方程

1. 稳定流动

开口系内任意一点的工质其状态参数不随时间变化的流动过程称为稳定流动。实现稳定流动的必要条件是:

(1)进、出口截面的参数不随时间而变;

(2)系统与外界交换的功量和热量不随时间而变;

(3)工质的质量流量不随时间而变,且进、出口处的质量流量相等,即

$$q_{m1} = q_{m2} = q_m = \frac{Ac_\mathrm{f}}{v} = 常数$$

以上 3 个条件,可以概括为:系统与外界进行物质和能量的交换不随时间而变。

2. 稳定流动能量方程

稳定流动能量方程的表达式有以下几种形式:

1 kg 工质流过开口系经过有限过程或微元过程时,则

$$q = \Delta h + \frac{1}{2}\Delta c_\mathrm{f}^2 + g\Delta z + w_\mathrm{s} = \Delta h + w_\mathrm{t} \qquad (2 - 11a)$$

$$\delta q = \mathrm{d}h + \frac{1}{2}\mathrm{d}c_\mathrm{f}^2 + g\mathrm{d}z + \delta w_\mathrm{s} = \mathrm{d}h + \delta w_\mathrm{t} \qquad (2 - 11b)$$

m kg 工质流过开口系经过有限过程或微元过程时,则

$$Q = \Delta H + \frac{1}{2}m\Delta c_\mathrm{f}^2 + mg\Delta z + W_\mathrm{s} = \Delta H + W_\mathrm{t} \qquad (2 - 11c)$$

$$\delta Q = \mathrm{d}H + \frac{1}{2}m\mathrm{d}c_{\mathrm{f}}^2 + mg\,\mathrm{d}z + \delta W_{\mathrm{s}} = \mathrm{d}H + \delta W_{\mathrm{t}} \qquad (2-11\mathrm{d})$$

式(2-11a)～式(2-11d)对于任何工质、任何稳定流动过程,包括可逆和不可逆的稳定流动过程,都是适用的。

对于可逆过程,因 $\delta w_{\mathrm{t}} = -v\mathrm{d}p$, $w_{\mathrm{t}} = -\int_1^2 v\mathrm{d}p$,则以上各式又可写为

$$q = \Delta h - \int_1^2 v\mathrm{d}p \qquad (2-12\mathrm{a})$$

$$\delta q = \mathrm{d}h - v\mathrm{d}p \qquad (2-12\mathrm{b})$$

$$Q = \Delta H - \int_1^2 V\mathrm{d}p \qquad (2-12\mathrm{c})$$

$$\delta Q = \mathrm{d}H - V\mathrm{d}p \qquad (2-12\mathrm{d})$$

对于周期性动作的热力设备,如果每个周期内,它与外界交换的热量和功量保持不变,与外界交换的质量保持不变,进、出口截面上工质参数的平均值保持不变,则仍然可用稳定流动能量方程分析其能量的转换关系,如压气机的能量转换分析。

2.2.7 一般开口系的能量方程

一般开口系是指控制体积可胀缩的、空间各点参数随时间而变的非稳定流动系统。一般开口系是最普遍的热力系。闭口系和稳定流动系是它的特殊情况,工程上的充气、抽气、容器泄漏以及热机启动和停机阶段,都是一般开口系。

一般开口系经过微元过程,其能量方程为

$$\delta Q = \mathrm{d}E_{\mathrm{cv}} + (h + \frac{1}{2}c_{\mathrm{f}}^2 + gz)_{\mathrm{out}}\delta m_{\mathrm{out}} - (h + \frac{1}{2}c_{\mathrm{f}}^2 + gz)_{\mathrm{in}}\delta m_{\mathrm{in}} + \delta W_{\mathrm{net}} \qquad (2-13\mathrm{a})$$

式中:W_{net} 为开口系与外界交换的净功,应包括通过转轴而传送的轴功,以及系统除进、出口边界推动功外,在开口系其他运动边界上完成的功。

用传热率、功率等形式表示的开口系能量方程为

$$\dot{Q} = \frac{\mathrm{d}E_{\mathrm{cv}}}{\delta \tau} + q_{m,\mathrm{out}}(h + \frac{1}{2}c_{\mathrm{f}}^2 + gz)_{\mathrm{out}} - q_{m,\mathrm{in}}(h + \frac{1}{2}c_{\mathrm{f}}^2 + gz)_{\mathrm{in}} + \dot{W}_{\mathrm{net}} \qquad (2-13\mathrm{b})$$

如果进、出开口系统的工质有若干股,则上式可写成

$$\dot{Q} = \frac{\mathrm{d}E_{\mathrm{cv}}}{\delta \tau} + \sum q_{m,\mathrm{out}}(h + \frac{1}{2}c_{\mathrm{f}}^2 + gz)_{\mathrm{out}} - \sum q_{m,\mathrm{in}}(h + \frac{1}{2}c_{\mathrm{f}}^2 + gz)_{\mathrm{in}} + \dot{W}_{\mathrm{net}} \qquad (2-13\mathrm{c})$$

式(2-13a)～式(2-13c)是开口系能量方程的一般形式,结合具体情况常可简化成各种不同的形式。

2.3 公式小结

通过本章的学习,应掌握表 2-1 所列的公式。

表 2 - 1   第 2 章基本公式

$Q = \Delta E + W$	一般表达式
$q - \Delta u + w$	适用于控制质量系的任何工质、任何过程（一般用于闭口系）
$q = \Delta u + \int_1^2 p\,\mathrm{d}v$	适用于控制质量系的任何工质、可逆过程（一般用于闭口系）
$q = \Delta h + \dfrac{1}{2}\Delta c_{\mathrm{f}}^2 + g\Delta z + w_{\mathrm{s}}$ $= \Delta h + w_{\mathrm{t}}$	适用于稳定流动系的任何工质、任何过程
$q = \Delta h - \int_1^2 v\,\mathrm{d}p$	适用于稳定流动系的任何工质、可逆过程
$\dot{Q} = \dfrac{\mathrm{d}E_{\mathrm{cv}}}{\partial\tau} + q_{m,\mathrm{out}}\left(h + \dfrac{1}{2}\Delta c_{\mathrm{f}}^2 + g\Delta z\right)_{\mathrm{out}} -$ $\quad q_{m,\mathrm{in}}\left(h + \dfrac{1}{2}\Delta c_{\mathrm{f}}^2 + g\Delta z\right)_{\mathrm{in}} + \dot{W}_{\mathrm{net}}$	适用于一般开口系的任何工质、任何过程

以上各式亦可写出其相应的微元变化形式。微元变化形式在后续一些公式的推导中应用很多。至于公式是写成 1 kg 的形式还是 m kg 的形式，应视具体情况而定。式中膨胀功对闭口系有实用意义，亦有理论意义；对开口系有理论意义，实用上计算开口系的功均指轴功 w_{s}，或指忽略进出口动能差、势能差下的技术功 w_{t}。

应用上述公式时，要注意 q、w、w_{s} 或 w_{t} 都有正负号的问题，要按规定使用，即系统吸热时热量取正值，放热时取负值；系统对外做功时功量取正值，系统耗功时取负值。另外，要注意公式中每一项量纲的一致性，如稳定流动系能量方程在应用时，其中的 Δh、q、w_{s} 量纲往往是 kJ/kg，而流速的量纲是 m/s，因此求得的动能差 $\dfrac{1}{2}\Delta c_{\mathrm{f}}^2$ 这一项的量纲就是 J/kg，与其他各项的量纲不一致，求解时应注意。

2.4 重点与难点

2.4.1 焓

上面已定义了焓，从它的定义式(2 - 6)可以看出，由于 u、p、v 都是状态参数，故 h 也必为一种状态参数。焓是在研究流动能量方程中，为工程应用方便而引出的。

在分析开口系时，因为有工质流动，热力学能 u 与推动功 pv 必然同时出现。在此特定情况下，焓可以理解为由于工质流动而携带的、并取决于热力状态参数的能量，即热力学能与推动功的总和。

焓既然作为一种宏观存在的状态参数，不仅在开口系统中出现，而且分析闭口系统时，它同样存在。但在分析闭口系统时，焓的作用相对次要些，一般使用热力学能参数。然而，在分析闭口系经历定压变化时，焓却有特殊作用。由闭口系能量方程式(2 - 9c)知：

$$Q_p = \Delta U + p\Delta V = \Delta(U + pV) = \Delta H$$

也就是说,焓的变化等于闭口系统在定压过程中与外界交换的热量。

不必去深究焓的物理意义,但需熟练掌握焓的计算。关于焓的计算,在以后几章中将讲到。

2.4.2　功、稳定流动过程中几种功的关系

到目前为止,在能量方程中,已出现过体积变化功 W、流动功 W_f、轴功 W_s 和技术功 W_t,弄清各种功的含义及它们之间的关系是本章的一个难点和重点。

在稳定流动过程中,由于开口系本身的状况不随时间变化,因此整个流动过程的总效果相当于一定质量的工质从进口截面穿过开口系统,在其中经历了一系列的状态变化,并与外界发生热和功的交换,最后流到了出口。这样,开口系稳定流动能量方程也可看成是流经开口系统的一定质量的工质的能量方程。另一方面,由前面已知闭口系能量方程也是描述一定质量工质在热力过程中的能量转换关系的。因此,方程(2-8c)与(2-11c)应该是等效的。对比这 2 个方程,即

$$Q = \Delta U + \Delta(pV) + \frac{1}{2}m\Delta c_f^2 + mg\Delta z + W_s$$

$$Q = \Delta U + W$$

可得

$$W = \Delta(pV) + \frac{1}{2}m\Delta c_f^2 + mg\Delta z + W_s = \Delta(pV) + W_t \qquad (2-14a)$$

对于 1 kg 的工质,则为

$$w = \Delta(pv) + \frac{1}{2}\Delta c_f^2 + g\Delta z + w_s = \Delta(pv) + w_t \qquad (2-14b)$$

因此,工质在稳定流动过程中所做的膨胀功是隐含的,表现为一部分消耗于维持工质流动所需的流动功 $\Delta(pv)$,一部分用于增加工质的宏观动能和重力位能,其余部分才作为热力设备输出的轴功。所以我们说,膨胀功是简单可压缩系热变功的源泉。

由(2-14b)得

$$w_t = w - \Delta(pv) \qquad (2-15)$$

此式表明,工质稳定流经热力设备时,所做的技术功等于膨胀功减去流动功。

对于可逆过程,膨胀功

$$w = \int_1^2 pdv$$

则

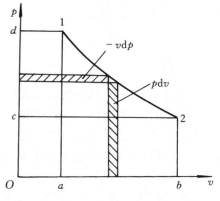

$$w_t = \int_1^2 pdv - (p_2v_2 - p_1v_1)$$

$$= \int_1^2 pdv - \int_1^2 d(pv) = -\int_1^2 vdp \qquad (2-16)$$

可逆过程的膨胀功和技术功在 $p\text{-}v$ 图上可以分别用过程线下面和左面的面积表示,如图2-2所示的面积 $12ba1$ 为膨胀功,面积 $12cd1$ 为技术功。由图

图 2-2　示功图

2-2 可见

$$w_t = 面积\,12cd1 = 面积\,12ba1 + 面积\,1aOd1 - 面积\,2bOc2$$

这同样表明,工质稳定流经热力设备时,所做的技术功为膨胀功与流动功之差。

各种功及在稳定流动过程中几种功的关系汇总于表 2-2。

表 2-2　几种功及相互之间的关系

名　称	含　义	说　明
体积变化功 (或膨胀功) W	系统体积变化 所完成的功	① 当过程可逆时,$W = \int_1^2 p\mathrm{d}V$ ② 膨胀功是简单可压缩系热变功的源泉 ③ 膨胀功往往对应闭口系所求的功
轴功 W_s	系统通过轴与 外界交换的功	① 轴功是开口系所求的功 ② 当工质进出口间的动能、位能差被忽略时, 　 $W_t = W_s$,所以此时开口系所求的功也是技术功
流动功 W_f	开口系付诸于质 量迁移所做的功	流动功是进出口推动功之差,即 $W_f = \Delta(pV) = p_2V_2 - p_1V_1$
技术功 W_t	技术上可资利用 的功	① W_t 与 W_s 的关系 　 $W_t = \dfrac{1}{2}m\Delta c_f^2 + mg\Delta z + W_s$ ② W_t 与 W、W_f 的关系 　 $W_t = W - W_f = W - \Delta(pV)$ ③ 当过程可逆时,$W_t = -\int_1^2 V\mathrm{d}p$,这也是动能、位 　 能差不计时的最大轴功

2.4.3　能量方程式的应用

热力学第一定律的能量方程可用于计算任何一种热力设备中的能量传递和转换,是热工计算的基础,不仅定性而且定量地揭示了能量在量上的转换和守恒关系。因此,在深入理解热力学第一定律实质的基础上,不仅要熟练掌握热力学第一定律及其表达式,而且更重要的是要学会正确、灵活地应用热力学第一定律表达式,来分析、计算工程实际中的有关问题,这是本章的又一个重点和难点。

在应用能量方程分析具体问题时,步骤可归纳如下。

1. 确定研究对象——选好热力系

在分析定量工质时,一般热力系选控制质量系,即闭口系。在分析各种热力设备时,因工质总是流动的,取固定空间为热力系,即控制容积系,也即开口系。

作为解决问题的第一步,热力系的选取、确定是非常重要的,因为对同一个问题,热力系的选取不同,则分析出的系统与外界相互作用的方式就会不同。为说明此问题,看图

2-3所示的例子。在一刚性绝热容器内,盛有一定量的气体或液体,图 2-3(a)中是选容器中的工质为热力系,当电流通过铜板时,使得铜板的温度比工质的温度高,从而向系统传热,但系统与外界无功量的交换。图 2-3(b)是选工质和铜板为热力系,则系统与外界无热量的交换,只有电功的交换。图 2-3(c)所选的系统,与外界无任何热量和功量的交换,系统成了孤立系。

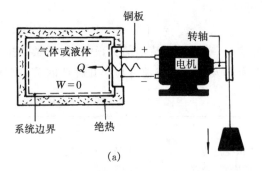

(a)

系统与外界相互作用的方式不同,则能量方程的具体形式就会不同。

2. 画出示意图

这样有利于问题的分析,有时也可省去该步。

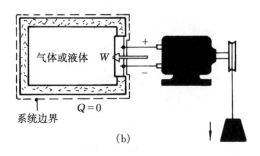

(b)

3. 写出所研究热力系的对应的能量方程

对于闭口系写出闭口系能量方程。对于开口系,一般的热力设备除了启动、停止或加减负荷外,常处于稳定工况下,所以可作稳定流动处理,即能量方程写成稳定流动能量方程。对于工程上的充气、抽气、容器泄露以及上述热力设备的非稳定工况,能量方程需写成一般开口系的能量方程。

闭口系及稳定流动开口系能量方程是学习的重点。

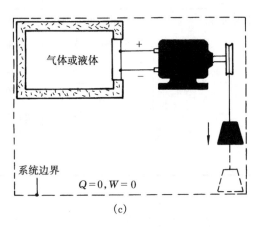

(c)

图 2-3 热力系的选取

4. 针对具体问题,分析系统与外界的相互作用,作出合理假定和简化,使方程简单明了

在作假定和简化时,应抓住主要矛盾,略去次要因素,这实际上是一个把复杂的工程实际问题抽象成热力学模型的过程。由于学生工程背景知识较少,往往无从下手,下面总结出几点仅供参考。

(1) 对于叶轮式机械,如燃气轮机、蒸汽轮机、叶轮式压气机等,以及喷管和节流阀等通常作绝热处理,稳定流动能量方程中的热量项取为零。这主要是由下列原因之一或多种原因所致:①叶轮机械的外表面通常被较好地绝热。②进行有效热传递的外表面面积很小。③系统与外界的温差很小,以致于系统与外界的热量交换可以被忽略。④工质流过控制容积非常迅速,系统与外界来不及交换大量的热量。

考虑到以上原因,因此在对上述所列设备进行分析时,认为系统与外界所交换的热量相对能量方程中的其他项较小,可忽略。

（2）除去喷管和扩压管这类使气流速度改变比较剧烈的设备外,在一般设备中,气流进出口的动能、位能变化很小,可以被忽略,稳定流动能量方程中的动、位能差项均取为零。

（3）对于简单可压缩系,设备中若无活塞、转轴这类做功部件,闭口系能量方程中的功项,或开口系能量方程中的轴功项均取为零。如各种换热设备,其轴功均为零。

5. 求解简化后的方程,解出未知量

在分析开口系时,除了考虑能量守恒方程外,有的往往还须考虑质量守恒方程才能求解,表示为

进入系统的质量－离开系统的质量＝系统质量的变化量,也即

$$\sum q_{m,\text{in}} - \sum q_{m,\text{out}} = \frac{\mathrm{d}m_{\text{cv}}}{\delta \tau} \tag{2-17}$$

对于稳定流动,$\dfrac{\mathrm{d}m_{\text{cv}}}{\delta \tau} = 0$,则

$$\sum q_{m,\text{in}} = \sum q_{m,\text{out}}$$

6. 对问题进行适当地分析和讨论,得出一些有益的启示和结论

下节将结合典型例题,对能量方程的应用做进一步的说明。

2.5　典型题精解

2.5.1　闭口系能量方程的应用

例题 2-1　一个装有 2 kg 工质的闭口系经历了如下过程:过程中系统散热 25 kJ,外界对系统做功 100 kJ,比热力学能减小 15 kJ/kg,并且整个系统被举高 1000 m。试确定过程中系统动能的变化。

解　由于需考虑闭口系动能及位能的变化,所以应选用第一定律的一般表达式(2-7b),即

$$Q = \Delta U + \frac{1}{2}m\Delta c_{\mathrm{f}}^2 + mg\Delta z + W$$

于是

$$
\begin{aligned}
\Delta K_{\mathrm{E}} &= \frac{1}{2}m\Delta c_{\mathrm{f}}^2 = Q - W - \Delta U - mg\Delta z \\
&= (-25 \text{ kJ}) - (-100 \text{ kJ}) - (2 \text{ kg})(-15 \text{ kJ/kg}) - \\
&\quad (2 \text{ kg}) \times (9.8 \text{ m/s}^2)(1000 \text{ m} \times 10^{-3}) \\
&= +85.4 \text{ kJ}
\end{aligned}
$$

结果说明系统动能增加了 85.4 kJ。

讨论

（1）能量方程中的 Q、W 是代数符号,在代入数值时,要注意按规定的正负号含义代入。ΔU、$mg\Delta z$ 及 $\frac{1}{2}m\Delta c_{\mathrm{f}}^2$ 表示增量,若过程中它们减少应代负值。

（2）注意方程中每项量纲的一致,为此 $mg\Delta z$ 项应乘以 10^{-3}。

例题 2-2　一活塞气缸设备内装有 5 kg 的水蒸气,由初态的比热学能 $u_1 = 2709.9$ kJ/kg膨

胀到 $u_2 = 2659.6$ kJ/kg,过程中加给水蒸气的热量为 80 kJ,通过搅拌器的轴输入系统 18.5 kJ 的轴功。若系统无动能、位能的变化,试求通过活塞所做的功。

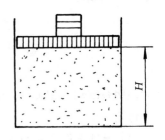

解 依题意画出设备简图,并对系统与外界的相互作用加以分析。如图 2-4 所示,这是一闭口系,所以能量方程为

$$Q = \Delta U + W$$

方程中的 W 是总功,应包括搅拌器的轴功和活塞膨胀功,则能量方程为

$$Q = \Delta U + W_{paddle} + W_{piston}$$

$$W_{piston} = Q - W_{paddle} - m(u_2 - u_1)$$
$$= (+80 \text{ kJ}) - (-18.5 \text{ kJ}) - (5 \text{ kg}) \times (2659.6 - 2709.9) \text{ kJ/kg}$$
$$= 350 \text{ kJ}$$

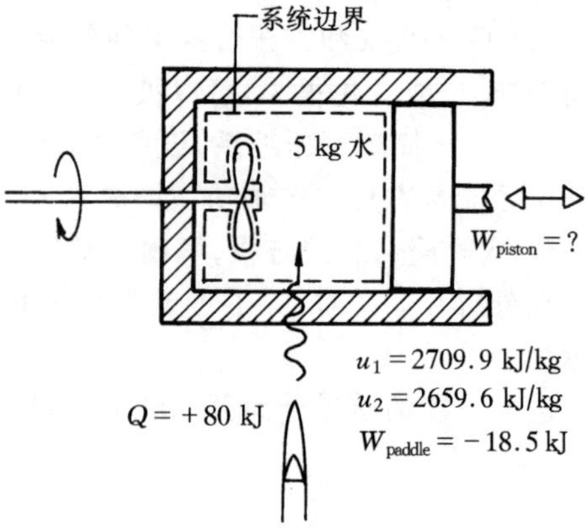

图 2-4 例题 2-2 附图

讨论

(1) 求出的活塞功为正值,说明系统通过活塞膨胀对外做功。

(2) 我们提过膨胀功 $W = \int_1^2 p\,\mathrm{d}V$,此题因不知道过程中 $p\text{-}V$ 的变化情况,因此无法用此式计算 W_{piston}。

(3) 此题的能量收支平衡列于表 2-3。

表 2-3 例题 2-2 的能量收支情况

输入/kJ	输出/kJ
18.5（搅拌器的轴功）	350（活塞功）
80.0（传热）	
总和:98.5	350

总的输出超过了输入,与系统热力学能的减少,即 $\Delta U = 98.5 - 350 = -251.5$ kJ 相平衡。

例题 2-3 如图 2-5 所示的气缸,其内充以空气。气缸截面积 $A = 100$ cm²,活塞距底面高度 $H = 10$ cm,活塞及其上重物的总质量 $m_1 = 195$ kg。当地的大气压力 $p_b = 102$ kPa,环境温度 $t_0 = 27$ ℃。当气缸内的气体与外界处于热平衡时,把活塞重物拿去 100 kg,活塞将会突然上升,最后重新达到热力平衡。假定活塞和气缸壁之间无摩擦,气体可以通过气缸壁与外界充分换热,空气视为理想气体,其状态方程为 $pV = mR_g T$（R_g 是气体常数）,试求活塞上升的距离和气体的换热量。

图 2-5 例题 2-3 附图

解 (1)确定空气的初始状态参数

$$p_1 = p_b + p_{g1} = p_b + \frac{m_1 g}{A}$$

$$= 102 \times 10^3 \ \text{Pa} + \frac{195 \ \text{kg} \times 9.8 \ \text{m/s}^2}{100 \times 10^{-4} \ \text{m}^2}$$

$$= 293.1 \ \text{kPa}$$

$$V_1 = AH = 100 \times 10^{-4} \ \text{m}^2 \times 10 \times 10^{-2} \text{m} = 10^{-3} \ \text{m}^3$$

$$T_1 = (273 + 27) \ \text{K} = 300 \ \text{K}$$

（2）确定拿去重物后，空气的终止状态参数

由于活塞无摩擦，又能充分与外界进行热交换，故当重新达到热力平衡时，气缸内的压力和温度应与外界的压力和温度相等。则

$$p_2 = p_{\text{out}} = p_{\text{b}} + p_{\text{g2}} = p_{\text{b}} + \frac{m_2 g}{A}$$

$$= 102 \times 10^3 \ \text{Pa} + \frac{(195 - 100) \ \text{kg} \times 9.8 \ \text{m/s}^2}{100 \times 10^{-4} \ \text{m}^2}$$

$$= 195.1 \times 10^3 \ \text{Pa} = 195.1 \ \text{kPa}$$

$$T_2 = 300 \ \text{K}$$

由理想气体状态方程 $pV = mR_{\text{g}}T$ 及 $T_1 = T_2$，可得

$$V_2 = V_1 \frac{p_1}{p_2} = 10^{-3} \ \text{m}^3 \times \frac{2.931 \times 10^5 \ \text{Pa}}{1.951 \times 10^5 \ \text{Pa}} = 1.502 \times 10^{-3} \ \text{m}^3$$

活塞上升距离

$$\Delta H = (V_2 - V_1)/A = (1.502 \times 10^{-3} - 10^{-3}) \ \text{m}^3/(100 \times 10^{-4} \text{m}^2)$$

$$= 5.02 \times 10^{-2} \text{m} = 5.02 \ \text{cm}$$

对外做功量

$$W = p_{\text{out}} \Delta V = p_2 \Delta V = 1.951 \times 10^5 \ \text{Pa} \times (1.502 \times 10^{-3} - 10^{-3}) \ \text{m}^3 = 97.94 \ \text{J}$$

由闭口系能量方程

$$Q = \Delta U + W$$

由于 $T_1 = T_2$，故 $U_1 = U_2$（理想气体的热力学能仅取决于温度，这将在下一章予以证明。）

则　　　　$Q = W = 97.94 \ \text{J}$（系统由外界吸入的热量）

讨论

（1）不可逆过程的功不能用 $\int_1^2 p \mathrm{d}V$ 计算，本题用外界参数计算功是一种特例（多数情况下外界参数未予描述，因而难以计算）。

（2）系统对外做功 97.94 J，但用于提升重物的仅是其中一部分，另一部分是用于克服大气压力 p_{b} 所作的功。

例题 2-4　一闭口系从状态 1 沿 1—2—3 途径到状态 3，传递给外界的热量为 47.5 kJ，而系统对外做功为 30 kJ，如图 2-6 所示。

（1）若沿 1—4—3 途径变化时，系统对外做功 15 kJ，求过程中系统与外界传递的热量。

（2）若系统从状态 3 沿图示曲线途径到达状态 1，外界对系统做功 6 kJ，求该过程中系统与外界传递的热量。

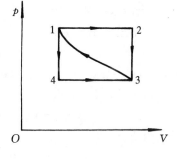

图 2-6　例题 2-4 附图

（3）若 $U_2=175$ kJ，$U_3=87.5$ kJ，求过程 2—3 传递的热量及状态 1 的热力学能。

解 对途径 1—2—3，由闭口系能量方程得

$$\Delta U_{123}=U_3-U_1=Q_{123}-W_{123}$$
$$=(-47.5 \text{ kJ})-30 \text{ kJ}=-77.5 \text{ kJ}$$

（1）对途径 1—4—3，由闭口系能量方程得

$$Q_{143}=\Delta U_{143}+W_{143}$$
$$=\Delta U_{123}+W_{143}=(U_3-U_1)+W_{143}$$
$$=(-77.5 \text{ kJ})+15 \text{ kJ}=-62.5 \text{ kJ}（系统向外界放热）$$

（2）对途径 3—1，可得到

$$Q_{31}=\Delta U_{31}+W_{31}=(U_1-U_3)+W_{31}$$
$$=77.5 \text{ kJ}+(-6 \text{ kJ})=71.5 \text{ kJ}$$

（3）对途径 2—3，有

$$W_{23}=\int_2^3 p\mathrm{d}V=0$$

则

$$Q_{23}=\Delta U_{23}+W_{23}=U_3-U_2=87.5 \text{ kJ}-175 \text{ kJ}=-87.5 \text{ kJ}$$
$$U_1=U_3-\Delta U_{123}=87.5 \text{ kJ}-(-77.5 \text{ kJ})=165 \text{ kJ}$$

讨论

热力学能是状态参数，其变化只决定于初终状态，与变化所经历的途径无关。而热与功则不同，它们都是过程量，其变化不仅与初终态有关，而且还决定于变化所经历的途径。

例题 2-5 一活塞气缸装置中的气体经历了 2 个过程。从状态 1 到状态 2，气体吸热 500 kJ，活塞对外做功 800 kJ。从状态 2 到状态 3 是一个定压的压缩过程，压力为 $p=400$ kPa，气体向外散热 450 kJ。并且已知 $U_1=2000$ kJ，$U_3=3500$ kJ，试计算 2—3 过程中气体体积的变化。

解 分析：过程 2—3 是一定压压缩过程，其功的计算可利用式（1-7），即

$$W_{23}=\int_2^3 p\mathrm{d}V=p_2(V_3-V_2) \tag{1}$$

因此，若能求出 W_{23}，则由式（1）即可求得 ΔV。而 W_{23} 可由闭口系能量方程求得。

对于过程 1—2，有

$$\Delta U_{12}=U_2-U_1=Q_{12}-W_{12}$$

所以 $U_2=Q_{12}-W_{12}+U_1=500 \text{ kJ}-800 \text{ kJ}+2000 \text{ kJ}=1700 \text{ kJ}$

对于过程 2—3，有

$$W_{23}=Q_{23}-\Delta U_{23}=Q_{23}-(U_3-U_2)=(-450 \text{ kJ})-(3500-1700) \text{ kJ}=-2250 \text{ kJ}$$

最后由式（1）得

$$\Delta V_{23}=W_{23}/p_2=-2250 \text{ kJ}/400 \text{ kPa}=-5.625 \text{ m}^3$$

负号说明在压缩过程中体积减小。

2.5.2 稳定流动能量方程的应用

例题 2-6 某燃气轮机装置，如图 2-7 所示。已知压气机进口处空气的比焓 $h_1=290$ kJ/kg。经压缩后，空气升温使比焓增为 $h_2=580$ kJ/kg。在截面 2 处空气和燃料的混

合物以 $c_{f2}=20$ m/s 的速度进入燃烧室,在定压下燃烧,使工质吸入热量 $q=670$ kJ/kg。燃烧后燃气进入喷管绝热膨胀到状态 $3'$,$h_3'=800$ kJ/kg,流速增加到 $c_{f3'}$,此燃气进入动叶片,推动转轮回转做功。若燃气在动叶片中的热力状态不变,最后离开燃气轮机的速度 $c_{f4}=100$ m/s。求:

(1) 若空气流量为 100 kg/s,压气机消耗的功率为多大?

(2) 若燃气的发热值 $q_B=43960$ kJ/kg,燃料的耗量为多少?

(3) 燃气在喷管出口处的流速 $c_{f3'}$ 是多少?

(4) 燃气轮机的功率为多大?

(5) 燃气轮机装置的总功率为多少?

解 (1) 压气机消耗的功率

取压气机开口系为热力系。假定压缩过程是绝热的,忽略宏观动、位能差的影响。由稳定流动能量方程

$$q = \Delta h + \frac{1}{2}\Delta c_f^2 + g\Delta z + w_{s,c}$$

得

$$w_{s,c} = -\Delta h = h_1 - h_2$$
$$= 290 \text{ kJ/kg} - 580 \text{ kJ/kg}$$
$$= -290 \text{ kJ/kg}$$

可见,压气机中所消耗的轴功增加了气体的焓值。

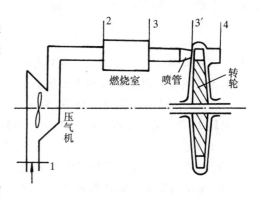

图 2-7　例题 2-6 附图

压气机消耗的功率

$$P_c = q_m w_{s,c} = 100 \text{ kg/s} \times 290 \text{ kJ/kg} = 29000 \text{ kW}$$

(2) 燃料的耗量

$$q_{m,B} = \frac{q_m q}{q_B} = \frac{100 \text{ kg/s} \times 670 \text{ kJ/kg}}{43\,960 \text{ kJ/kg}} = 1.52 \text{ kg/s}$$

(3) 燃料在喷管出口处的流速 $c_{f3'}$

取截面 2 至截面 $3'$ 的空间作为热力系,工质作稳定流动,若忽略重力位能差值,则能量方程为

$$q = (h_{3'} - h_2) + \frac{1}{2}(c_{f3'}^2 - c_{f2}^2) + w_s$$

因 $w_s=0$,故

$$c_{f3'} = \sqrt{2 \times [q - (h_{3'} - h_2)] + c_{f2}^2}$$
$$= \sqrt{2 \times [670 \times 10^3 \text{J/kg} - (800-580) \times 10^3 \text{J/kg}] + (20 \text{ m/s})^2} = 949 \text{ m/s}$$

(4) 燃气轮机的功率

因整个燃气轮机装置为稳定流动,所以燃气流量等于空气流量。取截面 $3'$ 至截面 4 转轴的空间作为热力系,由于截面 $3'$ 和截面 4 上工质的热力状态参数相同,因此 $h_4=h_{3'}$。忽略位能差,则能量方程为

$$\frac{1}{2}(c_{f4}^2 - c_{f3'}^2) + w_{s,T} = 0$$

$$w_{s,T} = \frac{1}{2}(c_{f3'}^2 - c_{f4}^2) = \frac{1}{2} \times [(949 \text{ m/s})^2 - (100 \text{ m/s})^2]$$

$$= 445.3 \times 10^3 \text{ J/kg} = 445.3 \text{ kJ/kg}$$

燃气轮机的功率

$$P_T = q_m w_{s,T} = 100 \text{ kg/s} \times 445.3 \text{ kJ/kg} = 44530 \text{ kW}$$

（5）燃气轮机装置的总功率

装置的总功率＝燃气轮机产生的功率－压气机消耗的功率

即
$$P = P_T - P_c = 44530 \text{ kW} - 29000 \text{ kW} = 15530 \text{ kW}$$

讨论

（1）根据具体问题,首先选好热力系是相当重要的。例如求喷管出口处燃气流速时,若选截面 3 至截面 $3'$ 的空间为热力系,则能量方程为

$$(h_{3'} - h_3) + \frac{1}{2}(c_{f3'}^2 - c_{f3}^2) = 0$$

方程中的未知量有 $c_{f3'}$、c_{f3}、h_3,显然无法求得 $c_{f3'}$。

热力系的选取以怎样有利于方便的解决问题为原则。

（2）要特别注意在能量方程中,动、位能差项与其他项的量纲统一。

例题 2-7 某一蒸汽轮机,进口蒸汽参数为 $p_1 = 9.0$ MPa,$t_1 = 500$ ℃,$h_1 = 3386.8$ kJ/kg,$c_{f1} = 50$ m/s,出口蒸汽参数为 $p_2 = 4.0$ kPa,$h_2 = 2226.9$ kJ/kg,$c_{f2} = 140$ m/s,进出口高度差为 12 m,每 kg 蒸汽经汽轮机散热损失为 15 kJ。试求:

（1）单位质量蒸汽流经汽轮机对外输出的功;

（2）不计进出口动能的变化,对输出功的影响;

（3）不计进出口位能差,对输出功的影响;

（4）不计散热损失,对输出功的影响;

（5）若蒸汽流量为 220 t/h,汽轮机功率有多大?

解　（1）选汽轮机开口系为热力系,汽轮机是对外输出功的叶轮式动力机械,它对外输出的功是轴功。由稳定流动能量方程

$$q = \Delta h + \frac{1}{2}\Delta c_f^2 + g\Delta z + w_s$$

得

$$w_s = q - \Delta h - \frac{1}{2}\Delta c_f^2 - g\Delta z$$

$$= (-15 \text{ kJ/kg}) - (2226.9 - 3386.8) \text{ kJ/kg} -$$

$$\frac{1}{2} \times [(140 \text{ m/s})^2 - (50 \text{ m/s})^2] \times 10^{-3} - 9.8 \text{ m/s}^2 \times (-12 \text{ m}) \times 10^{-3}$$

$$= 1.136 \times 10^3 \text{ kJ/kg}$$

（2）第（2）～第（5）问,实际上是计算不计动、位能差及散热损失时所得轴功的相对偏差

$$\delta_{KE} = \frac{\left|\frac{1}{2}\Delta c_f^2\right|}{w_s} = \frac{\frac{1}{2} \times [(140 \text{ m/s})^2 - (50 \text{ m/s})^2] \times 10^{-3}}{1.136 \times 10^3 \text{ kJ/kg}} = 0.75\%$$

（3）$\delta_{PE} = \dfrac{|g\Delta z|}{w_s} = \dfrac{|9.8 \text{ m/s}^2 \times (-12 \text{ m}) \times 10^{-3}|}{1.136 \times 10^{-3} \text{ kJ/kg}} = 0.01\%$

（4）$\delta_q = \dfrac{|q|}{w_s} = \dfrac{15 \text{ kJ/kg}}{1.136 \times 10^{-3} \text{ kJ/kg}} = 1.3\%$

(5) $P = q_m w_s = \dfrac{220\text{t/h} \times 10^3\text{kg/t}}{3600\text{ s/h}} \times 1.136 \times 10^3\text{ kJ/kg} = 6.94 \times 10^4\text{ kW}$

讨论

(1) 本题的数据具有实际意义,从计算中可以看到,忽略进出口的动、位能差,对输出轴功影响很小,均不超过 3%,因此在叶轮机械的实际计算中可以忽略。

(2) 蒸汽轮机散热损失相对于其他项也很小,因此可以认为一般叶轮机械是绝热系统。

(3) 计算涉及到蒸汽热力性质,题目中均给出了 h_1、h_2,而同时给出的 p_1、t_1、p_2 似乎用不上,这是由于蒸汽性质这一章还未学,在学完该章后可以通过 p、t 求得 h。

例题 2-8 空气在某压气机中被压缩。压缩前空气的参数是 $p_1 = 0.1$ MPa, $v_1 = 0.845$ m³/kg;压缩后的参数是 $p_2 = 0.8$ MPa,$v_2 = 0.175$ m³/kg。假定在压缩过程中,1 kg 空气的热力学能增加 146 kJ,同时向外放出热量 50 kJ,压气机每分钟生产压缩空气 10 kg。求:

(1) 压缩过程中对每千克气体所做的功;

(2) 每生产 1 kg 的压缩气体所需的功;

(3) 带动此压气机至少要多大功率的电动机?

解 分析:要正确求出压缩过程的功和生产压缩气体的功,必须依赖于热力系统的正确选取,及对功的类型的正确判断。压气机的工作过程包括进气、压缩和排气 3 个过程。在压缩过程中,进、排气阀均关闭,因此此时的热力系统是闭口系,与外界交换的功是体积变化功 w。

要生产压缩气体,则进、排气阀要周期性地打开和关闭,气体进出气缸,因此气体与外界交换的功为轴功 w_s。又考虑到气体动、位能的变化不大,可忽略,则此功也是技术功 w_t。

(1) 压缩过程所做的功

由上述分析可知,在压缩过程中,进、排气阀均关闭,因此取气缸中的气体为热力系,如图 2-8 所示。由闭口系能量方程得

$$w = q - \Delta u = (-50 \text{ kJ/kg}) - 146 \text{ kJ/kg} = -196 \text{ kJ/kg}$$

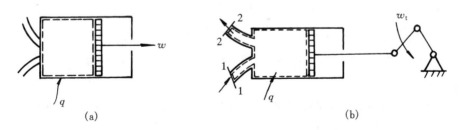

图 2-8 例题 2-8 附图

(2) 生产压缩空气所需的功

选气体的进出口、气缸内壁及活塞左端面所围空间为热力系,如图 2-8(b)中的虚线所示。由开口系能量方程得

$$w_t = q - \Delta h = q - \Delta u - \Delta(pv)$$

$$= (-50 \text{ kJ/kg}) - (146 \text{ kJ/kg}) - (0.8 \times 10^3 \text{ kPa} \times 0.175 \text{ m}^3/\text{kg} -$$

$$0.1 \times 10^3 \text{ kPa} \times 0.845 \text{ m}^3/\text{kg})$$

$$= -251.5 \text{ kJ/kg}$$

（3）电动机的功率

$$P = q_m w_t = \frac{10 \text{ kg}}{60 \text{ s}} \times 251.5 \text{ kJ/kg} = 41.9 \text{ kW}$$

讨论

区分开所求功的类型是本章的一个难点,读者可根据所举的例题仔细体会。

例题 2-9 一燃气轮机装置如图2-9
所示,空气由 1 进入压气机升压后至 2,然
后进入回热器,吸收从燃气轮机排出的废
气中的一部分热量后,经 3 进入燃烧室。
在燃烧室中与油泵送来的油混合并燃烧,
生产的热量使燃气温度升高,经 4 进入燃
气轮机(透平)做功。排出的废气由 5 送入
回热器,最后由 6 排至大气中,其中,压气
机、油泵、发电机均由燃气轮机带动。

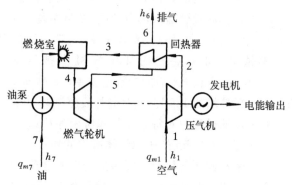

图 2-9 例题 2-9 附图

（1）试建立整个系统的能量平衡式;

（2）若空气的质量流量 $q_{m1} = 50$ t/h,
进口焓 $h_1 = 12$ kJ/kg,燃油流量 $q_{m7} =$
700 kg/h,燃油进口焓 $h_7 = 42$ kJ/kg,油发热量 $q = 41800$ kJ/kg,排出废气焓 $h_6 = 418$ kJ/kg,
求发电机发出的功率。

解 （1）将整个燃气轮机组取为开口系,工质经稳定流动过程,当忽略动能、位能的变化
时,整个系统能量平衡式为

$$\dot{Q} = \dot{H}_6 - (\dot{H}_1 + \dot{H}_7) + P$$

即

$$q_{m7}q = (q_{m1} + q_{m7})h_6 - (q_{m1}h_1 + q_{m7}h_7) + P$$

（2）由上述能量平衡式可得

$$P = q_{m7}q - (q_{m1} + q_{m7})h_6 + (q_{m1}h_1 + q_{m7}h_7)$$

$= [700 \text{ kg/h} \times 41800 \text{ kJ/kg} - (50 \text{ t/h} \times 1000 \text{ kg/t} + 700 \text{ kg/h}) \times 418 \text{ kJ/kg} +$

$(50 \text{ t/h} \times 1000 \text{ kg/t} \times 12 \text{ kJ/kg} + 700 \text{ kg/h} \times 42 \text{ kJ/kg})] \times \dfrac{1 \text{ h}}{3600 \text{ s}} = 2415.8 \text{ kW}$

讨论

读者从该题中,可再次体会到热力系正确选取的重要性。该题若热力系选取得不巧妙,是
不能一步求出发电机发出功率的。

例题 2-10 现有两股温度不同的空气,稳定地流过如图 2-10 所示的设备进行绝热混合,
以形成第三股所需温度的空气流。各股空气的已知参数如图中所示。设空气可按理想气体计,
其焓仅是温度的函数,按 $\{h\}_{kJ/kg} = 1.004\{T\}_K$[①]计算,理想气体的状态方程为 $pv = R_g T$,$R_g = 287$
J/(kg·K)。若进出口截面处的动、位能变化可忽略,试求出口截面的空气温度和流速。

解 选整个混合室为热力系,显然是一稳定流动开口系,其能量方程为

$$\dot{Q} = (\dot{H}_3 - \dot{H}_1 - \dot{H}_2) + \dot{W}_s$$

---

① 这是 GB3101—93 中规定的数值方程式的表示方法。

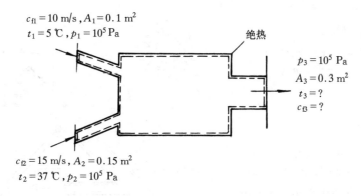

图 2-10　例题 2-10 附图

针对此题 $\dot{Q}=0$，$\dot{W}_s=0$，于是

$$\dot{H}_3 = \dot{H}_1 + \dot{H}_2$$

即

$$q_{m3}h_3 = q_{m1}h_1 + q_{m2}h_2 \tag{1}$$

又

$$q_{m1} = \frac{A_1 c_{f1}}{v_1} = \frac{A_1 c_{f1} p_1}{R_g T_1} = \frac{0.1\ \text{m}^2 \times 10\ \text{m/s} \times 10^5\ \text{Pa}}{287\ \text{J/(kg}\cdot\text{K)} \times (5+273)\ \text{K}} = 1.25\ \text{kg/s}$$

$$q_{m2} = \frac{A_2 c_{f2}}{v_2} = \frac{A_2 c_{f2} p_2}{R_g T_2} = \frac{0.15\ \text{m}^2 \times 15\ \text{m/s} \times 10^5\ \text{Pa}}{287\ \text{J/(kg}\cdot\text{K)} \times (37+273)\ \text{K}} = 2.53\ \text{kg/s}$$

由质量守恒方程得

$$q_{m3} = q_{m1} + q_{m2} = 1.25\ \text{kg/s} + 2.53\ \text{kg/s} = 3.78\ \text{kg/s}$$

将以上数据代入式(1)，得

$$3.78\ \text{kg/s} \times 1.004\ T_3 = 1.25\ \text{kg/s} \times 1.004 \times 278\ \text{K} + 2.53\ \text{kg/s} \times 1.004 \times 310\ \text{K}$$

解得

$$T_3 = 299.4\ \text{K} = 26.4\ ℃$$

又

$$q_{m3} = \frac{A_3 c_{f3} p_3}{R_g T_3}$$

则

$$c_{f3} = \frac{q_{m3} R_g T_3}{A_3 p_3} = \frac{3.78\ \text{kg/s} \times 287\ \text{J/(kg}\cdot\text{K)} \times 299.4\ \text{K}}{0.3\ \text{m}^2 \times 10^5\ \text{Pa}} = 10.8\ \text{m/s}$$

讨论

在分析开口系时，除能量守恒方程外，往往还需考虑质量守恒方程。

例题 2-11　图 2-11 所示的是一面积为 3 m² 的太阳能集热器板。在集热器板的每平方米上，每小时接受太阳能 1700 kJ，其中 40% 的能量散热给环境，其余的将水从 50 ℃ 加热到 70 ℃。忽略水流过集热器板的压降及动能、位能的变化，求水流过集热器板的质量流量。若在 30 min 内需要提供 70 ℃ 的热水0.13 m³，则需要多少个集热器板？已知 70 ℃ 水的比体积 $v=0.001023\ \text{m}^3/\text{kg}$。

解　(1) 选如图虚线所示的空间为热力系，稳定流动能量方程

$$\dot{Q} = q_m \left[(h_2 - h_1) + \frac{1}{2}(c_{f2}^2 - c_{f1}^2) + g(Z_2 - Z_1) \right] + \dot{W}_s$$

依题意

$$\frac{1}{2}(c_{f2}^2 - c_{f1}^2) = 0, \quad g(Z_2 - Z_1) = 0, \quad \dot{W}_s = 0, \quad \text{于是}$$

$$\dot{Q} = q_m(h_2 - h_1)$$

这里 $\dot{Q} = \dot{Q}_{in} - \dot{Q}_{Loss}$

由于水作为不可压缩流体处理,则

$$h_2 - h_1 = c(T_2 - T_1)$$

于是

$$q_m = \frac{\dot{Q}_{in} - \dot{Q}_{Loss}}{c(T_2 - T_1)}$$

$$= \frac{1\ 700\ kJ/(m^2 \cdot h) \times 60\% \times 3\ m^2}{4.187\ kJ/(kg \cdot K) \times (70 - 50)\ K}$$

$$= 36.54\ kg/h = 0.6090\ kg/min$$

(2) 在 30 min 内需要 70 ℃水的总

量为

$$m_{tot} = \frac{V}{v} = \frac{0.13\ m^3}{0.001\ 023\ m^3/kg} = 127.1\ kg$$

即每分钟需要 70 ℃水的总量是

$$q_{m,tot} = \frac{127.1\ kg}{30\ min} = 4.237\ kg/min$$

于是需要集热器的个数为

$$N = \frac{q_{m,tot}}{q_m} = \frac{4.237\ kg/min}{0.6090\ kg/min} \approx 7\ \text{个}$$

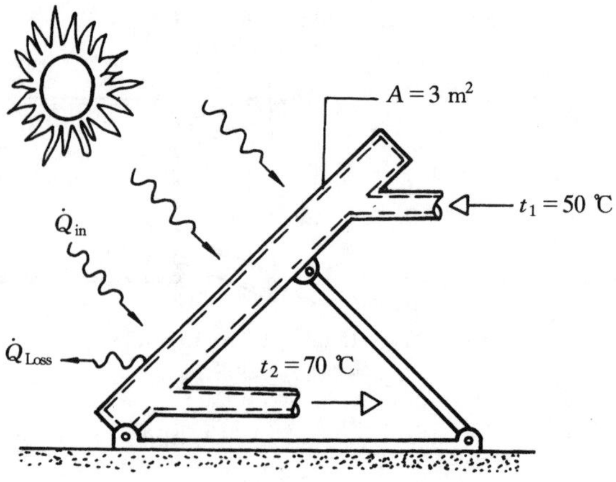

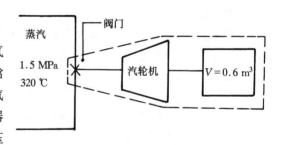

图 2-11 例题 2-11 附图

2.5.3 一般开口系能量方程的应用

例题 2-12 如图 2-12 所示,一大的储气罐里储存温度为 320 ℃,压力为 1.5 MPa,比焓为 3081.9 kJ/kg 的水蒸气,通过一阀门与一汽轮机和体积为 0.6 m³、起初被抽真空的小容器相连。打开阀门,小容器被充以水蒸气,直至压力为 1.5 MPa,温度为 400 ℃时阀门关闭,此时的比热力学能为 2951.3 kJ/kg,比体积为

图 2-12 例题 2-12 附图

0.203 m³/kg。若整个过程是绝热的,且动能、位能的变化可忽略,求汽轮机输出的功。

解 选如图所示的虚线包围的空间为热力系。依题意,假设大的储气罐内蒸汽的状态保持稳定,小容器内蒸汽的终态是平衡态,且假设充汽结束时,汽轮机及连接管道内的蒸汽量可以被忽略。

由于控制容积只有质量的流入,没有质量的流出,则质量守恒方程可简化为

$$\frac{dm_{cv}}{\delta\tau} = q_{m,in} \tag{1}$$

又根据过程绝热 $\dot{Q}_{cv} = 0$,动能、位能变化被忽略,则能量方程(2-13c)简化为

$$\frac{dU_{cv}}{\delta\tau} - q_{m,in}h_{in} + \dot{W}_{net} = 0$$

将式(1)代入,整理得

$$\dot{W}_{\mathrm{net}} = \frac{\mathrm{d}m_{\mathrm{cv}}}{\delta\tau}h_{\mathrm{in}} - \frac{\mathrm{d}U_{\mathrm{cv}}}{\delta\tau}$$

两边积分

$$W_{\mathrm{net}} = h_{\mathrm{in}}\Delta m_{\mathrm{cv}} - \Delta U_{\mathrm{cv}}$$

而

$$\Delta U_{\mathrm{cv}} = (m_2 u_2) - (m_1 u_1) = m_2 u_2$$

$$\Delta m_{\mathrm{cv}} = m_2 = \frac{V}{v_2}$$

这里的下标 1、2 指小容器充汽前的真空状态及充汽后达到的终态,于是

$$W_{\mathrm{net}} = m_2(h_{\mathrm{in}} - u_2) = \frac{V}{v_2}(h_{\mathrm{in}} - u_2)$$

$$= \frac{0.6\ \mathrm{m}^3}{0.203\ \mathrm{m}^3/\mathrm{kg}} \times (3081.9 - 2951.3)\ \mathrm{kJ/kg}$$

$$= 386.0\ \mathrm{kJ}$$

本题无其他边界功,所以开口系的净功 W_{net} 就是汽轮机所做的轴功。

讨论

在学完蒸汽热力性质一章后,本题将没有必要给出 h_{in}、u_2 及 v_2 参数值,读者可根据各状态的压力和温度,自己确定这些参数。

例题 2 - 13　如图 2 - 13 所示的容器内装有压力为 p_0,温度为 T_0,其状态与大气相平衡的空气量 m_0,将容器连接于压力为 p_1,温度为 T_1,状态始终保持稳定的高压输气管道上。打开阀门向容器充气,使容器内压力达到 p,质量变为 m 时关闭阀门。设管路、阀门是热绝的,容器刚性壁是完全透热的,可使容器内的气体温度与大气处于热平衡。而空气的热力学能和焓仅是温度的函数。试求在充气过程中通过透热壁向外放出的热量。

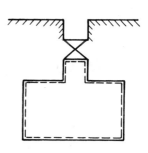

图 2 - 13　例题 2 - 13 附图

解　取容器为热力系,属一般开口系,其能量方程为

$$\dot{Q} = \frac{\mathrm{d}E_{\mathrm{cv}}}{\delta\tau} + q_{m,\mathrm{out}}\left(h + \frac{1}{2}c_{\mathrm{f}}^2 + gz\right)_{\mathrm{out}} - q_{m,\mathrm{in}}\left(h + \frac{1}{2}c_{\mathrm{f}}^2 + gz\right)_{\mathrm{in}} + \dot{W}_{\mathrm{net}}$$

按题设　$q_{m,\mathrm{out}} = 0$,　$\dot{W}_{\mathrm{net}} = 0$,　$\dfrac{1}{2}c_{\mathrm{f,in}}^2 \approx 0$,　$gz_{\mathrm{in}} \approx 0$,　$h_{\mathrm{in}} = h_1$

故有

$$\dot{Q} = \frac{\mathrm{d}U_{\mathrm{cv}}}{\delta\tau} - q_{m,\mathrm{in}}h_1$$

根据质量守恒　$q_{m,\mathrm{in}} = \dfrac{\mathrm{d}m_{\mathrm{cv}}}{\delta\tau}$,代入上式得

$$\dot{Q} = \frac{\mathrm{d}U_{\mathrm{cv}}}{\delta\tau} - \frac{\mathrm{d}m_{\mathrm{cv}}}{\delta\tau}h_1$$

两边积分

$$Q = \Delta U_{\mathrm{cv}} - h_1 \Delta m_{\mathrm{cv}} = mu - m_0 u_0 - h_1(m - m_0) \tag{1}$$

因热力学能仅是温度的函数,即 $u = u(T)$,而 $T = T_0$,所以 $u = u_0$。式(1)可简化为

$$Q = (m - m_0)(u_0 - h_1) = (m - m_0)\left[u(T_0) - h(T_1)\right]$$

例题 2-14 若例题 2-13 中刚性容器改为一气球,充气过程是压力为 p_0 的定压过程,其他条件和参数均不变,求充气过程中,气球内的气体与大气交换的热量。

解 以气球为热力系,则仍为一般开口系,与上题所不同的是充气过程伴有体积变化功的输出。

$$\dot{Q} = \frac{\mathrm{d}E_{cv}}{\delta\tau} + q_{m,\text{out}}\left(h + \frac{1}{2}c_f^2 + gz\right)_{\text{out}} - q_{m,\text{in}}\left(h + \frac{1}{2}c_f^2 + gz\right)_{\text{in}} + \dot{W}_{\text{net}}$$

因 $\quad q_{m,\text{out}} = 0$, $\frac{1}{2}c_{f,\text{in}}^2 \approx 0$, $gz_{\text{in}} = 0$, $\dot{W}_s = \dot{W}$, $h_{\text{in}} = h_1$

又 $\quad T = T_0$, $u = u_0$, $q_{m,\text{in}} = \frac{\mathrm{d}m_{cv}}{\delta\tau}$

于是 $$\dot{Q} = \frac{\mathrm{d}U_{cv}}{\delta\tau} - \frac{\mathrm{d}m_{cv}}{\delta\tau}h_1 + \dot{W}$$

两边积分
$$Q = (mu - m_0u_0) - (m - m_0)h_1 + p_0(V - V_0)$$
$$= (m - m_0)(u_0 - h_1) + p_0(mv - m_0v_0)$$

由于 $\quad p = p_0, T = T_0$, 所以 $v' = v_0$

故 $\quad Q = (m - m_0)(u_0 - h_1) + p_0v_0(m - m_0) = (m - m_0)(h_0 - h_1)$
$$= (m - m_0)[h(T_0) - h(T_1)]$$

2.6 自我测验题

2-1 写出热力学第一定律的一般表达式及闭口系热力学第一定律表达式。

2-2 写出稳定流动能量方程式,说明各项的意义。

2-3 下面所写的热力学第一定律表达式是否正确? 若错了,请改正。

$$q = \mathrm{d}u + \mathrm{d}w$$

$$Q = \Delta h + \frac{1}{2}\Delta c_f^2 + g\mathrm{d}z + w$$

$$q = \Delta h + \frac{1}{2}(c_{f2} - c_{f1})^2 + g\Delta z + w_t$$

$$q = \Delta u + v\mathrm{d}p$$

$$Q = \Delta H + \int p\mathrm{d}v$$

2-4 说明下列公式的适用条件:

$$\delta q = \mathrm{d}u + p\mathrm{d}v$$
$$\delta q = \mathrm{d}h - v\mathrm{d}p$$
$$q = \Delta h + \frac{1}{2}c_f^2 + g\Delta z + w_s$$
$$q = \Delta h$$
$$w_s = -\Delta h$$

2-5 用稳流能量方程分析锅炉、汽轮机、压气机、冷凝器的能量转换特点,得出对其适用的简化能量方程。

2-6　稳定流动的定义是什么？满足什么条件才是稳定流动？稳定流动能量方程对不稳定流动是否适用？一般开口系能量方程式与稳定流动能量方程式的区别是什么？

2-7　流动工质进入开口系带入的能量有 _____，推动功为 _____。工质流出开口系时带出的能量为 _____，推动功为 _____。

2-8　焓的定义式为 _____，单位是 _____。

2-9　技术功 $w_t =$ _____，可逆过程技术功 $w_{t,re} =$ _____。技术功与膨胀功的关系为 _____，在同一 p-v 图上表示出任意一可逆过程的 w 和 w_t。

2-10　若气缸中的气体进行膨胀，由 V_1 膨胀到 V_2，活塞外面是大气，大气压力为 p_0。问工质膨胀所做的功中有多少是对外做的有用功？

2-11　如图 2-14 所示，已知工质从状态 a 沿路径 a—c—b 变化到状态 b 时，吸热 84 kJ，对外做功 32 kJ。问
（1）系统从 a 经 d 到 b，若对外做功 10 kJ，吸热量 $Q_{adb} =$ _____。
（2）系统从 b 经中间任意过程返回 a，若外界对系统做功 20 kJ，则 $Q_{ba} =$ _____，其方向为 _____。
（3）设 $U_a = 0$，$U_d = 42$ kJ，则 $Q_{ad} =$ _____，$Q_{db} =$ _____。

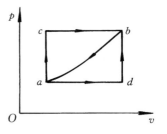

图 2-14　题 2-11 附图

2-12　质量为 1.5 kg 的气体从初态 1000 kPa、0.2 m³ 膨胀到终态 200 kPa、1.2 m³，膨胀过程中维持以下关系：

$p = aV + b$，其中 a、b 均为常数。

$$\{u\}_{kJ/kg} = 1.5\{p\}_{kPa}\{v\}_{m^3/kg} - 85$$

求：(1) 过程的传热量；(2) 气体所获得的最大热力学能增量。

2-13　如图 2-15 所示，一刚性活塞，一端受热，其他部分绝热，内有一不透热的活塞，活塞与缸壁间无摩擦。现自容器一端传热，$Q = 20$ kJ，由于活塞移动对 B 做功 10 kJ。求：
(1) B 中气体的热力学变化 ΔU_B；
(2) A 和 B 总的热力学能变化 ΔU_{A+B}。

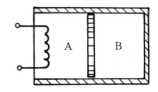

图 2-15　题 2-13 附图

2-14　由生物力学测定可知，一个人在静止时向环境的散热率为 400 kJ/h。在一个容纳 2000 人的礼堂里，由于空调系统发生故障，求：(1) 故障后 20 min 内，礼堂中空气的热力学能增加量；(2) 假定礼堂和环境无热量交换，将礼堂和所有的人取为热力系，该系统热力学能变化多少？应如何解释礼堂中的空气温度的升高？

2-15　在炎热的夏天，有人试图用关闭厨房的门窗和打开电冰箱门的办法使厨房降温。开始时他感到凉爽，但过一段时间后，这种效果逐渐消失，甚至会感到更热，这是为什么？

2-16　压力 0.1 MPa，温度 298 K 的空气，被透平压缩机压缩到 0.5 MPa、450 K，透平压缩机消耗的功率为 5 kW，散热损失为 5 kJ/kg。假定空气进出口的动、位能差均略去不计，空气作理想气体处理，其进出口焓差 $\Delta h = 1.004 \Delta t$ kJ/kg。求空气的质量流量。

2-17　一水冷式的油冷却器，已知进入冷却器的温度为 88 ℃，流量为 45 kg/min，流出

冷却器的温度为 38 ℃;冷却水进入和离开冷却器的温度各为 15 ℃和 26.5 ℃,此冷却器在绝热的同时,可忽略动能变化。油和水两者的焓可用 $\Delta h = c\Delta t$ 计算,$c_{水} = 4.19$ kJ/(kg·K),$c_{油} = 1.89$ kJ/(kg·K),求冷却水的质量流量。

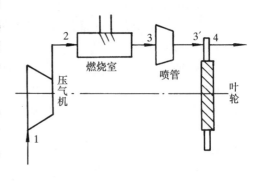

图 2-16 题 2-18 附图

2-18 某燃气轮机装置,如图 2-16 所示。已知在各截面处的参数是:

在截面 1 处:$p_1 = 0.1$ MPa,$t_1 = 28$ ℃,$v_1 = 0.88$ m³/kg;

在截面 2 处:$p_2 = 0.6$ MPa,$t_2 = 82$ ℃,$v_2 = 0.173$ m³/kg;

在截面 3 处:$p_3 = p_2$,$t_3 = 600$ ℃,$v_3 = 0.427$ m³/kg;

在截面 3′处:$p_{3'} = p_1$,$t_{3'} = 370$ ℃,$v_{3'} = 1.88$ m³/kg。且 $\Delta u_{12} = u_2 - u_1 = 40$ kJ/kg,$\Delta u_{23} = 375$ kJ/kg,$\Delta u_{33'} = -167$ kJ/kg。$c_{f1} = c_{f2} = c_{f3} = c_{f4} = 0$。求:

(1) 压气机消耗的功;

(2) 燃烧室加给工质的热量;

(3) 喷管出口的流速;

(4) 叶轮输出的功。

2-19 在图 2-17 所示的绝热容器 A、B 中,装有某种相同的理想气体。已知:T_A、p_A、V_A 和 T_B、p_B、V_B,比热容 c_V 可看成常量,比热力学能与温度的关系为 $u = c_V T$。若管路、阀门均绝热,求打开阀门后,A、B 容器中气体的终温与终压。

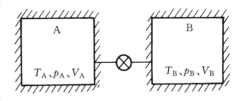

图 2-17 题 2-19 附图

(提示:此题若选 A、B 容器分别为系统,都是开口系,属不稳定流动问题,解题比较困难。若选 A 与 B 容器中总的气体为系统,该系统是闭口系,求解较容易。)

2-20 2-19 题中,如果容器不绝热,热损失为 Q,其他条件不变,则打开阀门后,A、B 容器中气体的终温与终压又各为多少?

第3章 理想气体的性质与过程

和自然界发生的一切事物一样,能量转换不能孤立地进行,总是在一定的内部条件和外部条件下发生的。工质是能量转换的媒介,是实现能量转换的内部条件,工质的性质影响能量转换的效果。在热功转换中,主要以气相物质为工质,对气相工质的研究分理想气体和实际气体,实际气体性质的研究将在后续章节中介绍。仅有内部条件尚不足以实现能量转换,还必须让工质在一定的热力设备中通过状态的变化即热力过程,来实现预定的能量转换。对于热力过程的研究,其实质就是研究外部条件对能量转换的影响。本章研究理想气体的热力性质(内部条件)及过程(外部条件)中的规律。

3.1 基本要求

(1)熟练掌握并正确应用理想气体状态方程式。

(2)正确理解理想气体比热容的概念;熟练掌握和正确应用定值比热容、平均比热容来计算过程热量,以及计算理想气体热力学能、焓和熵的变化。

(3)熟练掌握 4 种基本过程以及多变过程的初终态基本状态参数 p、v、T 之间的关系。

(4)熟练掌握 4 种基本过程以及多变过程系统与外界交换的热量、功量的计算。

(5)能将各过程表示在 $p - v$ 图和 $T - s$ 图上,并能正确地应用 $p - v$ 图和 $T - s$ 图判断过程的特点,即 Δu、Δh、q 及 w 等的正负值。

3.2 基本知识点

3.2.1 理想气体的概念及状态方程式

1. 理想气体和实际气体

实际气体是真实气体,在工程使用范围内离液态较近,分子间作用力及分子本身体积不可忽略,因此热力性质复杂,工程计算主要靠图表。

理想气体是一种假想的气体,其分子间没有作用力,分子本身是不占体积的弹性质点。理想气体的热力性质简单,容易利用解析的方法进行计算。

在实际中,有许多气体,如常温常压下的 H_2、O_2、N_2、CO_2、CO、He 及其混合物空气、燃气、烟气等,它们的性质很接近理想气体,误差不超过百分之几,计算时可作为理想气体处理。因此,理想气体的提出具有重要的实用意义。

2. 理想气体状态方程式

(1)状态方程式: 综合经验定律得出的理想气体状态方程式为

$$pv = R_g T \qquad (3-1a)$$

或

$$pV = mR_g T \qquad (3-1b)$$

它反映了理想气体平衡态基本状态参数之间的数量关系,使用式(3-1a)可由任意 2 个已知参数求得第 3 个参数。利用式(3 - 1b),往往在已知 p、V、T 的情况下,可求得工质的质量。

气体常数 R_g,与气体所处状态无关,随气体种类而异,可在有关物性表中查取。但查表给计算带来一些不便,为此引入通用气体常数 R 的概念。

(2)通用气体常数 R: 气体常数 R_g 之所以随气体的种类不同而异,推究其原因,是因为在同温同压下,不同气体的比热容是不同的。

如果单位物量不用质量而用摩尔,则由阿伏伽德罗定律可知,在同温同压下,不同气体的摩尔体积是相同的,从而得到通用气体常数 R 表示的状态方程式

$$pV_m = RT \tag{3 - 1c}$$

$$pV = nRT \tag{3 - 1d}$$

通用气体常数不仅与气体所处状态无关,而且还与气体种类无关,任何气体都是相同的。当采用国际单位制时,$R=8.314 \text{ J}/(\text{mol} \cdot \text{K})$。这样若已知气体的摩尔质量 M,气体常数 R_g 可利用式

$$R_g = \frac{R}{M}$$

求取,而不必再查表。

3.2.2 理想气体的比热容

1. 定义和种类

单位质量的物体温度升高 1 K(或 1℃)所需的热量,称为质量热容,简称比热容,即

$$c = \frac{\delta q}{dT} \tag{3 - 2}$$

单位为 $\text{J}/(\text{kg} \cdot \text{K})$。

根据所采用的物质量单位的不同,以及所经历的过程不同,又有摩尔热容 C_m,单位为 $\text{J}/(\text{mol} \cdot \text{K})$;容积热容 C',单位为 $\text{J}/(\text{m}^3 \cdot \text{K})$(以标准状态下的 1 m^3 作为物质量的单位);比定压热容 c_p;比定容热容 c_V。它们之间的关系为

$$C_m = Mc = 22.41C' \tag{3 - 3}$$

$$c_p - c_V = R_g \tag{3 - 4a}$$

$$C_{p,m} - C_{V,m} = R \tag{3 - 4b}$$

2. 比热容与温度的关系

比定压热容和比定容热容是状态参数,与过程无关。对于简单可压缩系,它们应是温度、压力的函数。但对理想气体,它们仅是温度的单值函数,即 $c = f(t)$。利用比热容计算热量、热力学能、焓和熵时,对比热容的处理有如下几种方法。

(1)真实比热容:将实验测得的不同气体的比热容随温度的变化关系,表达为多项式形式,称之为真实比热容,即

$$c = a_0 + a_1 t + a_2 t^2 + \cdots$$

该方法在计算热量、热力学能、焓和熵时要通过积分,很不方便,因此在工程计算中广泛采用的是平均比热容。

(2)平均比热容:平均比热容表示 t_1 到 t_2 间隔内比热容的积分平均值,如图 3 - 1 中的

$c\Big|_{t_1}^{t_2}$ 所示,即

$$c\Big|_{t_1}^{t_2} = \frac{q\Big|_{t_1}^{t_2}}{t_2 - t_1} = \frac{c\Big|_0^{t_2}\, t_2 - c\Big|_0^{t_1}\, t_1}{t_2 - t_1} \qquad (3-5)$$

起点相同的 $c\Big|_0^{t_2}$ 和 $c\Big|_0^{t_1}$ 可以从平均比热容表中查取。

若取真实比热容为直线关系式,可推得平均比热容的直线关系式为

$$c\Big|_{t_1}^{t_2} = a + \frac{b}{2}(t_1 + t_2) = a + b't$$

即只要用 $t_1 + t_2$ 代替从表中查取的直线关系中的 t,就可求得 $t_1 \sim t_2$ 的平均比热容。这种比热容的处理方法,其精度虽不及平均比热容表法,但仍比定值比热容的高。

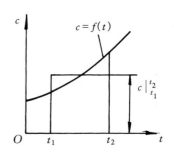

图 3-1　比热容

(3) 定值比热容:当气体温度不太高且变化范围不大,或计算精度要求不高时,可将比热容近似看作不随温度而变的定值,称为定值比热容,其数值将在公式小结时给出。

3.2.3　理想气体的热力学能、焓和熵

理想气体的热力学能和焓是温度的单值函数,其计算式为

$$\Delta u = \int_1^2 c_V \mathrm{d}T \qquad (3-6)$$

$$\Delta h = \int_1^2 c_p \mathrm{d}T \qquad (3-7)$$

工程上可以使用下列几种方法求算,具体选用哪一种方法,取决于所要求的精度。

(1) 按定值比热容求算;

(2) 按真实比热容求算;

(3) 按平均比热容求算;

(4) 按气体热力性质表上所列的 u 和 h 计算。该表一般规定 0 K 为基准点,即 $T=0$ K, $h=0$, $u=0$, 从表中求得的是任意温度下的 h 和 u 值。

熵不仅与温度有关,而且还与压力或体积有关。理想气体熵的计算式可据已知条件来选用不同的公式。

当已知 (T, p) 时,有

$$\Delta s = \int_1^2 c_p \frac{\mathrm{d}T}{T} - R_g \ln \frac{p_2}{p_1} \quad (\text{真实比热容}) \qquad (3-8\mathrm{a})$$

$$\Delta s = c_p \ln \frac{T_2}{T_1} - R_g \ln \frac{p_2}{p_1} \quad (\text{定值比热容}) \qquad (3-8\mathrm{b})$$

当已知 (T, v) 时,有

$$\Delta s = \int_1^2 c_V \frac{\mathrm{d}T}{T} + R_g \ln \frac{v_2}{v_1} \quad (\text{真实比热容}) \qquad (3-9\mathrm{a})$$

$$\Delta s = c_V \ln \frac{T_2}{T_1} + R_g \ln \frac{v_2}{v_1} \quad (\text{定值比热容}) \qquad (3-9\mathrm{b})$$

当已知(p,v)时,有

$$\Delta s = \int_1^2 c_V \frac{\mathrm{d}p}{p} + \int_1^2 c_p \frac{\mathrm{d}v}{v} \quad \text{(真实比热容)} \tag{3-10a}$$

$$\Delta s = c_V \ln \frac{p_2}{p_1} + c_p \ln \frac{v_2}{v_1} \quad \text{(定值比热容)} \tag{3-10b}$$

为了简化熵的计算,在按真实比热容计算时,可用查表取代 $\int_1^2 c_p \dfrac{\mathrm{d}T}{T}$ 的积分运算。热力性质表中列有从 $T = 0\ \mathrm{K}$ 到任意温度的 $s_T^0 = \int_0^T c_p \dfrac{\mathrm{d}T}{T}$ 值,于是

$$\Delta s = s_{T_2}^0 - s_{T_1}^0 - R_g \ln \frac{p_2}{p_1} \tag{3-11}$$

热力学能、焓和熵是状态参数,只取决于初终状态,与过程性质无关,因此以上各计算式适用于理想气体的任何过程。

3.2.4 研究热力过程的目的和方法

1. 研究目的和任务

研究热力过程的目的就是力求通过有利的外部条件,合理地安排热力过程,以提高热能和机械能转换的效率。

研究热力过程的基本任务是,根据过程进行的条件,确定过程中工质状态参数的变化规律,并分析过程中的能量转换关系。

2. 分析热力过程的依据

本章仅限于研究理想气体的可逆过程,对过程中的能量转换也只限于分析能量数量之间的平衡关系。对不可逆因素引起的能量质的变化(做功能力的损失)将在下章讨论。因此,分析热力过程的主要依据是,热力学第一定律的能量方程、理想气体的热力性质以及可逆过程的特征,即式

$$q = \Delta u + w = c_V \Delta T + \int_1^2 p \mathrm{d}v \tag{3-12}$$

$$q = \Delta h + wt = c_p \Delta T - \int_1^2 v \mathrm{d}p \tag{3-13}$$

是推导的基础。

3. 研究方法和步骤

在分析实际热力过程时,通常采用抽象、简化的方法,将复杂的实际不可逆过程简化为可逆过程处理。然后,借助某些经验系数进行修正,并且将实际过程中状态参数变化的特征加以抽象,概括成为具有简单规律的典型过程,如定压、定容、定温、绝热过程等。

热力过程的分析内容和步骤可概括为以下几点:

(1)建立过程方程;

(2)由过程方程和状态方程,建立初、终态 p、v、T 参数之间的关系式,以确定未知参数;

(3)将过程中状态参数的变化规律表示在 p-v 图和 T-s 图上,以便利用图示方法进行定性分析,如功量、热量的正负;

(4)根据理想气体性质,确定过程中的 Δu、Δh、Δs;

(5)根据热力学第一定律,结合过程特征,计算过程中与外界交换的功量(膨胀功 w 或技

术功 w_t)和热量。

至于究竟是求膨胀功还是技术功,要看过程具体的情况。一般情况下,闭口系计算膨胀功,开口系(稳定流动)计算技术功。

对各种热力过程的分析,就是针对以上步骤中的每一项内容展开讨论,从而得到结论。

3.2.5　基本过程及多变过程的分析

基本过程指定压过程、定容过程、定温过程和可逆绝热过程(亦即定熵过程),它们有一个共同的特征,就是过程进行中有一个状态参数(p、v、T 或 s)保持不变。对于理想气体,热力学能和焓仅是温度的函数,所以定温过程也就是定热力学能及定焓过程。因此,保持一个参数不变的过程仅有上述 4 种,这 4 种过程称为基本过程。

在工程上,大部分实际过程可近似地用 $pv^n=$ 定值的多变过程来描述,n 为多变指数。在某一多变过程中,n 为一定值,但不同的多变过程,其 n 值各不相同。对于复杂的实际过程,可把它分作几段不同多变指数的多变过程来描述,每一段中的 n 保持不变。

原则上,n 可为 $-\infty \to 0 \to +\infty$ 的任一实数值,但工程中所遇到的过程 n 一般都为正值。因为在 p-v 图上,多变过程的斜率为 $\dfrac{\mathrm{d}p}{\mathrm{d}v}=-n\dfrac{p}{v}$(由多变过程的过程方程得到),显然当 $n<0$ 时,$\dfrac{\mathrm{d}p}{\mathrm{d}v}>0$。$\mathrm{d}p$ 与 $\mathrm{d}v$ 同号,即工质膨胀时,压力增大,工程上一般看不到这样的过程,所以 n 为负的过程(见图 3-2(a)中的区域 Ⅰ 和 Ⅲ)不必考虑。

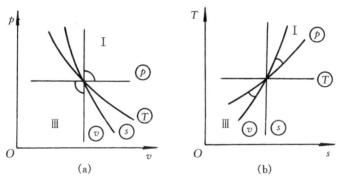

图 3-2　基本过程的 p-v 图和 T-s 图

4 种基本过程,实际上也都是多变过程的特例,即

$n=0$, $p=$定值,为定压过程;

$n=1$, $pv=$定值,为定温过程;

$n=\kappa$, $pv^\kappa=$定值,为可逆绝热即定熵过程;

$n=\pm\infty$, $v=$定值,为定容过程。

基本过程和多变过程的详细分析结果列于下一节的公式小结中。

3.3 公式小结

3.3.1 理想气体的热力性质

1. 理想气体状态方程

适用于 1 kg 气体 $\quad pv=R_g T$

适用于 m kg 气体 $\quad pV=mR_g T$

适用于 1 mol 气体 $\quad pV_m=RT$

适用于 n mol 气体 $\quad pV=nRT$

通用气体常数与气体常数之间的关系为 $\quad R_g=\dfrac{R}{M}$

2. 理想气体的比热容

(1) 种类(见表 3-1)。

表 3-1 比热容的种类

名　称	比热容	摩尔热容	容积热容
单位	J/(kg·K)	J/(mol·K)	J/(m³·K)
比定压热容	c_p	$C_{p,m}$	C'_p
比定容热容	c_V	$C_{V,m}$	C'_V

换算关系 $\quad C_m=Mc=22.41C'$

迈耶尔公式 $\quad c_p-c_V=R_g$ 或 $C_{p,m}-C_{V,m}=R$

(2) 变比热容。

真实比热容 $\quad c=f(T)$，多项式形式为 $c=a_0+a_1 t+a_2 t^2+\cdots$

平均比热容

比热容表法 $\quad c\Big|_{t_1}^{t_2}=\dfrac{c\Big|_0^{t_2}t_2-c\Big|_0^{t_1}t_1}{t_2-t_1}$

直线关系 $\quad c\Big|_{t_1}^{t_2}=a+b't,\ (t=t_1+t_2)$

(3) 定值比热容(见表 3-2)。

表 3-2 理想气体的定值比热容

气体种类	$c_V/[J/(kg·K)]$	$c_p/[J/(kg·K)]$	κ
单原子	$\frac{3}{2}R_g$	$\frac{5}{2}R_g$	1.67
双原子	$\frac{5}{2}R_g$	$\frac{7}{2}R_g$	1.40
多原子	$\frac{7}{2}R_g$	$\frac{9}{2}R_g$	1.30

注：$\kappa=c_p/c_V$。

引入比热式 κ 后,结合迈耶尔公式,又可得

$$c_p = \frac{\kappa}{\kappa - 1} R_g$$

$$c_V = \frac{1}{\kappa - 1} R_g$$

3. 理想气体的热力学能、焓和熵(见表 3-3)

表 3-3　理想气体的热力学能、焓和熵

类　型	热力学能	焓	熵
微元变化	$du = c_V dT$	$dh = c_p dT$	$ds = c_p \dfrac{dT}{T} - R_g \dfrac{dp}{p}$
有限变化 (真实比热容)	$\Delta u = \int_1^2 c_V dT$	$\Delta h = \int_1^2 c_p dT$	$\Delta s = \int_1^2 c_p \dfrac{dT}{T} - R_g \ln \dfrac{p_2}{p_1}$
有限变化 (平均比热容)	$\Delta u = c_V \Big|_0^{t_2} t_2 - c_V \Big|_0^{t_1} t_1$	$\Delta h = c_p \Big|_0^{t_2} t_2 - c_p \Big|_0^{t_1} t_1$	$\Delta s = s_{T_2}^0 - s_{T_1}^0 - R_g \ln \dfrac{p_2}{p_1}$
有限变化 (定值比热容)	$\Delta u = c_V \Delta T$	$\Delta h = c_p \Delta T$	$\Delta s = c_p \ln \dfrac{T_2}{T_1} - R_g \ln \dfrac{p_2}{p_1}$

熵还有另外 2 个计算公式,即

$$ds = c_V \frac{dT}{T} + R_g \frac{dv}{v}$$

$$ds = c_p \frac{dv}{v} + c_V \frac{dp}{p}$$

可根据已知条件的不同进行选择。

3.3.2　理想气体的热力过程

理想气体的各种可逆过程公式汇总在表 3-4 中。

表 3-4　气体的各种热力过程

过程	过程 方程式	初、终态参 数间的关系	功量交换		热量交换[2]
			w	w_t[1]	
定容	$v =$ 定值	$v_2 = v_1; \dfrac{T_2}{T_1} = \dfrac{p_2}{p_1}$	0	$v(p_1 - p_2)$	$c_V(T_2 - T_1)$
定压	$p =$ 定值	$p_2 = p_1; \dfrac{T_2}{T_1} = \dfrac{v_2}{v_1}$	$p(v_2 - v_1)$ 或 $R_g(T_2 - T_1)$	0	$c_p(T_2 - T_1)$

过程	过程方程式	初、终态参数间的关系	功量交换		热量交换②
			w	w_t[①]	
定温	$pv=$定值	$T_2=T_1$；$\dfrac{p_2}{p_1}=\dfrac{v_1}{v_2}$	$p_1 v_1 \ln \dfrac{v_2}{v_1}$	w	w
可逆绝热	$pv^{\kappa}=$定值	$\dfrac{p_2}{p_1}=\left(\dfrac{v_1}{v_2}\right)^{\kappa}$ $\dfrac{T_2}{T_1}=\left(\dfrac{v_1}{v_2}\right)^{\kappa-1}$ $\dfrac{T_2}{T_1}=\left(\dfrac{p_2}{p_1}\right)^{\frac{\kappa-1}{\kappa}}$	$\dfrac{R_g}{\kappa-1}(T_1-T_2)$ 或 $\dfrac{R_g T_1}{\kappa-1}\left[1-\left(\dfrac{p_2}{p_1}\right)^{\frac{\kappa-1}{\kappa}}\right]$	κw	0
多变	$pv^{n}=$定值	$\dfrac{p_2}{p_1}=\left(\dfrac{v_1}{v_2}\right)^{n}$ $\dfrac{T_2}{T_1}=\left(\dfrac{v_1}{v_2}\right)^{n-1}$ $\dfrac{T_2}{T_1}=\left(\dfrac{p_2}{p_1}\right)^{\frac{n-1}{n}}$	$\dfrac{R_g}{n-1}(T_1-T_2)$ 或 $\dfrac{R_g T_1}{n-1}\left[1-\left(\dfrac{p_2}{p_1}\right)^{\frac{n-1}{n}}\right]$	nw[③]	$c_n(T_2-T_1)$ $=\dfrac{n-\kappa}{n-1}c_V(T_2-T_1)$

注：① 当忽略流动工质动能、位能的变化时，技术功 w_t 就是开口系(稳定流动)对应的轴功 w_s。

② 如果需要精确地考虑比热容不是常量，可以用平均比热容代替表内的 c_V 或 c_p。

③ $n=\infty$ 时除外。

3.4 重点与难点

3.4.1 理想气体的热力性质

1. 理想气体状态方程

状态方程不是难点，但却是本章的重点之一。在使用时，值得注意的是：

(1) 状态方程是反映平衡态状态参数之间数量关系的方程，它只能用于平衡态，不能用于过程计算。因此，应注意不要把状态方程与过程方程混淆。

(2) 必须采用绝对温度和绝对压力，而不能有摄氏温度和表压力。

(3) p、v、V、V_m、T 及 M 等量的单位必须与通用气体常数(或气体常数)协调一致。

2. 比热容

比热容对于本章既是重点又是难点，在学习时应注意下面的问题：

(1) 容积热容 C' 的物质量单位是标准状态下的立方米(m^3)，而不是任意状态的立方米。这是因为物质量的选取不应随状态而变。如果遇到的容积是非标准状态下的容积，计算又要使用 C' 时，应将容积化成标准状态下的容积。

(2) 查取平均比热容表时，首先应注意表给出的是 6 种比热容中的哪一种，若不能直接查取所需的那一种，可利用比热容之间的换算关系去换算。其次，应注意平均比热容表的自变量

温标是摄氏温标,而不是绝对温标,计算时不可画蛇添足,将 t 化为 T。最后,如果要查的 $c\Big|_0^t$ 在平均比热容表上不能直接查取,即没有温度 t 下的 $c\Big|_0^t$ 值,可使用线性内插法求取。例如,求取氧气的平均比热容 $c_p\Big|_0^{120}$,则

$$c_p\Big|_0^{120} = c_p\Big|_0^{100} + \frac{120\ ℃ - 100\ ℃}{200\ ℃ - 100\ ℃}\left(c_p\Big|_0^{200} - c_p\Big|_0^{100}\right)$$

$$= 0.923\ \text{kJ/(kg·K)} + \frac{20℃}{100℃}\left[0.935\ \text{kJ/(kg·K)} - 0.923\ \text{kJ/(kg·K)}\right]$$

$$= 0.925\ \text{kJ/(kg·K)}$$

3. 理想气体的热力学能、焓和熵的计算

这是本章的重点之一,尤其是利用定值比热容计算理想气体的热力学能、焓和熵,必须熟练掌握。值得注意的是,理想气体的热力学能和焓仅是温度的函数,而熵不仅与温度有关,而且与比压力或比体积有关,掌握这些特点对记忆和运用公式很有益处。

利用气体性质表计算热力学能、焓和熵的方法,不作为重点要求。另外,本章还多处出现了用微观理论来解释理想气体的热力性质,其目的仅仅是为了加深读者的理解,没有必要把这些内容作为重点死扣硬钻。

3.4.2　理想气体的热力过程

1. 热力过程计算公式的掌握

熟练掌握 4 种基本过程及多变过程的初、终态 p、v、T 参数之间的关系式,以及过程中系统与外界交换的热量、功量的计算,是本章的又一重点。对应的计算公式已列在表 3 - 4。对于这些公式,如何记忆和运用是一难点,为此做以下分析,以帮助掌握。

(1) 在 p、v、T 初、终态参数之间的关系式中,定容、定压、定温过程很容易从状态方程中推得,不必死记。例如,定压过程,因为 $pv = R_g T$,当 $p =$ 定值时,T 与 v 成正比,于是 $\frac{T_2}{T_1} = \frac{v_2}{v_1}$。定熵过程和多变过程,其状态参数仅仅是指数不同,记住其中一种过程,另一种过程也就记住了。在反映定熵过程(或多变过程)参数之间关系的 3 个公式中,只需记住一个,其余 2 个可以从这一个和状态方程中求得。$\frac{T_2}{T_1} = \left(\frac{p_2}{p_1}\right)^{(\kappa-1)/\kappa} = \left(\frac{v_1}{v_2}\right)^{\kappa-1}$,后半部分就是 $pv^\kappa =$ 定值。

(2) 各种过程热量和功量的计算公式,可概括为如下两公式的具体应用:

$$q = \Delta u + w \xrightarrow[\text{过程}]{\text{可逆}} \Delta u + \int_1^2 p\,dv \xrightarrow[\text{气体}]{\text{理想}} c_V \Delta T + \int_1^2 p\,dv$$

$$\hookrightarrow = \int_1^2 c\,dT \xrightarrow[\text{过程}]{\text{可逆}} \int_1^2 T\,ds \tag{3-14}$$

$$q = \Delta h + w_t \xrightarrow[\text{过程}]{\text{可逆}} \Delta h - \int_1^2 v\,dp \xrightarrow[\text{气体}]{\text{理想}} c_p \Delta T - \int_1^2 v\,dp$$

$$\hookrightarrow = \int_1^2 c\,dT \xrightarrow[\text{过程}]{\text{可逆}} \int_1^2 T\,ds \tag{3-15}$$

从式(3 - 14)、式(3 - 15)中看到,计算功量的方法有:

① $w = \int_1^2 p\,dv = \int_1^2 f(v)\,dv$ $\begin{cases} \text{定压、定容过程选用此公式很方便,即} \\ \text{定压} \quad w = p(v_2 - v_1) \\ \text{定容} \quad w = 0 \end{cases}$

② $w_t = -\int_1^2 v\,dp = -\int_1^2 f(p)\,dp$ $\begin{cases} \text{定压、定容过程选用此公式很方便,即} \\ \text{定压} \quad w_t = 0 \\ \text{定容} \quad w_t = v(p_1 - p_2) \end{cases}$

③ 在 q 已求出的情况下,由能量方程求 w 或 w_t,即

$$w = q - \Delta u = q - c_V \Delta T$$
$$w_t = q - \Delta h = q - c_p \Delta T$$

例如,在绝热过程中,$q = 0$。于是,$w = c_V(T_1 - T_2) = \dfrac{R_g}{\kappa - 1}(T_1 - T_2)$,不必死记。通常在工程实际中,已知初温和初、终压,为了方便,又将上式化为 $w = \dfrac{R_g T_1}{\kappa - 1}\left[1 - \left(\dfrac{p_2}{p_1}\right)^{\frac{\kappa - 1}{\kappa}}\right]$。绝热过程的技术功是 w 的 κ 倍即可。

至于多变过程的功,形式同绝热过程一样,只是公式中的 κ 换成 n 即可。

显然,定容、定压、可逆绝热、多变等各种过程中的 w 和 w_t,不必死记已全部推出。

计算热量的方法有:

① $q = \int_1^2 c\,dT$ $\begin{cases} \text{定压、定容过程选用此公式很方便,即} \\ \text{定压} \quad q = c_p \Delta T \\ \text{定容} \quad q = c_V \Delta T \end{cases}$

② $q = \int_1^2 T\,ds$ $\begin{cases} \text{定温过程选用此公式很方便,即} \\ q = \int_1^2 T\,ds = T\Delta s = TR_g \ln\dfrac{p_1}{p_2} = p_1 v_1 \ln\dfrac{v_2}{v_1} \end{cases}$

③ 在 w 和 w_t 已求出的情况下,由能量方程求 q,即

$$q = \Delta u + w$$

或
$$q = \Delta h + w_t$$

例如,多变过程的热量计算公式就不必记忆,已经知道

$$w = \frac{R_g}{n-1}(T_1 - T_2) \quad \text{或} \quad w_t = \frac{nR_g}{n-1}(T_1 - T_2)$$

由能量方程就可直接求取 q。

(3)除定容过程外,各种过程的技术功是膨胀功的几倍,即 $w_t = nw$。因此,只要记住膨胀功的计算公式,技术功的计算公式也就记住了。

(4)无论什么过程,理想气体的热力学能、焓和熵均按

$$\Delta u = c_V \Delta T$$
$$\Delta h = c_p \Delta T$$
$$\Delta s = c_p \ln\frac{T_2}{T_1} - R_g \ln\frac{p_2}{p_1} = c_V \ln\frac{T_2}{T_1} + R_g \ln\frac{v_2}{v_1}$$

计算。

2. 应用 $p\text{-}v$ 图与 $T\text{-}s$ 图分析多变过程

这部分内容对学习这门课程的人来说,是初次遇到,有一定难度,但掌握了这部分内容,对

以后章节的学习,对各种过程的定性分析,是很有帮助的。因此,这部分是本章的重点,也是难点之一,一定要较好地掌握。

(1) 掌握 p-v 图与 T-s 图上多变过程线的分布规律。

多变过程线在 p-v 图及 T-s 图上的对应位置,由多变指数 n 的数值确定。

在 p-v 图上,过程线的斜率可根据 $pv^n =$ 定值得出

$$\frac{\mathrm{d}p}{\mathrm{d}v} = -n\frac{p}{v}$$

显然,斜率的绝对值随 n 的增大而增加。

$n=0$,$\dfrac{\mathrm{d}p}{\mathrm{d}v}=0$,即定压线为一水平线;

$n=1$,$\dfrac{\mathrm{d}p}{\mathrm{d}v}=-\dfrac{p}{v}<0$,即定温线为一斜率为负的等边双曲线;

$n=\kappa$,$\dfrac{\mathrm{d}p}{\mathrm{d}v}=-\kappa\dfrac{p}{v}<0$,即定熵线为一不等边双曲线,且比定温线更陡;

$n\to\pm\infty$,$\dfrac{\mathrm{d}p}{\mathrm{d}v}\to\infty$,即定容线为一垂直线。

这 4 种基本过程在 p-v 图上的相对位置,如图 3-3(a)所示。从图中可看到,从定容线出发,n 由 $-\infty\to0\to+\infty$,沿顺时针方向递增。

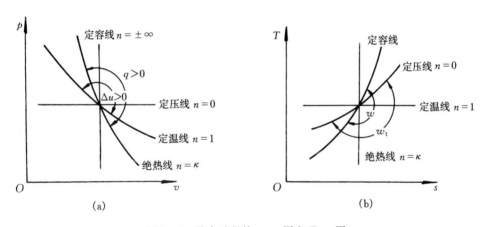

图 3-3 基本过程的 p-v 图和 T-s 图

在 T-s 图上,过程线的斜率可根据 $\delta q_{re}=T\mathrm{d}s=c_n\mathrm{d}T$ 得出,即

$$\frac{\mathrm{d}T}{\mathrm{d}s}=\frac{T}{c_n}$$

因 $c_n=\dfrac{n-\kappa}{n-1}c_V$,所以斜率同样随 n 而变。

$n=0$,$\dfrac{\mathrm{d}T}{\mathrm{d}s}=\dfrac{T}{c_p}>0$,即定压线是一斜率为正的对数曲线;

$n=1$,$\dfrac{\mathrm{d}T}{\mathrm{d}s}=0$,即定温线是一水平线;

$n=\kappa$,$c_n=0$,$\dfrac{\mathrm{d}T}{\mathrm{d}s}\to\infty$,即定熵线是一垂直线;

$n \rightarrow \pm \infty$，$\dfrac{\mathrm{d}T}{\mathrm{d}s} = \dfrac{T}{c_V} > 0$，即定容线是一斜率为正的对数曲线，且比定压线陡。4 种基本过程在 T-s 图上的相对位置见图 3-3(b)。在 T-s 图上，n 也沿顺时针方向递增。

利用多变指数 n 在 p-v 图和 T-s 图上沿顺时针方向增大这一规律，可以定出 n 为任意值的多变过程线在 p-v 图和 T-s 图上的位置。

（2）过程中 q、Δu、Δh、w 和 w_t 值正负的判断方法。

首先，在 p-v 图和 T-s 图上画出与预分析的多变过程线从同一点出发的四条基本过程线，作为分析的参考线，参见图 3-3。

膨胀功 w 的正负判断，以过起点的定容线为分界。p-v 图上位于定容线的右方，T-s 图上位于定容线的右下方的各过程线，比体积增大，工质膨胀对外做功，$w>0$；反之，p-v 图上位于定容线的左方，T-s 图上位于定容线的左上方的各过程线，$w<0$。

技术功 w_t 的正负判断，以过起点的定压线为分界。p-v 图上位于定压线的下方，T-s 图上位于定压线的右下方的各过程线，$w_t>0$；反之，p-v 图上位于定压线的上方，T-s 图上位于定压线的左上方的各过程线，$w_t<0$。

热量 q 的正负判断，以过起点的定熵线为分界。p-v 图上位于定熵线的右上方，T-s 图上位于定熵线的右方的各过程线，$q>0$；反之，p-v 图上位于定熵线的左下方，T-s 图上位于定熵线的左方的各过程线，$q<0$。

$\Delta u(\Delta h、\Delta T)$ 的正负判断，对理想气体来说，定温线就是定热力学能线和定焓线，因此以过起点的定温线为分界。p-v 图上位于定温线的右上方，T-s 图上位于定温线的上方的各过程线，$\Delta u(\Delta h、\Delta T)>0$；反之，$p$-$v$ 图上位于定温线左下方，T-s 图上位于定温线下方的各过程线，$\Delta u(\Delta h、\Delta T)<0$。

可见，通过过程中 q、Δu、Δh、w 和 w_t 正负的判断，可了解过程的性质和特点，并能明了过程中能量传递和转换与气体状态变化的联系，对分析过程是十分有用的。

（3）学会根据过程的要求，在 p-v 图和 T-s 图上表示该过程。

这一点用一个例子来说明。例如，要求将工质又膨胀、又吸热、又降温的过程表示在 p-v 图和 T-s 图上。步骤如下：

① 先在 p-v 图和 T-s 图上画出四条基本过程线，如图 3-4 所示。

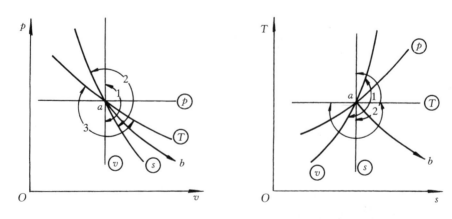

图 3-4　过程在 p-v 图和 T-s 图上的表示

② 找出工质膨胀的区域。$p-v$ 图上在定容线右侧，$T-s$ 图上在定容线右下侧，如图 3-4 所示的 1 区域。

③ 找出工质吸热的区域。$p-v$ 图上在定熵线右上侧，$T-s$ 图上在定熵线右侧，如图 3-4 所示的 2 区域。

④ 找出工质降温的区域。$p-v$ 图上在定温线左下侧，$T-s$ 图上在定温线下侧，如图 3-4 所示的 3 区域。

⑤ 在 $p-v$ 图、$T-s$ 图上，所标的以上 3 个区域的重叠区域，就是工质又膨胀、又吸热、又降温的区域。从 a 点向该区域画一条线 $a-b$，该过程线即为所要求的过程线，如图 3-4 所示。

（4）知道 $p-v$ 图和 $T-s$ 图上各线群的大小变化趋向。

在 $p-v$ 图上，定压线群和定容线群各参数的大小很容易判断，而定温线群、定熵线群的变化趋向如图 3-5、图 3-6 所示。

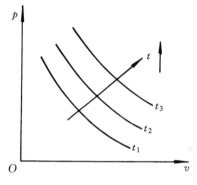

图 3-5　定温线群的变化趋向

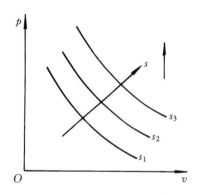

图 3-6　定熵线群的变化趋向

在 $T-s$ 图上，定温线群和定熵线群各对应参数的大小很易判断，而定压线群、定容线群变化趋向如图 3-7、图 3-8 所示。

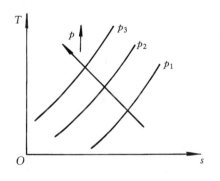

图 3-7　定压线群的变化趋向

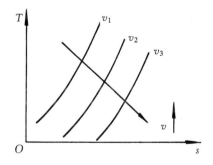

图 3-8　定容线群的变化趋向

3.5 典型题精解

3.5.1 理想气体状态方程的应用

例题 3-1 某电厂有三台锅炉合用一个烟囱,每台锅炉每秒产生烟气 73 m^3(已折算成标准状态下的体积),烟囱出口处的烟气温度为 100 ℃,压力近似为 101.33 kPa,烟气流速为 30 m/s。求烟囱的出口直径。

解 三台锅炉产生的标准状态下的烟气总体积流量为

$$q_{V0} = 73 \text{ m}^3/\text{s} \times 3 = 219 \text{ m}^3/\text{s}$$

烟气可作为理想气体处理,根据不同状态下,烟囱内的烟气质量应相等,得出

$$\frac{p\,q_V}{T} = \frac{p_0 q_{V0}}{T_0}$$

因 $p = p_0$,所以

$$q_V = \frac{q_{V0}T}{T_0} = \frac{219 \text{ m}^3/\text{s} \times (273 + 100) \text{ K}}{273 \text{ K}} = 299.2 \text{ m}^3/\text{s}$$

烟囱出口截面积 $A = \dfrac{q_V}{c_f} = \dfrac{299.2 \text{ m}^3/\text{s}}{30 \text{ m/s}} = 9.97 \text{ m}^2$

烟囱出口直径 $d = \sqrt{\dfrac{4A}{\pi}} = \sqrt{\dfrac{4 \times 9.97 \text{ m}^2}{3.14}} = 3.56 \text{ m}$

讨论

在实际工作中,常遇到"标准体积"与"实际体积"之间的换算,本例就涉及到此问题。又例如,在标准状况下,某蒸汽锅炉燃煤需要的空气量 $q_V = 66000 \text{ m}^3/\text{h}$。若鼓风机送入的热空气温度为 $t_1 = 250$ ℃,表压力 $p_{g1} = 20.0$ kPa。当时当地的大气压力为 $p_b = 101.325$ kPa,求实际的送风量为多少?

解 按理想气体状态方程,同理同法可得

$$q_{V1} = q_{V0}\frac{p_0 T_1}{p_1 T_0}$$

而 $p_1 = p_{g1} + p_b = 20.0 \text{ kPa} + 101.325 \text{ kPa} = 121.325 \text{ kPa}$

故 $q_{V1} = 66000 \text{ m}^3 \times \dfrac{101.325 \text{ kPa} \times (273.15 + 250) \text{ K}}{121.325 \text{ kPa} \times 273.15 \text{ K}} = 105569 \text{ m}^3/\text{h}$

例题 3-2 对如图 3-9 所示的一刚性容器抽真空。容器的容积为 0.3 m^3,原先容器中的空气为 0.1 MPa,真空泵的容积抽气速率恒定为 0.014 m^3/min,在抽气过程中容器内温度保持不变。试求:

(1) 欲使容器内压力下降到 0.035 MPa 时,所需要的抽气时间。

(2) 抽气过程中容器与环境的传热量。

解 (1) 由质量守恒得

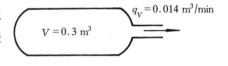

图 3-9 例题 3-2 附图

$$q_m = \frac{\mathrm{d}m}{\delta\tau} = -\frac{q_V}{v} = -\frac{p}{R_g T} q_V$$

则

$$\mathrm{d}m = -\frac{q_V}{R_g T} p\,\mathrm{d}\tau = -\frac{q_V}{R_g T} \frac{mR_g T}{V}\mathrm{d}\tau$$

所以

$$-\frac{\mathrm{d}m}{m} = \frac{q_V}{V}\mathrm{d}\tau$$

$$-\int_{m_1}^{m_2}\frac{\mathrm{d}m}{m} = \frac{q_V}{V}\int_0^\tau \mathrm{d}\tau$$

$$\tau = \frac{V}{q_V}\ln\frac{m_1}{m_2} = \frac{V}{q_V}\ln\frac{p_1 V/R_g T}{p_2 V/R_g T}$$

$$= \frac{V}{q_V}\ln\frac{p_1}{p_2} = \frac{0.3\ \mathrm{m}^3}{0.014\ \mathrm{m}^3/\mathrm{min}}\times\ln\frac{0.1\ \mathrm{MPa}}{0.035\ \mathrm{MPa}}$$

$$= 22.5\ \mathrm{min}$$

（2）根据一般开口系能量方程

$$\delta Q = h_{\mathrm{out}}\mathrm{d}m_{\mathrm{out}} + \mathrm{d}U$$

由质量守恒得

$$\mathrm{d}m_{\mathrm{out}} = -\mathrm{d}m$$

又因为排出气体的比焓就是此刻系统内工质的比焓，即 $h_{\mathrm{out}} = h$。利用理想气体热力性质得

$$h = c_p T,\ \mathrm{d}U = \mathrm{d}(mu) = \mathrm{d}(c_V T m) = c_V T\mathrm{d}m（因过程中温度不变）$$

于是，能量方程为

$$\delta Q = -c_p T\mathrm{d}m + c_V T\mathrm{d}m = -(c_p - c_V)T\mathrm{d}m = -R_g T\mathrm{d}m$$

即

$$\delta Q = -V\mathrm{d}p$$

两边积分得

$$Q = V(p_1 - p_2)$$

则系统与环境的换热量为

$$Q = V(p_1 - p_2) = 0.3\ \mathrm{m}^3 \times (100\ \mathrm{kPa} - 35\ \mathrm{kPa}) = 19.5\ \mathrm{kJ}$$

讨论

由式 $Q = V(p_1 - p_2)$ 可得出如下结论：刚性容器等温放气过程的吸热量取决于放气前后的压力差，而不是取决于压力比。传热率即 $\frac{\delta Q}{\delta\tau}$ 与放气的质量流率，或者与容器中的压力变化率成正比。

3.5.2　理想气体的比热容

例题 3-3　在燃气轮机装置中，用从燃气轮机中排出的乏气对空气进行加热（加热在空气回热器中进行），然后将加热后的空气送入燃烧室进行燃烧。若空气在回热器中，从 127 ℃ 定压加热到 327 ℃。试按下列比热容值计算对每千克空气所加入的热量。

（1）按真实比热容计算；

（2）按平均比热容表计算；

（3）按比热容随温度变化的直线关系式计算；

（4）按定值比热容计算；

（5）按空气的热力性质表计算。

解 （1）按真实比热容计算

空气在回热器中定压加热，则 $q_p = \int_{T_1}^{T_2} c_p \mathrm{d}T = \int_{T_1}^{T_2} \dfrac{C_{p,\mathrm{m}}}{M} \mathrm{d}T$

又 $$C_{p,\mathrm{m}} = a_0 + a_1 T + a_2 T^2$$

据空气的摩尔定压热容公式，得

$$a_0 = 28.15, \qquad a_1 = 1.967 \times 10^{-3}, \qquad a_2 = 4.801 \times 10^{-6}$$

故

$$q_p = \int_{T_1}^{T_2} \frac{C_{p,\mathrm{m}}}{M} \mathrm{d}T = \frac{1}{M} \int_{T_1}^{T_2} (a_0 + a_1 T + a_2 T^2) \mathrm{d}T$$

$$= \frac{1}{M} \left(a_0 T + \frac{a_1}{2} T^2 + \frac{a_2}{3} T^3 \right) \Big|_{T_1}^{T_2}$$

$$= \frac{1}{28.97} \times \left[28.15 \times (600 - 400) + \frac{1.967 \times 10^{-3}}{2} \times (600^2 - 400^2) + \right.$$

$$\left. \frac{4.801 \times 10^{-6}}{3} \times (600^3 - 400^3) \right] = 209.53 \text{ kJ/kg}$$

（2）按平均比热容计算

$$q_p = c_p \Big|_0^{t_2} t_2 - c_p \Big|_0^{t_1} t_1$$

查平均比热容表

$$t = 100 \ ^\circ\text{C}, \ c_p = 1.006 \text{ kJ/(kg} \cdot \text{K)}$$

$$t = 200 \ ^\circ\text{C}, \ c_p = 1.012 \text{ kJ/(kg} \cdot \text{K)}$$

$$t = 300 \ ^\circ\text{C}, \ c_p = 1.019 \text{ kJ/(kg} \cdot \text{K)}$$

$$t = 400 \ ^\circ\text{C}, \ c_p = 1.028 \text{ kJ/(kg} \cdot \text{K)}$$

用线性内插法，得

$$c_p \Big|_0^{127} = c_p \Big|_0^{100} + \frac{c_p \Big|_0^{200} - c_p \Big|_0^{100}}{200 - 100} \times (127 - 100)$$

$$= 1.006 + \frac{1.012 - 1.006}{100} \times 27$$

$$= 1.0076 \text{ kJ/(kg} \cdot \text{K)}$$

$$c_p \Big|_0^{327} = c_p \Big|_0^{300} + \frac{c_p \Big|_0^{400} - c_p \Big|_0^{300}}{400 - 300} \times (327 - 300)$$

$$= 1.019 + \frac{1.028 - 1.019}{100} \times 27$$

$$= 1.0214 \text{ kJ/(kg} \cdot \text{K)}$$

故

$$q_p = 1.0214 \times 327 - 1.0076 \times 127 = 206.03 \text{ kJ/kg}$$

（3）按比热容随温度变化的直线关系式计算

查得空气的平均比热容的直线关系式为

$$c_p \Big|_{t_1}^{t_2} = 0.9956 + 0.00009299 t$$

$$= 0.9956 + 0.00009299 \times (127 + 327)$$

$$= 1.0378 \text{ kJ/(kg} \cdot \text{K)}$$

故　　　　　$q_p = c_p \Big|_{t_1}^{t_2} (t_2 - t_1) = 1.0378 \times (327 - 127) = 207.56 \text{ kJ/kg}$

（4）按定值比热容计算

$$q_p = c_p(t_2 - t_1) = \frac{7}{2} R_g (t_2 - t_1) = \frac{7}{2} \frac{R}{M} (t_2 - t_1)$$

$$= \frac{7}{2} \times \frac{8.314}{28.97} \times (327 - 127) = 200.89 \text{ kJ/kg}$$

（5）按空气的热力性质表计算

查空气热力性质表得到：

当　$T_1 = 273 + 127 = 400$ K 时，　$h_1 = 400.98$ kJ/kg；

　　$T_2 = 273 + 327 = 600$ K 时，　$h_2 = 607.02$ kJ/kg。

故　　　　　$q_p = \Delta h = h_2 - h_1 = 607.02 - 400.98 = 206.04 \text{ kJ/kg}$

讨论

气体比热容的处理方法不外乎是上述几种形式，其中真实比热容、平均比热容表及气体热力性质表是表述比热容随温度变化的曲线关系。由于平均比热容表和气体热力性质表都是根据比热容的精确数值编制的，因此可以求得最可靠的结果。与它们相比，按真实比热容算得的结果，其相对误差在 1% 左右。直线公式是近似的公式，略有误差，在一定的温度范围内（0～1500 ℃）误差不大，有足够的准确度。定值比热容是近似计算，误差较大，但由于其计算简便，在计算精度要求不高，或气体温度不太高且变化范围不大时，一般按定值比热容计算。

在后面的例题及自我测验题中，若无特别说明，比热容均按定值比热容处理。

例题 3-4　某理想气体体积按 $\alpha/\sqrt{p}$ 的规律膨胀，其中 α 为常数，p 代表压力。问：

（1）气体膨胀时温度升高还是降低？

（2）此过程气体的比热容是多少？

解　（1）因 $V = \alpha/\sqrt{p}$　又　$pV = mR_g T$

所以　　　　　　　　　　　$\alpha\sqrt{p} = mR_g T$

当体积膨胀，则压力降低，由上式看到温度也随之下降。

（2）由 $V = \alpha/\sqrt{p}$ 得过程方程

$$pV^2 = \alpha^2 = 常数$$

多变指数　　　　　　　$n = 2$

于是　　　　　　　$c_n = \frac{n - \kappa}{n - 1} c_V = (2 - \kappa) c_V$

又由状态方程得

$$R_g = \frac{pV}{mT} = \frac{\alpha\sqrt{p}}{mT}$$

$$c_V = \frac{1}{\kappa - 1} R_g = \frac{\alpha\sqrt{p}}{(\kappa - 1)mT}$$

故　　　　　　$c_n = (2 - \kappa) c_V = \frac{2 - \kappa}{\kappa - 1} \frac{\alpha\sqrt{p}}{mT}$

例题 3 - 5 已知某理想气体的比定容热容 $c_V = a + bT$,其中 a、b 为常数,试导出其热力学能、焓和熵的计算式。

解　$c_p = c_V + R_g = a + bT + R_g$

$$\Delta u = \int_{T_1}^{T_2} c_V dT = \int_{T_1}^{T_2} (a+bT)dT = a(T_2 - T_1) + \frac{b}{2}(T_2^2 - T_1^2)$$

$$\Delta h = \int_{T_1}^{T_2} c_p dT = \int_{T_1}^{T_2} (a+bT+R_g)dT = (a+R_g)(T_2 - T_1) + \frac{b}{2}(T_2^2 - T_1^2)$$

$$\Delta s = \int_{T}^{T_2} c_V \frac{dT}{T} + R_g \ln \frac{v_2}{v_1} = \int_{T_1}^{T_2} (a+bT) \frac{dT}{T} + R_g \ln \frac{v_2}{v_1}$$

$$= a\ln \frac{T_2}{T_1} + b(T_2 - T_1) + R_g \ln \frac{v_2}{v_1}$$

3.5.3　理想气体热力过程的计算

例题 3 - 6　一容积为 0.15 m³ 的储气罐,内装氧气,其初态压力 $p_1 = 0.55$ MPa、温度 $t_1 = 38$ ℃。若对氧气加热,其温度、压力都升高。储气罐上装有压力控制阀,当压力超过 0.7 MPa 时,阀门便自动打开,放走部分氧气,即储气罐中维持的最大压力为 0.7 MPa。问当罐中氧气温度为 285 ℃ 时,对罐内氧气共加入了多少热量?设氧气的比热容为定值。

解　分析:这一题目隐含了两个过程,一是由 $p_1 = 0.55$ MPa,$t_1 = 38$ ℃ 被定容加热到 $p_2 = 0.7$ MPa;二是由 $p_2 = 0.7$ MPa,被定压加热到 $p_3 = 0.7$ MPa,$t_3 = 285$ ℃,如图 3 - 10 所示。

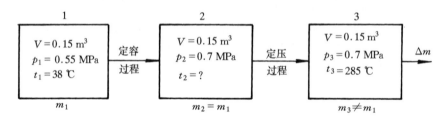

图 3 - 10　例题 3 - 6 分析图

由于,当 $p < p_2 = 0.7$ MPa 时,阀门不会打开,因而储气罐中的气体质量不变,又储气罐总容积 V 不变,则比体积 $v = \frac{V}{m}$ 为定值。而当 $p \geqslant p_2 = 0.7$ MPa 后,阀门开启,氧气会随着热量的加入不断跑出,以便维持罐中最大压力 $p_2 = 0.7$ MPa 不变,因而此过程又是一个质量不断变化的定压过程。该题求解如下:

(1) 1—2 定容过程

根据定容过程状态参数之间的变化规律,有

$$T_2 = T_1 \frac{p_2}{p_1} = (273 + 38) \text{ K} \times \frac{0.7 \text{ MPa}}{0.55 \text{ MPa}} = 395.8 \text{ K}$$

该过程吸热量为

$$Q_V = m_1 c_V \Delta T = \frac{p_1 V}{R_g T_1} \times \frac{5}{2} R_g (T_2 - T_1) = \frac{5}{2} \frac{p_1 V}{T_1}(T_2 - T_1)$$

$$= \frac{5}{2} \times \frac{0.55 \times 10^6 \text{ Pa} \times 0.15 \text{ m}^3}{311 \text{ K}} (395.8 \text{ K} - 311 \text{ K})$$

$$= 56.24 \times 10^3 \text{ J} = 56.24 \text{ kJ}$$

（2）2—3 变质量定压过程

由于该过程中质量随时在变，因此应先列出其微元变化的吸热量

$$\delta Q_p = m c_p dT = \frac{p_2 V}{R_g T} \frac{7}{2} R_g dT = \frac{7}{2} p_2 V \frac{dT}{T}$$

于是

$$Q_p = \int_{T_2}^{T_3} \frac{7}{2} p_2 V \frac{dT}{T} = \frac{7}{2} p_2 V \ln \frac{T_3}{T_2}$$

$$= \frac{7}{2} \times 0.7 \times 10^6 \text{ Pa} \times 0.15 \text{ m}^3 \times \ln \frac{(273+285)\text{K}}{395.8 \text{ K}}$$

$$= 126.2 \times 10^3 \text{ J} = 126.2 \text{ kJ}$$

故，对罐内氧气共加入热量

$$Q = Q_V + Q_p = 56.24 \text{ kJ} + 126.2 \text{ kJ} = 182.44 \text{ kJ}$$

讨论

（1）对于一个实际过程，关键要分析清楚所进行的过程是什么过程，即确定过程指数 $n = ?$ 一旦了解了过程的性质，就可根据给定条件，依据状态参数之间的关系，求得未知的状态参数，并进一步求得过程中能量的传递与转换量。

（2）当题目中给出同一状态下的 3 个状态参数 p、V、T 时，实际上已隐含给出了此状态下工质的质量，所以求能量转换量时，应求总质量对应的能量转换量，而不应求单位质量的能量转换量。

（3）该题目的 2—3 过程是一变质量、变温过程，对于这样的过程，可先按质量不变列出微元表达式，然后积分求得。

例题 3-7　空气在膨胀透平中由 $p_1 = 0.6$ MPa，$T_1 = 900$ K，绝热膨胀到 $p_2 = 0.1$ MPa，工质的质量流量为 $q_m = 5$ kg/s。设比热容为定值，$\kappa = 1.4$，试求：

（1）膨胀终了时，空气的温度及膨胀透平的功率；

（2）过程中热力学能和焓的变化量；

（3）将单位质量的透平输出功表示在 p-v 图和 T-s 图上；

（4）若透平的效率 $\eta_T = 0.90$，则终态温度和膨胀透平的功率又为多少？

解　（1）空气在透平中经过的是可逆绝热过程，即定熵过程。所求的功是轴功，在动、位能差忽略不计时，即为技术功。

$$T_2 = T_1 \left(\frac{p_2}{p_1}\right)^{\frac{\kappa-1}{\kappa}} = 900 \text{ K} \left(\frac{0.1 \text{ MPa}}{0.6 \text{ MPa}}\right)^{(1.4-1)/1.4} = 539.4 \text{ K}$$

$$w_t = \frac{\kappa R_g T_1}{\kappa - 1} \left[1 - \left(\frac{p_2}{p_1}\right)^{(\kappa-1)/\kappa}\right]$$

$$= \frac{1.4 \times 287 \text{ J/(kg·K)} \times 900 \text{ K}}{1.4 - 1} \times \left[1 - \left(\frac{0.1 \text{ MPa}}{0.6 \text{ MPa}}\right)^{(1.4-1)/1.4}\right]$$

$$= 362.2 \times 10^3 \text{ J/kg} = 362.2 \text{ kJ/kg}$$

或用式　　$w_t = -\Delta h = c_p(T_1 - T_2)$ 计算。

透平输出的功率

$$P = q_m w_t = 5 \text{ kg/s} \times 362.2 \text{ kJ/kg} = 1811 \text{ kW}$$

(2) $$\Delta\dot{U} = q_m c_V(T_2 - T_1) = 5 \text{ kg/s} \times \frac{5}{2} \times 287 \text{ J/(kg·K)} \times (539.1 \text{ K} - 900 \text{ K})$$

$$= -1294.7 \times 10^3 \text{ W} = -1294.7 \text{ kW}$$

$$\Delta\dot{H} = q_m c_p(T_2 - T_1) = \kappa\Delta\dot{U} = -1812.6 \text{ kW}$$

（3）比技术功 w_t 表示在 $p-v$ 图上，是图 3-11(a)所示的面积。在 $T-s$ 图上的表示，可这样考虑，因 $T-s$ 图上表示热量比较容易，如果能将 w_t 等效成某过程的热量，则表示就没有困难了。因理想气体的焓仅是温度的函数，则 $h_1 = h_{1'}$。于是

$$w_t = -\Delta h = h_1 - h_2 = h_{1'} - h_2 = c_p(T_{1'} - T_2) = q_{p,1'-2}$$

即技术功的数值恰好与 $1'-2$ 定压过程的热量相等。所以在图 3-11(b)所示的 $T-s$ 图上，$1'-2-a-b-1'$ 所围的面积即是技术功。

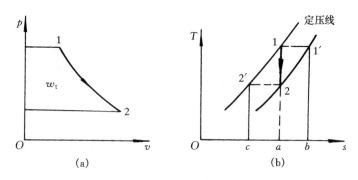

图 3-11 技术功在 $p-v$ 图和 $T-s$ 图上的表示

（4）因 $\eta_T = 0.90$，说明此过程是不可逆的绝热过程，透平实际输出的功率为

$$P' = P\eta_T = 1811 \text{ kW} \times 0.90 = 1629.9 \text{ kW}$$

由热力学第一定律得

$$\Delta\dot{H} + P' = 0$$

即

$$q_m c_p(T'_2 - T_1) + P' = 0$$

$$T'_2 = -\frac{P'}{q_m c_p} + T_1 = -\frac{P'}{q_m \times \frac{7}{2}R_g} + T_1$$

$$= -\frac{1629.9 \times 10^3 \text{ W}}{5 \text{ kg/s} \times \frac{7}{2} \times 287 \text{ J/(kg·K)}} + 900 \text{ K} = 575.48 \text{ K}$$

讨论：

（1）功在 $p-v$ 图上的表示很容易理解，但在 $T-s$ 图上的表示较难理解。本题的技术功还可用图 3-11(b)所示的面积 $1-2'-c-a-2-1$ 表示，为什么？请读者自己思考。

（2）理想气体无论什么过程，热力学能和焓的变化计算式恒为 $\Delta U = mc_V\Delta T$，$\Delta H = mc_p\Delta T$，不会随过程变。

（3）第 4 问的终态温度，能否根据 $\dfrac{T_2}{T_1}=\left(\dfrac{p_2}{p_1}\right)^{(\kappa-1)/\kappa}$ 求得？答案是不能。因为等熵过程参数间的关系式

$$\frac{p_2}{p_1}=\left(\frac{v_1}{v_2}\right)^{\kappa},\quad \text{或}\quad \frac{T_2}{T_1}=\left(\frac{v_1}{v_2}\right)^{\kappa-1},\quad \text{或}\quad \frac{T_2}{T_1}=\left(\frac{p_2}{p_1}\right)^{(\kappa-1)/\kappa}$$

适用条件是理想气体、可逆绝热过程，且比热容为定值。而本题的第 4 问不是可逆过程，因此终态温度的求解不能用上述公式，只能据能量方程式推得。

（4）实际过程总是不可逆的，对不可逆过程的处理，热力学中总是将过程先简化成可逆过程求解，然后借助经验系数进行修正。膨胀透平效率的定义为 $\eta_{\mathrm{T}}=\dfrac{w_{\mathrm{t,实际}}}{w_{\mathrm{t,可逆}}}$。

（5）空气的气体常数 $R_{\mathrm{g}}=\dfrac{R}{M}=\dfrac{8.314\ \mathrm{J/(mol \cdot K)}}{28.9\times10^{-3}\ \mathrm{kg/mol}}=287\ \mathrm{J/(kg \cdot K)}$，因空气是常用工质，建议记住其 R_{g}。

例题 3-8　如图 3-12 所示，两端封闭而且具有绝热壁的气缸，被可移动的、无摩擦的、绝热的活塞分为体积相同的 A、B 两部分，其中各装有同种理想气体 1 kg。开始时活塞两边的压力、温度都相同，分别为 0.2 MPa，20℃，现通过 A 腔气体内的一个加热线圈，对 A 腔气体缓慢加热，则活塞向右缓慢移动，直至 $p_{\mathrm{A2}}=p_{\mathrm{B2}}=0.4$ MPa 时，试求：

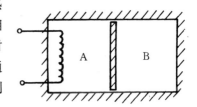

图 3-12　例题 3-8 附图

（1）A、B 腔内气体的终态容积各是多少？

（2）A、B 腔内气体的终态温度各是多少？

（3）过程中供给 A 腔气体的热量是多少？

（4）A、B 腔内气体的熵变各是多少？

（5）整个气体组成的系统熵变是多少？

（6）在 $p\text{-}V$ 图、$T\text{-}S$ 图上，表示出 A、B 腔气体经过的过程。设气体的比热容为定值，$c_p=1.01\ \mathrm{kJ/(kg \cdot K)}$，$c_V=0.72\ \mathrm{kJ/(kg \cdot K)}$。

解　（1）因为 B 腔气体进行的是缓慢的无摩擦的绝热过程，所以它经历的是可逆绝热，即等熵过程。而 A 腔中的气体经历的是一般的吸热膨胀多变过程。

先计算工质的物性常数

$$R_{\mathrm{g}}=c_p-c_V=1.01\ \mathrm{kJ/(kg \cdot K)}-0.72\ \mathrm{kJ/(kg \cdot K)}=0.29\ \mathrm{kJ/(kg \cdot K)}$$

$$\kappa=c_p/c_V=\frac{1.01\ \mathrm{kJ/(kg \cdot K)}}{0.72\ \mathrm{kJ/(kg \cdot K)}}=1.403$$

于是

$$V_{\mathrm{B1}}=\frac{m_{\mathrm{B}}R_{\mathrm{g}}T_{\mathrm{B1}}}{p_{\mathrm{B1}}}=\frac{1\ \mathrm{kg}\times290\ \mathrm{J/(kg \cdot K)}\times293\ \mathrm{K}}{0.2\times10^6\ \mathrm{Pa}}=0.4249\ \mathrm{m^3}$$

$$V_{\mathrm{B2}}=V_{\mathrm{B1}}\left(\frac{p_{\mathrm{B1}}}{p_{\mathrm{B2}}}\right)^{1/\kappa}=0.4249\ \mathrm{m^3}\times\left(\frac{0.2\ \mathrm{MPa}}{0.4\ \mathrm{MPa}}\right)^{1/1.403}=0.2592\ \mathrm{m^3}$$

$$-\Delta V_{\mathrm{B2}}=V_{\mathrm{B1}}-V_{\mathrm{B2}}=0.4249\ \mathrm{m^3}-0.2592\ \mathrm{m^3}=0.1657\ \mathrm{m^3}$$

$$V_{\mathrm{A_2}}=V_{\mathrm{A_1}}+|\Delta V_{\mathrm{B}}|=0.4249\ \mathrm{m^3}+0.1657\ \mathrm{m^3}=0.5906\ \mathrm{m^3}$$

（2）　$T_{\mathrm{B2}}=T_{\mathrm{B1}}\left(\dfrac{p_{\mathrm{B2}}}{p_{\mathrm{B1}}}\right)^{(\kappa-1)/\kappa}=293\ \mathrm{K}\times\left(\dfrac{0.4\ \mathrm{MPa}}{0.2\ \mathrm{MPa}}\right)^{(1.403-1)/1.403}$

$$=357.5 \text{ K}=84.5 \text{ }℃$$

$$T_{A2}=\frac{p_{A2}V_{A2}}{m_A R_g}=\frac{0.4\times10^6 \text{ Pa}\times0.5906 \text{ m}^3}{1 \text{ kg}\times290 \text{ J/(kg}\cdot\text{K)}}=814.6 \text{ K}=541.6 \text{ }℃$$

(3) 该问有 2 种解法。

方法 1：取气缸内的整个气体为闭口系，因过程中不产生功，所以

$$Q=\Delta U=\Delta U_A+\Delta U_B$$
$$=m_A c_V(T_{A2}-T_{A1})+m_B c_V(T_{B2}-T_{B1})$$
$$=1 \text{ kg}\times0.72\times10^3 \text{ J/(kg}\cdot\text{K)}\times(814.6-293)\text{K}+$$
$$1 \text{ kg}\times0.72\times10^3 \text{ J/(kg}\cdot\text{K)}\times(357.5-293) \text{ K}$$
$$=422.0\times10^3 \text{ J}=422.0 \text{ kJ}$$

方法 2：取 A 腔气体为闭口系，则过程中 A 腔气体对 B 腔气体做功，即

$$W_A=-W_B=-\frac{m_B R_g}{\kappa-1}(T_{B1}-T_{B2})$$
$$=\frac{1 \text{ kg}\times290 \text{ J/(kg}\cdot\text{K)}}{1.403-1}(357.5-293) \text{ K}$$
$$=46.41\times10^3 \text{ J}=46.41 \text{ kJ}$$

对 A 腔列闭口系能量方程

$$Q=\Delta U_A+W_A=m_A c_V(T_{A2}-T_{A1})+W_A$$
$$=1 \text{ kg}\times0.72\times10^3 \text{ J/(kg}\cdot\text{K)}\times(814.6-293) \text{ K}+46.41\times10^3 \text{ J}$$
$$=422.0\times10^3 \text{ J}=422.0 \text{ kJ}$$

(4) B 腔气体为可逆绝热压缩过程，所以熵变为

$$\Delta S_B=0$$

A 腔气体的熵变为

$$\Delta S_A=m_A\left(c_p\ln\frac{T_{A2}}{T_{A1}}-R_g\ln\frac{p_{A2}}{p_{A1}}\right)$$
$$=1 \text{ kg}\times\left[1.01\times10^3 \text{ J/(kg}\cdot\text{K)}\times\ln\frac{814.6 \text{ K}}{293 \text{ K}}-290 \text{ J/(kg}\cdot\text{K)}\times\ln\frac{0.4 \text{ MPa}}{0.2 \text{ MPa}}\right]$$
$$=831.7 \text{ J/K}$$

(5) 整个气体的熵变即是

$$\Delta S=\Delta S_A+\Delta S_B=\Delta S_A=831.7 \text{ J/K}$$

(6) A、B 腔气体经过的过程在 p-V 图、T-S 图上的表示如图 3-13 所示。

讨论

该题再次说明，分析清楚所讨论的过程的特点是很关键的。本题就是抓住 B 腔中气体进行的是定熵过程这一特点，从定熵过程状态参数之间的关系及能量转换量的公式入手，使问题得到解决的。

例题 3-9 一绝热刚体气缸，被一导热的无摩擦活塞分成两部分。最初活塞被固定在某一位置上，气缸的一侧储有压力为 0.2 MPa、温度为 300 K 的 0.01 m³ 的空气，另一侧储有同容积、同温度的空气，其压力为 0.1 MPa。去除销钉，放松活塞任其自由移动，最后两侧达到平衡。设空气的比热容为定值。试求：

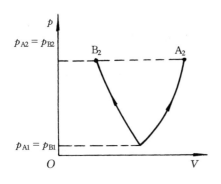
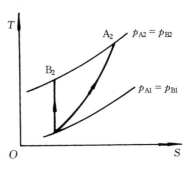

图 3-13　例题 3-8 附图

（1）平衡时的温度为多少？

（2）平衡时的压力为多少？

（3）两侧空气的熵变值及整个气体的熵变值是多少？

解　依题意画出设备如图 3-14 所示。

（1）取整个气缸为闭口系，因气缸绝热，所以 $Q=0$；又因活塞导热而无摩擦，$W=0$，且平衡时 A、B 两侧温度应相等，即 $T_{A2}=T_{B2}=T_2$。由闭口系能量方程得

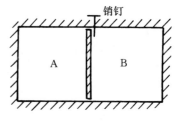

图 3-14　例题 3-9 附图

$$\Delta U = \Delta U_A + \Delta U_B = 0$$

即

$$m_A c_V (T_2 - T_{A1}) + m_B c_V (T_2 - T_{B1}) = 0 \qquad (a)$$

因

$$T_{A1} = T_{A2} = T_1 = 300 \text{ K}$$

于是，由式（a）得终态平衡时，两侧的温度均为

$$T_2 = T_1 = 300 \text{ K}$$

（2）该问求解有 2 种方法。

方法 1：仍取整个气缸为对象。当终态时，两侧压力相等，设为 p_2，则

$$p_2 = \frac{(m_A + m_B) R_g T_2}{V_2} = \left(\frac{p_{A1} V_{A1}}{R_g T_1} + \frac{p_{B1} V_{B1}}{R_g T_1} \right) \frac{R_g T_2}{V_{A1} + V_{B1}}$$

$$= (p_{A1} V_{A1} + p_{B1} V_{B1}) \frac{T_2}{T_1 (V_{A1} + V_{B1})}$$

$$= (0.2 \times 10^6 \text{ Pa} \times 0.01 \text{ m}^3 + 0.1 \times 10^6 \text{ Pa} \times 0.01 \text{ m}^3) \times \frac{300 \text{ K}}{300 \text{ K}(0.01 + 0.01) \text{ m}^3}$$

$$= 0.15 \times 10^6 \text{ Pa} = 0.15 \text{ MPa}$$

方法 2：由能量方程式（a）得

$$(m_A c_V T_2 + m_B c_V T_2) - (m_A c_V T_{A1} + m_B c_V T_{B1}) = 0$$

因 $c_V = \frac{1}{\kappa - 1} R_g$，上式可化为

$$(m_A R_g T_2 + m_B R_g T_2) - (m_A R_g T_{A1} + m_B R_g T_{B1}) = 0$$

用状态方程 $pV = m R_g T$，上式可进一步化为

$$p_2(V_{A1}+V_{B2}) = p_{A1}V_{A1} + p_{B1}V_{B1}$$

于是　　　$p_2 = \dfrac{p_{A2}V_{A1} + p_{B1}V_{B1}}{V_{A2}+V_{B2}} = \dfrac{p_{A1}V_{A1} + p_{B1}V_{B1}}{V_{A1}+V_{B1}}$　　　　　(b)

代入参数,则

$$p_2 = \frac{0.2\ \text{MPa}\times 0.01\ \text{m}^3 + 0.1\ \text{MPa}\times 0.01\ \text{m}^3}{(0.01+0.01)\ \text{m}^3} = 0.15\ \text{MPa}$$

(3)　　　$\Delta S_A = -m_A R_g \ln \dfrac{p_2}{p_{A1}}$

$$= \frac{p_{A1}V_{A1}}{T_{A1}} \ln \frac{p_{A1}}{p_2} = \frac{0.2\times 10^6\ \text{Pa}\times 0.01\ \text{m}^3}{300\ \text{K}} \times \ln \frac{0.2\ \text{MPa}}{0.15\ \text{MPa}} = 1.918\ \text{J/K}$$

$$\Delta S_B = -m_B R_g \ln \frac{p_2}{p_{B1}} = \frac{p_{B1}V_{B1}}{T_{B1}} \ln \frac{p_{B1}}{p_2}$$

$$= \frac{0.1\times 10^6\ \text{Pa}\times 0.01\ \text{m}^3}{300\ \text{K}} \times \ln \frac{0.1\ \text{MP}}{0.15\ \text{MPa}}$$

$$= -1.352\ \text{J/K}$$

整个气缸绝热系的熵变

$$\Delta S = \Delta S_A + \Delta S_B = 0.566\ \text{J/K}$$

讨论

(1) 像本题这样的过程,或是绝热气缸中插有一隔板,抽去隔板两侧气体绝热混合等过程,均可选整个气缸为对象,根据闭口系能量方程可得 $\Delta U=0$,从而求得终态温度。

(2) 计算结果表明,整个气缸绝热系熵增 $\Delta S>0$。这里提出两个问题供思考:一是根据题意,绝热容器与外界无热量交换,且活塞又是无摩擦的,是否可根据熵的定义式得到 $\Delta S=0$?二是像本例题或是混合等过程,熵增是否是必然的?

(3) 若将此题中的活塞改为隔板,其他参数不变,求抽去隔板平衡后的压力、温度各为多少?整个气体的熵变又为多少?请读者自己解答,并与该题进行比较。又若将气缸壁改为不是绝热的,在抽去隔板达到平衡的过程中可与外界换热,最终平衡温度为 42 ℃,则气体平衡后的压力为多少?气体与外界的换热量又为多少?请读者自己解答,并用心体会与上述解法上的差别。

例题 3-10　一刚性容器初始时刻装有 500 kPa、290 K 的空气 3 kg。容器通过一阀门与一垂直放置的活塞气缸相联接,初始时,气缸装有 200 kPa、290 K 的空气 0.05 m³。阀门虽然关闭着,但有缓慢的泄漏,使得容器中的气体可缓慢地流进气缸,直到容器中的压力降为 200 kPa。活塞的重量和大气压力产生 200 kPa 的恒定压力,过程中气体与外界可以换热,气体的温度维持不变为 290 K,试求气体与外界的换热量。

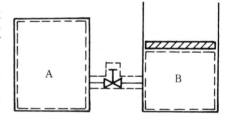

图 3-15　例题 3-10 附图

解　依题意画出的装置图如图 3-15 所示,取容器和气缸中的整个空气为系统,根据闭口系能量方程有

$$Q = \Delta U + W$$

因空气可作为理想气体处理,过程中温度不变,则 $\Delta U=0$

所以　　$Q = W = p_B(V_2 - V_1)$

而　　$m_{B1} = \dfrac{p_{B1}V_{B1}}{R_g T_{B1}} = \dfrac{200 \times 10^3\ \text{Pa} \times 0.05\ \text{m}^3}{287\ \text{J/(kg} \cdot \text{K)} \times 290\ \text{K}} = 0.120\ \text{kg}$

$$V_1 = V_{A1} + V_{B1} = \frac{m_A R_g T_{A1}}{p_{A1}} + V_{B1}$$

$$= \frac{3\ \text{kg} \times 287\ \text{J/(kg} \cdot \text{K)} \times 290\ \text{K}}{500 \times 10^3\ \text{Pa}} + 0.05\ \text{m}^3 = 0.549\ \text{m}^3$$

$$V_2 = \frac{m_{tot} R_g T_2}{p_2} = \frac{(3 + 0.120)\ \text{kg} \times 287\ \text{J/(kg} \cdot \text{K)} \times 290\ \text{K}}{200 \times 10^3\ \text{Pa}} = 1.298\ \text{m}^3$$

故　　$Q = p_B(V_2 - V_1) = 200 \times 10^3\ \text{Pa} \times (1.298 - 0.549)\ \text{m}^3 = 149.8 \times 10^3\ \text{J} = 149.8\ \text{kJ}$

讨论

（1）如果分别取容器和气缸为研究对象，则每个系统中的气体质量在过程中总在变化，使求解变得复杂，读者不妨试一试。

（2）本例题与例题 3-9 及例题 3-9 中讨论（3）提到的各种情况属于同一类型的题目。这类题目可用示意图 3-16 表示。A、B 容器本身可以是绝热的，也可以是不绝热的。按容器 A、B 内工质的情况不同，又可分为：

① 初态时，A 内有气体，B 内无气体。容器 B 可以是密闭的，也可以内装活塞，活塞上方与大气相通等，参看例题 3-10。

② 初态时，A、B 装有同种气体，但状态不同，参看例题 3-9。

③ 初态时，A、B 装有不同种气体。

④ A 为刚性容器，B 为弹性体。

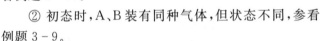

图 3-16　例题 3-10 附图

这类题目一般是根据给定的初态和打开阀门达到平衡的条件求解终态压力、温度，以及与外界交换的功量和热量。当求解这类问题时，一般选取闭口系较为方便。运用闭口系能量方程、工质性质（状态方程、Δu、Δh 计算式）以及过程的特点，问题很容易解决。

例题 3-11　将例题 3-9 中的导热活塞改为无摩擦的绝热活塞，如图 3-17 所示，其他条件不变。①问突然拔走销钉后，终态 A、B 中气体的压力是多少？终态温度能否用热力学方法求出？②假设拔走销钉后，活塞缓慢移动，终温又能否确定？左室气体对右室气体所做的功能否求出？

解　（1）选取 A 室与 B 室中的气体为闭口系，因 $Q = 0$，$W = 0$，故 $\Delta U = 0$，即有

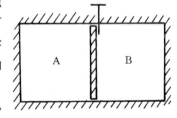

图 3-17　例题 3-11 附图

$$m_A c_V (T_{A2} - T_{A1}) + m_B c_V (T_{B2} - T_{B1}) = 0 \tag{a}$$

又　　$T_{A2} = \dfrac{p_2 V_{A2}}{m_A R_g}$ 　　　　　　(b)

$$T_{B2} = \frac{p_2 V_{B2}}{m_B R_g} \tag{c}$$

将式(b)、式(c)代入式(a),化简后得

$$p_2 = \frac{m_A T_{A1} R_g + m_B T_{B1} R_g}{V_{A2} + V_{B2}} = \frac{p_{A1} V_{A1} + p_{B1} V_{B1}}{V_{A1} + V_{B1}} \quad (d)$$

代入已知参数得

$$p_2 = \frac{0.2 \times 10^6 \text{ Pa} \times 0.01 \text{ m}^3 + 0.1 \times 10^6 \text{ Pa} \times 0.01 \text{ m}^3}{(0.01 + 0.01) \text{ m}^3}$$

$$= 0.15 \times 10^6 \text{ Pa} = 0.15 \text{ MPa}$$

虽然,根据已知条件确定了 p_2,但由式(b)与式(c)发现,V_{A2} 和 V_{B2} 无法分别确定,所以 T_{A2}、T_{B2} 无法用热力学方法求出。也许有人会认为,既然已求出了 $p_2 = p_{A2} = p_{B2}$,而且 A、B 中的气体都经历了无摩擦的绝热过程,因此可用理想气体可逆绝热过程的公式 $T_2 = T_1 \left(\frac{p_2}{p_1}\right)^{(\kappa-1)/\kappa}$ 求出 T_{A2} 和 T_{B2},这是错误的。因为突然拔走销钉,A 室与 B 室中气体将迅速膨胀或压缩,它们经历的是非准静态过程,所以 A、B 中的气体不能运用理想气体可逆绝热过程的公式。

(2) 若假设成立,活塞可缓慢移动,A、B 中的气体可近似认为进行的是可逆绝热过程,则

$$T_{A2} = T_{A1} \left(\frac{p_2}{p_{A1}}\right)^{(\kappa-1)/\kappa} = 300 \text{ K} \times \left(\frac{0.15 \text{ MPa}}{0.2 \text{ MPa}}\right)^{0.4/1.4} = 276.3 \text{ K}$$

$$T_{B2} = T_{B1} \left(\frac{p_2}{p_{B1}}\right)^{(\kappa-1)/\kappa} = 300 \text{ K} \times \left(\frac{0.15 \text{ MPa}}{0.1 \text{ MPa}}\right)^{0.4/1.4} = 336.8 \text{ K}$$

左室气体对右室气体做的功

$$W_A = \frac{p_1 V_{A1}}{\kappa - 1} \left[1 - \left(\frac{p_2}{p_{A1}}\right)^{(\kappa-1)/\kappa}\right]$$

$$= \frac{(0.2 \times 10^6) \text{ Pa} \times 0.01 \text{ m}^3}{1.4 - 1} \times \left[1 - \left(\frac{0.15 \text{ MPa}}{0.2 \text{ MPa}}\right)^{0.4/1.4}\right] = 394.5 \text{ J}$$

讨论

本例题推导出的式(d),与例 3-9 推出的式(b)结果一样,这是偶然的还是必然的?为什么?请思考。

例题 3-12 透热容器 A 和绝热容器 B 通过一阀门相连,如图 3-18 所示,A、B 容器的容积相等。初始时,与环境换热的容器 A 中有 3 MPa、25℃的空气 1 kg,B 容器为真空。打开联接两容器的阀门,空气由 A 缓慢地进入 B,直至两侧压力相等时重新关闭阀

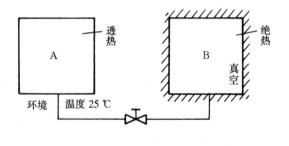

图 3-18

门。设空气的比热容为定值,$\kappa = 1.4$。试(1)确定稳定后两容器中的状态;(2)求过程中的换热量。

解 (1) 由于 A 容器是透热的,且过程进行得很缓慢,因此可认为,过程中 A 中气体是等温的,即 $T_{A1} = T_{A2} = T_A$。

取 B 容器为系统,由一般开口系能量方程得

$$\Delta U - h_{in} m_{in} = 0$$

因　　　　　$m_{\mathrm{in}}=m_{\mathrm{cv,B}}=m_{\mathrm{B2}}$,　　$\Delta U=U_2$,　　$h_{\mathrm{in}}=h_{\mathrm{A}}$

于是　　　　$U_2-h_{\mathrm{A}}m_{\mathrm{B2}}=0$

$$m_{\mathrm{B2}}c_V T_{\mathrm{B2}}-c_p T_{\mathrm{A}}m_{\mathrm{B}}=0$$

$$T_{\mathrm{B2}}=\frac{c_p}{c_V}T_{\mathrm{A}}=\kappa T_{\mathrm{A}}=1.4\times(273+25)\ \mathrm{K}=417.2\ \mathrm{K}$$

因两侧压力相等，即

$$\frac{m_{\mathrm{A2}}R_{\mathrm{g}}T_{\mathrm{A}}}{V_{\mathrm{A}}}=\frac{(m_{\mathrm{A1}}-m_{\mathrm{A2}})R_{\mathrm{g}}T_{\mathrm{B2}}}{V_{\mathrm{B}}}$$

$$m_{\mathrm{A2}}=\frac{m_{\mathrm{A1}}T_{\mathrm{B2}}}{T_{\mathrm{A}}+T_{\mathrm{B2}}}=\frac{1\ \mathrm{kg}\times417.2\ \mathrm{K}}{(298+417.2)\ \mathrm{K}}=0.5833\ \mathrm{kg}$$

$$m_{\mathrm{B2}}=m_{\mathrm{A1}}-m_{\mathrm{A2}}=1\ \mathrm{kg}-0.5833\ \mathrm{kg}=0.4167\ \mathrm{kg}$$

$$p_2=p_{\mathrm{A2}}=p_{\mathrm{B2}}=\frac{m_{\mathrm{A2}}R_{\mathrm{g}}T_{\mathrm{A}}}{V_{\mathrm{A}}}=\frac{m_{\mathrm{A2}}R_{\mathrm{g}}T_{\mathrm{A}}}{m_{\mathrm{A1}}R_{\mathrm{g}}T_{\mathrm{A}}/p_{\mathrm{A1}}}$$

$$=\frac{m_{\mathrm{A2}}}{m_{\mathrm{A1}}}p_{\mathrm{A1}}=\frac{0.5833\ \mathrm{kg}}{1\ \mathrm{kg}}\times(3\times10^6)\ \mathrm{Pa}$$

$$=1.750\times10^6\ \mathrm{Pa}=1.750\ \mathrm{MPa}$$

即终态时，A 容器的状态为

$$p_{\mathrm{A2}}=1.750\ \mathrm{MPa},\ T_{\mathrm{A2}}=298\ \mathrm{K},\ m_{\mathrm{A2}}=0.5833\ \mathrm{kg}$$

B 容器的状态为

$$p_{\mathrm{B2}}=1.750\ \mathrm{MPa},\ T_{\mathrm{B2}}=417.2\ \mathrm{K},\ m_{\mathrm{B2}}=0.4167\ \mathrm{kg}$$

（2）求换热量时，取整个装置为系统，由闭口系能量方程得

$$Q=\Delta U=(m_{\mathrm{A2}}c_V T_{\mathrm{A}}+m_{\mathrm{B2}}c_V T_{\mathrm{B2}})-m_{\mathrm{A1}}c_V T_{\mathrm{A}}$$

$$=\frac{5}{2}\times287\ \mathrm{J/(kg\cdot K)}\times(0.5833\ \mathrm{kg}\times298\ \mathrm{K}+0.4167\ \mathrm{kg}\times417.2\ \mathrm{K}-1\ \mathrm{kg}\times298\ \mathrm{K})$$

$$=35.64\times10^3\ \mathrm{J}=35.64\ \mathrm{kJ}$$

讨论

建议将例题 3-8～例题 3-12 对比、分析、归纳，比较它们解题思路上的相同点与不同点，体会每题的关键所在。

例题 3-13　某种理想气体从初态按多变过程膨胀到原来体积的 3 倍，温度从 300 ℃下降到 67 ℃。已知每千克气体在该过程的膨胀功为 100 kJ，自外界吸热 20 kJ。求该过程的多变指数及气体的 c_p 和 c_V。（按定值比热容计算）

解　由 $\dfrac{T_2}{T_1}=\left(\dfrac{V_1}{V_2}\right)^{n-1}$ 得

$$n=\frac{\ln\dfrac{T_2}{T_1}}{\ln\dfrac{V_1}{V_2}}+1=\frac{\ln\dfrac{(67+273)\ \mathrm{K}}{(300+273)\ \mathrm{K}}}{\ln\dfrac{1}{3}}+1=1.475$$

又由　　　$w=\dfrac{R_{\mathrm{g}}}{n-1}(T_1-T_2)$ 得

$$R_{\mathrm{g}}=\frac{w(n-1)}{T_1-T_2}=\frac{100\times10^3\ \mathrm{J/kg}\times(1.475-1)}{(573-340)\ \mathrm{K}}=203.9\ \mathrm{J/(kg\cdot K)}$$

由 $\qquad q = \Delta u + w = c_V(T_2 - T_1) + w$

得 $\qquad c_V = \dfrac{q-w}{T_2-T_1} = \dfrac{(20-100)\times10^3\,\text{J/kg}}{(340-573)\,\text{K}} = 343.3\,\text{J/(kg}\cdot\text{K)}$

$\qquad\qquad c_p = c_V + R_g = 343.3\,\text{J/(kg}\cdot\text{K)} + 203.9\,\text{J/(kg}\cdot\text{K)} = 547.2\,\text{J/(kg}\cdot\text{K)}$

讨论

通常过程的题目都是已知过程的多变指数及工质的种类和物性,求过程与外界交换的功量和热量,此题恰是正常类型题目的逆过程,即已知功量和热量及状态参数之间的变化,求工质的物性及多变指数。

例题 3 – 14 在一具有可移动活塞的封闭气缸中,储有温度 $t_1 = 45\ ^\circ\text{C}$,表压力 $p_{g1} = 10\ \text{kPa}$ 的氧气 $0.3\ \text{m}^3$。在定压下对氧气加热,加热量为 40 kJ;再经过多变过程膨胀到初温45 ℃,压力为 18 kPa。设环境大气压力为 0.1 MPa,氧气的比热容为定值,试求:(1)两过程的焓变量及所做的功;(2)多变膨胀过程中气体与外界交换的热量。

解 (1)先求出氧气的有关物性值

$$R_g = \frac{R}{M} = \frac{8.314\,\text{J/(mol}\cdot\text{K)}}{32\times10^{-3}\,\text{kg/mol}} = 259.8\,\text{J/(kg}\cdot\text{K)}$$

$$c_p = \frac{7}{2}R_g = 909.3\,\text{J/(kg}\cdot\text{K)}$$

$$c_V = \frac{5}{2}R_g = 649.5\,\text{J/(kg}\cdot\text{K)}$$

再确定 2 状态点的状态参数 $\qquad p_2 = p_1 = 10\ \text{kPa} + 100\ \text{kPa} = 110\ \text{kPa}$

温度由

$$Q_p = mc_p(T_2 - T_1)$$

确定。其中

$$m = \frac{p_1 V_1}{R_g T_1} = \frac{110\times10^3\,\text{Pa}\times0.3\,\text{m}^3}{259.8\,\text{J/(kg}\cdot\text{K)}\times(273+45)\,\text{K}} = 0.3994\,\text{kg}$$

于是

$$T_2 = \frac{Q_p}{mc_p} + T_1 = \frac{40\times10^3\,\text{J}}{0.3994\,\text{kg}\times909.3\,\text{J/(kg}\cdot\text{K)}} + 318\,\text{K} = 428.1\,\text{K}$$

过程 2—3 的多变指数,由

$$\frac{T_3}{T_2} = \left(\frac{p_3}{p_2}\right)^{(n-1)/n}$$

得

$$\frac{n-1}{n} = \frac{\ln\dfrac{T_3}{T_2}}{\ln\dfrac{p_3}{p_2}} = \frac{\ln\dfrac{318\,\text{K}}{428.1\,\text{K}}}{\ln\dfrac{18\,\text{kPa}}{110\,\text{kPa}}} = 0.1642$$

解得 $\qquad n = 1.20$

两过程的焓变量

$$\Delta H_{12} = mc_p(T_2 - T_1) = 0.3994\,\text{kg}\times909.3\,\text{J/(kg}\cdot\text{K)}\times(428.1-318)\,\text{K}$$
$$= 39.99\times10^3\,\text{J} = 39.99\,\text{kJ}$$

$$\Delta H_{23} = mc_p(T_3 - T_2) = mc_p(T_1 - T_2) = -\Delta H_{12}$$

两过程所做的功量

$$\begin{aligned}
W_{12} &= mp\Delta v = mR_g(T_2 - T_1) \\
&= 0.3994 \text{ kg} \times 259.8 \text{ J/(kg} \cdot \text{K)} \times (428.1 - 318) \text{ K} \\
&= 11.4 \times 10^3 \text{ J} = 11.4 \text{ kJ}
\end{aligned}$$

$$\begin{aligned}
W_{23} &= \frac{mR_g}{n-1}(T_2 - T_3) \\
&= \frac{0.3994 \text{ kg} \times 259.8 \text{ J/(kg} \cdot \text{K)}}{1.20 - 1} \times (428.1 - 318) \text{ K} \\
&= 57.12 \times 10^3 \text{ J} = 57.12 \text{ kJ}
\end{aligned}$$

(2) 多变过程与外界交换的热量

$$\begin{aligned}
Q_{23} &= \Delta U_{23} + W_{23} = mc_V(T_3 - T_2) + W_{23} \\
&= 0.3994 \text{ kg} \times 649.5 \text{ J/(kg} \cdot \text{K)} \times (318 - 428.1) \text{ K} + 57.2 \times 10^3 \text{ J} \\
&= 28.6 \times 10^3 \text{ J} = 28.6 \text{ kJ}
\end{aligned}$$

3.5.4 过程在 p-v 图、T-s 图上的表示与分析

例题 3-15 试分析多变指数在 $1 < n < \kappa$ 范围内的膨胀过程的性质。

解 首先在 p-v 图和 T-s 图上画出四条基本过程线作为分析的参考线,然后依题意画出多变过程线 1—2,如图 3-19 所示。

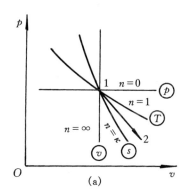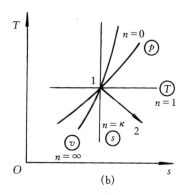

图 3-19 例题 3-15 附图

根据 3.4.2 中的 2(2)讲述的方法判断过程的性质。过程线 1—2 在过起点的绝热线的右方和定容线的右方,这表明是热膨胀过程(即 q 和 w 均为正)。又过程线在定温下方,表明气体的温度降低,即 $\Delta u < 0$,$\Delta h < 0$。这说明膨胀时气体所做的功大于加入的热量,故气体的热力学能减少而温度降低。

例题 3-16 将满足下列要求的理想气体多变过程表示在 p-v 图和 T-s 图上。

(1) 工质又升压、又升温及又放热。

(2) 工质又膨胀、又降温及又放热。

解 (1)按 3.4.2 中的 2(3)介绍的步骤进行。先在 p-v 图和 T-s 图上画出四条基本过

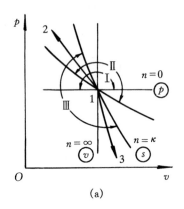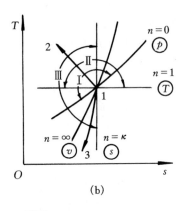

图 3 - 20　例题 3 - 16 附图

程线,如图 3 - 20 所示。再分别找出升压的区域Ⅰ、升温的区域Ⅱ及放热的区域Ⅲ。于是,3 个区域重叠的区域,就是满足又升压、又升温、又放热的要求的区域,过程线如图中的 1—2 曲线所示。

(2) 方法同上,满足要求的过程线如图中的 1—3 曲线所示。

例题 3 - 17　试在 T-s 图上把理想气体两状态间的热力学能及焓的变化量表示出来。

解　设两状态为 1 和 2,其温度分别为 T_1 和 T_2,而

$$\Delta U = mc_V(T_2 - T_1) = mc_V(T_{2'} - T_1) = Q_{V, 1\to 2'}$$
$$= \int_1^{2'} T\mathrm{d}s = 12'ba1 \text{面积(如图 3 - 21(a) 所示)}$$

$$\Delta H = mc_p(T_2 - T_1) = mc_p(T_{2'} - T_1) = Q_{p, 1\to 2'}$$
$$= \int_1^{2'} T\mathrm{d}s = 12'dc1 \text{面积(如图 3 - 21(b) 所示)}$$

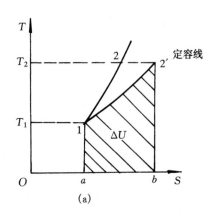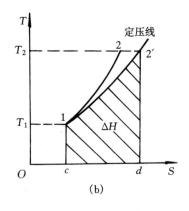

图 3 - 21　例题 3 - 17 附图

讨论

上述方法中是过 1 点,并分别作定容线和定压线,也可以过 2 点分别作定容线和定压线,在这种情况下,如何作线,如何表示 ΔU、ΔH,请读者自己完成。

例题 3 - 18　试在 T-s 图上定性表示出 $n = 1.2$ 的理想气体的压缩过程,并在图上用面

积表示所耗过程功 w 或技术功 w_t。

解法 1:过程线如图 3-22 中的 1—2 所示。由能量方程得

$$w = q_n - \Delta u = q_n - c_V(T_2, T_1) = q_n - c_V(T_{2'} - T_1) = q_n - q_{V,1 \to 2'}$$
$$= 1-2'-c-b-a-2-1 \text{ 面积(如图 3-22(a) 所示)}$$

$$w_t = q_n - \Delta h = q_n - c_p(T_2 - T_1) = q_n - c_p(T_{2'} - T_1) = q_n - q_{p,1 \to 2'}$$
$$= 1-2'-f-e-d-2-1 \text{ 面积(如图 3-22(b) 所示)}$$

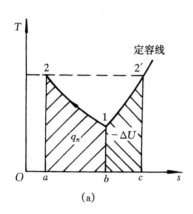
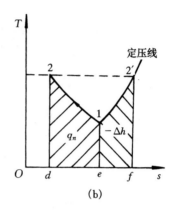

(a)　　　　　　　　　　　　　(b)

图 3-22　例题 3-18 附图 1

解法 2:过 2 点分别作定容线和定压线,如图 3-23 所示。

则

$$w = q_n - \Delta u = q_n - c_V(T_2 - T_1) = q_n - c_V(T_2 - T_{1'}) = q_n - q_{V,1' \to 2}$$
$$= 1-2-1'-a'-b'-c'-1 \text{ 面积(如图 3-23(a) 所示)}$$

$$w_t = q_n - \Delta h = q_n - c_p(T_2 - T_1) = q_n - c_p(T_2 - T_{1'}) = q_n - q_{p,1' \to 2}$$
$$= 1-2-1'-d'-e'-f'-1 \text{ 面积(见图 3-23(b) 所示)}$$

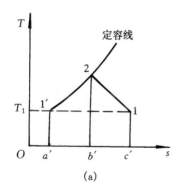
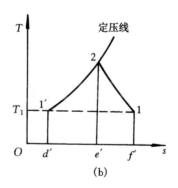

(a)　　　　　　　　　　　　　(b)

图 3-23　例题 3-18 附图 2

3.6 自我测验题

3-1 填空题

(1) 气体常数 R_g 与气体种类＿＿＿＿＿关,与状态＿＿＿＿＿关。通用气体常数 R 与气体种类＿＿＿＿＿关,与状态＿＿＿＿＿关。在 SI 制中 R 的数值是＿＿＿＿,单位是＿＿＿＿。

(2) 质量热容 c、摩尔热容 C_m 与容积热容 C' 之间的换算关系为＿＿＿＿＿＿＿。

(3) 理想气体的 c_p 及 c_V 值与气体种类＿＿＿＿＿关,与温度＿＿＿＿＿关。它们的差值与气体种类＿＿＿＿＿关,与温度＿＿＿＿＿关。它们的比值 κ 与气体种类＿＿＿＿＿关,与温度＿＿＿＿＿关。

(4) 对于理想气体,$du = c_V dT$,$dh = c_p dT$,它们的适用条件分别是＿＿＿＿＿＿＿。

(5) 2 kg 氮气经定压加热过程从 67 ℃ 升到 237 ℃,用定值比热容计算其热力学能的变化为＿＿＿＿,吸热量为＿＿＿＿。接着又经定容过程降到 27 ℃,其焓变化为＿＿＿＿,放热量为＿＿＿＿。

3-2 利用 $w = \int_1^2 p dv$ 导出多变过程膨胀功的计算公式;利用 $w_t = -\int_1^2 v dp$ 导出多变过程技术功的计算公式。

3-3 公式

$$\text{I} \begin{cases} \Delta u = c_V \Delta T \\ \Delta h = c_p \Delta T \end{cases} \qquad \text{II} \begin{cases} q = \Delta u = c_V \Delta T \\ q = \Delta h = c_p \Delta T \end{cases}$$

这两组公式对于理想气体的不可逆过程是否适用? 对于实际气体的可逆过程是否也适用? 怎样修改才适用于非理想气体的可逆过程?

3-4 绝热过程中气体与外界无热量交换,为什么还能对外做功? 是否违反热力学第一定律?

3-5 试将满足以下要求的理想气体多变过程在 $p-v$ 图和 $T-s$ 图上表示出来。

(1) 工质又膨胀、又放热。

(2) 工质又膨胀、又升压。

(3) 工质又受压缩、又升温、又吸热。

(4) 工质又受压缩、又降温、又降压。

(5) 工质又放热、又降温、又升压。

3-6 理想气体的 3 个热力过程如图 3-24 所示,试将 3 种热力过程定性地画在 $p-v$ 图上;分析 3 个过程多变指数的范围,并将每个过程的功量、热量及热力学能变化的正负号填在表 3-5 中。

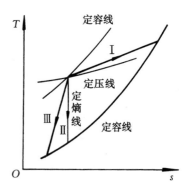

图 3-24 题 3-6 附图

表 3 - 5

过程	n	w	q	Δu
Ⅰ				
Ⅱ				
Ⅲ				

3 - 7　试将图 3 - 25 所示的 $p - v$ 图上的 2 个循环分别表示在 $T - s$ 图上。

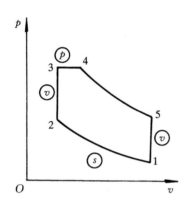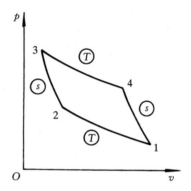

图 3 - 25　题 3 - 7 附图

3 - 8　为了检查船舶制冷装置是否漏气,在充入制冷剂前,先进行压力实验,即将氮气充入该装置中,然后关闭所有通大气的阀门,使装置相当于一个密封的容器。充气结束时,装置内氮气的表压力为 1 MPa,温度为 27 ℃。24 h 后,环境温度下降为 17 ℃(装置中氮气温度也下降到 17 ℃),氮气的表压力为 934.5 kPa。设大气压力为 0.1 MPa,试问氮气是否漏气?

3 - 9　氧气瓶容积为 10 cm^3,压力为 20 MPa,温度为 20 ℃。该气瓶放置在一个 0.01 m^3 的绝热容器中,设容器内为真空。试求当氧气瓶不慎破裂,气体充满整个绝热容器时,气体的压力及温度,并分析小瓶破裂时气体变化经历的过程。

3 - 10　绝热刚性容器,用隔板分成两部分,使 $V_A =$ 2$V_B = 3$ m^3,A 部分储有温度为 20 ℃、压力为 0.6 MPa 的空气,B 为真空。当抽去隔板后,空气即充满整个容器,最后达到平衡状态。求:(1)空气的热力学能、焓和温度的变化;(2)压力的变化;(3)熵的变化。

3 - 11　如图 3 - 26 所示,为了提高进入空气预热器的冷空气温度,采用再循环管。已知冷空气原来的温度为 20 ℃,空气流量为 90000 m^3/h(标准状态下),从再循环管出来的热空气温度为 350 ℃。若将冷空气温度提高至 40 ℃,求引出的热空气量(标准状态下 m^3/h)。用平均比热容表数据计算,设过程进行中压力不变。

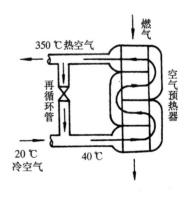

图 3 - 26　题 3 - 11 附图

又若热空气再循环管内的空气表压力为 1.47 kPa,流速为 20 m/s,当地的大气压力为 100 kPa,求再循环管的直径。

3-12 1 kg 空气,初态 $p_1 = 1.0$ MPa,$t_1 = 500$ ℃,在气缸中可逆定容放热到 $p_2 = 0.5$ MPa,然后可逆绝热压缩到 $t_3 = 500$ ℃,再经可逆定温过程回到初态。求各过程的 Δu、Δh、Δs 及 w 和 q 各为多少?并在 $p-v$ 图和 $T-s$ 图上画出这 3 个过程。

3-13 某储气筒内装有压缩空气,当时当地的大气温度 $t_0 = 25$ ℃,大气压力 $p_0 = 98$ kPa,问储气筒内压力在什么范围才可能使放气阀门打开时,在阀附近出现结冰现象?

3-14 柴油机的气缸吸入温度为 $t_1 = 50$ ℃、压力为 $p_1 = 0.1$ MPa 的空气 0.032 m³。经过多变压缩过程,使气体压力上升至 $p_2 = 3.2$ MPa,容积为 $V_2 = 0.00213$ m³,求在多变压缩过程中,气体与外界交换的功量、热量及气体热力学能的变化。

3-15 在一个承受一定重量的活塞下装有 20 ℃的空气 0.4 kg,占据容积 0.2 m³,试问当加入 20 kJ 热量后,其温度上升到多少?并做了多少功?若当活塞达到最后位置后予以固定,以后再继续加入 20 kJ 热量,则其压力上升至多少?

3-16 某双原子理想气体在多变过程($n = 1.18$)中做了膨胀功 660 kJ/kg,温度从 650 ℃降至 40 ℃,试求气体热力能及熵的变化,以及气体在过程中的吸热量。

3-17 在一个绝热的封闭气缸中,配有一无摩擦且导热良好的活塞,活塞将气缸分为左、右两部分,如图 3-27 所示。初始时活塞被固定,左边盛有 1 kg 的压力为 0.5 MPa、温度为 350 K 的空气,右边盛有 3 kg 的压力为 0.2 MPa,温度为 450 K 的二氧化碳。求活塞可自由移动后,平衡温度及平衡压力。

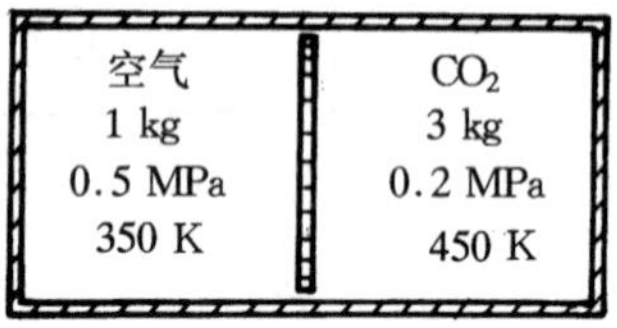

空气	CO₂
1 kg	3 kg
0.5 MPa	0.2 MPa
350 K	450 K

图 3-27   题 3-17 附图

第 4 章　热力学第二定律与熵

热力学第一定律揭示了这样一个自然规律,即在热力过程中,参与转换与传递的各种能量在数量上是守恒的。但它并没有说明,满足能量守恒原则的过程是否都能实现。经验告诉我们,自然过程是有方向性的。揭示热力过程方向、条件与限度的定律是热力学第二定律。只有同时满足热力学第一定律和热力学第二定律的过程才是能实现的过程。热力学第二定律与热力学第一定律共同组成了热力学的理论基础。

本章从最简单、最普遍的自然现象出发,经过抽象、概括以及演绎推理,上升到理论高度,得到了孤立系熵增原理(或能量贬值原理)。将此原理再应用于实践,并指导实践。这是经典热力学的典型研究方法,读者可以细心体会。

4.1　基本要求

(1)在深刻领会热力学第二定律实质的基础上,认识能量不仅有"量"的多少,而且还有"质"的高低。

(2)掌握卡诺定理。掌握熵的意义、计算和应用。

(3)掌握孤立系统和绝热系统熵增的计算,从而明确能量损耗的计算方法。

(4)了解㶲(可用能、有效能)的概念及其计算。

(5)学会用熵分析法或㶲分析法对热力过程进行热工分析,认识提高能量利用经济性的方向、途径和方法。

4.2　基本知识点

本章首先从工程实践和自然现象入手,总结归纳出热力学第二定律的两种说法,它们的表述方法虽然不同,但都揭示了自发过程具有方向性这一共同本质。然而,它们仅是经验的总结。卡诺循环和卡诺定理把热力学第二定律向理论方向的发展推进了一步。接着克劳修斯证明了熵是状态参数,导出了孤立系统熵增原理。㶲作为一种评价能量价值的参数的引入,又从"量"与"质"的结合上规定了能量"价值"。这些不仅使热力学第二定律成为一个严密的理论体系,而且为第二定律在各种科学技术领域的应用奠定了基础。以上就是本章的研究思路。

4.2.1　热过程的方向性与热力学第二定律的表述

日常生活和工程实践告诉我们,自然界中发生的一切热过程(有热能参与的过程)都具有方向性。例如:功可以通过摩擦自发地(无条件地)、百分之百地转变为热;热可以自发地由高温物体传向低温物体;高压气体可以自发地向真空空间膨胀(即自由膨胀过程);不同种类的气体放置在一起会自发地扩散混合等等,但这些过程对应的相反过程在没有外界帮助的情况下,却不可能实现。也就是说,自然的过程是不可逆的,若要使自然过程逆行,就必须付出某种代价,具备一定的补充条件。

热过程之所以具有方向性,是由于能量不仅有"量"的多少,而且有"质"的高低。能量是物质运动的量度,物质的运动多种多样,就其形态而论不外乎是有序运动和无序运动两类。量度有序运动的能量称为有序能;量度无序运动的能量称为无序能。显然,一切宏观整体运动的能量(如机械能)及大量电子定向运动的电能等都是有序能,而物质内部分子杂乱无章的热运动的能量则是无序能。有序能的品质要高于无序能。经验表明,有序能可以完全地、无条件地转变为无序能,相反的转换却是有条件的、不完全的。对于有热能参与的过程,就有无序能参与,就有有序能与无序能的相互转换问题,因此带来了过程的方向性问题。

热力学第二定律就是对过程方向性的描述。由于自然界过程方向性的多样性,因而热力学第二定律的表述也有多种。但它们反映的是同一个规律,因此各种表述有内在联系,是统一和等效的。两种比较经典的表述如下。

克劳修斯从热量传递方向性的角度,将热力学第二定律表述为:"不可能把热从低温物体传到高温物体而不引起其他变化。"

开尔文从热功转换的角度,将热力学第二定律表述为:"不可能从单一热源取热,使之完全变为功而不引起其他变化。"人们把能够从单一热源取热,使之完全转变为功而不引起其他变化的机器叫第二类永动机。因此,开尔文的说法也可表述为:第二类永动机是不可能制造成功的。

以上两种表述说明,热从低温物体传至高温物体,以及热变功都是非自发过程,要使它们实现,必须花费一定的代价或具备一定的条件,也就是说要引起其他变化。在制冷机或热泵中,此代价就是消耗的功量或热量,而热变功中至少还要有一个放热的冷源。

4.2.2 卡诺循环和卡诺定理

热力学第二定律的上述两种说法还仅仅停留在经验的总结上,不具备理论的品格。卡诺循环的提出和卡诺定理的证明,把热力学第二定律从感性和实践的认识,向理性和抽象概念的发展大大推进了一步。

1. 卡诺循环

热力学第二定律告诉我们,单热源热机,即热效率为100%的热机是不可能存在的。因此,自然会想到,最简单的热机至少要有两个热源,那么热机的热效率最大能达到多少?即热量最多有多少能转变为功?热机的热效率又与哪些因素有关?这些正是卡诺循环和卡诺定理要解决的问题。

卡诺循环排除不利于热变功的一切不可逆因素,它由如图4-1所示的两个可逆等温过程和两个可逆绝热过程组成。普通物理学已证明,当采用理想气体为工质时,卡诺循环的热效率为

$$\eta_{t,c} = 1 - \frac{T_2}{T_1} \qquad (4-1)$$

卡诺循环是可逆循环,如果使循环沿相反方向进行,就成为逆卡诺循环。由于使用的目的不同,分为制冷循环和热泵循环。不难导出以理想气体为工质的逆卡诺循环的制冷系数 ε_c 和供热系数 ε'_c 分别为

$$\varepsilon_c = \frac{T_2}{T_1 - T_2} \qquad (4-2)$$

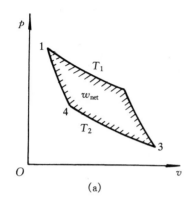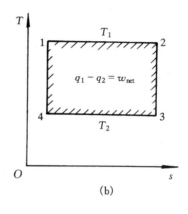

图 4-1 卡诺循环的 p-v 图及 T-s 图

$$\varepsilon'_c = \frac{T_1}{T_1 - T_2} \qquad (4-3)$$

2. 概括性卡诺循环

两个热源之间除卡诺循环以外,如采用回热措施,也可以用两个多变指数(n)相同的过程,来取代两个可逆绝热过程,而形成可逆循环。这两个多变过程既不对热源放热,也不从热源吸热,只是互相交换热量。因此,就循环总体效果来看,仍然是两个可逆等温过程与热源换热,显然与卡诺循环等效,故称为概括性卡诺循环。

3. 卡诺定理

应当指出,在卡诺定理证明以前,上述导出的 3 个经济指标公式(4-1)~式(4-3)没有任何普遍意义,它既不能回答两个热源间不可逆循环热效率是否小于可逆循环的热效率,也不能回答采用非理想气体为工质的可逆循环热效率是否与理想气体的可逆循环热效率相等,更不能对多于两个热源的循环热效率作出评价。

卡诺定理一指出,在相同的高温热源和相同的低温热源之间工作的一切可逆循环,其热效率都相等,与工质以及循环形式无关。由此可见,不论采用什么工质,其热效率与采用理想气体时相同,即

$$\eta_t = 1 - \frac{T_2}{T_1}$$

卡诺定理二指出,在相同的高温热源和相同的低温热源之间工作的一切不可逆循环,其热效率必小于可逆循环的热效率。

卡诺定理大大扩大了理想气体卡诺循环热效率公式的适用范围和应用价值,使其带有普遍性。

卡诺定理证明的依据是热力学第二定律,证明的方法是反证法,其思路是:若假定定理不成立,根据能量守恒定理进行逻辑推理,得到与热力学第二定律相违背的结论,从而排除了不合理的假定,得到了惟一合理的结果。

卡诺定理有重要的实用价值和理论价值,主要是:

(1)卡诺定理指出了热效率的极限值,这一极限值仅与热源及冷源的温度有关。由于 $T_2 = 0$,$T_1 \rightarrow \infty$ 都不可能,因此热机热效率恒小于 1。

（2）提高热效率的根本途径在于提高热源温度 T_1，降低冷源温度 T_2，以及尽可能减少不可逆因素。

（3）由于不花代价的低温热源的温度以大气环境温度 T_0 为限（T_0 比较稳定，视为定值），那么温度为 T 的热源放出的热量 Q 最多只能有

$$W_{net} = Q\left(1 - \frac{T_0}{T}\right) \quad \text{或} \quad W_{net} = \int \left(1 - \frac{T_0}{T}\right)\delta Q \qquad (4-4)$$

可以转变为功,而

$$Q_0 = \frac{T_0}{T}Q \quad \text{或} \quad Q_0 = \int \frac{T_0}{T}\delta Q \qquad (4-5)$$

无论如何也不可能转化为功。这就提示了热变功的极限。

4. 多热源的可逆循环

工程上两个热源的循环较少见,为扩大卡诺定理的应用,进一步讨论如图 4-2 所示的多热源可逆循环。

当引入平均吸热温度 $\overline{T}_1$ 和平均放热温度 $\overline{T}_2$ 后,从循环的总体效果来看(q_1, q_2, w_{net}),原多热源可逆循环 e—f—g—h—e 与卡诺循环 a—b—c—d—a 等价,于是其热效率可表示为

$$\eta_t = 1 - \frac{\overline{T}_2}{\overline{T}_1} \qquad (4-6)$$

该式用于分析和比较循环热效率的高低十分方便。实际的热机循环,由于种种原因不能实现卡诺循环和概括性卡诺循环而进行其他循环时,应该在可能条件下,尽量提高 $\overline{T}_1$ 和降低 $\overline{T}_2$,以提高其热效率。

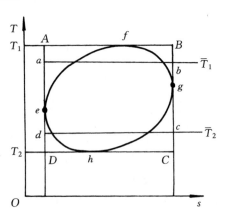

图 4-2　多热源可逆循环

从图 4-2 看到,多热源可逆循环的热效率必低于相同温限下的卡诺循环(A—B—C—D—A 循环)的热效率。

4.2.3　熵的导出及孤立系熵增原理

1. 熵是状态参数

在卡诺定理的基础上,克劳修斯从数学上严格地证明了工质经任意可逆循环,$\frac{\delta Q_{re}}{T_r}$ 沿整个循环的积分为零,即

$$\oint \frac{\delta Q_{re}}{T_r} = 0 \qquad (4-7)$$

因此,物理量 $\frac{\delta Q_{re}}{T_r}$ 具有状态参数的性质,定义其为熵,以符号 S 表示,则

$$dS = \frac{\delta Q_{re}}{T_r} = \frac{\delta Q_{re}}{T} \qquad (4-8a)$$

对于 1 kg 工质,式(4-8a)可写成

$$ds = \frac{\delta q_{re}}{T_r} = \frac{\delta q_{re}}{T} \qquad (4-8b)$$

式中：δQ_{re} 或 δq_{re} 的下标是强调 δQ 必须是可逆过程的换热量；T_r 为热源温度，既然是可逆过程，当然也是工质的温度 T。

由于一切状态参数都只与它所处的状态有关，与到达这一状态的过程无关，因此式(4-8)提供了计算任意过程熵变化的途径，即可通过计算与实际过程初、终态相同的任意可逆过程的熵变来确定不可逆过程的熵变。

2. 克劳修斯不等式

克劳修斯在卡诺定理的基础上，进一步导出了对于不可逆循环满足的克劳修斯不等式，即

$$\oint \frac{\delta Q}{T_r} < 0 \tag{4-9}$$

与可逆循环满足的式(4-7)结合，得

$$\oint \frac{\delta Q}{T_r} \leqslant 0 \tag{4-10}$$

式(4-10)表明，任何循环的克劳修斯积分永远小于零，极限时等于零，而绝不可能大于零。式(4-10)是热力学第二定律的数学表达式之一。可以直接用来判断循环是否可能以及是否可逆。

克劳修斯不等式也可表示为

$$dS > \left(\frac{\delta Q}{T_r}\right)_{ire}$$

与可逆过程结合，写作

$$dS \geqslant \frac{\delta Q}{T_r} \tag{4-11a}$$

$$S_2 - S_1 \geqslant \int_1^2 \frac{\delta Q}{T_r} \tag{4-11b}$$

式中：不等号适应于不可逆过程；等号适应于可逆过程；T_r 为热源温度。式(4-11b)表明，任何过程熵的变化只能大于 $\int_1^2 \frac{\delta Q}{T_r}$，极限情况等于而绝不可能小于 $\int_1^2 \frac{\delta Q}{T_r}$，这是热力学第二定律的又一数学表达式，它可以用以判断过程能否进行，是否可逆。

3. 孤立系熵增原理

由式(4-11b)可知，在不可逆过程中，ΔS 大于过程中的 $\int \frac{\delta Q}{T_r}$。若将此差值用 ΔS_g 表示，则有

$$\Delta S_g = \Delta S - \int \frac{\delta Q}{T_r}$$

或

$$\Delta S = \int \frac{\delta Q}{T_r} + \Delta S_g \tag{4-12}$$

联合式(4-11b)和式(4-12)得到

$$\Delta S_g \geqslant 0 \tag{4-13}$$

由式(4-12)可见，在不可逆过程中引起系统熵变化的因素有二：一是由于与外界发生热交换，由热流引起的熵变，称为熵流 $\Delta S_f (= \int \frac{\delta Q}{T_r})$；二是由于不可逆因素的存在，而引起的熵的增加 ΔS_g。前者可为正、为负或为零，应视热流方向和情况而定。但后者永远为正，故 ΔS_g 又称为熵

产。过程的不可逆性越大,熵产越大。反之,不可逆性越小,熵产也越小。若过程中熵产为零,则不可逆性消失,过程即成为可逆过程。据此,不可逆过程的熵产可作为过程不可逆性大小的度量。

这样,对于任意不可逆过程,热力系熵的变化都可以用熵流与熵产的代数和表示,即其微分式表示为

$$dS = dS_f + dS_g \tag{4-14a}$$

积分式为

$$\Delta S = \Delta S_f + \Delta S_g \tag{4-14b}$$

在上面的论述中,并未限定任何具体的不可逆因素,因而所得结论具有普遍意义,适用于任意不可逆过程。

将式(4-14a)应用于孤立系,因 $\delta Q = 0$,则 $dS_f = 0$,因此有

$$dS_{iso} = dS_g \geqslant 0 \tag{4-15}$$

积分式为

$$\Delta S_{iso} = \Delta S_g \geqslant 0 \tag{4-16}$$

式中:不等号适用于不可逆过程;等号适用于可逆过程。式(4-15)说明,在孤立系内,一切实际过程(不可逆过程)都朝着使系统熵增加的方向进行,或在极限情况下(可逆过程)维持系统的熵不变,而任何使系统熵减少的过程是不可能发生的。这一原理即为孤立系熵增原理。

孤立系熵增原理同样揭示了自然过程方向性的客观规律。任何自发的过程都是使孤立系熵增加的过程。因此,孤立系熵增原理及其表达式(4-15)是热力学第二定律的又一表达式,它把热力学第二定律上升到更普遍、更实用、更深刻的理论高度。至此,热力学第二定律已经找到了判断任何热过程能否进行的一般性判据——孤立系的熵增,并通过它可以对热过程进行的方向、条件和限度进行分析。随后的问题就是怎样将之灵活地应用了。

4.2.4 熵方程

在热力学第二定律的运用中,常常需要分析不同系统在不同过程中的熵的变化。下面介绍几种在不同情况下的熵方程。

1. 闭口系的熵方程

闭口系的熵方程,可以用式(4-14a)表示

$$dS = dS_f + dS_g$$

即闭口系熵的变化由两部分组成:一部分为系统与外界之间传热引起的熵流 $dS_f = \dfrac{\delta Q}{T_r}$;另一部分是由不可逆因素引起的熵产 dS_g。

2. 开口系的熵方程

开口系熵的方程

$$dS_{cv} = dS_f + dS_g + s_1 \delta m_1 - s_2 \delta m_2 \tag{4-17}$$

式中:$dS_f = \dfrac{\delta Q}{T_r}$ 为开口系与外界传热引起的熵流;dS_g 为不可逆引起的熵产;δm_1 与 δm_2 分别为进、出系统的质量,s_1 与 s_2 分别为进、出系统的工质的比熵,则 $s_1 \delta m_1$ 与 $s_2 \delta m_2$ 分别表示随物质进、出开口系,带进、带出开口系的熵。

当开口系与多个不同温度的热源交换热量,又有多股工质进、出系统时,熵的方程为

$$dS_{cv} = \sum_i \frac{\delta Q}{T_{r,i}} + \sum_{in} s\delta m - \sum_{out} s\delta m + dS_g \qquad (4-18)$$

若开口系是单股流体的稳定流动,则系统的熵变 $dS_{cv} = 0$,$\delta m_1 = \delta m_2 = \delta m$,则式(4-17)可改写为

$$0 = dS_f + dS_g + \delta m(s_1 - s_2)$$

若以 $\Delta\tau$ 时间内 m kg 流动工质为对象,则

$$S_2 - S_1 = \Delta S_f + \Delta S_g \qquad (4-19)$$

对于绝热的稳定流动过程,则式(4-19)成为

$$S_2 - S_1 = \Delta S_g \geqslant 0 \qquad (4-20)$$

即可逆绝热过程 $S_2 - S_1 = 0$,不可逆绝热过程 $S_2 - S_1 > 0$。也就是说,可逆绝热过程是一等熵过程,不可逆绝热过程是一熵增过程。

4.2.5　㶲及其计算

热力学第一定律把各种不同形式的能量的数量联系了起来,说明不同形式的能量可以相互转换,且在转换中数量守恒。热力学第二定律进一步指出,不同形式能量的品质是不相同的,表现为转换成功的能力不同。因此,能量除了有量的多少外,还有品质的高低。㶲这个参数正是一个可单独评价能量品质的物理量。

㶲的一般性定义为:在给定环境条件下,任一形式的能量中,理论上最大可能地转变为有用功的那部分能量称为该能量的㶲或有效能,也有人称之为可用能。能量中不能够转变为有用功的那部分能量称为㶲或无效能。由此,任何一种形式的能量 E 都可以看成由㶲(E_x)和㶲(A_n)所组成,即

$$E = E_x + A_n \qquad (4-21)$$

㶲越大,能量的品质则越高。

由于㶲是一个既能反映能量数量,又能反映各种能量之间质的差异的参数,所以引入㶲效率的概念来衡量设备或装置系统的技术完善程度或热力学完善度。㶲效率定义为

$$\eta_{e_x} = \frac{收益㶲}{支付㶲}$$

㶲效率愈接近于 1,表示设备或装置系统的热力学完善度愈好,㶲损失愈小。

不同能量的㶲的计算如下。

1. 热量㶲

系统所传递的热量在给定环境下,用可逆方式所能作出的最大有用功称为该热量的㶲。热量㶲的计算式为

$$E_{x,Q} = \int \left(1 - \frac{T_0}{T}\right)\delta Q \qquad (4-22a)$$

热量㶲为

$$A_{n,Q} = Q - E_{x,Q} = T_0 \int \frac{\delta Q}{T} = T_0 \Delta S \quad (因可逆) \qquad (4-22b)$$

热量㶲和热量㶲可用图 4-3 的 T-S 图表示。

从式(4-22a)看到,相同数量的 Q,在不同温度 T 下,具有不同的热量㶲。当环境温度确

定后,T 越高,㶲越大,热量的品质也越高。

热量㶲与热量一样是过程量,不是状态量。

2. 稳定流动工质的焓㶲

根据㶲的一般性定义,可以给出稳定流动工质具有的能量㶲的定义:稳定流动工质从任一给定状态流经开口系,以可逆方式流到与给定环境相平衡的出口状态,并且只与环境交换热量时,所能作出的最大有用功。焓㶲的计算式为

$$E_{x,H} = (H - H_0) - T_0(S - S_0) \qquad (4-23a)$$

比焓㶲为

$$e_{x,H} = (h - h_0) - T_0(s - s_0) \qquad (4-23b)$$

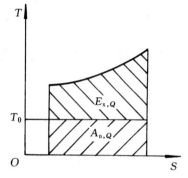

图 4-3 热量㶲在 $T-S$ 图上的表示

相应的炕为

$$a_{n,H} = h - e_{x,H} = h_0 + T_0(s - s_0) \qquad (4-23c)$$

显然,当环境状态一定时,焓㶲只取决于工质流动状态,是状态参数。初终状态之间的焓㶲差只取决于初终态,与路径和方法无关,即

$$e_{x,H_1} - e_{x,H_2} = (h_1 - h_2) - T_0(s_1 - s_2) \qquad (4-23d)$$

3. 热力学能㶲

任一闭口系工质的热力学能,根据㶲的一般性定义可定义为:闭口系从任一给定状态以可逆方式转变到与环境相平衡的状态,并只与环境交换热量时,所能作出的最大有用功。热力学能㶲的计算式为

$$E_{x,U} = U - U_0 + p_0(V - V_0) - T_0(S - S_0) \qquad (4-24a)$$

比热力学能㶲为

$$e_{x,U} = u - u_0 + p_0(v - v_0) - T_0(s - s_0) \qquad (4-24b)$$

相应的炕为

$$a_{n,U} = u_0 - p_0(v - v_0) + T_0(s - s_0) \qquad (2-24c)$$

热力学能㶲也是状态参数。初终态之间热力学能㶲差为

$$e_{x,U_1} - e_{x,U_2} = (u_1 - u_2) + p_0(v_1 - v_2) - T_0(s_1 - s_2) \qquad (4-24d)$$

在除环境外,没有任何其他热源交换热量的条件下,无论是闭口系还是开口系,由一个状态变化到另一状态的过程中所能作出的最大有用功,都只与初终状态有关。对于闭口系,它等于这两个状态的热力学能㶲之差,即

$$W_{max} = E_{x,U_1} - E_{x,U_2} \qquad (4-25)$$

对于开口系,它等于这两个状态的焓㶲之差,即

$$W_{max} = E_{x,H_1} - E_{x,H_2} \qquad (4-26)$$

在同样的给定条件下,系统在确定的初终状态之间经实际不可逆过程完成的有用功 W_u 必小于最大有用功,其差值称为㶲损失或有效能损失,用 I 表示。㶲损失是由于不可逆因素的存在而造成的做功能力的损失,这种损失不是系统具有的能量数量的减少,而是能量品质的贬值。这种现象称为能量的贬值。通常热力学中所谓的"能量损失""能量损耗"都是指这种做功能力的损失,是一种质的贬值。

一切实际不可逆过程不可避免地要发生能的贬值,㶲将部分地"退化"为炕。那么从㶲的

角度来看孤立系,则孤立系的㶲值不会增加,只能减少,至多维持不变,这称为孤立系㶲减原理(或能量贬值原理)。所以㶲和熵一样,可以作为自然过程方向性的判据。

实际过程中的一切不可逆因素,一方面引起了做功能力的损失;另一方面又引起了孤立系熵的增加。那么做功能力损失即㶲损失与孤立系熵增的关系怎样呢? 可以导出,在参数为 p_0、T_0 的环境中,㶲损失恒等于 $T_0 \Delta S_{iso}$,即

$$I = T_0 \Delta S_{iso} = T_0 \Delta S_g \tag{4-27}$$

此式对任何不可逆系统都适用,无论不可逆是什么因素引起的。

㶲损失还可以根据闭口系或开口系的㶲平衡式求得,即对于闭口系

$$I = E_{x,U_1} - E_{x,U_2} + E_{x,Q} - W_u \tag{4-28}$$

对于稳定流动开口系

$$I = E_{x,H_1} - E_{x,H_2} + E_{x,Q} - W_t \tag{4-29}$$

4.3　重点与难点

本章的重点除了深刻领会热力学第二定律的实质;认识能量不仅有"量"的多少,而且还有"质"的高低,并初步学会利用㶲来计算和衡量能量的质;掌握卡诺定理的理论及对实际循环的指导意义外,就是要牢固掌握熵的意义、计算和应用。关于熵作如下小结。

1. 熵是一种广延性的状态参数

熵的定义式 $dS = \dfrac{\delta Q_{re}}{T}$,即熵的变化等于可逆过程中系统与外界交换的热量与热力学温度的比值。

2. 热力学第二定律的数学表达式可归纳为以下几种

$$\oint \frac{\delta Q}{T_r} \leqslant 0 \tag{4-10}$$

$$\Delta S \geqslant \int \frac{\delta Q}{T_r} \tag{4-11b}$$

$$\Delta S = \Delta S_f + \Delta S_g \tag{4-14b}$$

$$\Delta S_{iso} \geqslant 0 \tag{4-16}$$

上述式(4-10)、式(4-11b)、式(4-16)中等号适用于可逆过程,不等号适用于不可逆过程。各式中的 T 都理解为热源温度较为方便,故写成 T_r。显然,对于可逆情况,T_r 也等于工质温度。

上述 4 式都是热力学第二定律的数学表达式,因此它们是等效的。但因其形式不同,适用的对象不尽相同。式(4-11b)和式(4-14b)适用于任何闭口系统。式(4-16)只适用于孤立系或闭口绝热系。式(4-10)适用于循环过程。

4 个式子之间的联系是显而易见的,例如式(4-14b)是式(4-11b)的等式形式,两式都普遍用于分析各种闭口系统的问题。当式(4-11b)用于孤立系时,$\delta Q = 0$,得到式(4-16);对于循环过程 $\oint dS_{工质} = 0$,则式(4-11b)变成式(4-10)的形式。

3. 熵的意义

(1) 由熵的定义式(4-8a)表明,系统熵的变化表征了可逆过程中与外界热交换的方向和

大小。系统可逆地从外界吸收热量,$\delta Q>0$,系统熵增大;系统可逆地向外界放热,$\delta Q<0$,系统熵减小;可逆绝热过程中,系统熵不变。

（2）由孤立系统熵增原理表明,孤立系统熵的变化（或者任何系统的熵产）表征过程不可逆的程度。孤立系熵增越大,表明系统不可逆程度越甚。

（3）自然界的过程总是朝着孤立系统熵增加的方向进行,所以熵可以作为判断过程方向性的一种判据。

4. 熵的应用

1）熵可用以计算可逆过程的热量

在可逆过程中,显然有

$$Q = \int T\mathrm{d}S$$

而且在温熵 T-S 图上,可逆过程线下与 S 轴所形成的面积代表该过程与外界交换的热量。

2）熵可用以判断过程的方向性及过程的可逆性

孤立系统中,发生的过程若使熵增加,则该过程是可行的且为不可逆过程;若熵不变,则该过程是可行的且为可逆过程;若使熵减少,则该"过程"不可能进行。

对于非孤立系统过程方向性的判断,可取一扩大的孤立系,即由该系统以及与之相互作用的所有物体构成新的孤立系统再根据孤立系熵增原理进行判断。

3）熵可用以确定系统达到平衡的条件

我们已经知道,系统若处于非平衡态,那它一定会自发地趋于平衡态;而当它达到平衡态时,其状态将不发生任何有限变化,一切过程都将不可能发生,除非改变外界条件。因此,根据孤立系熵增原理可知,若系统处于非平衡态,那么由于一切自发变化都将促使孤立系的熵增加,所以孤立系的熵值将随着其状态趋于平衡而增大,而当孤立系的熵达到极大时,由于促使孤立系熵减少的过程是不可能的,从而孤立系中一切过程都将停止,即孤立系中所有物系都达到了平衡态。因此,孤立系在变化时,达到平衡的充要条件是熵值为最大。

如上所述,熵可作为判定平衡态的判据,即孤立系中,对于各种可能的变动来说,平衡态的熵最大。在实际应用中,可根据孤立系熵增原理导出其他平衡判据往往更为简便。有关这些问题,将在化学平衡的章节中作以介绍。

4）熵产与有效能损失（烟损,可用能损失,做功能力损失）

根据式（4-27）,即

$$I = T_0\Delta S_{\mathrm{iso}} = T_0\Delta S_{\mathrm{g}} \tag{4-27}$$

可求得有效能损失。利用该式可对任意循环或任意过程的细节的有效能利用情况进行分析,找出能量利用的薄弱环境,即找出引起熵产最大的环节,这样可以抓住主要矛盾,有效地加以改进。

5）熵与热量㶲

由式（4-22b）知,热量㶲为

$$A_{\mathrm{n},Q} = T_0\Delta S \tag{4-22b}$$

可见,熵变化是热量㶲的度量。

6）熵与焓㶲和热力学能㶲

由式（4-23b）及式（4-24b）,即

$$e_{\mathrm{x},H} = h - h_0 - T_0(s - s_0) \tag{4-23b}$$

$$e_{\mathrm{x},U} = u - u_0 + p_0(v - v_0) - T_0(s - s_0) \tag{4-24b}$$

看到,熵是计算工质的㶲的重要参数。

7) 熵与热力学基本关系式

根据热力学第一定律

$$\delta q = \mathrm{d}u + p\mathrm{d}v$$

根据热力学第二定律

$$\delta q = T\mathrm{d}s$$

于是

$$T\mathrm{d}s = \mathrm{d}u + p\mathrm{d}v \tag{4-30}$$

称该式为热力学基本关系式,它是热力学中最主要的关系式之一,因为它表示了热力参数 p、v、T、u 及 s 之间的关系,而常用的 6 个热力参数中的 h 虽没在该式中反映,但由于焓是一个组合状态参数,即 $h = u + pv$,因此代入上式很容易得到焓与其他参数的关系。

5. 熵变的计算

原则上,由于熵是状态参数,两状态间的熵差与过程无关,所以熵变量的计算有两种途径:其一,只要初终态确定,利用已知状态参数,可直接得到熵的变化值。如实际气体,就是利用其热力性质的图或表,直接查得初、终状态的熵,从而得到熵的变化值。参见第 6 章。其二,状态参数熵的变化与过程性质(可逆、不可逆)无关,利用熵的定义式 $\mathrm{d}S = \dfrac{\delta Q_{\mathrm{re}}}{T}$ 可以计算熵的变化。其作法是,任选一可逆过程,将可逆过程的热量和温度代入定义式即可得到结果。此可逆过程可以是任选的,以便于计算为佳。例如图 4-4 所示,求 ΔS_{12}。如果取过程 1—3—2,熵是广延量,具有可加性,$\Delta S_{12} = \Delta S_{13} + \Delta S_{32} = 0 + \dfrac{Q_{13}}{T_1}$。同理,若取过程 1—4—2,则 $\Delta S_{12} = \Delta S_{142} = \dfrac{Q_{42}}{T_2}$。当然,也可选任一可逆过程,例如 1—$a$—2,则 $\Delta S_{12} = \displaystyle\int_{1a2} \dfrac{\delta Q_{1a2}}{T}$,显然此过程相对于前两者要复杂一些。

为便于应用,现将几类常见情况的熵变计算汇总如下。

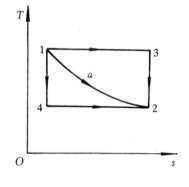

图 4-4

1) 理想气体的熵变计算

利用上述的方法 2,理想气体的熵变可在两确定状态间适当选取可逆过程,利用熵的定义及理想气体的状态方程导出,即式(3-8b)、式(3-10b)

$$\Delta s = c_p \ln \frac{T_2}{T_1} - R_{\mathrm{g}} \ln \frac{p_2}{p_1}$$

$$\Delta s = c_V \ln \frac{T_2}{T_1} + R_{\mathrm{g}} \ln \frac{v_2}{v_1}$$

及

$$\Delta s = c_V \ln \frac{p_2}{p_1} + c_p \ln \frac{v_2}{v_1}$$

2) 固体或液体熵变的计算

根据熵的定义式 $dS=\dfrac{\delta Q_{re}}{T}$，其中 $\delta Q_{re}=dU+pdV$。因为固体、液体容积变化功 pdV 极小，可以忽略，所以 $\delta Q_{re}=dU=mcdT$。其中，m 为物质的质量，c 为固体或液体物质的比热容，一般情况下，$c_p=c_V=c$，则

$$dS=\frac{mc\,dT}{T} \qquad (4-31a)$$

或温度变化较小，比热容可视为定值时

$$\Delta S=mc\,\ln\frac{T_2}{T_1} \qquad (4-31b)$$

3) 热源的熵变计算

热源是一个给工质提供热量，或接受工质排出热量的物体，越过其边界的所有能量都是以热的形式进行。

当热源接收或放出热量时，若温度不变，则其熵变为

$$\Delta S=\frac{Q}{T_r} \qquad (4-32a)$$

若温度变化，则

$$\Delta S=\int\frac{\delta Q}{T_r} \qquad (4-32b)$$

4) 功源的熵变计算

功源可理解为这样一种物体：越过其边界的所有能量都是以功的形式进行。

功源与系统交换的能量全部是功，功不引起熵的变化，即

$$\Delta S=0 \qquad (4-33)$$

5) 孤立系统的熵变计算

在判断过程的方向性、状态的平衡性以及过程有效能损失的计算中，常需要计算孤立系的熵变。孤立系不是人们可以随意认定的，通常把与系统有传热的所有物体包含在内，才能形成孤立系。计算时，孤立系的熵变应是构成孤立系的所有物体熵变的代数和，即

$$\Delta S=\sum_i\Delta S_i \qquad (4-34a)$$

各物体的熵变 ΔS_i 计算如上所述。

若环境参与了与系统的换热，环境可看作温度始终不变的热源，则

$$\Delta S_{iso}=\sum_i\Delta S_i+\Delta S_{surr}=\sum_i\Delta S_i+\frac{Q_0}{T_0} \qquad (4-34b)$$

应强调指出的是，计算熵的变化时，热量的方向应以构成孤立系的有关物体为对象，它们吸热为正，放热为负，切勿搞错。

4.4 典型题精解

4.4.1 判断过程的方向性，求极值

所谓求极值，就是根据孤立系熵增原理，在满足 $\Delta S_{iso}=0$ 的条件下(即可逆条件下)，求得

一些物理量的极限值。

例题 4-1　欲设计一热机,使之能从温度为 973 K 的高温热源吸热 2000 kJ,并向温度为 303 K 的冷源放热 800 kJ。(1)问此循环能否实现?(2)若把此热机当制冷机用,从冷源吸热 800 kJ,是否可能向热源放热 2000 kJ?欲使之从冷源吸热 800 kJ,至少需耗多少功?

解　(1)方法 1:利用克劳修斯积分式来判断循环是否可行,参见图 4-5(a)所示。

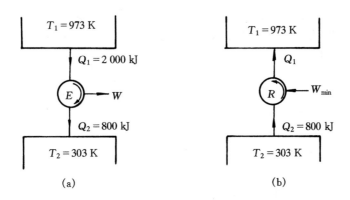

图 4-5　例题 4-1 附图

$$\oint \frac{\delta Q}{T_r} = \frac{|Q_1|}{T_1} - \frac{|Q_2|}{T_2} = \frac{2000 \text{ kJ}}{973 \text{ K}} - \frac{800 \text{ kJ}}{303 \text{ K}} = -0.585 \text{ kJ/K} < 0$$

所以此循环能实现,且为不可逆循环。

方法 2:利用孤立系熵增原理来判断循环是否可行。如图 4-5(a)所示,孤立系由热源、冷源及热机组成,因此

$$\Delta S_{iso} = \Delta S_H + \Delta S_L + \Delta S_E \tag{a}$$

式中:ΔS_H 和 ΔS_L 分别为热源 T_1 及冷源 T_2 的熵变;ΔS_E 为循环的熵变,即工质的熵变。因为工质经循环恢复到原来状态,所以

$$\Delta S_E = 0 \tag{b}$$

而热源放热,所以

$$\Delta S_H = -\frac{|Q_1|}{T_1} = -\frac{2000 \text{ kJ}}{973 \text{ K}} = -2.055 \text{ kJ/K} \tag{c}$$

冷源吸热,则

$$\Delta S_L = \frac{|Q_2|}{T_2} = \frac{800 \text{ kJ}}{303 \text{ K}} = 2.640 \text{ kJ/K} \tag{d}$$

将式(b)、(c)、(d)代入式(a),得

$$\Delta S_{iso} = (-2.055 + 2.640 + 0) \text{ kJ/K} = 0.585 \text{ kJ/K} > 0$$

所以此循环能实现。

方法 3:利用卡诺定理来判断循环是否可行。若在 T_1 和 T_2 之间进行一卡诺循环,则循环效率为

$$\eta_{t,c} = 1 - \frac{T_2}{T_1} = 1 - \frac{303 \text{ K}}{973 \text{ K}} = 68.9\%$$

而欲设计循环的热效率为

$$\eta_t = \frac{W}{|Q_1|} = \frac{|Q_1| - |Q_2|}{|Q_1|} = 1 - \frac{|Q_2|}{|Q_1|}$$

$$= 1 - \frac{800 \text{ kJ}}{2000 \text{ kJ}} = 60\% < \eta_{t,c}$$

即欲设计循环的热效率比同温限间卡诺循环的低,所以循环可行。

(2) 若将此热机当制冷机用,使其逆行,显然不可能进行,因为根据上面的分析,此热机循环是不可逆循环。当然也可再用上述 3 种方法中的任一种,重新判断。

欲使制冷循环能从冷源吸热 800 kJ,假设至少耗功 W_{min},根据孤立系熵增原理,此时 $\Delta S_{iso} = 0$,参见图 4-5b

$$\Delta S_{iso} = \Delta S_H + \Delta S_L + \Delta S_R = \frac{|Q_1|}{T_1} - \frac{|Q_2|}{T_2} + 0$$

$$= \frac{|Q_2| + W_{min}}{T_1} - \frac{|Q_2|}{T_2} = \frac{800 \text{ kJ} + W_{min}}{973 \text{ K}} - \frac{800 \text{ kJ}}{303 \text{ K}} = 0$$

于是解得　　　$W_{min} = 1769$ kJ

讨论

(1) 对于循环方向性的判断可用例题中 3 种方法的任一种。但需注意的是:克劳修斯积分式适用于循环,即针对工质,所以热量、功的方向都以工质作为对象考虑;而熵增原理表达式适用于孤立系统,所以计算熵的变化时,热量的方向以构成孤立系统的有关物体为对象,它们吸热为正,放热为负。千万不要把方向搞错,以免得出相反的结论。

(2) 在例题所列的 3 种方法中,建议重点掌握孤立系熵增原理方法,因为该方法无论对循环还是对过程都适用。而克劳修斯积分式和卡诺定理仅适用于循环方向性的判断。

例题 4-2 已知 A、B、C 3 个热源的温度分别为 500 K、400 K 和 300 K,有可逆机在这 3 个热源间工作。若可逆机从 A 热源净吸入 3000 kJ 热量,输出净功 400 kJ,试求可逆机与 B、C 两热源的换热量,并指明其方向。

分析:由于在 A、B、C 间工作一可逆机,则根据孤立系熵增原理有等式 $\Delta S_{iso} = 0$ 成立;又根据热力学第一定律可列出能量平衡式。可见 2 个未知数有 2 个方程,故该题有定解。关于可逆机与 B、C 两热源的换热方向,可先假定为如图 4-6 所示的方向,若求出的求知量的值为正,说明实际换热方向与假设一致,若为负,则实际换热方向与假设相反。

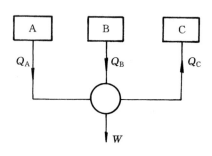

图 4-6　例题 4-2 附图

解　根据以上分析,有以下等式成立

$$\begin{cases} Q_A + Q_B = Q_C + W \\ \Delta S_{iso} = \frac{-Q_A}{T_A} - \frac{Q_B}{T_B} + \frac{Q_C}{T_C} = 0 \end{cases}$$

即

$$\begin{cases} 3000 \text{ kJ} + Q_B = Q_C + 400 \text{ kJ} \\ -\frac{3000 \text{ kJ}}{500 \text{ K}} - \frac{Q_B}{400 \text{ K}} + \frac{Q_C}{300 \text{ K}} = 0 \end{cases}$$

解得

$$\begin{cases} Q_{\mathrm{B}} = -3200 \ \mathrm{kJ} \\ Q_{\mathrm{C}} = -600 \ \mathrm{kJ} \end{cases}$$

即可逆机向 B 热源放热 3200 kJ，从 C 热源吸热 600 kJ。

例题 4-3　图 4-7 所示为用于生产冷空气的设计方案，问生产 1 kg 冷空气至少要加给装置多少热量 $Q_{\mathrm{H,min}}$。空气可视为理想气体，其比定压热容 $c_p = 1 \ \mathrm{kJ/(kg \cdot K)}$。

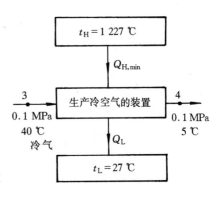

图 4-7　例题 4-3 附图

解　方法 1：　见图 4-7，由热力学第一定律得开口系统的能量平衡式为

$$Q_{\mathrm{H}} + mc_p T_3 = Q_{\mathrm{L}} + mc_p T_4$$

即

$$Q_{\mathrm{L}} = Q_{\mathrm{H}} + mc_p(T_3 - T_4)$$

由热力学第二定律，当开口系统内进行的过程为可逆过程时，可得

$$\Delta S_{\mathrm{iso}} = \Delta S_{\mathrm{H}} + \Delta S_{\mathrm{L}} + \Delta S_{\mathrm{air}} = 0$$

即

$$-\frac{Q_{\mathrm{H,min}}}{T_1} + \frac{Q_{\mathrm{H,min}} + mc_p(T_3 - T_4)}{T_2} + mc_p \ln \frac{T_4}{T_3} = 0$$

$$-\frac{Q_{\mathrm{H,min}}}{1\ 500 \ \mathrm{K}} + \frac{Q_{\mathrm{H,min}} + 1 \ \mathrm{kg} \times 1 \ \mathrm{kJ/(kg \cdot K)} \times (313 - 278) \ \mathrm{K}}{300 \ \mathrm{K}} +$$

$$1 \ \mathrm{kg} \times 1 \ \mathrm{kJ/(kg \cdot K)} \times \ln \frac{278 \ \mathrm{K}}{313 \ \mathrm{K}} = 0$$

解得生产 1 kg 冷空气至少要加给装置的热量为

$$Q_{\mathrm{H,min}} = 0.718 \ \mathrm{kJ}$$

方法 2：　参见图 4-8，可将装置分解为一可逆热机和一可逆制冷机的组合。对于可逆制冷机

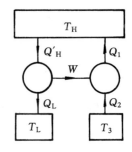

图 4-8　例题 4-3 附图

$$\delta Q_1 = \delta W + \delta Q_2$$

$$\frac{\delta Q_1}{T_{\mathrm{H}}} = \frac{\delta Q_2}{T_3}$$

由此得系统对外做功为

$$\delta W = \left(\frac{T_{\mathrm{H}}}{T_3} - 1\right)\delta Q_2 = -\left(\frac{T_{\mathrm{H}}}{T_3} - 1\right)c_p m \, \mathrm{d}T_3$$

空气自 $T_3 = 313$ K 变化到 $T_4 = 278$ K 时

$$W = \int_{T_3}^{T_4} \left(\frac{T_{\mathrm{H}}}{T_3} - 1\right)c_p m \, \mathrm{d}T_3 = c_p T_{\mathrm{H}} \ln \frac{T_4}{T_3} = -142.87 \ \mathrm{kJ}$$

可求得

$$Q'_{\mathrm{H}} = \frac{T_{\mathrm{H}}}{T_{\mathrm{H}} - T_2} \mid W \mid = \frac{1500 \ \mathrm{K}}{1500 \ \mathrm{K} - 300 \ \mathrm{K}} \times 142.87 \ \mathrm{kJ} = 178.59 \ \mathrm{kJ}$$

$$Q_1 = \mid W \mid + Q_2 = \mid W \mid + mc_p(T_3 - T_4)$$

$$= 142.87 \ \mathrm{kJ} + 1 \ \mathrm{kg} \times 1 \ \mathrm{kJ/(kg \cdot K)} \times (313 - 278) \ \mathrm{K} = 177.87 \ \mathrm{kJ}$$

于是，生产 1 kg 冷空气至少要加给装置的热量为

$$Q_{\mathrm{H,min}} = Q'_\mathrm{H} - Q_1 = (178.59 - 177.87)\ \mathrm{kJ} = 0.72\ \mathrm{kJ}$$

例题 4 - 4 5 kg 的水起初与温度为 295 K 的大气处于热平衡状态。用一制冷机在这 5 kg 水与大气之间工作,使水定压冷却到 280 K,求所需的最小功是多少?

解 方法 1: 根据题意画出示意图如图 4 - 9 所示,由大气、水、制冷机、功源组成了孤立系,则熵变

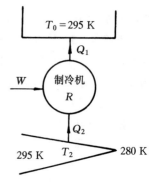

图 4 - 9 例题 4 - 4 附图

$$\Delta S_{\mathrm{iso}} = \Delta S_\mathrm{H} + \Delta S_\mathrm{L} + \Delta S_\mathrm{R} + \Delta S_\mathrm{W}$$

其中 $\Delta S_\mathrm{R} = 0$

$$\Delta S_\mathrm{W} = 0$$

$$\Delta S_\mathrm{L} = \int_{295\ \mathrm{K}}^{280\ \mathrm{K}} \frac{\delta Q_2}{T_2} = \int_{295\ \mathrm{K}}^{280\ \mathrm{K}} \frac{mc\,\mathrm{d}T_2}{T_2} = mc\,\ln\frac{280\ \mathrm{K}}{295\ \mathrm{K}}$$

$$= 5\ \mathrm{kg} \times 4180\ \mathrm{J/(kg \cdot K)} \times \ln\frac{280\ \mathrm{K}}{295\ \mathrm{K}} = -1090.7\ \mathrm{J/K}$$

$$\Delta S_\mathrm{H} = \frac{Q_1}{T_0} = \frac{|\,Q_2\,| + |\,W\,|}{T_0}$$

$$= \frac{5\ \mathrm{kg} \times 4180\ \mathrm{J/(kg \cdot K)} \times (295 - 280)\ \mathrm{K} + |\,W\,|}{295\ \mathrm{K}}$$

$$= \frac{313500\ \mathrm{J} + |\,W\,|}{295\ \mathrm{K}}$$

于是

$$\Delta S_{\mathrm{iso}} = -1090.7\ \mathrm{J/K} + \frac{313500\ \mathrm{J}}{295\ \mathrm{K}} + \frac{|W|}{295\ \mathrm{K}}$$

因可逆时所需的功最小,所以令 $\Delta S_{\mathrm{iso}} = 0$,可解得

$$|\,W_{\mathrm{min}}\,| = 8256\ \mathrm{J} = 8.256\ \mathrm{kJ}$$

方法 2: 制冷机为一可逆机时需功最小,由卡诺定理得

$$\varepsilon = \frac{\delta Q_2}{\delta W} = \frac{T_2}{T_0 - T_2}$$

即

$$\delta W = \delta Q_2 \left(\frac{T_0 - T_2}{T_2} \right) = \frac{T_0 - T_2}{T_2} mc\,\mathrm{d}T_2$$

$$W = \int_{295\ \mathrm{K}}^{280\ \mathrm{K}} T_0 mc\,\frac{\mathrm{d}T_2}{T_2} - \int_{295\ \mathrm{K}}^{280\ \mathrm{K}} mc\,\mathrm{d}T_2$$

$$= T_0 mc\,\ln\frac{280\ \mathrm{K}}{295\ \mathrm{K}} - mc(280 - 295)\ \mathrm{K}$$

$$= 295\ \mathrm{K} \times 5\ \mathrm{kg} \times 4180\ \mathrm{J/(kg \cdot K)} \times \ln\frac{280\ \mathrm{K}}{295\ \mathrm{K}} -$$

$$5\ \mathrm{kg} \times 4180\ \mathrm{J/(kg \cdot K)} \times (280 - 295)\ \mathrm{K}$$

$$= -8251.3\ \mathrm{J} = -8.251\ \mathrm{kJ}$$

例题 4 - 5 图 4 - 10 为一烟气余热回收方案。设烟气比热容 $c_p = 1.4\ \mathrm{kJ/(kg \cdot K)}$, $c_V = 1\ \mathrm{kJ/(kg \cdot K)}$。试求:

(1) 烟气流经换热器时传给热机工质的热量;

(2) 热机放给大气的最小热量 Q_2;

(3) 热机输出的最大功 W。

解　(1) 烟气放热为

$$Q_1 = mc_p(t_2 - t_1)$$

$$= 6 \text{ kg} \times 1.4 \text{ kJ/(kg} \cdot \text{K)} \times (527 - 37) \text{ K}$$

$$= 4116 \times 10^3 \text{ J} = 4116 \text{ kJ}$$

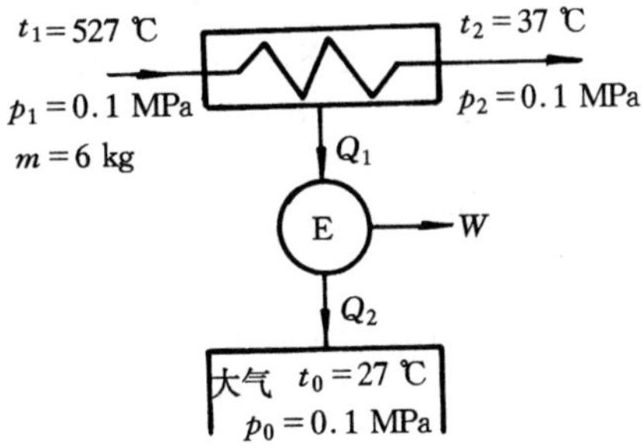

(2) 方法 1：　若使 Q_2 最小，则热机必须是可逆循环，由孤立系熵增原理得

$$\Delta S_{iso} = \Delta S_H + \Delta S_L + \Delta S_E = 0$$

而

$$\Delta S_H = \int_{T_1}^{T_2} \frac{\delta Q}{T} = \int_{T_1}^{T_2} mc_p \frac{dT}{T} = mc_p \ln \frac{T_2}{T_1}$$

$$= 6 \text{ kg} \times 1400 \text{ J/(kg} \cdot \text{K)} \times$$

$$\ln \frac{(37 + 273) \text{ K}}{(527 + 273) \text{ K}}$$

$$= -7.964 \times 10^3 \text{ J/K} = -7.964 \text{ kJ/K}$$

$$\Delta S_E = 0$$

$$\Delta S_L = \frac{Q_2}{T_0} = \frac{Q_2}{(27 + 273) \text{ K}} = \frac{Q_2}{300 \text{ K}}$$

于是

$$\Delta S_{iso} = -7.964 \text{ kJ/K} + \frac{Q_2}{300 \text{ K}} = 0$$

解得

$$Q_2 = 2389.2 \text{ kJ}$$

方法 2：　热机为可逆机时 Q_2 最小，由卡诺定理得

$$\eta_t = 1 - \frac{\delta Q_2}{\delta Q_1} = 1 - \frac{T_0}{T}$$

即

$$\delta Q_2 = T_0 \frac{\delta Q_1}{T} = T_0 \frac{mc_p dT}{T}$$

$$Q_2 = \int_{T_1}^{T_2} T_0 mc_p \frac{dT}{T} = T_0 mc_p \ln \frac{T_2}{T_1}$$

$$= 300 \text{ K} \times 6 \text{ kg} \times 1.4 \text{ kJ/(kg} \cdot \text{K)} \times \ln \frac{(37 + 273) \text{ K}}{(527 + 273) \text{ K}} = -2389.1 \text{ kJ}$$

(3) 输出的最大功为

$$W = Q_1 - |Q_2| = (4116 - 2389.1) \text{ kJ} = 1726.9 \text{ kJ}$$

图 4 - 10　例题 4 - 5 附图

讨论

例题 4 - 4、4 - 5 都涉及到变温热源求熵变的问题，应利用式(4 - 32b)积分求得。对于热力学第二定律应用于循环的问题，可利用熵增原理，也可利用克劳修斯不等式，还可利用卡诺定理来求解，读者不妨自己试一试。建议初学者重点掌握孤立系熵增原理的方法。

例题 4 - 6　两个质量相等、比热容相同且为定值的物体，A 物体初温为 T_A，B 物体初温为 T_B，用它们作为可逆热机的有限热源和有限冷源，热机工作到两物体温度相等时为止。

(1) 证明平衡时的温度 $T_m = \sqrt{T_A T_B}$；

(2) 求热机做出的最大功量；

(3) 如果两物体直接接触进行热交换至温度相等时，求平衡温度及两物体总熵的变化量。

解 (1)取 A、B 物体及热机、功源为孤立系,则

$$\Delta S_{iso} = \Delta S_A + \Delta S_B + \Delta S_E + \Delta S_W = 0$$

因

$$\Delta S_E = 0, \quad \Delta S_W = 0$$

则

$$\Delta S_{iso} = \Delta S_A + \Delta S_B = mc \int_{T_A}^{T_m} \frac{dT}{T} + mc \int_{T_B}^{T_m} \frac{dT}{T} = 0$$

即

$$mc \ln \frac{T_m}{T_A} + mc \ln \frac{T_m}{T_B} = 0$$

$$\ln \frac{T_m^2}{T_A T_B} = 0 \quad \text{或} \quad \frac{T_m^2}{T_A T_B} = 1$$

即

$$T_m = \sqrt{T_A T_B}$$

(2)A 物体为有限热源,过程中放出热量 Q_1;B 物体为有限冷源,过程中要吸收热量 Q_2,其中

$$Q_1 = mc(T_A - T_m), \quad Q_2 = mc(T_m - T_B)$$

热机为可逆热机时,其做功量最大,得

$$W_{max} = Q_1 - Q_2 = mc(T_A - T_m) - mc(T_m - T_B) = mc(T_A + T_B - 2T_m)$$

(3)平衡温度由能量平衡方程式求得,即

$$mc(T_A - T'_m) = mc(T'_m - T_B)$$

$$T_m = \frac{T_A + T_B}{2}$$

两物体组成系统的熵变化量为

$$\Delta S = \Delta S_A + \Delta S_B = \int_{T_A}^{T'_m} mc \frac{dT}{T} + \int_{T_B}^{T'_m} mc \frac{dT}{T}$$

$$= mc \left(\ln \frac{T'_m}{T_A} + \ln \frac{T'_m}{T_B} \right) = mc \ln \frac{(T_A + T_B)^2}{4 T_A T_B}$$

例题 4-7 空气在初参数为 $p_1 = 0.6$ MPa, $t_1 = 21$ ℃的状态下,稳定地流入无运动部件的绝热容器。假定其中一半变为 $p'_2 = 0.1$ MPa, $t'_2 = 82$ ℃的热空气,另一半变为 $p''_2 = 0.1$ MPa、$t''_2 = -40$ ℃的冷空气,它们在这两状态下同时离开容器,如图 4-11 所示。若空气为理想气体,且 $c_p = 1.004$ kJ/(kg·K), $R_g = 0.287$ kJ/(kg·K),试论证该稳定流动过程能不能实现?

解 若该过程满足热力学第一、二定律就能实现。

(1)根据稳定流动能量方程

$$Q = \Delta H + \frac{1}{2} m \Delta c_f^2 + mg \Delta z + W_s$$

因容器内无运动部件且绝热,则 $W_s = 0$, $Q = 0$。如果忽略动能和位能的变化,则

$$\Delta H = 0, \quad \text{或} \quad H_2 - H_1 = 0$$

针对本题有

$$\left(H'_2 - \frac{1}{2} H_1 \right) + \left(H''_2 - \frac{1}{2} H_1 \right) = 0$$

此式为该稳定流动过程满足热力学第一定律的基本条件。

根据已知条件,假设流过该容器的空气质量为 1 kg,则有

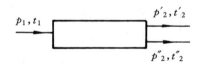

图 4-11 例题 4-7 附图

$$\left(H'_2 - \frac{1}{2}H_1\right) + \left(H''_2 - \frac{1}{2}H_1\right)$$

$$= \frac{m}{2}c_p(T'_2 - T_1) + \frac{m}{2}c_p(T''_2 - T_1)$$

$$= \frac{1\ \mathrm{kg}}{2} \times 1004\ \mathrm{J/(kg \cdot K)} \times (355 - 294)\ \mathrm{K} + \frac{1\ \mathrm{kg}}{2} \times 1004\ \mathrm{J/(kg \cdot K)} \times (233 - 294)\ \mathrm{K}$$

$$= 0$$

可见满足热力学第一定律的要求。

（2）热力学第二定律要求，作为过程的结果，孤立系的总熵变化量必须大于或等于零。因为该容器绝热，即需满足

$$\Delta S_{iso} = \left(S'_2 - \frac{1}{2}S_1\right) + \left(S''_2 - \frac{1}{2}S_1\right) \geqslant 0$$

由已知条件有

$$\left(S'_2 - \frac{1}{2}S_1\right) + \left(S''_2 - \frac{1}{2}S_1\right)$$

$$= \frac{m}{2}\left(c_p \ln \frac{T'_2}{T_1} - R_g \ln \frac{p'_2}{p_1}\right) + \frac{m}{2}\left(c_p \ln \frac{T''_2}{T_1} - R_g \ln \frac{p''_2}{p_1}\right)$$

$$= \frac{1\ \mathrm{kg}}{2} \times \left[1004\ \mathrm{J/(kg \cdot K)} \times \ln \frac{355\ \mathrm{K}}{294\ \mathrm{K}} - 287\ \mathrm{J/(kg \cdot K)} \times \ln \frac{0.1\ \mathrm{MPa}}{0.6\ \mathrm{MPa}}\right] +$$

$$\frac{1\ \mathrm{kg}}{2} \times \left[1004\ \mathrm{J/(kg \cdot K)} \times \ln \frac{233\ \mathrm{K}}{294\ \mathrm{K}} - 287\ \mathrm{J/(kg \cdot K)} \times \ln \frac{0.1\ \mathrm{MPa}}{0.6\ \mathrm{MPa}}\right]$$

$$= 492.1\ \mathrm{J/K} > 0$$

可见该稳定流动过程同时满足热力学第一、第二定律的要求，因而该过程是可以实现的。

4.4.2　典型不可逆过程有效能损失的计算

1. 有温差传热的不可逆过程

例题 4-8　将 $p_1 = 0.1\ \mathrm{MPa}$，$t_1 = 250\ ℃$ 的空气定压冷却到 $t_2 = 80\ ℃$，求单位质量空气放出热量中的有效能为多少？环境温度为 27 ℃，若将比热量全部放给环境，则有效能损失为多少？将热量的有效能及有效能损失表示在 $T\text{-}s$ 图上。

解　（1）放出热量中的有效能

$$e_{x,Q} = \int_{T_1}^{T_2}\left(1 - \frac{T_0}{T}\right)\delta q = \int_{T_1}^{T_2}\left(1 - \frac{T_0}{T}\right)c_p \mathrm{d}T$$

$$= c_p(T_2 - T_1) - T_0 c_p \ln \frac{T_2}{T_1}$$

$$= 1004\ \mathrm{J/(kg \cdot K)} \times (353 - 523)\ \mathrm{K} - 300\ \mathrm{K} \times 1\,004\ \mathrm{J/(kg \cdot K)} \times \ln \frac{353\ \mathrm{K}}{523\ \mathrm{K}}$$

$$= -52.27 \times 10^3\ \mathrm{J/kg}$$

$$= -52.27\ \mathrm{kJ/kg}\quad（负号表示放出㶲）$$

（2）将此热量全部放给环境，则热量中的有效能全部损失，即

$$i = |e_{x,Q}| = 52.27\ \mathrm{kJ/kg}$$

或取空气和环境组成孤立系，则

$$\Delta s_{iso} = \Delta s_{air} + \Delta s_{surr}$$

$$= \left(c_p \ln \frac{T_2}{T_1} - R_g \ln \frac{p_2}{p_1} \right) + \frac{|q|}{T_0}$$

$$= c_p \ln \frac{T_2}{T_1} + \frac{c_p(T_1 - T_2)}{T_0}$$

$$= 1004 \ J/(kg \cdot K) \times \ln \frac{353 \ K}{523 \ K} + \frac{1004 \ J/(kg \cdot K) \times (523 - 353) \ K}{300 \ K}$$

$$= 174.2 \ J/(kg \cdot K)$$

于是有效能损失为

$$i = T_0 \Delta s_{iso} = 300 \times 174.2 \ J/(kg \cdot K) = 52.27 \times 10^3 \ J/kg = 52.27 \ kJ/kg$$

（3）如图 4-12 所示，热量的有效能为面积 1—2—a—b—1 所示。有效能损失为面积 b—d—e—f—b 所示。

2. 扩散、混合过程

工质向真空的扩散，不同工质的混合或不同状态的同一工质的混合等都是不可逆过程，要它们恢复原状都要付出代价。

例题 4-9 刚性绝热容器由隔板分为两部分，各储 1 mol 空气，初态参数如图 4-13 所示。现将隔板抽去，求混合后的参数及混合引起的有效能损失 I。设大气环境温度 $T_0 = 300$ K。

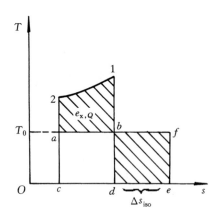

图 4-12 例题 4-8 附图

解 容器的体积

$$V_1 = \frac{n_1 R T_1}{p_1} = \frac{1 \ mol \times 8.314 \ J/(mol \cdot K) \times 500 \ K}{200 \times 10^3 \ Pa} = 2.079 \times 10^{-2} \ m^3$$

$$V'_1 = \frac{n'_1 R T'_1}{p'_1} = \frac{1 \ mol \times 8.314 \ J/(mol \cdot K) \times 800 \ K}{300 \times 10^3 \ Pa} = 2.217 \times 10^{-2} \ m^3$$

$$V = V_1 + V'_1 = 4.296 \times 10^{-2} \ m^3$$

混合后的温度

由闭口系能量方程得 $\Delta U = 0$，即

$$n_1 C_{V,m}(T_2 - T_1) + n'_1 C_{V,m}(T_2 - T'_1) = 0$$

因　　　$n_1 = n'_1 = 1$ mol

则　　　$T_2 = \dfrac{T_1 + T'_1}{2} = \dfrac{500 \ K + 800 \ K}{2} = 650$ K

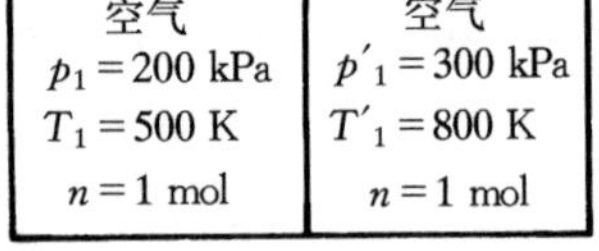

空气	空气
$p_1 = 200$ kPa	$p'_1 = 300$ kPa
$T_1 = 500$ K	$T'_1 = 800$ K
$n = 1$ mol	$n = 1$ mol

图 4-13 例题 4-9 附图

混合后压力

$$p_2 = \frac{n_2 R T_2}{V}$$

$$= \frac{2 \ mol \times 8.314 \ J/(mol \cdot K) \times 650 \ K}{4.296 \times 10^{-2} \ m^3} = 251.6 \times 10^3 \ Pa = 251.6 \ kPa$$

混合过程的熵产

$$\Delta S_g = \Delta S_{\mathrm{iso}} = n_1 \left(C_{p,\mathrm{m}} \ln \frac{T_2}{T_1} - R \ln \frac{p_2}{p_1} \right) + n'_1 \left(C_{p,\mathrm{m}} \ln \frac{T_2}{T'_1} - R \ln \frac{p_2}{p'_1} \right)$$

$$= 1\ \mathrm{mol} \times \left[\frac{7}{2} \times 8.314\ \mathrm{J/(mol \cdot K)} \times \ln \frac{650\ \mathrm{K}}{500\ \mathrm{K}} - 8.314\ \mathrm{J/(mol \cdot K)} \times \ln \frac{251.6\ \mathrm{kPa}}{200\ \mathrm{kPa}} \right] +$$

$$1\ \mathrm{mol} \times \left[\frac{7}{2} \times 8.314\ \mathrm{J/(mol \cdot K)} \times \ln \frac{650\ \mathrm{K}}{800\ \mathrm{K}} - 8.314\ \mathrm{J/(mol \cdot K)} \times \ln \frac{251.6\ \mathrm{kPa}}{300\ \mathrm{kPa}} \right]$$

$$= 1.147\ \mathrm{J/K}$$

有效能损失

$$I = T_0 \Delta S_g = 300\ \mathrm{K} \times 1.147\ \mathrm{J/K} = 344.1\ \mathrm{J}$$

讨论

混合为典型的不可逆过程之一,值得注意的是:

(1) 同种气体状态又相同的两部分(或几部分)绝热合并,无所谓混合问题,有效能损失 $I = 0$;

(2) 不同状态的同种气体绝热混合后必有熵增,存在着有效能的损失;

(3) 不同种气体绝热混合时,无论混合前两种气体的压力、温度是否相同,混合后必有熵增,存在着有效能的损失。求熵增时终态压力应取各气体的分压力(参见例题 7 - 2);

(4) 绝热合流问题,原则上与上述绝热混合相同,只是能量方程应改为 $\Delta H = 0$。

3. 由于摩阻功变为热的不可逆过程

例题 4 - 10 1 kg 空气经绝热节流,由状态 $p_1 = 0.6$ MPa, $t_1 = 127$ ℃变化到状态 $p_2 = 0.1$ MPa。试确定有效能损失(大气温度 $T_0 = 300$ K)。

解 由热力学第一定律知,绝热节流过程 $h_2 = h_1$,对可作为理想气体处理的空气,则 $T_1 = T_2 = (127 + 273)\ \mathrm{K} = 400\ \mathrm{K}$。根据绝热稳流熵方程式(4 - 20)知 $\Delta s_g = \Delta s$,即绝热稳流过程的熵产等于进、出口截面工质的熵差

$$\Delta s_g = s_2 - s_1 = c_p \ln \frac{T_2}{T_1} - R_g \ln \frac{p_2}{p_1} = -R_g \ln \frac{p_2}{p_1}$$

$$= -287\ \mathrm{J/(kg \cdot K)} \times \ln \frac{0.1\ \mathrm{MPa}}{0.6\ \mathrm{MPa}} = 514.2\ \mathrm{J/kg \cdot K}$$

有效能损失为

$$i = T_0 \Delta s_g = 300\ \mathrm{K} \times 514.2\ \mathrm{J/kg} = 154.3 \times 10^3\ \mathrm{J/kg} = 154.3\ \mathrm{kJ/kg}$$

有效能损失的表示见图 4 - 14 中面积 $a—b—c—d—a$ 所示。

讨论

(1) 绝热节流是典型的不可逆过程,虽然节流前后能量数量没有减少 $(h_1 = h_2)$,但工质膨胀时,技术功量全部用于克服摩阻,有效能退化为无效能,能量的使用价值降低,因此应尽量避免。

(2) 热力学第一定律应用于绝热节流时得到 $h = h_1$(对于理想气体,$T_2 = T_1$);而热力学第二定律用于绝热节流时得到 $s_2 > s_1$,这是绝热节流的两个特征。

例题 4 - 11 温度为 800 K、压力为 5.5 MPa 的燃气进入燃气轮机,在燃气轮机内绝热膨胀后流出燃气轮机。在燃气轮

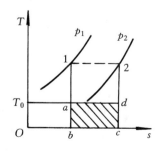

图 4 - 14 例题 4 - 10 附图

机出口处测得两组数据,一组压力为 1.0 MPa,温度为 485 K,另一组压力为 0.7 MPa,温度为 495 K。试问这两组参数哪一个是正确的? 此过程是否可逆? 若不可逆,其做功能力损失为多少? 并将做功能力损失表示在 T-s 图上。(燃气的性质按空气处理,空气 $c_p = 1.004$ kJ/(kg·K), $R_g = 0.287$ kJ/(kg·K),环境温度 $T_0 = 300$ K)

解 若出口状态参数是第一组,则绝热稳流过程的熵产为

$$\Delta s_g = \Delta s = c_p \ln \frac{T_2}{T_1} - R_g \ln \frac{p_2}{p_1}$$

$$= 1004 \text{ J/(kg·K)} \times \ln \frac{485 \text{ K}}{800 \text{ K}} - 287 \text{ J/(kg·K)} \times \ln \frac{1.0 \text{ MPa}}{5.5 \text{ MPa}}$$

$$= -13.20 \text{ J/(kg·K)} < 0$$

显然,这是不可能的。一切过程应 $\Delta s_g \geqslant 0$,所以该组参数数据不正确。

若是第二组,则

$$\Delta s_g = c_p \ln \frac{T'_2}{T_1} - R_g \ln \frac{p'_2}{p_1}$$

$$= 1004 \text{ J/(kg·K)} \times \ln \frac{495 \text{ K}}{800 \text{ K}} - 287 \text{ J/(kg·K)} \times \ln \frac{0.7 \text{ MPa}}{5.5 \text{ MPa}}$$

$$= 109.7 \text{ J/(kg·K)} > 0$$

所以,第二组参数的数据是正确的。而且工质在燃气轮机内的绝热膨胀过程是不可逆过程,其做功能力损失为

$$i = T_0 \Delta s_g = 300 \text{ K} \times 109.7 \text{ J/(kg·K)} = 32.91 \times 10^3 \text{ J/kg} = 32.91 \text{ kJ/kg}$$

做功能力损失在 T-s 图上的表示如图 4-15 中面积 a—b—c—d—a 所示。

讨论

(1) 燃气轮机不可逆过程比可逆过程少做的功,与做功能力损失 i 是不同的两个概念。假定燃气在燃气轮机中作可逆绝热膨胀,则终态温度和所做的功分别为

$$T_{2s} = T_1 \left(\frac{p_2}{p_1}\right)^{(\kappa-1)/\kappa} = 800 \text{ K} \times \left(\frac{0.7 \text{ MPa}}{5.5 \text{ MPa}}\right)^{0.4/1.4} = 443.9 \text{ K}$$

$$w_{t,re} = h_1 - h_{2s} = c_p (T_1 - T_{2s})$$

$$= 1.004 \text{ kJ/(kg·K)} \times (800 - 443.9) \text{ K}$$

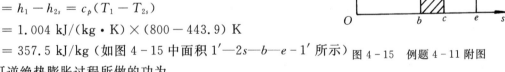

图 4-15 例题 4-11 附图

$$= 357.5 \text{ kJ/kg (如图 4-15 中面积 } 1'—2s—b—e—1' \text{ 所示)}$$

不可逆绝热膨胀过程所做的功为

$$w_t = h_1 - h_2 = c_p (T_1 - T_2)$$

$$= 1.004 \text{ kJ/(kg·K)} \times (800 - 495) \text{ K}$$

$$= 306.2 \text{ kJ/kg (面积 } 1'—2—c—e—1')$$

不可逆绝热膨胀比可逆绝热膨胀少做的功为

$$\Delta w_t = w_{t,re} - w_t = 51.3 \text{ kJ/kg}$$

$$(\text{面积 } 2—2s—b—c—2 \text{ 所示})$$

显然比有效能损失 $i = 32.91$ kJ/kg(面积 a—b—c—d—a 所示)大,这是因为 Δw_t 转变为热量

被气体吸收(使气体温度从 T_{2s} 上升到 T_2),其中一部分仍为有效能的缘故。

(2) 例题 4-10、4-11 所取控制体积都是绝热的,如果控制体积与外界有换热,情况要复杂些。

例题 4-12　1 kg 的理想气体($R_g = 0.287$ kJ/(kg·K))由初态 $p_1 = 10^5$ Pa、$T_1 = 400$ K 被等温压缩到终态 $p_2 = 10^6$ Pa,$T_2 = 400$ K。试计算:(1) 经历一可逆过程;(2) 经历一不可逆过程。在这两种情况下的气体熵变、环境熵变、过程熵产及有效能损失。已知不可逆过程实际耗功比可逆过程多耗 20%,环境温度为 300 K。

解　(1) 经历一可逆过程

$$\Delta S_{sys} = -mR_g \ln \frac{p_2}{p_1} = -1 \text{ kg} \times 287 \text{ J/(kg·K)} \times \ln \frac{10^6 \text{ Pa}}{10^5 \text{ Pa}} = -660.8 \text{ J/K}$$

$$\Delta S_{surr} = -\Delta S_{sys} = 660.8 \text{ J/K}$$

$$\Delta S_g = 0$$

$$I = 0$$

(2) 经历一不可逆过程

熵是状态参数,只取决于状态,与过程无关。于是

$$\Delta S_{sys} = -660.8 \text{ J/K}$$

$$W = 1.2 W_{re} = 1.2 m R_g T \ln \frac{p_1}{p_2}$$

$$= 1.2 \times 1 \text{ kg} \times 287 \text{ J/(kg·K)} \times 400 \text{ K} \times \ln \frac{10^5 \text{ Pa}}{10^6 \text{ Pa}}$$

$$= -317.2 \times 10^3 \text{ J} = -317.2 \text{ kJ}$$

根据热力学第一定律,等温过程 $Q = W = -317.2$ kJ(系统放热)

$$\Delta S_{surr} = \frac{|Q|}{T_0} = \frac{317.2 \text{ kJ}}{300 \text{ K}} = 1.0573 \text{ kJ/K}$$

$$\Delta S_g = \Delta S_{iso} = \Delta S_{sys} + \Delta S_{surr} = (-660.8 + 1057.3) \text{ J/K} = 396.5 \text{ J/K}$$

$$I = T_0 \Delta S_g = 119.0 \text{ kJ}$$

4.4.3　㶲

有关㶲的题型大致有以下几类:

(1)㶲的计算与性质;

(2)判断过程方向性,求极值;

(3)计算㶲损失;

(4)确定㶲效率。

前面用熵法计算的问题都可采用㶲分析法求解。

例题 4-13　试用㶲分析法求解例题 4-11,并求燃气轮机的㶲效率。

解　以第二组数据为例,根据 $\Delta E_{x,iso} \leqslant 0$,判断过程可能性。

取燃气、功源为孤立系

$$\Delta E_{x,iso} = E_{x,H_2} - E_{x,H_1} + W_t$$

对于 1 kg 的燃气,　$\Delta e_{x,iso} = e_{x,H_2} - e_{x,H_1} + w_t$

其中 $e_{x,H_2}-e_{x,H_1}=(h_2-h_1)-T_0(s_2-s_1)$

$$=c_p(T_2-T_1)-T_0\left(c_p\ln\frac{T_2}{T_1}-R_g\ln\frac{p_2}{p_1}\right)$$

$$=1.004\text{ kJ/(kg}\cdot\text{K)}\times(495-800)\text{ K}-300\text{ K}\times\left[1.004\text{ kJ/(kg}\cdot\text{K)}\times\ln\frac{495}{800}-\right.$$

$$\left.0.287\text{ kJ/(kg}\cdot\text{K)}\times\ln\frac{0.7\text{ MPa}}{5.5\text{ MPa}}\right]$$

$$=-339.1\text{ kJ/kg}$$

$$w_t=-\Delta h=c_p(T_1-T_2)=306.2\text{ kJ/kg}$$

于是　　　$\Delta e_{x,iso}=(-339.1+306.2)\text{ kJ/kg}=-32.9\text{ kJ/kg}<0$

所以第二组参数是正确的。

对于燃气轮机,因绝热,其㶲平衡方程式为

$$i=e_{x,H_1}-e_{x,H_2}-w_t=339.1\text{ kJ/kg}-306.2\text{ kJ/kg}=32.9\text{ kJ/kg}$$

㶲效率

$$\eta_{e_x}=\frac{w_t}{e_{x,H_1}-e_{x,H_2}}=\frac{306.2\text{ kJ/kg}}{339.1\text{ kJ/kg}}=90.3\%$$

4.5　自我测验题

4-1　是非题(对画"√",错画"×")

(1) 在任何情况下,向气体加热,熵一定增加;气体放热,熵总减少。　　　　　　(　　)

(2) 熵增大的过程必为不可逆过程。　　　　　　(　　)

(3) 熵减小的过程是不可能实现的。　　　　　　(　　)

(4) 卡诺循环是理想循环,一切循环的热效率都比卡诺循环的热效率低。　(　　)

(5) 把热量全部变为功是不可能的。　　　　　　(　　)

(6) 若从某一初态经可逆与不可逆两条途径到达同一终态,则不可逆途径的 Δs 必大于可逆途径的 Δs。　　　　　　(　　)

4-2　填充题

(1) 大气温度为 300 K,从温度为 1000 K 的热源放出热量 100 kJ,此热量的有效能为_____。

(2) 度量能量品质的标准是_____,据此,机械能的品质_____热能的品质;热量的品质_____功的品质;高温热量的品质_____低温热量的品质。

(3) 卡诺循环的热效率 $\eta_t=$_____;卡诺制冷循环的制冷系数 $\varepsilon=$_____。

(4) 任意可逆循环的热效率可用平均温度表示,其通式为_____。

(5) 请在图 4-16 上画出可逆过程 1-2 所吸收热量的热量㶲和烷。

(6) 图 4-17 中 1—2 过程是不可逆绝热膨胀过程,过程中的有效能损失用哪块面积表示?

4-3　一汽车发动机的热效率是 18%,燃气温度为 950 ℃,周围环境温度为 25 ℃,这个发动机的工作有没有违反热力学第二定律?

4-4　两个绝热喷嘴,效率均为 95%,喷嘴入口处氮气的压力均为 2 MPa,入口速度均可忽略,都膨胀到 200 kPa,每个喷嘴的氮气的质量流率是相同的,但是喷嘴 A 的进口温度为 300 ℃,喷嘴 B 的进口温度为 400 ℃。以热力学角度看哪个喷嘴过程更好? 证明并解释你的结论。

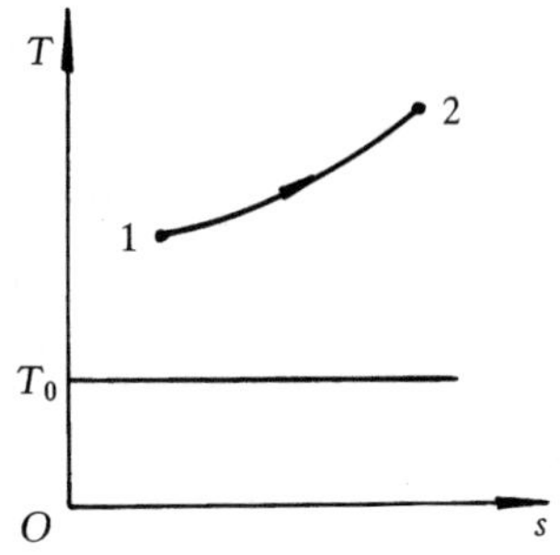

4-5　现有初温分别为 T_A、T_B 的两种不可压缩流体,它们的质量与比热容乘积分别为 C_A、C_B,用它们分别作可逆机的有限热源和有限冷源,可逆热机工作到两流体温度相等时为止。求(1)平衡时的温度;(2)热机作出的最大功率?

4-6　初态为 47 ℃、200 kPa 的空气经历一过程达到 267 ℃和 800 kPa 的终态。假定空气是热物性不变的理想气体,计算下列过程中每单位质量工质熵的变化:(1)此过程为准平衡过程;(2)此过程为不可逆过程;(3)此过程为可逆过程。

4-7　用家用电冰箱将 1 kg、25 ℃的水制成 0 ℃的冰,试问需要的最少电费应是多少? 已知水的 $C_m = 75.5$ J/(mol·K);冰 0 ℃时的熔解热为 6013.5 J/mol;电费为 0.16 元/(kW·h);室温为 25 ℃。

4-8　一座功率为 $P = 750$ MW 的核动力站,反应堆的温度为 586 K,可以利用的河水温度为 293 K,求:

(1)动力站的最大热效率是多少? 排放到河水中去的最小热流量是多少?

(2)如果动力站实际热效率为最大值的 50%,排放到河水里去的热流量是多少?

(3)如果河水的流量为 $q_V = 165$ m^3/s,河水的温升是多少? 已知河水的比热容 $c_{H_2O} = 4180$ J/(kg·K),河水密度为 $\rho_{H_2O} = 1000$ kg/m^3。

4-9　流率为 3 kg/s 的稳定氮气流(1.4 MPa、400 ℃),在等压可逆流动中向环境(0.1 MPa、15 ℃)放热 800 kJ/s,试确定过程中有效能的损失?

4-10　容器为 3 m^3 的 A 容器中装有 80 kPa、27 ℃的空气,B 容器为真空。若用空气压缩机对 A 容器抽真空并向 B 容器充气,直到 B 容器中空气压力为 640 kPa、温度为 27 ℃时为止。如图 4-18 所示,假定环境温度为 27 ℃。求:

(1)空压机输入的最小功为多少?

(2)A 容器抽真空后,将旁通阀打开使两容器内的气体压力平衡,气体的温度仍保持 27 ℃,该不可逆过程造成气体的做功能力损失为多少?

4-11　10 kg 空气在气轮机中绝热膨胀,$p_1 = 600$ kPa,$t_1 = 800$ ℃,$p_2 = 100$ kPa。若气轮机做功 $W_t = 3980$ kJ,大气温度 $T_0 = 300$ K,试求有效能损失。

4-12　某锅炉用空气预热器吸收排出烟气中的热量,来加热进入燃烧室的空气,若烟气

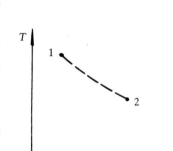

图 4-16　题 4-2(5)附图

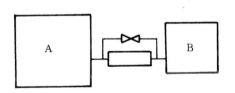

图 4-17　题 4-2(6)附图

图 4-18　题 4-10附图

的流量为 50000 kg/h,经空气预热器后由 315 ℃降到 205 ℃;空气的流量为 46500 kg/h,初始温度为 37 ℃。假定烟气和空气的比热容均为定值,且 $c_{p,烟}=1.088$ kJ/(kg • K), $c_{p,\,air}=1.044$ kJ/(kg • K)。环境状态为 $p_0=0.1$ MPa、$t_0=30$ ℃。求:

(1) 烟气的初、终状态的㶲参数各为多少?

(2) 该传热过程中气体做功能力损失为多少?(分别用有效能法和熵法计算)

(3) 假定从烟气向外传热是通过可逆热机实现的,空气的终温为多少? 热机发出的功率又为多少?

第5章 热力学一般关系式及实际气体的性质

分析工质的热力过程和热力循环时,需要确定工质的各种热力参数的数值。常用的热力参数中,只有 p、v、T 和 c_p 等少数几种状态参数可由实验测定,而 u、h、s 等值是无法测量的,它们的值必须根据可测参数的值,按照一定的热力学关系加以确定。本章主要讨论了依据热力学第一和第二定律,运用数学工具导出的这些参数间的适用于任何工质的热力学一般关系式。由于这些关系式常以微分或微商形式表示,故又称之为热力学微分关系式。在此基础上还讨论了实际气体的性质及其参数计算。

5.1 基本要求

(1)了解热力学一般关系式及如何由可测量参数求不可测量参数;由易测量参数求不易测量参数。

(2)解如何根据热力学理论来指导实验和整理实验数据,以减少实验次数,节省人力和物力。

(3)了解常用的实际气体状态方程,掌握范德瓦尔方程(包括其各项的物理意义)。

(4)掌握对比态原理,会计算对比参数并能利用通用压缩因子图进行实际气体的计算。

5.2 基本知识点

5.2.1 热力学一般关系式

研究热力学一般关系式的目的在于:

(1)建立不可测量的参数(u, h, s)与可测量的参数(p, v, T, c_p)之间的关系式;

(2)建立比热容与 p、v、T 参数之间的关系式,从而根据较易测定的比热容数据,可以检验实际气体状态方程的准确性;同时结合少量的 p、v、T 数据,还可建立实际气体的状态方程;

(3)确定比定压热容 c_p 与比定容热容 c_V 之间的关系,以减少实验工作量。

一般关系式的讨论仅针对由 2 个独立变量确定的简单可压缩系统。

1. 数学基础

1) $z = f(x, y)$ 为状态函数的充要条件

若 z 为 x、y 的状态函数,则 z 对 x、y 的二阶混合偏导与求导次序无关,反之亦真。这就是 z 为状态函数的充要条件。此时,z 的全微分存在,即

$$dz = \left(\frac{\partial z}{\partial x}\right)_y dx + \left(\frac{\partial z}{\partial y}\right)_x dy = M dx + N dy \tag{5-1}$$

z 为状态函数的充要条件,表示为

$$\left(\frac{\partial M}{\partial y}\right)_x = \left(\frac{\partial N}{\partial x}\right)_y \tag{5-2}$$

2) 循环关系式

若 x、y、z 中,任一个可以表示为其余 2 个的显函数,且全微分存在,则

$$\left(\frac{\partial x}{\partial y}\right)_z \left(\frac{\partial y}{\partial z}\right)_x \left(\frac{\partial z}{\partial x}\right)_y = -1 \qquad (5-3)$$

式(5-3)称为循环关系式,在热力学分析中常常利用它互换给定的变量。

2. 麦克斯韦方程

对于简单可压缩系统,由热力学第一和第二定律可导出以下 4 个热力学基本关系式

$$\mathrm{d}u = T\mathrm{d}s - p\mathrm{d}v \qquad (5-4)$$

$$\mathrm{d}h = T\mathrm{d}s + v\mathrm{d}p \qquad (5-5)$$

$$\mathrm{d}f = -s\mathrm{d}T - p\mathrm{d}v \qquad (5-6)$$

$$\mathrm{d}g = -s\mathrm{d}T + v\mathrm{d}p \qquad (5-7)$$

式中:f 和 g 也是状态参数,分别称为亥姆霍兹函数和吉布斯函数。在研究化学反应中,f 和 g 是非常重要的热力函数。

式(5-4)~式(5-7)表达了平衡参数间的函数关系,称之为热力学基本关系式。

将全微分的充要条件式(5-2),应用于以上 4 个热力学基本关系式中,可得

$$\left(\frac{\partial T}{\partial v}\right)_s = -\left(\frac{\partial p}{\partial s}\right)_v \qquad (5-8)$$

$$\left(\frac{\partial T}{\partial p}\right)_s = \left(\frac{\partial v}{\partial s}\right)_p \qquad (5-9)$$

$$\left(\frac{\partial s}{\partial v}\right)_T = \left(\frac{\partial p}{\partial T}\right)_v \qquad (5-10)$$

$$\left(\frac{\partial s}{\partial p}\right)_T = -\left(\frac{\partial v}{\partial T}\right)_p \qquad (5-11)$$

以上 4 式称为麦克斯韦方程。它给出了可测量的 p、v、T 参数与不可测量的 s 参数间的偏导数关系式,是推导熵、热力学能、焓及比热容的热力学一般关系式的基础。

另外,热力学一般关系式(5-4)~式(5-7)与式(5-1)比较,可导出以下一组非常有用的偏导数

$$T = \left(\frac{\partial u}{\partial s}\right)_v = \left(\frac{\partial h}{\partial s}\right)_p \qquad (5-12)$$

$$p = -\left(\frac{\partial u}{\partial v}\right)_s = -\left(\frac{\partial f}{\partial v}\right)_T \qquad (5-13)$$

$$v = \left(\frac{\partial h}{\partial p}\right)_s = \left(\frac{\partial g}{\partial p}\right)_T \qquad (5-14)$$

$$s = -\left(\frac{\partial f}{\partial T}\right)_v = -\left(\frac{\partial g}{\partial T}\right)_p \qquad (5-15)$$

3. 熵方程、热力学能方程和焓方程

熵、热力学能和焓为不可测量的参数,借助于前面给出的基本关系式,可以将它们表示为可测量参数的函数,具体如下。

熵方程:

以 T、v 为独立变量的 $\mathrm{d}s$ 第一方程

$$\mathrm{d}s = c_V \frac{\mathrm{d}T}{T} + \left(\frac{\partial p}{\partial T}\right)_v \mathrm{d}v \qquad (5-16)$$

以 T、p 为独立变量的 $\mathrm{d}s$ 第二方程

$$\mathrm{d}s = c_p \frac{\mathrm{d}T}{T} - \left(\frac{\partial v}{\partial T}\right)_p \mathrm{d}p \tag{5-17}$$

以 p、v 为独立变量的 $\mathrm{d}s$ 第三方程

$$\mathrm{d}s = \frac{c_V}{T}\left(\frac{\partial T}{\partial p}\right)_v \mathrm{d}p + \frac{c_p}{T}\left(\frac{\partial T}{\partial v}\right)_p \mathrm{d}v \tag{5-18}$$

热力学能方程

$$\mathrm{d}u = c_V \mathrm{d}T + \left[T\left(\frac{\partial p}{\partial T}\right)_v - p\right]\mathrm{d}v \tag{5-19}$$

焓方程

$$\mathrm{d}h = c_p \mathrm{d}T + \left[v - T\left(\frac{\partial v}{\partial T}\right)_p\right]\mathrm{d}p \tag{5-20}$$

4. 比热容方程

1）比热容与状态方程式的关系

由式（5-16）、式（5-17）和全微分条件，可得

$$\left(\frac{\partial c_V}{\partial v}\right)_T = T\left(\frac{\partial^2 p}{\partial T^2}\right)_v \tag{5-21}$$

$$\left(\frac{\partial c_p}{\partial p}\right)_T = -T\left(\frac{\partial^2 v}{\partial T^2}\right)_p \tag{5-22}$$

式（5-21）和式（5-22）是与比热容有关的两个很重要的热力学一般关系式，它们主要有如下用途：

① 已知状态方程，利用式（5-22）可以确定任一压力下实际气体的比热容值。

例如，已知状态方程 $v = f(p, T)$，对此方程微分两次，即确定出 $\left(\frac{\partial^2 v}{\partial T^2}\right)_p$。然后，将其代入式（5-22），再从极低的压力 p_0（这时，气体可视为理想气体）积分到任一压力 p，得

$$c_p = c_{p0} - \left[\int_{p_0}^{p} T\left(\frac{\partial^2 v}{\partial T^2}\right)_p \mathrm{d}p\right]_T$$

式中：c_{p0} 为同温度 T 时理想气体的比热容。

可见，实际气体比热容可由理想气体比热容结合状态方程求出，这对减少实验工作量和简化实验过程有重要意义。

② 可以检验实际气体状态方程的准确性。

检验从两方面入手：其一，一个准确的状态方程应该反映气体比热容随压力和比体积而变化的特性；其二，由状态方程和理想气体比热容求得的实际气体的比定压热容与准确测得的 c_p 间的偏差应足够小。

③ 结合比热容的实验数据，可以建立实际气体的状态方程。

如已知 $c_p = f(p, T)$，代入式（5-22），通过两次积分，则可求得状态方程式 $v = f(p, T)$。

2）比定压热容 c_p 与比定容热容 c_V 的关系

由于 c_V 一般难于测量，通常由 c_p 的实验数据推算 c_V。经推导 c_p 与 c_V 之间的关系为

$$c_p - c_V = T\left(\frac{\partial p}{\partial T}\right)_v \left(\frac{\partial v}{\partial T}\right)_p \tag{5-23}$$

$$c_p - c_V = -T\left(\frac{\partial v}{\partial T}\right)_p^2 \left(\frac{\partial p}{\partial v}\right)_T \tag{5-24}$$

由以上两式可知：

① 由于对迄今已知的物质，$\left(\dfrac{\partial p}{\partial v}\right)_T$ 总是负值，故 $c_p - c_V \geqslant 0$；

② 当 $T = 0$ 时，$c_p = c_V$，或当 $\left(\dfrac{\partial v}{\partial T}\right)_p = 0$ 时，$c_p = c_V$，如 4 ℃的水的比体积 v 存在着极小值。在大气压力下，当 4 ℃时，$\left(\dfrac{\partial v}{\partial T}\right)_p = 0$；

③ 液体和固体的 $\left(\dfrac{\partial v}{\partial T}\right)_p$ 很小，c_p 与 c_V 之差也很小。因此，通常只说液体和固体的比热容，而不区分定压还是定容。

3）比定压热容 c_p 和比定容热容 c_V 的比

可以推出，比热容之比 γ 为

$$\gamma = \frac{c_p}{c_V} = \frac{-\dfrac{1}{v}\left(\dfrac{\partial v}{\partial p}\right)_T}{-\dfrac{1}{v}\left(\dfrac{\partial v}{\partial p}\right)_s} = \frac{\kappa_T}{\kappa_s} \tag{5-25}$$

κ_T、κ_s 分别为等温压缩率和等熵压缩率，它们常被称为热系数。另一个常用的热系数为体膨胀系数，即

$$\alpha_V = \frac{1}{v}\left(\frac{\partial v}{\partial T}\right)_p \tag{5-26}$$

5. 克拉贝龙方程和焦耳-汤姆孙系数

1）克拉贝龙方程

当纯物质相变时，其温度和压力维持不变，但熵、热力学能、焓、体积等广延量都要发生变化。利用麦克斯韦方程式(5-10)和式(5-5)可导得

$$\frac{\mathrm{d}p_s}{\mathrm{d}T_s} = \frac{s'' - s'}{v'' - v'} = \frac{h'' - h'}{T_s(v'' - v')} = \frac{r}{T_s(v'' - v')} \tag{5-27}$$

式中：r 为工质的气化潜热；p_s、T_s 分别表示气化时的饱和压力和饱和温度；v'' 和 v'、h'' 和 h' 分别为饱和状态下气相与液相的比体积或比焓。式(5-27)就是克拉贝拉方程，它给出了物质从饱和液态转变到饱和气态时，体积变化与焓差及熵差之间的关系。

利用克拉贝龙方程，除了能预测饱和温度与饱和压力间的关系外，它还提供了由测得的 p、v、T 数据计算相变过程焓变 $r = h'' - h'$ 的途径。

2）焦耳-汤姆孙系数

度量绝热节流过程流体温度变化的参数称为焦耳-汤姆孙系数（或绝热节流系数），定义为

$$\mu_J = \left(\frac{\partial T}{\partial p}\right)_h \tag{5-28}$$

μ_J 是一个可直接测定的物性参数。进一步的推导可得出

$$\mu_J = \frac{T\left(\dfrac{\partial v}{\partial T}\right)_p - v}{c_p} \tag{5-29}$$

式(5-29)给出了焦-汤系数 μ_J 与比热容 c_p 和状态方程间的关系。它表明根据状态方程和比热容的数据就可求得 μ_J，从而可据此确定流体绝热节流后的温度变化情况；反之，若测出了 μ_J，结合 c_p 的数据，就可导出状态方程；同时，根据状态方程和测出的 μ_J，还可确定流体的比热

容 c_p。

纯物质绝热节流后温度的变化取决于 μ_J 的正负。

5.2.2　实际气体的性质

研究实际气体的目的在于建立实际气体状态方程式。因为有了状态方程,如前所述,利用热力学一般关系式,就可导出 Δu、Δh、Δs 及比热容的计算式,以便进行过程和循环的热力计算。

1. 纯物质的 $p\text{-}v\text{-}T$ 热力学面

纯物质是指化学成分均匀不变的物质,它可以是固态、液态、气态或任意 2 种或 3 种物态的混合物。简单可压缩系统纯物质的状态方程为 $F(p,v,T)=0$,在 p、v、T 三维坐标系中,全部热力学状态构成一曲面,这就是 $p\text{-}v\text{-}T$ 热力学面。

在 $p\text{-}v\text{-}T$ 热力学面上,熔解线、凝固线、沸腾线(饱和液体线)、凝结线(饱和蒸气线)、升华线、三相线及凝华线,这 7 条曲线将物质的聚集态分为固相区、液相区、湿蒸气区、气相区(过热蒸气区)、熔解区及升华区 6 个区域。湿蒸气区(气液相变区)、熔解区(固液相变区)和升华区(气固相变区)内发生的相变过程,工质的压力和温度维持不变。

三相线表征固、液、气三相共存的特殊状态。三相态具有特定的压力和温度,但因共处的三相物质的多少不同,可以有不同的比体积。

沸腾曲线(饱和液体线)和凝结曲线(饱和蒸气线)的交点称为临界点,临界点的压力 p_c、温度 T_c 分别称为临界压力和临界温度,这是液相与气相能够平衡共存时的最高值。当 $p>p_c$ 且 $T>T_c$ 时,很难区分液相与气相,因而将这个区域的工质称为超临界流体。

将 $p\text{-}v\text{-}T$ 曲面投影到 $p\text{-}T$ 平面和 $p\text{-}v$ 平面上,就分别得到 $p\text{-}T$ 图和 $p\text{-}v$ 图。在 $p\text{-}T$ 图上,湿蒸气区、熔解区和升华区收缩为气化、熔解和升华三条曲线,而三相线收缩为三相点。一般纯物质的熔解曲线斜率为正,熔点随压力升高而升高,凝固时体积收缩。而水凝固时体积膨胀,熔解曲线斜率为负。

2. 实际气体状态方程

1) 维里(Virial)方程

维里方程是由统计力学方法导出的理论方程,最常用的形式为

$$\frac{pV_m}{RT} = 1 + \frac{B}{V_m} + \frac{C}{V_m^2} + \frac{D}{V_m^3} + \cdots \tag{5-30a}$$

或以压力的幂级数表示为

$$\frac{pV_m}{RT} = 1 + B'p + C'p^2 + D'p^3 + \cdots \tag{5-30b}$$

式中:B、B' 称为第 2 维里系数;C、C' 称为第 3 维里系数;依次类推。这些系数与物质种类有关,是温度的函数。

维里方程中,各项均有明确的物理意义。B/V_m 反映了气体二分子的相互作用,C/V_m^2 反映了三分子的相互作用等等。

在低压下,C/V_m^2 的影响比 B/V_m 小得多,可截取前两项;当压力较高时,可以截取前三项。这样得到的状态方程称之为截断形维里方程。

2)经验性状态方程

(1)范德瓦尔(Van der Waals)方程

$$p = \frac{R_g T}{v - b} - \frac{a}{v^2} \tag{5-31}$$

范德瓦尔方程对理想气体状态方程引入 2 个修正:a/v^2 是考虑分子间有吸引力而引入对压力的修正,称为内压;b 考虑了气体分子本身占据体积,使分子自由活动的空间减少。范德瓦尔常数 a 和 b 可以由具体的 p、v、T 数据拟合,也可以根据临界点的数学特征即

$$\left(\frac{\partial p}{\partial v}\right)_{T_c} = 0, \quad \left(\frac{\partial^2 p}{\partial v^2}\right)_{T_c} = 0 \ \text{求出}$$

$$a = \frac{27}{64} \frac{R_g^2 T_c^2}{p_c} \qquad b = \frac{R_g T_c}{8 p_c} = \frac{v_c}{3}$$

范德瓦尔方程只在压力比较低时才比较准确,而且一般只能作定性分析,不能作定量计算。然而,范德瓦尔方程意义在于它提出的实际气体物质模型至今影响着实际气体状态方程的发展,许多后继方程都是由此衍生出来的。

(2)RK(Redlich-Kwong)方程

$$p = \frac{R_g T}{v - b} - \frac{a}{T^{0.5} v(v + b)} \tag{5-32}$$

RK 方程和范德瓦尔方程的不同之处是,考虑了温度和密度对分子间相互作用力的影响,因而内压项有所不同。式(5-32)中的常数 a、b 也是各种物质所固有的数值,而且最好直接从 p、v、T 实验数据拟合求得。

RK 方程是最成功的二常数状态方程之一,它有较高精度,使用又比较简便。常用的二常数方程还有 PR(Peng-Robinson)方程和 RKS(Soave)方程等,这些方程提出了对范德瓦尔方程内压项的其他修正方式。

(3)MH(Martin-Hou)方程

MH 方程是马丁(J. J. Martin)和我国侯虞钧教授于 1955 年提出的。此后,Martin 于 1959 年作了修改,侯虞钧于 1981 年也对原方程作了改进,于是 MH 方程就有了 3 种版本,即 MH55、MH59、MH81。

MH55 方程为

$$p = \sum_{i=1}^{5} \frac{F_i(T)}{(v - b)^i} \tag{5-33}$$

式中:$F_i(T)$ 为温度的函数,从 $F_1(T)$ 到 $F_5(T)$,其中共包含 9 个与物质有关的常数。

MH 方程是一个精度较高、适用范围较广,既可用于烃类又可用于各种制冷剂以及极性物质的多常数状态方程。与同类方程相比,MH 方程常数的确定只需要临界参数以及一个饱和蒸气压数据,而不需要其他的 $p-v-T$ 数据。因此,MH 方程具有预测性,这是它的一大优点。

(4)BWR(Benedict-Webb-Rubin)方程

$$p = \frac{R_g T}{v} + \left(B_0 R_g T - A_0 - \frac{C_0}{T^2}\right) \frac{1}{v^2} + (b R_g T - a) \frac{1}{v^3} + \frac{a \alpha}{v^6} +$$

$$c\left(1 + \frac{\gamma}{v^2}\right) e^{-\gamma/v^2} / (v^3 T^2) \tag{5-34}$$

BWR 方程是一个维里型多常数的经验状态方程。方程中的 8 个常数 B_0、A_0、C_0、a、b、c、α

和 γ 由物质的 p、v、T 数据拟合得到。BWR 方程对烃类物质的热力性质计算精度较高。

3. 对比态原理和通用压缩因子图

1）对比态原理

实际气体状态方程包含有与物质固有性质有关的常数,当缺乏被考察工质的较系统的实验数据时,就不得不采用某种近似的通用方法来计算实际气体的热力性质。对比态原理就是被广泛用来推算实际气体热力性质的一种方法。

考虑到所有流体在接近临界状态时,都显示出相似的性质,所以提出以相对于临界参数的对比值来建立通用关系式。定义对比温度 $T_r = T/T_c$,对比压力 $p_r = p/p_c$,对比比体积 $v_r = v/v_c$。以范德瓦尔方程为例,将对比参数代入,该方程可化简为

$$p_r = \frac{8T_r}{3v_r - 1} - \frac{3}{v_r^2} \qquad (5-35)$$

显然,范德瓦尔对比态方程已不含与流体固有性质有关的常数,这给应用带来了方便。

从式(5-35)也看到,遵循同一对比态方程的不同流体当 p_r、T_r 相同时,v_r 必定相同,这就是所谓的对比态原理。或者说各种流体在相同的对比状态下,表现出相同的性质。对比态原理的数学表达式为

$$f(p_r,\ T_r,\ v_r) = 0 \qquad (5-36)$$

上式虽然是根据两常数范德瓦尔方程导出的,但它可以近似地推广到一般的实际气体状态方程。

2）通用压缩因子图

实际气体基本状态参数间的关系,也可通过修正理想气体状态方程得到,即

$$pv = zR_g T \qquad (5-37)$$

式中:z 称为压缩因子,即

$$z = \frac{pv}{R_g T} = \frac{v}{R_g T/p} = \frac{v}{v_i}$$

所以 z 表示了实际气体的体积与同温同压下理想气体的体积之比,z 的大小表明了实际气体偏离理想气体的程度。z 也是一状态参数,即 $z = z(p,T)$。

式(5-37)保留了理想气体状态方程的基本形式,而把影响气体非理想性的一切因素都集中在压缩因子 z 上。按式(5-37)计算实际气体的 p、v、T,关键在于确定压缩因子 z 的数值。然而,不同物质的压缩因子表达式 $z = z(p,T)$ 是不一样的。为使工程应用方便,根据对比态原理提出一种比较方便但相对近似的解决途径。

$$z/z_c = \frac{pv}{R_g T} \Big/ \frac{p_c V_c}{R_g T_c} = \frac{p_r v_r}{T_r}$$

根据对比态原理

$$v_r = f_1(p_r,\ T_r)$$

于是

$$z = f_2(p_r,\ T_r,\ z_c)$$

对大多数物质,z_c 取 $0.23 \sim 0.29$,取其中间值 $z_c = 0.27$,则上式可简化为

$$z = f(p_r,\ T_r) \qquad (5-38)$$

根据式(5-38),若以 z 和 p_r 分别作为纵、横坐标,T_r 作为参变量作图,图称为通用压缩因子图。通用压缩因子图在实际应用上是非常方便的。如需求某种气体的某个温度、压力下的比体积值,可以根据该种气体的临界参数来计算相应的对比参数 p_r、T_r,查通用压缩因子图得 z,再根据 $pv = zR_g T$ 算比体积。

5.3 公式小结

本章主要公式见表5.1所列。

表 5-1　第 5 章基本公式

4 个基本关系式

$$\mathrm{d}u = T\mathrm{d}s - p\mathrm{d}v$$

$$\mathrm{d}h = T\mathrm{d}s + v\mathrm{d}p$$

$$\mathrm{d}f = -s\mathrm{d}T - p\mathrm{d}v$$

$$\mathrm{d}g = -s\mathrm{d}T + v\mathrm{d}p$$

麦克斯韦方程 $$\left(\frac{\partial T}{\partial v}\right)_s = -\left(\frac{\partial p}{\partial s}\right)_v,\ \left(\frac{\partial T}{\partial p}\right)_s = \left(\frac{\partial v}{\partial s}\right)_p$$ $$\left(\frac{\partial s}{\partial v}\right)_T = \left(\frac{\partial p}{\partial T}\right)_v,\ \left(\frac{\partial s}{\partial p}\right)_T = -\left(\frac{\partial v}{\partial T}\right)_p$$	麦克斯韦方程建立了不可测量的熵 s 与可测量参数 p、v、T 间的偏导数关系式
熵方程 $$\mathrm{d}s = c_V \frac{\mathrm{d}T}{T} + \left(\frac{\partial p}{\partial T}\right)_v \mathrm{d}v$$ $$\mathrm{d}s = c_p \frac{\mathrm{d}T}{T} - \left(\frac{\partial v}{\partial T}\right)_p \mathrm{d}p$$	给出了不可测量的熵 s 与可测量参数 p、v、T 间的关系式
热力学能方程 $$\mathrm{d}u = c_V \mathrm{d}T + \left[T\left(\frac{\partial p}{\partial T}\right)_v - p\right]\mathrm{d}v$$	给出了不可测量的热力学能 u 与可测量参数 p、v、T 间的关系式
焓方程 $$\mathrm{d}h = c_p \mathrm{d}T + \left[v - T\left(\frac{\partial v}{\partial T}\right)_p\right]\mathrm{d}p$$	给出了不可测量的焓 h 与可测量参数 p、v、T 间的关系式
比热容方程 $$\left(\frac{\partial c_V}{\partial v}\right)_T = T\left(\frac{\partial^2 p}{\partial T^2}\right)_v$$ $$\left(\frac{\partial c_p}{\partial p}\right)_T = -T\left(\frac{\partial^2 v}{\partial T^2}\right)_p$$	给出了比热容与状态方程式间的关系式
$$c_p - c_V = T\left(\frac{\partial p}{\partial T}\right)_v\left(\frac{\partial v}{\partial T}\right)_p$$ $$c_p - c_V = -T\left(\frac{\partial v}{\partial T}\right)_p^2\left(\frac{\partial p}{\partial v}\right)_T$$	c_p 与 c_V 之间的关系式
克拉贝龙方程 $$\frac{\mathrm{d}p_s}{\mathrm{d}T_s} = \frac{s'' - s'}{v'' - v'} = \frac{h'' - h'}{T_s(v'' - v')}$$ $$= \frac{r}{T_s(v'' - v')}$$	给出了物质从饱和液态转变到饱和气态时,体积变化与焓差及熵差之间的关系

焦耳-汤姆孙系数 $$\mu_{\mathrm{J}}=\left(\frac{\partial T}{\partial p}\right)_h=\frac{T\left(\frac{\partial v}{\partial T}\right)_p-v}{c_p}$$	给出 μ_{J} 与状态方程式间的关系式
范德瓦尔方程 $$p=\frac{R_{\mathrm{g}}T}{v-b}-\frac{a}{v^2}$$ 或 $\left(p+\dfrac{a}{v^2}\right)(v-b)=R_{\mathrm{g}}T$	式中： $a=\dfrac{27}{64}\dfrac{R_{\mathrm{g}}^2 T_{\mathrm{c}}^2}{p_{\mathrm{c}}}$ $b=\dfrac{R_{\mathrm{g}}T_{\mathrm{c}}}{8p_{\mathrm{c}}}=\dfrac{v_{\mathrm{c}}}{3}$
范德瓦尔对比态方程 $$p_{\mathrm{r}}=\frac{8T_{\mathrm{r}}}{3v_{\mathrm{r}}-1}-\frac{3}{v_{\mathrm{r}}^2}$$ 或 $\left(p_{\mathrm{r}}+\dfrac{3}{v_{\mathrm{r}}^2}\right)(3v_{\mathrm{r}}-1)=8T_{\mathrm{r}}$	
修正的理想气体状态方程式 $pv=zR_{\mathrm{g}}T$	z 为压缩因子，表征实际气体对理想气体的偏离程度，可在通用压缩因子图上查取

5.4　重点与难点

5.4.1　热力学一般关系式

热力学一般关系式在物质的热力性质研究中，起着十分重要的作用。利用热力学一般关系式，由可测的实验数据（如 p、v、T、c_p、μ_{J} 等）可求取那些不能用实验直接测定的热力参数（如热力学能 u、焓 h 和熵 s 等）。另外，热力学一般关系式也告诉我们在工质热物性的实验中，应该测定哪些物理量和如何整理实验数据。

这一部分关系式较多，重点应放在热力性质研究的方法和思路上。这在该章的基本知识点中已充分阐述，读者可细细体会。

5.4.2　实际气体的性质

状态方程的研究是实际气体性质研究的重要内容，在这一部分中，列举了一些常用的和有特色的状态方程。对于工程上所需计算的某种气体，我们到底应选什么样的状态方程来计算，建议从如下几方面考虑。

（1）首先判断物质所处的状态是否远离饱和态或液相区，这可用对比参数 p_{r}、T_{r} 或 v_{r} 来判断。当 $T_{\mathrm{r}}\gg1$，p_{r} 不是很大时，即可当成理想气体来处理；当 $p_{\mathrm{r}}\ll1$ 或 $v_{\mathrm{r}}\gg1$ 且 T_{r} 不是很低

时,也可以当成理想气体处理或选用比较简单的 RK 等状态方程来计算。

（2）状态方程的选取,还与对计算精度的要求有关。如果所进行的计算是估算的话,即可用简单一些的方程;如果所进行的是一些要求比较高的模拟计算的话,应选择精度较高的通用型状态方程或专用状态方程。

对于基本知识点中所列出的 RK、BWK、MH 3 个方程,提出选用方程的几点具体建议:

（1）当计算精度要求比较高、p_r 较高、T_r 较低,且有较完整的实验数据,或能找到成套的 BWR 方程常数时,应首选 BWR 方程;如果 $p-v-T$ 数据不完整,又没有成套的 BWR 常数可资利用,仅有临界参数和蒸气压数据,则可选用 MH 方程;如果要求的精度不很高,可选用 RK 方程。

（2）对烃类的物质可选 BWR 方程,计算精度要求稍低时,可选用 RK 方程。

（3）对于非烃类物质,且为极性或弱极性物质,则可选 MH 方程,特别是氟利昂制冷剂应首先选用 MH 方程。

关于应用 BK、RKS、PR、MH 及 BWR 方程计算实际气体的比体积、比热力学能、比焓和比熵的计算程序及其编制原理,读者可参阅文献[13]。

5.5 典型题精解

例题 5-1 有一服从状态方程 $p(v-b)=R_g T$ 的气体(b 为正值常数),假定 c_V 为常数。

（1）试由 du、dh、ds 方程导出 Δu、Δh、Δs 的表达式。

（2）推求此气体经绝热节流后,温度是降低或升高还是不变?

解 （1）① 将题目所给方程表示为

$$p=\frac{R_g T}{v-b}$$

式（5-19）为

$$du=c_V dT+\left[T\left(\frac{\partial p}{\partial T}\right)_v-p\right]dv$$

对上述状态方程式求导得

$$\left(\frac{\partial p}{\partial T}\right)_v=\frac{R_g}{v-b}$$

代入式（5-19）得

$$du=c_V dT+\left(\frac{R_g T}{v-b}-p\right)dv$$
$$=c_V dT+(p-p)dv=c_V dT$$

积分上式,则

$$\Delta u=u_2-u_1=\int_1^2 c_V dT=c_V(T_2-T_1)$$

② 式（5-20）为

$$dh=c_p dT+\left[v-T\left(\frac{\partial v}{\partial T}\right)_p\right]dp$$

将状态方程式表示为

$$v = \frac{R_g T}{p} + b$$

求导得

$$\left(\frac{\partial v}{\partial T}\right)_p = \frac{R_g}{p}$$

代入式(5-20)得

$$dh = c_p dT + b dp$$

积分上式,则

$$\Delta h = h_2 - h_1 = c_p(T_2 - T_1) + b(p_2 - p_1)$$

③　式(5-17)为

$$ds = c_p \frac{dT}{T} - \left(\frac{\partial v}{\partial T}\right)_p dp$$

根据状态方程式

$$v = \frac{R_g}{p} + b$$

求导得

$$\left(\frac{\partial v}{\partial T}\right)_p = \frac{R_g}{p}$$

代入式(5-17)得

$$ds = c_p \frac{dT}{T} - R_g \frac{dp}{p}$$

积分上式,得

$$\Delta s = c_p \ln \frac{T_2}{T_1} - R_g \ln \frac{p_2}{p_1}$$

（2）式(5-29)为

$$\mu_J = \frac{T\left(\frac{\partial v}{\partial T}\right)_v - v}{c_p}$$

根据状态方程求导得

$$\left(\frac{\partial v}{\partial T}\right)_p = \frac{R_g}{p}$$

代入式(5-29)得

$$\mu_J = \frac{T R_g/p - v}{c_p} = -\frac{b}{c_p} < 0$$

即

$$\mu_J = \left(\frac{\partial T}{\partial p}\right)_h < 0$$

所以绝热节流后温度升高。

讨论

用题给状态方程所导得的 Δu 和 Δs 的计算式与理想气体的完全一样,而 Δh 的计算式则与理想气体的不同。因此,若用理想气体的 Δh 公式进行计算就有误差,误差的大小与常数 b 和压力差$(p_2 - p_1)$有关。

例题 5-2　设有 1 mol 遵循范德瓦尔方程的气体被加热,经等温膨胀过程,体积由 V_1 膨胀到 V_2。求过程中加入的热量。

解
$$Q = \int_{V_1}^{V_2} R \mathrm{d}S_m = T \int_{V_1}^{V_2} \mathrm{d}S_m$$

$\mathrm{d}S$ 可由式(5-16),即

$$\mathrm{d}S_m = C_{V,m} \frac{\mathrm{d}T}{T} + \left(\frac{\partial p}{\partial T}\right)_{V_m} \mathrm{d}V_m$$

根据范德瓦尔方程

$$p = \frac{RT}{V_m - b} - \frac{a}{V_m^2}$$

求导得

$$\left(\frac{\partial p}{\partial T}\right)_{V_m} = \frac{R}{V_m - b}$$

代入式(5-16)得

$$\mathrm{d}S_m = C_{V,m} \frac{\mathrm{d}T}{T} + \frac{R}{V_m - b} \mathrm{d}V_m$$

因为过程等温,则

$$\mathrm{d}S_m = \frac{R}{V_m - b} \mathrm{d}V_m$$

于是
$$Q = T \int_{V_1}^{V_2} \frac{R}{V_m - v} \mathrm{d}V_m = RT \ln \frac{V_2 - b}{V_1 - b}$$

例题 5-3 对于符合范德瓦尔方程的气体,求

(1) 比定压热容与比定容热容之差 $c_p - c_V$;

(2) 焦耳-汤姆孙系数。

解 (1) $c_p - c_V = T \left(\frac{\partial v}{\partial T}\right)_p \left(\frac{\partial p}{\partial T}\right)_v$

而

$$\left(\frac{\partial v}{\partial T}\right)_p = -\frac{1}{\left(\frac{\partial T}{\partial p}\right)_v \left(\frac{\partial p}{\partial v}\right)_T} = -\frac{\left(\frac{\partial p}{\partial T}\right)_v}{\left(\frac{\partial p}{\partial v}\right)_T}$$

$$= \frac{\dfrac{R_g}{v - b}}{\dfrac{R_g T}{(v-b)^2} - \dfrac{2a}{v^3}} = \frac{R_g v^3 (v-b)}{R_g T v^3 - 2a(v-b)^2}$$

$$\left(\frac{\partial p}{\partial v}\right)_v = \frac{R_g}{v - b}$$

于是

$$c_p - c_V = T \frac{R_g}{v - b} \frac{R_g v^3 (v-b)}{R_g T v^3 - 2a(v-b)^2} = \frac{R_g^2 T v^3}{R_g T v^3 - 2a(v-b)^2}$$

(2) $\mu_J = \dfrac{T\left(\dfrac{\partial v}{\partial T}\right)_p - v}{c_p} = \dfrac{1}{c_p} \left[\dfrac{T R_g v^3 (v-b)}{R_g T v^3 - 2a(v-b)^2} - v \right]$

$$= \frac{v}{c_p} \frac{2a(v-b)^2 - R_g T b v^2}{R_g T v^3 - 2a(v-b)^2}$$

例题 5-4 已知某种气体的 $pv = f(T)$, $u = u(T)$,求状态方程。

解 由式(5-19)知

$$\mathrm{d}u = c_V \mathrm{d}T + \left[T\left(\frac{\partial p}{\partial T}\right)_v - p \right]\mathrm{d}v$$

即

$$\left(\frac{\partial u}{\partial v}\right)_T = T\left(\frac{\partial p}{\partial T}\right)_v - p$$

依题意

$$\left(\frac{\partial u}{\partial v}\right)_T = 0$$

故

$$T\left(\frac{\partial p}{\partial T}\right)_v = p$$

又因

$$pv = f(T)$$

故

$$T\frac{1}{v}\left(\frac{\partial f(T)}{\partial T}\right)_v - \frac{1}{v}f(T) = 0$$

即

$$T\frac{\mathrm{d}f(T)}{\mathrm{d}T} - f(T) = 0$$

所以

$$f(T) = cT$$

代入得　　　　　　$pv = cT$,其中 c 为常数。

例题 5-5　试确定在 $p = 300 \times 10^5$ Pa 和 $t = 100$ ℃时,氩的绝热节流效应 $\left(\frac{\partial T}{\partial p}\right)_h$。假定在 100 ℃时,氩的焓和压力的关系式为

$$h(p) = h_0 + ap + bp^2$$

式中:$h_0 = 2089.2$ J/mol,$a = -5.164 \times 10^{-5}$ J/(mol・Pa),$b = 4.7866 \times 10^{-13}$ J/(mol・Pa^2)。已知 100 ℃、300×10^5 Pa 下的 $c_p = 27.34$ J/(mol・K)。

解　因 $\mu_J = \left(\frac{\partial T}{\partial p}\right)_h = -\dfrac{1}{\left(\frac{\partial p}{\partial T}\right)_T \left(\frac{\partial h}{\partial T}\right)_p} = -\dfrac{\left(\frac{\partial h}{\partial p}\right)_T}{\left(\frac{\partial h}{\partial T}\right)_p} = -\dfrac{\left(\frac{\partial h}{\partial p}\right)_T}{c_p}$

又因

$$\left(\frac{\partial h}{\partial p}\right)_T = a + 2bp$$

于是

$$\mu_J = -\frac{a + 2bp}{c_p} = \frac{(-5.164 \times 10^{-5}) + 2 \times 4.7856 \times 10^{-13} \times 300 \times 10^5}{27.34}$$

$$= 8.386 \times 10^{-7} \text{ K/Pa}$$

例题 5-6　在 25 ℃时,水的摩尔体积由下式确定

$$V_m = 18.066 - 7.15 \times 10^{-4} p + 4.6 \times 10^{-8} p^2 \quad \text{cm}^3/\text{mol}$$

当压力在 1 MPa～100 MPa 时,有

$$\left(\frac{\partial V_m}{\partial T}\right)_p = 4.5 \times 10^{-3} + 1.4 \times 10^{-6} p \quad \text{cm}^3/(\text{mol・K})$$

求在 25 ℃下,将 1 mol 的水从 1 MPa 可逆地压缩到 100 MPa,所需做的功和热力学能的变化量。

解　膨胀功为

$$W = \int_{V_{m1}}^{V_{m2}} p\mathrm{d}V_m = \int_{p_1}^{p_2} p(-7.15 \times 10^{-4}\mathrm{d}p + 4.6 \times 10^{-8} \times 2p\mathrm{d}p)$$

$$= -\frac{1}{2} \times 7.15 \times 10^{-4} \times (100^2 - 1) + \frac{2}{3} \times 4.6 \times 10^{-8} \times (100^3 - 1)$$

$$=-3.544 \text{ MPa} \cdot \text{cm}^3/\text{mol}$$
$$=-3.544 \text{ J/mol}$$

过程吸收的热量为

$$Q = \int_{S_1}^{S_2} T \mathrm{d}S = T \int_{S_1}^{S_2} \mathrm{d}S$$

$$= T \int_{p_1}^{p_2} \left(\frac{\partial S}{\partial p}\right)_T \mathrm{d}p = -T \int_{p_1}^{p_2} \left(\frac{\partial v}{\partial T}\right)_p \mathrm{d}p$$

$$= -298 \int_1^{100} (4.5 \times 10^{-3} + 1.4 \times 10^{-6} p) \mathrm{d}p$$

$$= -298 \times \left[4.5 \times 10^{-3} (100-1) + \frac{1}{2} \times 1.4 \times 10^{-6} (100^2 - 1)\right]$$

$$= -134.8 \text{ MPa} \cdot \text{cm}^3/\text{mol} = -134.8 \text{ J/mol}$$

于是 $\Delta U = Q - W = -134.8 - (-3.544) = -131.3 \text{ J/mol}$

或由 $\mathrm{d}U = T\mathrm{d}S - p\mathrm{d}V_m$

$$= \left[C_{p,m} - p\left(\frac{\partial V_m}{\partial T}\right)_p\right]\mathrm{d}T - \left[T\left(\frac{\partial V_m}{\partial T}\right)_p + p\left(\frac{\partial V_m}{\partial p}\right)_T\right]\mathrm{d}p$$

在等温过程中

$$\Delta U = -\int_{p_1}^{p_2}\left[T\left(\frac{\partial V_m}{\partial T}\right)_p + p\left(\frac{\partial V_m}{\partial p}\right)_T\right]\mathrm{d}p$$

可得同样结果。

例题 5 - 7 证明物质的体积变化与体膨胀系数 α_V、等温压缩率 κ_T 的关系为

$$\frac{\mathrm{d}v}{v} = \alpha_V \mathrm{d}T - \kappa_T \mathrm{d}p$$

证明 因 $v = f(p, T)$

则 $$\mathrm{d}v = \left(\frac{\partial v}{\partial T}\right)_p \mathrm{d}T + \left(\frac{\partial v}{\partial p}\right)_T \mathrm{d}p$$

$$\frac{\mathrm{d}v}{v} = \frac{1}{v}\left(\frac{\partial v}{\partial T}\right)_p \mathrm{d}T + \frac{1}{v}\left(\frac{\partial v}{\partial p}\right)_T \mathrm{d}p = \alpha_V \mathrm{d}T - \kappa_T \mathrm{d}p$$

讨论

因为 α_V、κ_T、κ_s 可由实验直接测定,因而本章导出的包含偏导数 $\left(\frac{\partial v}{\partial T}\right)_p$、$\left(\frac{\partial v}{\partial p}\right)_T$、$\left(\frac{\partial v}{\partial p}\right)_s$ 的所有方程都可用 α_V、κ_T、κ_s 的形式给出。另外,由实验测定热系数后,再积分求取状态方程式,也是由实验得出状态方程式的一种基本方法,如同焦-汤系数 μ_J 一样。对于固体和液体,其 α_V、κ_T、κ_s 一般可由文献查得。

例题 5 - 8 在一体积为 30 m³ 的钢罐中,储有 0.5 kg 的气体氨,温度保持在 65 ℃,试求氨气的压力:(1)用理想气体状态方程;(2)用 RK 方程。

解 (1)用理想气体状态方程

$$p = \frac{mR_g T}{V} = \frac{0.5 \text{ kg} \times 8.314 \text{ J/(mol} \cdot \text{K)} \times 338 \text{ K}}{30 \text{ m}^3 \times 17.04 \times 10^{-3} \text{ kg/mol}} = 2748.56 \text{ Pa}$$

(2)用 RK 方程

查得 $p_c = 112.8 \times 10^5 \text{ Pa}$, $T_c = 406 \text{ K}$

又　　　　　　$R_g = \dfrac{R}{M} = \dfrac{8.314\ \text{J/(mol·K)}}{17.04 \times 10^{-3}\ \text{kg/mol}} = 487.91\ \text{J/(kg·K)}$

于是　　　　$a = 0.4275 R_g^2\, T_c^{2.5}/p_c = 29965.50$

　　　　　　$b = 0.08664 R_g T_c/p_c = 0.001522$

又　　　　　　$v = \dfrac{V}{m} = \dfrac{30\ \text{m}^3}{0.5\ \text{kg}} = 60\ \text{m}^3/\text{kg}$

由 RK 方程

$$p = \frac{R_g T}{v-b} - \frac{a}{T^{0.5}\, v(v+b)}$$

$$= \frac{487.91 \times 406}{60 - 0.001522} - \frac{29965.50}{406^{0.5} \times 60 \times (60 + 0.001522)}$$

$$= 3301.20\ \text{Pa}$$

例题 5-9　体积为 $0.25\ \text{m}^3$ 的容器中,储有 10 MPa、$-70\ ^\circ\text{C}$ 的氮气。若加热到 37 $^\circ\text{C}$,试用压缩因子图估算终态的比体积和压力。

解　查得氮气的临界参数为

$$p_c = 3.394\ \text{MPa},\quad T_c = 126.2\ \text{K}$$

所以　　　　$p_{r1} = \dfrac{p}{p_c} = \dfrac{10\ \text{MPa}}{3.394\ \text{MPa}} = 2.95$

　　　　　　$T_{r1} = \dfrac{T_1}{T_c} = \dfrac{203\ \text{K}}{126.2\ \text{K}} = 1.61$

查压缩因子图得　$z_1 = 0.85$。

　　由　$pV = zmR_g T$ 得

$$m = \frac{p_1 V_1}{z_1 R_g T_1} = \frac{10 \times 10^6\ \text{Pa} \times 0.25\ \text{m}^3}{0.85 \times 296.8\ \text{J/(kg·K)} \times 203\ \text{K}} = 48.816\ \text{kg}$$

于是　　　　$v_1 = v_2 = \dfrac{V}{m} = \dfrac{0.25\ \text{m}^3}{48.816\ \text{kg}} = 5.12 \times 10^{-3}\ \text{m}^3/\text{kg}$

由 $T_2 = 310\ \text{K}$ 得

$$T_{r2} = \frac{T_2}{T_c} = \frac{310\ \text{K}}{126.2\ \text{K}} = 2.46$$

由 v_2 可得

$$v_{ri} = \frac{v_2}{v_c} = \frac{v_2 p_c}{R_g T_c} = \frac{5.12 \times 10^{-3}\ \text{m}^3/\text{kg} \times 3.394 \times 10^6\ \text{Pa}}{296.8\ \text{J/(kg·K)} \times 126.2\ \text{K}} = 0.464$$

由 T_{r2}、v_{ri} 查压缩因子图得 $p_{r2} = 6.5$。

　　于是　　$p_2 = p_{r2} p_c = 6.5 \times 3.394\ \text{MPa} = 22.061\ \text{MPa}$

例题 5-10　管路中输送 9.5 MPa、55 $^\circ\text{C}$ 的乙烷。若乙烷在定压下温度升高到 110 $^\circ\text{C}$,为保证原来输送的质量流量,试用压缩因子图计算乙烷气的流速应提高多少?

解　查得乙烷的临界参数为

$$p_c = 48.8 \times 10^5\ \text{Pa},\quad T_c = 305.4\ \text{K}$$

于是　　　　$p_{r1} = \dfrac{p_1}{p_c} = 1.95,\qquad T_{r1} = \dfrac{T_1}{T_c} = 1.07$

　　　　　　$p_{r2} = p_{r1},\qquad T_{r2} = \dfrac{T_2}{T_c} = 1.25$

查压缩因子图得 $z_1 = 0.37$, $z_2 = 0.65$。

由 $pv = ZR_g T$ 得

$$v_1 = \frac{z_1 R_g T_1}{p_1} = \frac{0.37 \times 8.314 \text{ J/(mol} \cdot \text{K)} \times 328 \text{ K}}{30.07 \times 10^{-3} \text{ kg/mol} \times 9.5 \times 10^6 \text{ Pa}}$$

$$= 0.003532\,2 \text{ m}^3/\text{kg}$$

$$v_2 = \frac{z_2 R_g T_2}{p_2} = \frac{0.65 \times 8.314 \text{ J/(mol} \cdot \text{K)} \times 383 \text{ K}}{30.07 \times 10^{-3} \text{ kg/mol} \times 9.5 \times 10^6 \text{ Pa}}$$

$$= 0.007245\,4 \text{ m}^3/\text{kg}$$

依题意

$$q_{m1} = \frac{c_{f1} A_1}{v_1} = q_{m2} = \frac{c_{f2} A_2}{v_2}$$

于是

$$\frac{c_{f2}}{c_{f1}} = \frac{v_2}{v_1} = \frac{0.007245\,4 \text{ m}^3/\text{kg}}{0.003532\,2 \text{ m}^3/\text{kg}} = 2.05$$

5.6 自我测验题

5-1 已知 $v = f(p,v)$,证明循环关系式

$$\left(\frac{\partial v}{\partial p}\right)_T \left(\frac{\partial p}{\partial T}\right)_v \left(\frac{\partial T}{\partial v}\right)_p = -1$$

5-2 试证范德瓦尔气体

(1) $\mathrm{d}u = c_V \mathrm{d}T + \dfrac{a}{v^2} \mathrm{d}v$

(2) $\left(\dfrac{\partial u}{\partial v}\right)_T \neq 0$

(3) $c_p - c_V = \dfrac{R_g}{1 - \dfrac{2a(v-b)^2}{R_g T v^3}}$

(4) c_V 只是温度的函数

(5) 定温过程的焓差为 $(h_2 - h_1)_T = p_2 v_2 - p_1 v_1 + a\left(\dfrac{1}{v_1} - \dfrac{1}{v_2}\right)$

(6) 定温过程的熵差为 $(s_2 - s_1)_T = R_g \ln \dfrac{v_2 - b}{v_1 - b}$

(7) 可逆定温过程的膨胀功为 $w_T = R_g T \ln \dfrac{v_2 - b}{v_1 - b} + a\left(\dfrac{1}{v_2} - \dfrac{1}{v_1}\right)$

(8) 可逆定温过程的热量为 $q_T = R_g T \ln \dfrac{v_2 - b}{v_1 - b}$

(9) 绝热膨胀功为 $w = -\displaystyle\int_1^2 c_V \mathrm{d}T + a\left(\dfrac{1}{v_2} - \dfrac{1}{v_1}\right)$

(10) 绝热自由膨胀时 $\mathrm{d}T = -\dfrac{a\mathrm{d}v}{c_V v^2}$

5-3 若某气体的状态方程为

$$v = \frac{R_g T}{p} - \frac{C}{T^2}$$

式中的 C 为常数。试求：

（1）经图 5-1 中所示的循环 1—B—2—A—1 后系统热力学能的变化，及与外界交换的功量和热量。已知 p_1、v_1、T_1、p_2、v_2、T_2，且比热容为常数。

（2）此气体的焦耳-汤姆孙系数。

5-4　假定某气体的等压体积膨胀系数为 $\alpha_p = \dfrac{1}{V}\left(\dfrac{\partial V}{\partial T}\right)_p = \dfrac{a}{V}$，等温压缩率 $\kappa_T = -\dfrac{1}{V}\left(\dfrac{\partial V}{\partial p}\right)_T = \dfrac{b}{V}$，其中 a、b 都是常数。导出这种气体的状态方程。

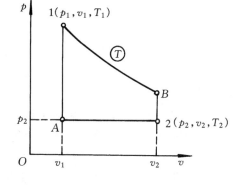

图 5-1　题 5-3 附图

5-5　0.5 kg CH_4 在 5×10^{-3} m³ 容器内的温度为 100 ℃。试用：① 理想气体状态方程式；② 范德瓦尔方程分别计算其压力。

5-6　试用通用压缩因子图确定 O_2 在 160 K 与 0.0074 m³/kg 时的压力。已知 $T_c = 154.6$ K，$p_c = 50.5\times10^5$ Pa。

5-7　理想气体状态方程、范德瓦尔方程、维里方程、对比态方程、通用压缩因子图各有什么特点，有何区别，各适用于什么范围？

5-8　如何理解本章所导出的微分方程式为热力学一般关系式。这些一般关系式在研究工质的热力性质时有何用处？

第6章　蒸气的热力性质

在动力、制冷、化学工程中，经常用到各种蒸气。蒸气是指离液态较近，在工作过程中往往会有集态变化的某种实际气体，常用的如水蒸气、氨蒸气、氟利昂蒸气等。显然，蒸气不能作为理想气体来处理，它的性质较复杂。

对蒸气热力性质的研究，和对理想气体、实际气体一样，包括状态方程式、比热容、热力学能、焓和熵的计算。由于蒸气性质较为复杂，其物性方程也十分复杂，不适于工程计算。为方便工程应用，专门研究物性的科学工作者已按蒸气性质的复杂方程，编制出常用蒸气的热力性质表和图，供工程计算时查用。本章重点阐述了有关蒸气的状态参数和蒸气图表的结构、应用，以及蒸气热力过程的计算。

6.1　基本要求

(1)应掌握有关蒸气的各种术语及其意义。例如，汽化、凝结、饱和状态、饱和蒸气、饱和液体、饱和温度、饱和压力、三相点、临界点、汽化潜热等。

(2)了解蒸气定压发生过程及其在 p-v 和 T-s 图上的一点、二线、三区和五态。

(3)了解蒸气图表的结构，并掌握其应用。

(4)掌握蒸气热力过程的热量和功量的计算。

6.2　基本知识点

6.2.1　汽化与饱和

应搞清以下一些概念。

1. 汽化和凝结

物质由液态转变为气态的过程称为汽化。液体的汽化有蒸发和沸腾两种不同的形式。蒸发是指液体表面的汽化过程；沸腾是指液体内部的汽化过程。液体汽化的速度取决于液体的温度。

物质由气态转变为液态的过程称为凝结。凝结的速度取决于空间蒸气的压力。

2. 饱和状态

当液体分子脱离表面的汽化速度与气体分子回到液体中的凝结速度相等时，汽化与凝结过程虽仍在不断进行，但总的结果使状态不再改变。这种液体和蒸气处于动态平衡的状态称为饱和状态。液体上的蒸气称为饱和蒸气，液体称为饱和液体。

(1)饱和温度和饱和压力：处于饱和状态的气、液温度相同，称为饱和温度 t_s，蒸气的压力称为饱和压力 p_s。因为汽化速度取决于液体的温度，而凝结速度取决于蒸气的压力，所以当达到汽化和凝结速度相等的饱和状态时，饱和温度 t_s 和饱和压力 p_s 之间必存在单值性关系

$$p_s = f(t_s) \tag{6-1}$$

上式表示了汽化曲线的一般函数关系,常称为饱和蒸气压方程。

(2) 临界点:当温度超过一定值 t_c 时,液相不可能存在,而只可能是气相。t_c 称为临界温度,与临界温度相对应的饱和压力 p_c 称为临界压力。所以,临界温度和压力是液相与气相能够平衡共存时的最高值。临界参数是物质的固有常数,不同的物质其值是不同的。水的临界参数值为:$t_c = 374.15$ ℃,$p_c = 22.129$ MPa,$v_c = 0.003\ 26\ \mathrm{m^3/kg}$,$h_c = 2\ 100\ \mathrm{kJ/kg}$,$s_c = 4.429\ \mathrm{kJ/(kg \cdot K)}$。

(3) 三相点:当压力低于 p_{tp} 时,液相也不可能存在,而只可能是气相或固相。p_{tp} 称为三相点压力,与三相点压力相对应的饱和温度 t_{tp} 称为三相点温度。所以,三相点温度和压力是最低的饱和温度和饱和压力。不同物质的三相点所对应的参数不同。水的三相点温度和压力值为

$$t_{tp} = 0.01 \text{ ℃}, \qquad p_{tp} = 611.2 \text{ Pa}$$

三相点是固、液、气三相共存的状态,各种物质在三相点的温度和压力分别为定值,但比体积则随固、液、气三相的混合比例不同而异。

6.2.2　蒸气的定压发生过程

工业上所用的蒸气都是在定压加热设备中产生的,其产生过程如图 6-1 所示。在一定压力下的未饱和液态工质,受外界加热温度升高,当液体温度升到该压力所对应的饱和温度时,则称其为饱和液体;工质继续吸热,饱和液开始沸腾,在定温下,产生蒸气而形成饱和液体和饱和蒸气的混合物,这种混合物称为湿饱和蒸气,简称湿蒸气;工质继续吸热,直至液体全部汽化为蒸气,这时的蒸气因已不含液体,而被称为干饱和蒸气。至此为止,工质的全部汽化过程都是在饱和温度下进行的。对干饱和蒸气继续加热,则蒸气的温度将从饱和温度起不断升高。由于这时蒸气的温度已超过相应压力下的饱和温度,所以称为过热蒸气。可见,蒸气的产生过

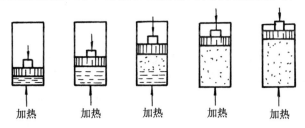

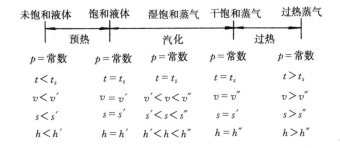

图 6-1　蒸气定压发生过程示意图

程可分为预热、汽化和过热 3 个阶段。

将蒸气在不同压力下的定压发生过程,表示在 p-v 图和 T-s 图上,如图 6-2 所示。为便于记忆,我们把蒸气的 p-v 图和 T-s 图总结为一点、二线、三区、五态。一点是临界点;二线为饱和液体线(下界线)与饱和蒸气线(上界线);三区为未饱和液体区(过冷液区)——在下界线左方,湿蒸气区——在上、下界线之间,过热蒸气区——在上界线的右方;五态为未饱和液体(过冷液)状态、饱和液体状态、湿饱和蒸气状态、干饱和蒸气状态和过热蒸气状态。

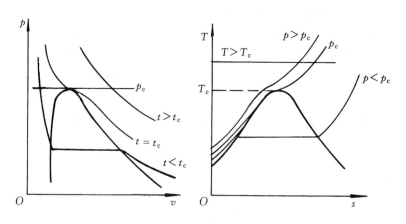

图 6-2 蒸气的 p-v 图和 T-s 图

6.2.3 蒸气的热力性质图表

如前所述,蒸气的热力性质较为复杂。在工程计算中,通常是将实验测得的数据,运用热力学一般关系式,经计算而得的数据制成蒸气图表以供查用。通常可查到状态参数 p、v、T、h、s。至于热力学能,如果需要,可用 $u = h - pv$ 计算得到。显然,某种工质的蒸气表或图只能适用于该种工质。

应用蒸气热力性质图表时,应注意不同文献中基准点的选取。对于水蒸气均以三相态的液相水作为基准点,规定三相态饱和水的热力学能 $u = 0$ kJ/kg,熵 $s = 0$ kJ/(kg·K)。对于氟利昂等制冷工质,各国编制的蒸气表的基准点有所不同,所以数据差异较大。因此,不同基准的表格数据不能混用。

1. 蒸气表

针对蒸气的 5 种不同状态,一般的蒸气表可分为两类:一类为饱和蒸气表,表中列出饱和液体线(各参数的右上角标以"′")和饱和蒸气线(各参数的右上角标以"″")上的数据;另一类为未饱和液体与过热蒸气表,列出了未饱和液体和过热蒸气两个区域中的数据。表上以黑粗线将两状态隔开,上方为未饱和液体,下方为过热蒸气。为查用方便。饱和液体和饱和蒸气表又分为按温度与按压力排列的两种形式。利用饱和蒸气表中的数据,根据干度 x,还可求取湿饱和蒸气区任一状态的参数。

2. 蒸气的热力性质图

由于表列数据不连续,往往需要用内插法读取,同时在分析计算热力过程时,查图比查表更清晰、更方便,因此工质的性质常绘制成二维参数坐标图,如 p-v 图和 T-s 图。这两种图分析热力过程各有特点,其可逆过程曲线下的面积分别表示功和热量。但作为工程计算,若能以图线上的线段表示功和热则会更简便。通常,除 $p-v$ 图和 $T-s$ 图外,对水蒸气常制成焓熵图($h-s$);对氨、氟利昂等制冷工质通常制成压焓图($p-h$ 或 $\lg p-h$)。

对于这些图,应搞清图中各定值线的分布规律,特别要注意,在湿蒸气区的定温线同时又是定压线。

6.2.4　蒸气的热力过程

分析蒸气热力过程的任务和分析理想气体的一样,即确定过程中工质状态参数变化的规律,以及过程中能量转换的情况。但是,理想气体的状态参数可以通过简单计算得到。例如,$\Delta u=c_V\Delta T$;$\Delta h=c_p\Delta T$;$\Delta s=c_p\ln\dfrac{T_2}{T_1}-R_g\ln\dfrac{p_2}{p_1}$ 等等。而蒸气的状态参数却要用查表或图的方法得到。过程中能量转换关系,同样依据热力学第一、第二定律进行计算确定。

分析蒸气热力过程的一般步骤为:

(1) 根据初态的两个已知参数,通常为(p,t)、(p,x)或(t,x),从表或图中查得其他参数。

(2) 根据过程特征,如定温、定压、定容、定熵等,加上一个终态参数,确定终态,再从表或图上查得终态的其他参数。以上查得的初、终态参数可在自己所画的示意图($h-s,p-h,T-s$ 或 $p-v$ 图)上标出。至于解题时画哪种图合适,应视解题要求而定。

(3) 根据已求得的初、终态参数,应用热力学第一、二定律的基本方程及参数定义式等计算 q、w、Δh、Δu。方法如下:

①定容过程,$v=$定值

$$w=\int p\mathrm{d}v=0,\quad q=\Delta u=\Delta h-v\Delta p$$

②定压过程,$p=$定值

$$w=\int p\mathrm{d}v=p(v_2-v_1),\quad q=\Delta h,\quad \Delta u=\Delta h-p\Delta v$$

③定温过程,$T=$定值

$$q=\int T\mathrm{d}s=T(s_2-s_1),\quad w=q-\Delta u,\quad \Delta u=\Delta h-\Delta(pv)$$

④定熵过程(可逆绝热过程),$s=$定值

$$q=0,\quad w=-\Delta u,\quad w_t=-\Delta h$$

蒸气热力过程的具体分析和计算参见例题。

6.3　重点与难点

学习本章的主要目的,是掌握正确应用蒸气热力性质图表处理工程实际问题的方法。蒸气的参数一律应该从图或表中查得,而不宜用一些简单的经验公式,更不能使用仅适用于理想气体的一些公式,这一点必须引起重视。围绕着查图或表注意以下一些问题。

1. 确定蒸气状态参数的独立变量

对有集态变化的工质,在确定其状态参数时,应注意独立变量的数目。

(1) 对未饱和液体和过热蒸气:分别处于单相区,所以 p、t、v、s、h 等参数中,只要任意两

个参数给定,其他参数就确定了。一般独立变量取(p,t)两个。

(2) 对饱和液体和干饱和蒸气:无论是饱和液体还是干饱和蒸气都是单相的,但它们又都处于饱和状态下,压力和温度不是互相独立的参数,而是一一对应的。因此,独立变量为1,一般可取 p 或 t。即只要压力或者温度确定,其他参数,例如饱和液体的 v'、s'、h' 及干饱和蒸气的 v''、s''、h'' 等就都随之确定。

(3) 对湿饱和蒸气:因为处于两相区,压力 p 和温度 t 由 $p_s = f(t_s)$ 联系,只有一个是独立变量,而其他参数 v、s、h 却与湿蒸气中的液体和气的比例密切相关。所以需引入另一个独立变量"干度",状态才能确定。干度 x 定义为湿蒸气中干饱和蒸气的质量分数,即

$$x = \frac{m_g}{m_g + m_f} \tag{6-2}$$

式中:m_g 为干饱和蒸气的质量;m_f 为饱和液体的质量。对湿蒸气,两个独立变量一般取 (p,x) 或 (t,x)。

给定 x,则湿蒸气的参数为

$$v = xv'' + (1-x)v' = v' + x(v''-v') \tag{6-3}$$
$$h = xh'' + (1-x)h' = h' + x(h''-h') \tag{6-4}$$
$$s = xs'' + (1-x)s' = s' + x(s''-s') \tag{6-5}$$

当独立变量是湿蒸气的压力(或温度)及某一比参数 y(即 v,或 s,或 h),便可先确定干度

$$x = \frac{y-y'}{y''-y'} \tag{6-6}$$

再利用式(6-3)~式(6-5)及饱和蒸气表确定其他参数。

2. 查表

当需根据给定的已知参数由蒸气性质表查找物性数据时,如何判断应查饱和表还是过热表呢?一般而言,当不知工质处于什么状态时,总是先查饱和表以判断工质的状态,然后根据所处的状态查对应的表。判断工质所处状态的具体方法如下:

若已知 (p,t),查饱和表得已知压力(或温度)下的饱和温度 $t_s(p)$(或压力 $p_s(t)$),比较 t 与 $t_s(p)$ 的大小

$$\begin{cases} t < t_s(p) & \text{工质处于未饱和液体状态} \\ t = t_s(p) & \text{工质处于饱和状态,还需再给定干度 } x \\ t > t_s(p) & \text{工质处于过热蒸气状态} \end{cases}$$

也可通过比较给定的压力 p 和 $p_s(t)$ 之间的大小,来确定工质所处的状态。

若已知 p(或 t)及某一比参数 y(v,或 s,或 h),查饱和蒸气表得 y'、y'',比较 y 与 y'、y''的大小,则

$$\begin{cases} y < y' & \text{工质处于未饱和液体状态} \\ y' < y < y'' & \text{工质处于湿饱和蒸气状态} \\ y > y'' & \text{工质处于过热蒸气状态} \end{cases}$$

若已知 p(或 t)及干度 x,则工质处于湿蒸气区。

对于未饱和液,由于其性质随压力的变化很小,则可近似认为,其广延比参数(v,或 h,或 s)仅是温度的函数。工程计算中当一时缺乏资料时,可用饱和液体的数据近似代替同温度下未饱和液体的数据。

处于其他状态的蒸气,其性质如 c_p、c_V、h、u 等都不是温度的单值函数,而是 p 或 v 和 T 的复杂函数,这是蒸气与理想气体的一个很大区别。显然,理想气体熵 s 的计算公式也不适用于蒸气。

3. 常用的蒸气热力过程

在工程应用中,蒸气的定压过程和绝热过程是十分常见的过程,各种蒸气循环,基本上由这两类过程组成。

(1)定压过程:如水在锅炉中加热汽化过程;水蒸气在过热器中被加热过程;水在给水预热器中加热升温过程;水蒸气和制冷工质在冷凝器中的凝结过程,以及蒸气在各种换热器中的过程等等,若忽略摩阻等不可逆因素,就是可逆定压过程。工程上许多设备在正常运行状态下,工质经历的且是稳定流动定压过程,过程中工质与外界只有热量交换,没有技术功的交换。求解步骤为:

①根据已知初态 1 的两个独立参数查蒸气热力性质表或图,确定其他状态参数值;由已知条件确定终态 2 的参数值。

②将过程表示在状态图上,如图 6-3 示出的是一未饱和液在换热器中吸热变为过热蒸气的定压过程。

③根据热力学第一定律,求工质与外界交换的热量

$$q_p = h_2 - h_1$$

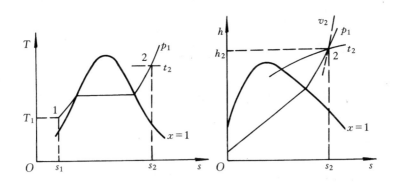

图 6-3　蒸气定压吸热过程在 $T-s$ 图和 $h-s$ 图上的表示

(2)绝热过程:如水蒸气在汽轮机中的膨胀做功过程;水在水泵中被压缩的过程以及制冷剂在压缩机中被压缩的过程等可看作绝热过程,当不考虑损耗时就是定熵过程。求解步骤为:

①先由已知条件确定初、终状态。

②将过程表示在状态图上,如图 6-4 所示。

③绝热过程 $q=0$,根据热力学第一定律

$$w_t = -\Delta h = h_1 - h_2$$

工程上,实际的绝热膨胀与压缩过程都不可避免地存在着摩擦等不可逆因素,因此实际过程为不可逆绝热过程。根据热力学第二定律 $ds > \dfrac{\delta q}{T_r}$,则 $ds > 0$,即不可逆绝热过程熵增大,$s_2 > s_1$,见图 6-4 中所示的 1-2′过程。对于不可逆绝热过程,技术功 w'_t 仍然是初、终态的焓差,但是,这时的终态为 2′,因此不可逆绝热过程实际技术功为

$$w'_t = h_1 - h_{2'}$$

从图 6-4 的 h-s 图上明显看到,$h_1 - h_2 > h_1 - h_{2'}$。为了反映绝热过程的不可逆程度,工程上定义了汽轮机相对内效率(也称汽轮机效率)

$$\eta_T = \frac{w'_t}{w_t} = \frac{h_1 - h_{2'}}{h_1 - h_2} \tag{6-7}$$

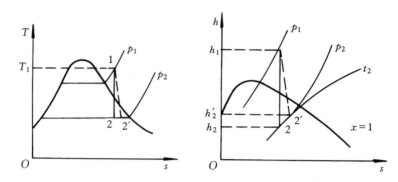

图 6-4　蒸气绝热过程在 T-s 图和 h-s 图上的表示

工程上用式(6-7)可以进行两类计算。

一类是设计计算:给定汽轮机进口状态(一般为 p_1、t_1,如点 1 所示),给出汽轮机出口压力 p_2 以及汽轮机效率 η_T。由 p_1、t_1 查图、表得 h_1、s_1,由 $s_1 = s_2$ 及 p_2 求出 h_2;根据式(6-7)算出 $h_{2'}$ 及 $x_{2'}$、$v_{2'}$ 等参数,完成设计计算。

另一类是校核计算:由汽轮机运行试验测得进口 p_1、t_1 及实际出口 $p_{2'}$、$x_{2'}$(或其他参数)。查图、表得到 h_1、s_1、$h_{2'}$;由 $s_1 = s_2$,$p_2 = p_{2'}$ 求出 h_2;根据式(6-7)算出汽轮机的效率。

前面虽已指出,对于蒸气不能使用理想气体的绝热过程方程 $pv^\kappa =$ 定值。但对于水蒸气的绝热过程,为便于分析,有时近似采用这个过程方程,但此时 $\kappa \neq \frac{c_p}{c_V}$,而是一个经验值。根据对实际水蒸气过程的测算,近似取过热蒸汽 $\kappa = 1.3$,干饱和蒸汽 $\kappa = 1.135$,湿蒸汽 $\kappa = 1.035 + 0.1x$。应注意,用此法计算所得结果,误差甚大,故不能用它来求蒸汽的状态参数,借用这种形式,引入经验 κ 值的主要目的是为了求水蒸气在喷管流动中的临界压力比(参阅第 8 章)。

6.4　典型题精解

例题 6-1　利用水蒸气表判断下列各点的状态,并确定其 h,s,x 值。

(1) $p_1 = 2$ MPa,　$t_1 = 300$ ℃;

(2) $p_2 = 9$ MPa,　$v_2 = 0.017$ m³/kg;

(3) $p_3 = 0.5$ MPa,　$x_3 = 0.9$;

(4) $p_4 = 1.0$ MPa,　$t_4 = 175$ ℃;

(5) $p_5 = 1.0$ MPa,　$v_5 = 0.240\ 4$ m³/kg。

解　(1) 由饱和水和饱和蒸汽表查得

$p = 2$ MPa 时,$t_s = 212.417$ ℃,显然 $t > t_s$,可知该状态为过热蒸气。查未饱和水和过热蒸汽表,得

$p=2$ MPa，$t=300$ ℃时，$h=3022.6$ kJ/kg，$s=6.7648$ kJ/(kg·K)，对于过热蒸汽，干度 x 无意义。

（2）查饱和表得 $p=9$ MPa 时，$v'=0.001477$ m³/kg，$v''=0.020500$ m³/kg，可见 $v'<v<v''$，该状态为湿蒸汽，其干度为

$$x=\frac{v-v'}{v''-v'}=\frac{(0.017-0.0014177)\ \text{m}^3/\text{kg}}{(0.020500-0.0014177)\ \text{m}^3/\text{kg}}=0.8166$$

又查饱和表得 $p=9$ MPa 时

$$h'=1363.1\ \text{kJ/kg} \qquad h''=2741.9\ \text{kJ/kg}$$
$$s'=3.2854\ \text{kJ/kg} \qquad s''=5.6771\ \text{kJ/(kg·K)}$$

按湿蒸汽的参数计算式得

$$\begin{aligned}
h&=h'+x(h''-h')\\
&=1363.1\ \text{kJ/kg}+0.8166\times(2741.9-1363.1)\ \text{kJ/kg}\\
&=2489.0\ \text{kJ/kg}\\
s&=s'+x(s''-s')\\
&=3.2854\ \text{kJ/(kg·K)}+0.8166\times(5.6771-3.2854)\ \text{kJ/(kg·K)}\\
&=5.238\ \text{kJ/(kg·K)}
\end{aligned}$$

（3）显然，该状态为湿蒸汽状态。由已知参数查饱和水和饱和蒸汽表得

$$h'=640.35\ \text{kJ/kg} \qquad h''=2748.6\ \text{kJ/kg}$$
$$s'=1.8610\ \text{kJ/(kg·K)} \qquad s''=6.8214\ \text{kJ/(kg·K)}$$

按湿蒸汽的参数计算公式得

$$\begin{aligned}
h&=h'+x(h''-h')\\
&=640.35\ \text{kJ/kg}+0.9\times(2748.6-640.35)\ \text{kJ/kg}\\
&=2537.8\ \text{kJ/kg}\\
s&=s'+x(s''-s')\\
&=1.8610\ \text{kJ/(kg·K)}+0.9\times(6.8214-1.8610)\ \text{kJ/(kg·K)}\\
&=6.325\ \text{kJ/(kg·K)}
\end{aligned}$$

（4）由饱和水和饱和蒸汽表查得

当 $p=1.0$ MPa 时，$t_s=179.9$ ℃，显然 $t<t_s$，所以该状态为未饱和水。通常 $t=175$ ℃ 的状态参数可利用 $t=170$ ℃ 与 $t=180$ ℃ 的对应状态参数内插得到，但此处 $t=170$ ℃ 与 $t=180$ ℃ 跨越了未饱和表中的黑粗线，说明它们分别处于不同相区。应使内插在未饱和水区内进行，选取离 $t=175$ ℃ 最接近的 $t=170$ ℃ 与 $t_s=179.9$ ℃ 的未饱和水参数内插。

查未饱和水和过热蒸汽表得

$$p=10\ \text{MPa},\ t=170\ ℃时 \qquad h=719.36\ \text{kJ/kg}$$
$$s=2.0418\ \text{kJ/(kg·K)}$$
$$p=1.0\ \text{MPa},\ t=179.9\ ℃时 \qquad h=762.84\ \text{kJ/kg}$$
$$s=2.1388\ \text{kJ/(kg·K)}$$

于是 $t=175$ ℃时

$$h=719.36\ \text{kJ/kg}+(762.84-719.36)\ \text{kJ/kg}\times\frac{(175-170)\ \text{K}}{(179.9-170)\ \text{K}}=741.3\ \text{kJ/kg}$$

$$s = 2.0418\text{kJ}/(\text{kg}\cdot\text{K}) + (2.1388 - 2.0418)\text{ kJ}/(\text{kg}\cdot\text{K}) \times \frac{(175-170)\text{ K}}{(179.9-170)\text{ K}}$$

$$= 2.091\text{ kJ}/(\text{kg}\cdot\text{K})$$

对于未饱和水干度 x 无意义。

(5) $p=1.0$ MPa 时,饱和蒸汽比体积 $v''=0.194$ m³/kg,可见 $v>v''$,该状态为过热蒸气。查过热蒸汽表得

$p=1.0$ MPa,$t=260$ ℃时, $\quad v=0.23779$ m³/kg,

$\qquad\qquad h=2963.8$ kJ/kg,$s=6.96500$ kJ/(kg·K)

$p=1.0$ MPa,$t=270$ ℃时, $\quad v=0.24288$ m³/kg

$\qquad\qquad h=2985.6$ kJ/kg,$s=7.0056$ kJ/(kg·K)

该状态的温度可由比体积值求得

$$t = 260\text{ ℃} + \frac{(0.2404-0.23779)\text{ m}^3/\text{kg}}{(0.24288-0.23779)\text{ m}^3/\text{kg}} \times (270-260)\text{ ℃} = 265.1\text{ ℃}$$

$$h = 2963.8\text{ kJ/kg} + (2985.6-2963.8)\text{ kJ/kg} \times \frac{(265.1-260)\text{ K}}{(270-260)\text{ K}}$$

$$= 2974.9\text{ kJ/kg}$$

$$s = 6.9650\text{ kJ}/(\text{kg}\cdot\text{K}) + (7.0056-6.9650)\text{ kJ}/(\text{kg}\cdot\text{K}) \times \frac{(265.1-260)\text{ K}}{(270-260)\text{ K}}$$

$$= 6.9857\text{ kJ}/(\text{kg}\cdot\text{K})$$

讨论

应该注意,在利用未饱和水与过热蒸汽表作内插时,不允许跨越表中粗折线,如遇这种情况,应另选用更详细的表,或使内插计算在未饱和水(或过热蒸汽)单相区内进行。

例题 6-2 在一台蒸汽锅炉中,烟气定压放热,温度从 1500 ℃降低到 250 ℃,所放出的热量以生产水蒸气。压力为 9.0 MPa、温度为 30 ℃的锅炉给水被加热、汽化、过热成压力为 9.0 MPa、温度为 450 ℃的过热蒸汽。将烟气近似为空气,取比热容为定值,且 $c_p = 1.079$ kJ/(kg·K)。试求:

(1) 产生 1 kg 过热蒸汽需要多少千克烟气?

(2) 生产 1 kg 过热蒸汽时,烟气熵的减小以及过热蒸汽熵的增大各为多少?

(3) 将烟气和水蒸气作为孤立系,求生产 1 kg 过热蒸汽时,孤立系熵的增大为多少? 设环境温度为 15 ℃,求做功能力的损失,并在 T-s 图上表示出。

解 由过冷水和过热蒸汽表查得

给水: $p=9.0$ MPa,$t_{w,1}=30$ ℃时

$\qquad h_{w,1} = 133.86$ kJ/kg, $\quad s_{w,1} = 0.4338$ kJ/(kg·K)

过热蒸汽: $p=9.0$ MPa、$t_{w,2}=450$ ℃时

$\qquad h_{w,2} = 3256.0$ kJ/kg, $\quad s_{w,2} = 6.4835$ kJ/(kg·K)

烟气的进、出口温度: $t_{g,1}=1500$ ℃,$t_{g,2}=250$ ℃

(1) 由热平衡方程可确定 1 kg 过热蒸汽需 m kg 烟气量

$$mc_p(t_{g,1}-t_{g,2}) = h_{w,2} - h_{w,1}$$

$$m = \frac{h_{w,2}-h_{w,1}}{c_p(t_{g,1}-t_{g,2})} = \frac{(3256.0-133.86)\times10^3\text{ J/kg}}{1079\text{ J}/(\text{kg}\cdot\text{K})\times(1500-250)\text{ K}} = 2.31\text{ kg}$$

（2）烟气熵变

$$\Delta S_g = m c_p \ln \frac{T_{g,2}}{T_{g,1}}$$

$$= 2.31 \text{ kg} \times 1\,079 \text{ J/(kg} \cdot \text{K)} \times \ln \frac{523 \text{ K}}{1773 \text{ K}}$$

$$= -3.043 \times 10^3 \text{ J/(kg} \cdot \text{K)} = -3.043 \text{ kJ/K}$$

水的熵变

$$\Delta s_w = s_{w,2} - s_{w,1} = (6.4835 - 0.4338) \text{ kJ/(kg} \cdot \text{K)} = 6.0497 \text{ kJ/(kg} \cdot \text{K)}$$

（3）取烟气与水蒸气作为孤立系，系统的熵变

$$\Delta S_{iso} = \Delta S_g + \Delta S_w = (-3.043 + 6.0497) \text{ kJ/K} = 3.007 \text{ kJ/K}$$

做功能力损失

$$I = T_0 \Delta S_{iso} = 288 \text{ K} \times 3.007 \text{ kJ/K} = 866.0 \text{ kJ}$$

其在 $T\text{-}s$ 图上的定性表示如图 6-5 所示。

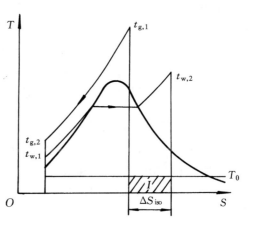

例题 6-3　一容积为 100 m^3 的开口容器，装满 0.1 MPa、20 ℃ 的水，问将容器内的水加热到 90 ℃ 将会有多少千克的水溢出？（忽略水的汽化，假定加热过程中容器体积不变）

解　因 $p_1 = p_2 = 0.1$ MPa 所对应的饱和温度为 $t_s = 99.634$ ℃，$t < t_s$，所以初、终态均处于未饱和水状态。查未饱和表得

$$v_1 = 0.0010018 \text{ m}^3/\text{kg},$$

$$v_2 = 0.0010359 \text{ m}^3/\text{kg}$$

于是

图 6-5　例题 6-2 附图

$$m_1 = \frac{V}{v_1} = \frac{100 \text{ m}^3}{0.0010018 \text{ m}^3/\text{kg}} = 99.820 \times 10^3 \text{ kg}$$

$$m_2 = \frac{V}{v_2} = \frac{100 \text{ m}^3}{0.0010359 \text{ m}^3/\text{kg}} = 96.534 \times 10^3 \text{ kg}$$

水溢出量

$$\Delta m = m_1 - m_2 = 3286 \text{ kg}$$

例题 6-4　两个容积均为 0.001 m^3 的刚性容器，一个充满 1.0 MPa 的饱和水，一个储有 1.0 MPa 的饱和蒸汽。若发生爆炸时，哪个更危险？

解　如容器爆炸，刚性容器内工质就快速由 1.0 MPa可逆绝热膨胀到 0.1 MPa，过程中做功量为

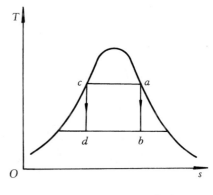

$$W = -m \Delta u$$

图 6-6　例题 6-4 附图

如图 6-6 所示，此时 1.0 MPa 的饱和蒸汽将由状态 a 定熵地膨胀到 0.1 MPa 的湿蒸汽状态 b，其干度为 x_b；而 1.0MPa 下的饱和水将由状态 c 定熵膨胀到 0.1 MPa 的湿蒸汽状态 d，其干度为 x_d。由饱和蒸汽表查得的有关参数如表 6-1 所示。

表 6-1　例题 6-4 附表

p/MPa	$t/\text{℃}$	$v'/(\text{m}^3/\text{kg})$	$v''/(\text{m}^3/\text{kg})$	$u'/(\text{kJ/kg})$	$u''/(\text{kJ/kg})$	$s'/[\text{kJ}/(\text{kg}\cdot\text{K})]$	$s''/[\text{kJ}/(\text{kg}\cdot\text{K})]$
0.1	99.634	0.0010431	1.6943	417.4	2505.7	1.3028	7.3589
1.0	179.916	0.0011272	0.19440	761.7	2583.3	2.1388	6.5859

(1) 对于 1.0 MPa 下的饱和蒸汽

$s_b = s_a = 6.5859$ kJ/(kg・K)

$= 1.3028$ kJ/(kg・K) $+ x_b(7.3589 - 1.3028)$ kJ/(kg・K)

由此可求得　　　$x_b = 0.8724$

相应地

$u_b = 417.4$ kJ/kg $+ 0.8724 \times (2505.7 - 417.4)$ kJ/kg $= 2239.2$ kJ/kg

$v_b = 0.0010431\text{m}^3/\text{kg} + 0.8724 \times (1.6943 - 0.0010431)\text{m}^3/\text{kg} = 1.478$ m³/kg

于是　　$u_b - u_a = (2239.2 - 2583.3)$ kJ/kg $= -344.1$ kJ/kg

$$m_a = m_b = \frac{0.001\ \text{m}^3}{0.1944\ \text{m}^3/\text{kg}} = 0.005144\ \text{kg}$$

故　　　　　　　$W = -0.005144$ kg $\times (-344.1$ kJ/kg$) = 1.770$ kJ

(2) 对于 1.0 MPa 下的饱和水

$s_d = s_c = 2.1388$ kJ $= 1.3028$ kJ/(kg・K) $+ x_d(7.3589 - 1.3028)$ kJ/(kg・K)

由此得到　　　$x_d = 0.1380$

相应地　　$u_d = 417.4$ kJ/kg $+ 0.1380 \times (2507.7 - 417.4)$ kJ/kg $= 705.9$ kJ/kg

$v_d = 0.0010431$ m³/kg $+ 0.1380 \times (1.6943 - 0.0010431)$ m³/kg $= 0.2347$ m³/kg

于是　　$u_d - u_c = (705.9 - 761.7)$ kJ/kg $= -55.8$ kJ/kg

$$m_c = m_d = \frac{0.001\ \text{m}^3}{0.0011272\ \text{m}^3/\text{kg}} = 0.8872\ \text{kg}$$

故　　　　　　　$W' = -0.8872$ kg $\times (-55.8$ kJ/kg$) = 49.51$ kJ

对比这两者的结果,可以看出,W' 要比 W 大了 28.0 倍。可见饱和水爆炸时,其危险性更大。

例题 6-5　水蒸气压力 $p = 1.0$ MPa 时,密度 $\rho_1 = 5$ kg/m³。若质量流量 $q_m = 5$ kg/s,定温放热量 $\dot{Q} = 6 \times 10^6$ kJ/h。求终态参数及做功量。

解　(1) 先求蒸汽的比体积以确定过程的初态。

$$v_1 = \frac{1}{\rho_1} = \frac{1}{5\ \text{kg/m}^3} = 0.2\ \text{m}^3/\text{kg}$$

从饱和蒸汽表查得 $p_1 = 1.0$ MPa 时,$v''_1 = 0.19440$ m³/kg 显然 $v_1 > v''_1$,故 1 态是过热蒸汽。查过热蒸汽表得

$$t_1 = 189.2\ \text{℃},\ s_1 = 6.636\ \text{kJ}/(\text{kg}\cdot\text{K}),\ h_1 = 2800.5\ \text{kJ/kg}$$

(2) 因热量已知且系定温过程,故可求过程中的熵变化量 Δs,从而得终态的熵值 s_2,再由 s_2 及 $t_2 = t_1$ 来确定终点 2。

因为　　　　　　　　　　　　$\dot{Q} = q_m T \Delta s$

故　　　　$\Delta s = \dfrac{\dot{Q}_{12}}{q_m T} = \dfrac{-6 \times 10^6 \text{ kJ}/3600 \text{ s}}{5 \text{ kg/s} \times (273 + 189.2) \text{ K}} = -0.72 \text{ kJ/(kg} \cdot \text{K)}$

　　　　$s_2 = s_1 + \Delta s_{12} = (6.636 - 0.72) \text{ kJ/(kg} \cdot \text{K)} = 5.916 \text{ kJ/(kg} \cdot \text{K)}$

由此可绘出过程线如图 6-7 所示,按 $t_2 = t_1$,可由 h-s 图中读出终态各有关参数。为使结果较精确也可采用计算方法算出终态有关参数。

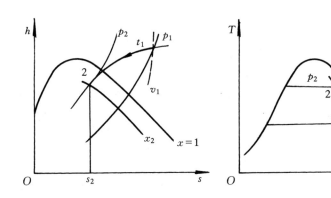

图 6-7　例题 6-5 附图

　　　　$p_2 = p_s(t_2) = 1.23 \text{ MPa}, \qquad x_2 = 0.860$

　　　　$h_2 = 2509 \text{ kJ/kg}, \qquad\qquad v_2 = 0.1373 \text{ m}^3/\text{kg}$

由闭口系能量方程式,得

$$P = Q - q_m \Delta u$$

其中　　　$\Delta u = u_2 - u_1 = (h_2 - p_2 v_2) - (h_1 - p_1 v_1)$

　　　　　$= (2509 \times 10^3 \text{ J/kg} - 1.23 \times 10^6 \text{ Pa} \times 0.1373 \text{ m}^3/\text{kg}) - (2800.5 \times 10^3 \text{ J/kg} -$

　　　　　$1.0 \times 10^6 \text{ Pa} \times 0.2 \text{ m}^3/\text{kg})$

　　　　　$= -260.4 \times 10^3 \text{ J/kg} = -260.4 \text{ kJ/kg}$

故　　　$P = -6 \times 10^6 \text{ kJ/h} - 5 \text{ kg/s} \times 3600 \text{ s/h} \times (-260.4 \text{ kJ/kg}) = -1313 \times 10^3 \text{ kJ/h}$

显然做功量为负值,可知本过程为一定温压缩过程。

　　例题 6-6　　$p_1 = 9$ MPa、$t_1 = 500$ ℃的水蒸气进入汽轮机,在汽轮机中绝热膨胀到 $p_2 = 5$ kPa,汽轮机效率为 0.85,试求:(1) 每千克蒸汽所做的功;(2) 由于不可逆引起的熵产及有效能损失(设环境温度为 300 K)。

　　解　过程如图 6-8 所示。由 p_1、t_1 查表得

　　　　　$h_1 = 3385.0 \text{ kJ/kg}, \qquad s_1 = 6.6560 \text{ kJ/(kg} \cdot \text{K)}$

由 p_2 及 $s_2 = s_1$ 确定可逆绝热过程的终态 2。因 2 点处于两相区,所以先确定 x_2

　　　　$x_2 = \dfrac{s_2 - s'_2}{s''_2 - s'_2} = \dfrac{(6.6560 - 0.4761) \text{ kJ/(kg} \cdot \text{K)}}{(8.3930 - 0.4761) \text{ kJ/(kg} \cdot \text{K)}} = 0.7806$

　　　　$h_2 = h'_2 + x_2(h''_2 - h'_2)$

　　　　　$= 137.72 \text{ kJ/kg} + 0.7806 \times (2560.55 - 137.72) \text{ kJ/kg}$

　　　　　$= 2029.0 \text{ kJ/kg}$

根据　　　$\eta_T = \dfrac{h_1 - h_{2'}}{h_1 - h_2}$ 得实际出口状态 2' 的焓值

$$
\begin{aligned}
h_{2'} &= h_1 - \eta_T(h_1 - h_2) \\
&= 3385.0\ \text{kJ/kg} - 0.85\times(3385.0-2029.0)\ \text{kJ/kg} \\
&= 2232.4\ \text{kJ/kg}
\end{aligned}
$$

由 $p_2=5$ kPa、$h_{2'}=2232.6$ kJ/kg，求得 $x_{2'}=0.8570$

于是 $s_{2'}=s'_2+x_{2'}(s''_2-s'_2)$

$$
\begin{aligned}
&= 0.4761\ \text{kJ/(kg·K)} + 0.8570\times(8.3930-0.4761)\ \text{kJ/(kg·K)} \\
&= 7.261\ \text{kJ/(kg·K)}
\end{aligned}
$$

每千克蒸汽所做的功，由稳定流动能量方程得

$$w'_t = h_1 - h_{2'} = 1152.6\ \text{kJ/kg}$$

熵产 $\Delta s_g = s_{2'} - s_1 = (7.261-6.6560)$ kJ/(kg·K) $=0.605$ kJ/(kg·K)

有效能损失

$$
\begin{aligned}
i &= T_0\Delta s_g = 300\ \text{K}\times 0.605\ \text{kJ/(kg·K)} \\
&= 181.5\ \text{kJ/kg}
\end{aligned}
$$

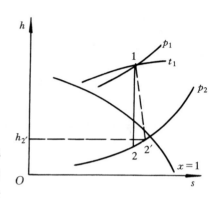

图 6-8 例题 6-6 附图

若用查图法，则比较简便。由 p_1 线与 t_1 线交点得状态点 1，可查得该点的参数 h_1、s_1 等值。由 p_2 线与 $s_2=s_1$ 线交点得 2 点，可查得 h_2 值。根据 η_T 的定义式可求得 $h_{2'}$，由 $h_{2'}$ 线与 p_2 线交点得 2′点，可查得 $s_{2'}$。于是根据 $w'_t=h_1-h_{2'}$ 及 $\Delta s_g=s_{2'}-s_1$ 求得欲求的量。

例题 6-7 如图 6-9 所示，容器中盛有温度为 150 ℃的 4 kg 水和 0.5 kg 水蒸气，现对容器加热，工质所得热量 $Q=$ 4000 kJ。试求容器中工质热力学能的变化和工质对外做的膨胀功。(设活塞上作用力不变，活塞与外界绝热，并与器壁无摩擦)

图 6-9 例题 6-7 附图

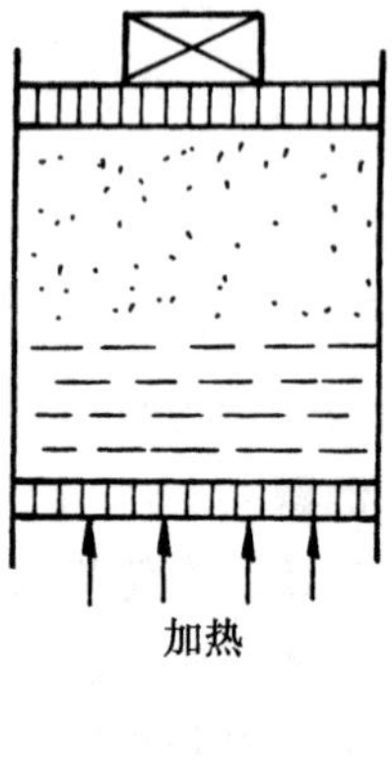

解 确定初态的干度

$$x_1 = \frac{m''}{m} = \frac{0.5\ \text{kg}}{(4+0.5)\ \text{kg}} = 0.1111$$

查饱和表得，$t_1=150$ ℃时，$p_1=0.47571$ MPa

$$v'_1=0.00109046\ \text{m}^3/\text{kg},\qquad v''_1=0.39286\ \text{m}^3/\text{kg}$$

$$h'_1=632.28\ \text{kJ/kg},\qquad h''_1=2746.35\ \text{kJ/kg}$$

计算得

$$h_1 = h'_1 + x_1(h''_1 - h'_1) = 867.2\ \text{kJ/kg}$$

$$v_1 = v'_1 + x_1(v''_1 - v'_1) = 0.04462\ \text{m}^3/\text{kg}$$

确定终态参数。因过程为定压过程，则 $Q=m(h_2-h_1)$，于是

$$h_2 = h_1 + \frac{Q}{m} = 867.2\ \text{kJ/kg} + \frac{4000\ \text{kJ}}{4.5\ \text{kg}} = 1756.1\ \text{kJ/kg}$$

由饱和表内插得：$p_2=p_1=p_s=0.4757$ MPa 时

$$v'_2=0.001090\ \text{m}^3/\text{kg}\qquad v''_2=0.3929\ \text{m}^3/\text{kg}$$

$$h'_2=632.2\ \text{kJ/kg}\qquad h''_2=2746\ \text{kJ/kg}$$

因 $h'<h_2<h''_2$，所以 2 态处于两相区

$$x_2 = \frac{h_2 - h'_2}{h''_2 - h'_2} = 0.5317$$

$$v_2 = v'_2 + x_2(v''_2 - v'_2) = 0.2094 \text{ m}^3/\text{kg}$$

于是　　$\Delta u = u_2 - u_1 = (h_2 - p_2 v_2) - (h_1 - p_1 v_1)$

代入上列相应数值得　　$\Delta u = 810.5$ kJ/kg

$$\Delta U = m\Delta u = 3647.3 \text{ kJ}$$

工质所做的功

$$W = \int p \mathrm{d}V = p(V_2 - V_1) = mp(v_2 - v_1)$$

或根据闭口系能量方程得

$$W = Q - \Delta U = 352.7 \text{ kJ}$$

讨论

求解该题的关键,一是正确判断系统中哪个参数不变;二是根据已知条件求得确定 2 个状态的独立参数,例如,1 态的 x_1 的确定,及 2 态的 p_2 下 h_2 的确定。

例题 6-8　压力为 6 MPa、干度为 0.95 的蒸汽流经一直径为 0.02 m 的绝热管道,经过阀门后绝热节流到 0.1 MPa,如图 6-10 所示。若要求节流前后蒸汽的流速保持不变,则节流后管道的直径为多少米?

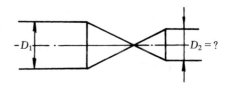

图 6-10　例题 6-8 附图

解　过程如图 6-11 所示。根据质量守恒

$$q_{m1} = q_{m2} = q_m$$

即

$$\frac{c_{f1} A_1}{v_1} = \frac{c_{f2} A_2}{v_2}$$

$$\frac{c_{f1} \cdot \pi D_1^2/4}{v_1} = \frac{c_{f2} \cdot \pi D_2^2/4}{v_2}$$

得　　　$D_2 = D_1 \sqrt{\dfrac{v_2}{v_1}}$

由 $p_1 = 6$ MPa 及 $x_1 = 0.95$,查 $h-s$ 图得

$$v_1 = 0.031 \text{ m}^3/\text{kg}。$$

根据节流过程 $h_2 = h_1$ 及 $p_1 = 0.1$ MPa,查得

$$v_2 = 2.2 \text{ m}^3/\text{kg}$$

故　　$D_2 = 0.02 \text{ m} \sqrt{\dfrac{2.2 \text{ m}^3/\text{kg}}{0.031 \text{ m}^3/\text{kg}}} = 0.168 \text{ m}$

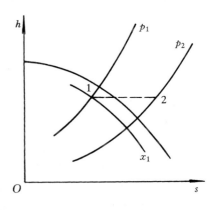

图 6-11　例题 6-8 附图

例题 6-9　一台 10 m³ 的汽包,盛有 2 MPa 的汽水混合物。开始时,水占总容积的一半。如果从底部阀门排走 300 kg 水,为了使汽包内汽水混合物的温度保持不变,需要加入多少热量? 如果从顶部阀门放汽 300 kg,条件如前,那又要加入多少热量?

解　(1)确定初态的独立变量 x_1 及其他状态参数

查表有

$p_1 = 2$ MPa 时　$v' = 0.0011766$ m³/kg

$$v'' = 0.09953 \text{m}^3/\text{kg}$$
$$h' = 908.6 \text{ kJ/kg}$$
$$h'' = 2797.4 \text{ kJ/kg}$$

初态蒸汽的质量为

$$m''_1 = \frac{V/2}{v''} = \frac{10 \text{ m}^3/2}{0.09953 \text{ m}^3/\text{kg}} = 50.24 \text{ kg}$$

初态饱和水的质量为

$$m'_1 = \frac{V/2}{v'} = \frac{10 \text{ m}^3/2}{0.0011766 \text{ m}^3/\text{kg}} = 4249.53 \text{ kg}$$

总质量　　　$m_1 = m'_1 + m''_1 = 4299.8$ kg

对整个系统,其干度为

$$x_1 = \frac{m''_1}{m_1} = \frac{50.24 \text{ kg}}{4299.8 \text{ kg}} = 0.01168$$

$$v_1 = \frac{V}{m_1} = \frac{10 \text{ m}^3}{4299.8 \text{ kg}} = 0.002326 \text{ m}^3/\text{kg}$$

$$h_1 = h' + x_1(h'' - h') = 930.66 \text{ kJ/kg}$$

或根据 $p_1 = 2$ MPa 时,$x_1 = 0.01168$ 直接查 $h - s$ 图得 v_1、h_1。

　　(2)确定终态的 x_2 及其他状态参数

　　放水(或汽)后,整个系统

$$m_2 = m_1 - 300 \text{ kg} = 3999.8 \text{ kg}$$

$$v_2 = \frac{V}{m_2} = \frac{10 \text{ m}^3}{3999.8 \text{ kg}} = 0.0025 \text{ m}^3/\text{kg}$$

由于过程保持温度不变,对于湿饱和蒸汽,则也是压力不变。因此,$p_1 = 2$ MPa 时的饱和水和干饱和蒸汽的参数也是终态 2 所对应的饱和参数。

$$x_2 = \frac{v_2 - v'}{v'' - v'} = \frac{(0.0025 - 0.0011766) \text{ m}^3/\text{kg}}{(0.09953 - 0.0011766) \text{ m}^3/\text{kg}} = 0.01346$$

$$h_2 = h' + x_2(h'' - h') = 934 \text{ kJ/kg}$$

　　(3)求加入的热量

根据热力学第一定律

$$Q = \Delta E_{cv} + m_{out} h_{out} - m_{in} h_{in} + W$$

又　　　$\Delta E_{cv} = m_2 u_2 - m_1 u_1 = m_2(h_2 - p_2 v_2) - m_1(h_1 - p_1 v_1)$

$= 3999.8 \text{ kg} \times (934 \times 10^3 \text{ J/kg} - 2 \times 10^6 \text{ Pa} \times 0.0025 \text{ m}^3/\text{kg}) -$

$4299.8 \text{ kg} \times (930.66 \times 10^3 \text{ J/kg} - 2 \times 10^6 \text{ Pa} \times 0.002326 \text{ m}^3/\text{kg})$

$= -265835 \times 10^3 \text{ J} = -265835 \text{ kJ/kg}$

若放水　$Q = \Delta E_{cv} + m_{out} h' = -265835 \text{ kJ} + 300 \text{ kg} \times 908.6 \text{ kJ/kg} = 6745 \text{ kJ}$

若放汽　$Q = \Delta E_{cv} + m_{out} h'' = -265835 \text{ kJ} + 300 \text{ kg} \times 2797.4 \text{ kJ/kg} = 5.734 \times 10^5 \text{ kJ}$

　　求加入的热量还可按如下方法:

终态蒸汽质量为

$$m''_2 = x_2 m_2 = 0.01346 \times 3999.8 \text{ kg} = 53.84 \text{ kg}$$

终态水的质量为

$$m'_2 = m_2 - m''_2 = 3999.8 \text{ kg} - 53.84 \text{ kg} = 3946.0 \text{ kg}$$

过程中蒸汽的产生量

$$\Delta m'' = 53.84 \text{ kg} - 50.24 \text{ kg} = 3.6 \text{ kg}$$

于是过程中需加入的热量,若放走水,则

$$Q = \Delta m'' r = \Delta m''(h'' - h') = 3.6 \text{ kg} \times 1888.8 \text{ kJ/kg} = 6800 \text{ kJ}$$

若放走汽,则

$$Q = (\Delta m'' + 300 \text{ kg}) r = 303.6 \text{ kg} \times 1888.8 \text{ kJ/kg} = 5.734 \times 10^5 \text{ kJ}$$

例题 6 - 10　一空调制冷装置,采用氟利昂 22 作为制冷剂。氟利昂 22 进入蒸发器时 $t_1 = 5 \text{ ℃}, x_1 = 0.2$;出口状态 2 为干饱和蒸气。自蒸发器出来,状态 2 的干饱和蒸气被吸入压缩机绝热压缩到压力 $p_3 = 1.6 \times 10^6$ Pa 时,排向一冷凝器,如图 6 - 12 所示。用 $p - h$ 图求:(1)在蒸发器中吸收的热量;(2)若压缩是可逆绝热的,压缩 1 kg 氟利昂 22 所需的技术功以及氟利昂 22 的压缩终温 t_3。

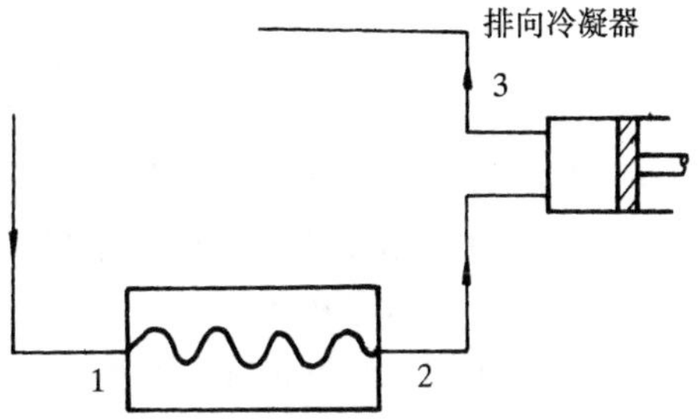

图 6 - 12　例题 6 - 10 附图

解　工质在蒸发器中的等压吸热过程 1—2 和在压缩机中的可逆绝热过程 2—3 表示在 $p - h$ 图上,如图 6 - 13 所示。等压吸热过程 1—2 已知在湿饱和蒸气区,所以是一条等压、等温的水平线。其中,状态 1 位于 $t_1 = 5 \text{ ℃}$ 的等温线与 $x_1 = 0.2$ 的等干度线的交点。状态 2 位于 $t_2 = t_1 = 5 \text{ ℃}$ 的等温线与 $x = 1$ 的等干度线的交点。状态 3 位于 $p_3 = 1.6 \times 10^6$ Pa 的等压线与 $s_3 = s_2$ 的等熵线的交点。状态点确定后,从图上可读得

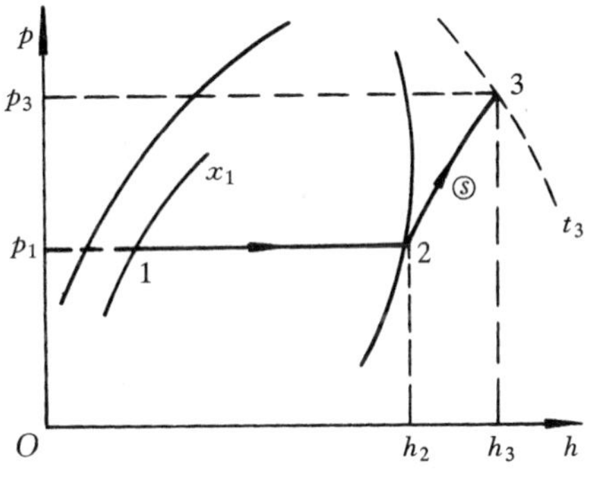

图 6 - 13　例题 6 - 10 附图

$$h_1 = 247 \text{ kJ/kg}, \quad h_2 = 407 \text{ kJ/kg},$$
$$h_3 = 432 \text{ kJ/kg}, \quad t_3 = 58 \text{ ℃}$$

由此可得蒸发器中的吸热

$$q_p = h_2 - h_1 = (407 - 247) \text{ kJ/kg} = 160 \text{ kJ/kg}$$

技术功

$$w_t = h_2 - h_3 = (407 - 432) \text{ kJ/kg} = -25 \text{ kJ/kg}$$

压缩终温 $t_3 = 58 \text{ ℃}$

6.5　自我测验题

6 - 1　将下列的数字代码号填入图 6 - 14 所示的水蒸气的 $p - v$ 图和 $T - s$ 图。(1)临界点;(2)饱和水线;(3)干饱和蒸汽线;(4)过冷水区;(5)过热水蒸气区;(6)湿蒸汽区。

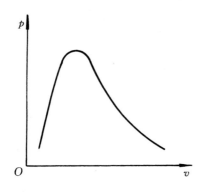 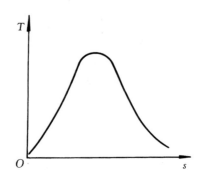

图 6-14 题 6-1 附图

6-2 试回答下列问题,并扼要说明理由:

(1) $t < t_{tp}$(三相点温度)时,不存在水的液相;

(2) $t = 0$ ℃时,存在两相区;

(3) $t < 400$ ℃时,不再存在水的液相。

(4) $v > 0.004$ m³/kg 时,不再存在水的液相。

6-3 已知如图 6-15 所示的水蒸气状态点 1、2、3 处于 $p=5$ MPa 的同一条定压线上,$t_4=32.90$ ℃。试用蒸气表确定 1、2、3、4、5、6 各点的 p、t、v、h、s 和 u 各状态参数。

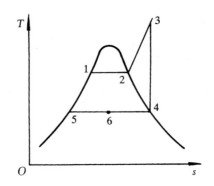

图 6-15 题 6-3 附图

6-4 开水房烧开水,用 $p=95$ kPa、$x_1=0.90$ 的蒸汽与 $t_2=20$ ℃、$p=95$ kPa 的水混合。试问欲得 2×10^3 kg 开水,需要多少蒸汽和水?

6-5 压力为 1.5 MPa,容积为 0.263 4 m³ 的干饱和蒸汽,若对其压缩使 $V_2=V_1/2$,求 (1)定温压缩过程的终态参数;(2)按 $pV=$定值计算将会得到什么结果?

6-6 某厂有生产 $p=1.0$ MPa、$t=240$ ℃,蒸发量 $D=2\,500$ kg/h 蒸汽的锅炉。设给水温度为 32 ℃。

(1) 求蒸汽在锅炉设备中的吸热量和平均吸热温度,并在 T-s 图上表示之。

(2) 若 1 kg 燃料完全燃烧后能放出 29 400 kJ 的热量,燃气平均温度为 1300 K,已知锅炉效率 $\eta_B=75\%$,求每小时的耗煤量及燃气和水蒸气间不等温传热的能量损耗(设环境温度为 15 ℃),并表示在 T-s 图上。

6-7　某汽轮机,进口蒸汽参数为 $p_1=0.9$ MPa、$t_2=500$ ℃,出口蒸汽压力为 4 kPa,汽轮机相对内效率 $\eta_T=0.84$,环境温度 $t_0=27$ ℃,试求:(1)进口状态的过热度;(2)单位质量蒸汽流经汽轮机对外输出的功;(3)单位质量蒸汽流经汽轮机因黏性摩阻造成的有效能损失,并表示在 $T\text{-}s$ 图上。

6-8　某制冷装置,进入蒸发器内的氨为 -15 ℃的湿蒸气,其干度 $x_1=0.15$,出口为干饱和蒸气。若冷藏室内温度为 -10 ℃,环境温度为 27 ℃,试求:(1)每千克氨在蒸发器中的吸热量;(2)冷藏室内不等温传热引起的能量损耗。

6-9　某垂直放置的绝热气缸中盛有 1 kg 20 ℃的水,活塞上放有 700 kPa 的不变压力。已知活塞的截面积为 0.1 m²,现用恒定功率为 0.5 kW 电热丝对水加热,试计算活塞上升1 m³时所需要的时间。

第7章 理想气体混合物及湿空气

工程上所应用的往往不是单一成分的气体,而是由几种不同性质的气体组成的混合气体。例如锅炉中燃料燃烧所产生的烟气,就是由 CO_2、H_2O、CO、N_2…等气体所组成的混合气体。又如空气调节工程中的湿空气,是由干空气和水蒸气所组成的混合气体。本章主要研究由理想气体所组成的混合气体,而且不涉及化学反应。

7.1 基本要求

(1)掌握理想气体混合物的成分、摩尔质量和气体常数以及比热容、热力学能、焓和熵的计算。

(2)理解湿空气、未饱和空气和饱和空气的含义。

(3)掌握湿空气状态参数的意义及其计算方法,并能区别哪些参数是独立参数,哪些参数存在相互关系。

(4)能用解析法及图解法计算湿空气的基本热力过程。

7.2 基本知识点

7.2.1 理想气体混合物

理想气体混合物中的各组元气体均为理想气体,因而混合物的分子都不占体积,分子之间也无相互作用力。因此,混合物必遵循理想气体状态方程,并具有理想气体的一切特性。即所有适用于理想气体纯质的计算公式,对于混合物都适用。问题在于公式中的混合物的物性常数 R_g、M,物性参数 c_p、c_V 以及基本状态参数等如何确定。为此引出两个基本定律、混合气体成分以及折合摩尔质量、折合气体常数等概念。

1. 分压定律与分体积定律

处于平衡态的理想气体混合物的温度 T 与各组元气体的温度 T_i 是相等的。

但在分析混合物与各组元气体在压力、体积上的关系时,必须引入分压力和分体积的概念。分压力 p_i 是混合气体中第 i 种组元气体单独占有与混合气体相同的体积 V,并处于混合气体相同的温度 T 时,所呈现的压力。分体积 V_i 是混合气体中第 i 种组元气体在混合气体温度 T 和压力 p 下单独存在时占有的容积。

各组元气体分压力和混合物总压力之间遵循道尔顿(Dalton)分压定律,即理想气体混合物的总压力等于各组元气体的分压力 p_i 之总和,亦

$$p = \sum_i p_i \qquad (7-1)$$

各组元气体分体积和混合物总体积之间遵循分体积定律,即理想气体混合物的总体积等于各组元气体分体积之和,亦

$$V = \sum_i V_i \qquad (7-2)$$

这两个定律只适用于理想气体。它们反映了混合物与各组元气体在基本状态参数上的关系,是理想气体混合物遵循的基本定律。

2. 混合物的成分、摩尔质量及气体常数

物性参数和常数等的确定,均涉及到各组元气体的热力性质和所占的比例。混合物中各组元所占的百分数称为混合物的成分。混合物的成分有 3 种表示法:质量分数 $w_i\left(=\dfrac{m_i}{m}\right)$、摩尔分数 $x_i\left(=\dfrac{n_i}{n}\right)$ 和体积分数 $\varphi_i\left(=\dfrac{V_i}{V}\right)$。体积分数在数值上与摩尔分数相等,即

$$\varphi_i = x_i \qquad (7-3)$$

因而混合物成分的 3 种表示法,实际只有质量分数和摩尔分数(或体积分数)2 种。这 2 种成分之间的关系如下

$$w_i = \frac{x_i M_i}{\sum_i x_i M_i} \qquad (7-4a)$$

或

$$x_i = \frac{w_i / M_i}{\sum_i w_i / M_i} \qquad (7-4b)$$

根据各组元气体的成分、摩尔质量和气体常数可以求得混合物的摩尔质量和气体常数(又称折合摩尔质量和折合气体常数)分别为

$$M = \sum_i x_i M_i \qquad (7-5a)$$

$$R_g = \sum_i w_i R_{g,i} \qquad (7-5b)$$

即混合物的摩尔质量是各组元气体的摩尔质量按摩尔分数的加权平均值。而混合物的气体常数是各组元气体的气体常数按质量分数的加权平均值。

若已知各组元气体的摩尔分数,可先按式(7-5a)求得混合物的摩尔质量,再根据 $R_g = \dfrac{R}{M}$ 求得混合物的气体常数。若已知各组元气体的质量分数,则可先根据式(7-5b)求得混合物的气体常数,再根据 $M = \dfrac{R}{R_g}$ 求得混合物的摩尔质量。

3. 理想气体混合物热力性质的计算

理想气体混合物的热力参数,其总参数具有加和性,而比参数具有加权性。

总参数等于各组元气体在混合气体温度下单独占有混合气体容积时相应参数的总和,即根据道尔顿分压定律规定的加和条件加以确定

$$\left.\begin{array}{l} U = \sum_i U_i(T) \\[2mm] H = \sum_i H_i(T) \\[2mm] S = \sum_i S_i(T, p_i) \\[2mm] E_x = \sum_i E_{x,i}(T, p_i) \end{array}\right\} \qquad (7-6)$$

比参数的确定,根据所取单位的不同,加权性可归纳为以质量为单位和以摩尔为单位的两

种情况。

若以质量为单位,则按质量分数 w_i 加权平均,即

$$
\left.
\begin{aligned}
u &= \sum_i w_i u_i(T) \\
h &= \sum_i w_i h_i(T) \\
c_p &= \sum_i w_i c_{p,i}(T) \\
c_V &= \sum_i w_i c_{V,i}(T) \\
s &= \sum_i w_i s_i(T, p_i) \\
e_x &= \sum_i w_i e_{x,i}(T, p_i)
\end{aligned}
\right\}
\tag{7-7}
$$

若以摩尔为单位,则按摩尔分数 x_i 加权平均,即

$$
\left.
\begin{aligned}
U_m &= \sum_i x_i U_{m,i}(T) \\
H_m &= \sum_i x_i H_{m,i}(T) \\
C_{p,m} &= \sum_i x_i C_{p,m,i}(T) \\
C_{V,m} &= \sum_i x_i C_{V,m,i}(T) \\
S_m &= \sum_i x_i S_{m,i}(T, p_i) \\
E_{x,m} &= \sum_i x_i E_{x,m,i}(T, p_i)
\end{aligned}
\right\}
\tag{7-8}
$$

在成分无变化的混合气体进行的热力过程中,其热力学能、焓和熵的变化为

$$
\left.
\begin{aligned}
du &= \sum_i w_i c_{Vi} \, dT \\
dh &= \sum_i w_i c_{pi} \, dT \\
ds &= \sum_i w_i c_{pi} \frac{dT}{T} - \sum_i w_i R_{g,i} \frac{dp_i}{p_i}
\end{aligned}
\right\}
\tag{7-9}
$$

或

$$
\left.
\begin{aligned}
dU_m &= \sum_i x_i C_{V,m,i} \, dT \\
dH_m &= \sum_i x_i C_{p,m,i} \, dT \\
dS_m &= \sum_i x_i C_{p,m,i} \frac{dT}{T} - \sum_i x_i R \frac{dp_i}{p}
\end{aligned}
\right\}
\tag{7-10}
$$

值得指出的是,公式中各组元气体的熵和㶲是在各自分压力 p_i 下计算的,不要误以为是混合物总压力 p 下的计算值。其分压力计算式为

$$
p_i = x_i p
\tag{7-11}
$$

7.2.2　湿空气

湿空气是干空气与水蒸气的混合物。由于湿空气中水蒸气的分压力很小,比体积很大,可视为理想气体,因此湿空气就可作为理想气体混合物看待,理想气体状态方程和一些定律,以及混合气体计算公式也都适应于湿空气。

但是湿空气与一般理想气体混合物又有所不同。由于湿空气中的水蒸气可能部分凝结,其含量或成分将会随之改变,因此湿空气又有一些特殊性质。

我们重点掌握由于湿空气的特殊性而引入的一些描述湿空气的状态参数和 h-d 图及其应用。

1. 湿空气的状态参数

1) 水蒸气的分压力和饱和压力

道尔顿定律应用于湿空气时可写成

$$p = p_v + p_a \tag{7-12}$$

由上式可知,当 $p = p_b$ 时,p_v 值越大,表示湿空气中所含的水蒸气越多,显然有 $p_v \leqslant p_b$,即水蒸气分压力不会超过大气压力。如果湿空气中水蒸气的分压力 p_v 达到了湿空气温度 T 所对应的饱和压力 p_s,则称其为饱和湿空气(其中的水蒸气处于饱和状态),否则称为未饱和湿空气(其中水蒸气处于过热状态),分别如图 7-1 中的点 2 和点 1 所示。因为在一定温度下,水蒸气分压力达到饱和压力时,水蒸气将凝结,所以 p_v 不可能超过相应的 p_s。

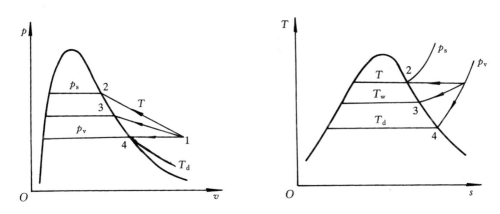

图 7-1　湿空气中水蒸气状态示意图

2) 干球温度、露点温度、绝热饱和温度和湿球温度

干球温度是指用普通温度计(又称干球温度计)测得的,即是湿空气的温度 T。

露点温度 T_d 是对应于水蒸气分压力 p_v 下的饱和温度。参见图 7-1,在保持湿空气中水蒸气分压力 p_v 不变的条件下,降低湿空气温度,而使其达到饱和状态,状态点 4 即称为湿空气的露点,相应的温度即为湿空气的露点温度 T_d。因

$$T_d = T_s(p_v) \tag{7-13}$$

所以 p_v 值越大,T_d 值也越大。由此可知,当大气压力一定时,露点越高,湿空气中所含水蒸气量就越多。

绝热饱和温度 T_w' 是在绝热条件下对湿空气加入水分,并尽其蒸发而使湿空气达到饱和

状态时所对应的温度,如图 7-1 中的 3 点所示。

湿球温度 T_w 是指用湿纱布包裹的湿球温度计测得的湿纱布中水的温度。实验表明,湿空气的 $T'_w \approx T_w$。

由图 7-1 显见,对于未饱和湿空气,$T > T'_w > T_d$;对于饱和湿空气,$T = T'_w = T_d$。

3)相对湿度和含湿量

相对湿度 φ 是湿空气中水蒸气分压力 p_v 与同温度下水蒸气饱和压力 p_s 之比,即

$$\varphi = \frac{p_v}{p_s} \tag{7-14}$$

由上式可知,当 $\varphi=0$ 时,为干空气;当 $\varphi=1$ 时,为饱和湿空气;对于未饱和湿空气 $0<\varphi<1$。φ 值愈小,表示湿空气离饱和态越远,湿空气越干燥,吸收水蒸气的能力越强;反之,φ 愈大,湿空气离饱和态越近,湿空气越潮湿,吸收水蒸气的能力越弱。因此,由 φ 值的大小,可以看出湿空气的干湿程度,但不能独立地表示湿空气中水蒸气含量的多少。

相对湿度可由干-湿球温度计测得。从干-湿球温度计上读得干球温度 t 和湿球温度 t_w 后,直接在温度计的标尺上可读出湿空气的相对湿度。

含湿量 d 是单位质量干空气所含有的水蒸气质量,即

$$d = \frac{m_v}{m_a} = \frac{p_v}{p_a} \qquad \text{kg/kg(干空气)}$$

应用理想气体状态方程,并将空气与水蒸气的气体常数代入上式可得

$$d = 0.622 \frac{p_v}{p - p_v} = 0.622 \frac{\varphi p_s}{p - \varphi p_s} \tag{7-15}$$

从上式看到,当湿空气压力 p 一定时,含湿量 d 只取决于水蒸气的分压力 p_v,并随 p_v 的提高而增大,即 $d=f(p_v)$。因此 d 与 p_v 不是互相独立的参数。

4)比焓、比熵和比体积

湿空气的比焓是相对于单位质量的干空气而言的,即

$$h = \frac{H}{m_a} = \frac{m_a h_a + m_v h_v}{m_a} = h_a + d h_v$$

由于干空气和水蒸气可作为理想气体处理,若取 0 ℃时的干空气焓值为零,则

$$\{h_a\}_{kJ/kg} = 1.005\{t\}_{℃}$$

水蒸气的比焓可按下列经验式计算

$$\{h_v\}_{kJ/kg} = 2501 + 1.86\{t\}_{℃}$$

式中:2501 是 0 ℃时饱和水蒸气的焓值,1.86 为常温低压下水蒸气的平均比定压热容。于是

$$\{h\}_{kJ/kg} = 1.005t + d(2501 + 1.86t) \qquad \text{kJ/kg(干空气)} \tag{7-16}$$

类似的,湿空气的比熵也以单位质量的干空气为基准,则 (T,p) 下的比熵为

$$S(T,p) = \frac{S(T,p)}{m_a} = \frac{m_a s_a(T,p_a) + m_v s_v(t,p_v)}{m_a}$$
$$= s_a(T,p_a) + d\, s_v(T,p_v) \qquad \text{kJ/(kg 干空气·K)} \tag{7-17}$$

式中:s_a 与 s_v 分别为干空气与水蒸气的比熵,它们都应按湿空气的温度 T 和相应的分压力计算。

湿空气的比体积还是以单位质量的干空气为基准,即

$$v = \frac{V}{m_a} = \frac{mR_g T}{p\, m_a} = \frac{T}{pw_a}\Big(\sum_i w_i R_{g,i}\Big) = \frac{T}{p\, w_a}(w_a R_{g,a} + w_v R_{g,v})$$

$$= \frac{TR_{g,a}}{p}\Big(1 + \frac{w_v R_{g,v}}{w_a R_{g,a}}\Big) = \frac{TR_{g,a}}{p}\Big(1 + \frac{w_v M_a}{w_a M_v}\Big)$$

其中,干空气的质量分数为

$$w_a = \frac{1}{1+d}$$

水蒸气的质量分数为

$$w_v = \frac{d}{1+d}$$

$$v = \frac{TR_{g,a}}{p}\Big(1 + d \times \frac{28.97}{18.016}\Big) = \frac{TR_{g,a}}{p}(1 + 1.608d) \qquad \mathrm{m^3/kg}(\text{干空气}) \qquad (7-18)$$

2. 湿空气的焓湿(h-d)图

为了便于工程计算,已将湿空气的状态参数绘制成专用的焓湿(h-d)图。它不仅可表示湿空气的状态,确定状态参数,而且可方便地表示湿空气的状态变化过程,因而是空气调节工程计算的一种非常重要的工具。

图 7-2 表示 h-d 图的结构,该图是以含 1 kg 干空气的湿空气为基准,在一定的大气压力下,取焓 h 与含湿量 d 为坐标,图上画出了状态参数的定值线:定含湿量线,定焓线,定干球温度线,定相对湿度线和定湿球温度线等。另外,在图的下方还绘有 $p_v = f(d)$ 的关系线。

要注意的是,在绘制湿空气的 h-d 图时,总是在一定的大气压力下制成的,因此在实际工作中要寻找基本上适合当时当地大气压力的状态参数图。

3. 湿空气的基本过程及其应用

湿空气的基本过程有加热(或冷却)、绝热加湿和冷却去湿等过程。在对湿空气过程进行分析和计算时,一般已知初、终态参数,主要是求过程中的焓变 Δh 和含湿量的变化 Δd。分析时,需对实现基本过程的装置列出能量平衡方程式,即输入系统的能量等于输出系统的能量(因是稳定流动系统);同时列出质量守恒方程式,进行求解。

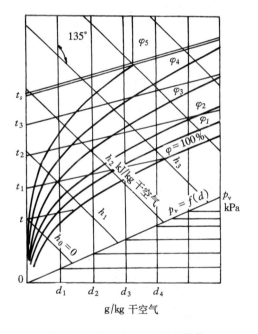

图 7-2 湿空气 h-d 图的结构

1)加热或冷却过程

对湿空气单纯地加热或冷却的过程,其特征是含湿量 d 不变。如图 7-3 所示,过程沿定 d 线进行,0—1 为加热过程,0—2 为冷却过程。因此加热过程又是一个温度升高、焓增加、相对湿度降低的过程,冷却过程则相反。

过程的能量平衡方程为

$$q + h_1 = h_2$$

故对单位质量的干空气而言,过程加入或放出的热量为

$$q = \Delta h = h_2 - h_1 \qquad (7-19)$$

2) 绝热加湿过程

在绝热条件下向空气喷水,或水蒸发而向空气加入水蒸气的过程称为绝热加湿。因为是绝热的,水蒸发吸收的潜热完全来自空气自身,加湿后湿空气的温度将降低,故又称为蒸发冷却过程。

忽略宏观动、位能的变化,对于单位质量的干空气,能量平衡方程为

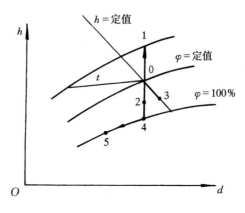

图 7-3 湿空气的基本过程在 h-d 图上的表示

$$h_1 + (d_2 - d_1)h_w = h_2$$

由于 $(d_2 - d_1)h_w \ll h_2$(或 h_1),常可忽略不计,故

$$h_1 \approx h_2 \qquad (7-20)$$

即绝热加湿过程可近似地看成定焓过程。过程沿定 h 线向 d 和 φ 增大、t 降低的方向进行,如图 7-3 中的 0—3 所示。

3) 冷却去湿过程

湿空气定压冷却到露点温度 T_d(如图 7-3 中的点 4)后,仍然继续冷却,则就有水蒸气不断凝结析出。这一过程的特点是先为定 d,而后为 $\varphi = 100\%$ 的定 φ 过程(如图所示的 2—4—5 过程)。

对于单位质量的干空气,能量平衡方程为

$$h_1 = q + h_2 + (d_1 - d_2)h_w$$

即

$$q = h_1 - h_2 - (d_1 - d_2)h_w \qquad (7-21)$$

式中:$(d_1 - d_2)$ 为冷却过程中每 kg 干空气析出的水份;$(d_1 - d_2)h_w$ 为凝结水带走的焓。

上述过程广泛应用于空气调节、湿物体的干燥和水的冷却等过程。在这三方面的详细应用见例题 7-11,7-12。

7.3 公式小结

7.3.1 理想气体混合物

1. 分压定律

$$p = \sum_i p_i$$

2. 分体积定律

$$V = \sum_i V_i$$

3. 各种成分及换算

质量分数: $w_i = \dfrac{m_i}{m}$, $\quad \sum_i w_i = 1$

摩尔分数：　$x_i = \dfrac{n_i}{n}$,　$\sum_i x_i = 1$

体积分数：　$\varphi_i = \dfrac{V_i}{V}$,　$\sum_i \varphi_i = 1$

换算：　　　$\varphi_i = x_i$

$$w_i = \frac{x_i M_i}{\sum_i x_i M_i} = \frac{M_i}{M} x_i$$

$$x_i = \frac{w_i / M_i}{\sum_i w_i / M_i} = \frac{R_{g,i}}{R_g} w_i$$

4. 折合摩尔质量及折合气体常数

$$M = \sum_i x_i M_i$$

$$R_g = \sum_i w_i R_{g,i}$$

具体求解方法可参阅 7.2.1 节中问题 2 的内容。

5. 混合物的热力性质计算

总参数具有加和性，比参数具有加权性。若以质量为单位，则按质量分数加权平均；若以摩尔为单位，则按摩尔分数加权平均。

总参数：　　$U = \sum_i U_i(T)$

$$H = \sum_i H_i(T)$$

$$S = \sum_i S_i(T, p_i)$$

比参数：　　以质量为单位为例

$$u = \sum_i w_i u_i(T)$$

$$h = \sum_i w_i h_i(T)$$

$$s = \sum_i w_i s_i(T, p_i)$$

若混合气体进行的热力过程中成分不变化，则热力参数的变化为

$$\mathrm{d}u = \sum_i w_i c_{Vi} \mathrm{d}T$$

$$\mathrm{d}h = \sum_i w_i c_{pi} \mathrm{d}T$$

$$\mathrm{d}s = \sum_i w_i c_p \frac{\mathrm{d}T}{T} - \sum_i w_i R_{gi} \frac{\mathrm{d}p_i}{p_i}$$

注意各组元气体熵的计算要用各自的分压力，不是总压力。

7.3.2　湿空气

湿空气有关状态参数的计算

露点温度 T_d：　　$T_d = T_s(p_v)$

相对湿度 φ：　　$\varphi = \dfrac{p_v}{p_s}$

含湿量 d : 　　　$d=0.622\dfrac{p_v}{p-p_v}=0.622\dfrac{\varphi p_s}{p-\varphi p_s}$ 　　kg/kg(干空气)

比焓 h : 　　　$h=1.005t+d(2501+1.86t)$ 　　kJ/kg(干空气)

比熵 s : 　　　$s(T,p)=s_a(T,p_a)+ds_v(T,p_v)$ 　　kJ/(kg 干空气·K)

比体积 v : 　　　$v=\dfrac{TR_{g,a}}{p}(1+1.608d)$ 　　m³/kg(干空气)

从以上各式看到,湿空气的状态参数 p_v、T_d、φ、d、h 及 v 相互之间是有联系的,它们不是独立的状态参数,湿球温度 t_w 也同样。因此,确定湿空气状态的独立状态参数为:湿空气的压力 p、干球温度 t,以及 t_w、p_v、T_d、φ、d、h、v 中的任意一参数共 3 个独立变量。

7.4 重点与难点

7.4.1 理想气体混合物

掌握理想气体混合物的成分、摩尔质量和气体常数以及热力性质的计算是本章的重点之一,具体计算方法和公式请参阅 7.2 和 7.3 节。

7.4.2 湿空气

掌握湿空气状态参数的意义,并能用解析法和图解法计算和分析湿空气的状态参数以及基本热力过程是本章的又一重点。这其中涉及到的难点如下。

1. 干球温度、露点温度、绝热饱和温度和湿球温度之间的关系

绝热饱和温度 T'_w 是在绝热条件下对湿空气加入水分,并尽其蒸发而使湿空气达到饱和状态时对应的温度。可以想象,让未饱和的湿空气稳定地流过一个内部储有水的长通道,如图 7-4 所示。假如此通道足够长,则出口处湿空气就由水池中水的蒸发而处于饱和状态,出口温度 T_2 就是绝热饱和温度 T'_w。绝热饱和温度是湿空气的一个状态参数。在绝热饱和过程中,由于水分蒸

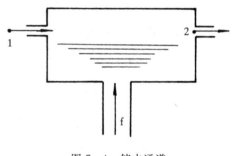

图 7-4 储水通道

发,一方面湿空气中的蒸汽分压力升高,另一方面蒸发时从空气中吸热而使湿空气的温度降低,所示对于未饱和湿空气,$T>T'_w>T_d$;对于饱和湿空气,$T=T'_w=T_d$。

显然绝热饱和温度的测量要求通道很长,以保证出口处是饱和温度。所以实际上不去测量绝热饱和温度,而往往测量湿球温度。湿球温度 T_w 是指干湿球温度计中用湿纱布包裹的湿球温度计测得的湿纱布中水的温度。实验表明,湿空气的 $T'_w\approx T_w$。

空气流过干-湿球湿度计,如果空气是未饱和的,湿球温度计上包裹的湿纱布上的水分将不断蒸发,吸收汽化潜热,湿球温度下降,形成湿球与周围空气的温差。这一温差导致空气又要向湿纱布传热。直到周围空气传给水的热量恰巧满足蒸发所需要的热量时,湿球上的水温才不再下降,而达到稳定状态。由于湿纱布上的水分不断蒸发,紧贴湿球表面的空气达到饱

和,形成很薄的饱和湿空气层。因此,湿球温度可以认为,既是湿纱布中水的温度,也是这一薄层饱和湿空气的温度。

从上述湿球温度的形成过程看出,对于未饱和湿空气,虽然总压力(大气压力)保持不变,由于空气含湿量的增加,水蒸气的分压力是不断增加的,因而湿球温度总是高于露点温度;同时,由于蒸发的冷却作用,湿球温度比干球温度低,即 $T > T_w > T_d$。但如果空气是饱和的,那么蒸发过程不会发生,从而传热过程也不会发生,这时 $T = T_w = T_d$。

严格地说,湿球温度不是湿空气的状态参数,因为气流速度对上述蒸发和传热过程都有影响,因而对湿球温度值也有一定的影响,但实验表明,当气流速度在 $2 \sim 40 \ \mathrm{m/s}$ 范围内时,流速对湿球温度值影响很小。

2. 含湿量和相对湿度的确定

无论是含湿量或相对湿度都无法直接测量,应用干-湿球温度计通过测定湿空气的干球温度 t 和湿球温度 t_w 来间接地确定含湿量 d 或相对湿度 φ 是一种较简便的方法。其原理如下。

对于状态 1 确定的湿空气,经过如图 7-4 所示的绝热饱和过程,其能量平衡方程式为

$$H_1 + H_f = H_2$$

式中:$H_1 = m_a(h_{a,1} + d_1 h_{v,1})$ 为湿空气处于状态 1 时的焓;$H_2 = m_a(h_{a,2} + d_2 h_{v,2})$ 为湿空气达到绝热饱和状态 2 时的焓;$H_f = m_a(d_2 - d_1)h'$ 为加入水分带入的焓。故有

$$(h_{a,1} + d_1 h_{v,1}) + (d_2 - d_1)h' = h_{a,2} + d_2 h_{v,2}$$

整理得

$$d_1 = \frac{(h_{a,2} - h_{a,1}) + d_2(h_{v,2} - h')}{h_{v,1} - h'}$$

式中:$(h_{a,2} - h_{a,1}) = c_{p,a}(T_2 - T_1)$;$h_{v,2}$ 为在绝热饱和温度 T_2(即 T_w')下的饱和蒸气的比焓;h' 为加入水分的比焓。若取加入水分的温度正好为 T_2,则 $h_{v,2} - h' = r$,为 T_2 时的汽化潜热。这样,上式可写成

$$d_1 = \frac{c_{p,a}(T_2 - T_1) + d_2 r}{h_{v,1} - h_2'}$$

式中:d_2 是绝热饱和温度 T_2 下饱和湿空气的含湿量,倘若 T_2 能测定,相应地 $p_s(T_2)$ 和 $d_2 = d_s = 0.622 \dfrac{p_s(T_2)}{p - p_s(T_2)}$ 就可以确定,而且 T_2 下饱和水的焓 h_2' 也就确定了。因此,测出 T_1 与 T_2,$h_{v,1}$ 用 $(2501 + 1.863 t_1)$ 确定,则上式等号右边的各个量就确定了。换言之,湿空气的含湿量 d_1 可间接地根据干球温度 T_1 与湿球温度 T_w 来确定。

含湿量一旦确定,则由 (7-15) 就可确定出相对湿度 φ,即

$$0.622 \frac{\varphi p_s(T_w)}{p - \varphi p_s(T_w)} = \frac{c_{p,a}(T_w - T_1) + d_s r_w}{h_{v,1} - h_w'} = f(t_1, T_w)$$

显然,在一定的总压 p 下,有 $\varphi = f(T_1, T_w)$ 关系式的存在。干-湿球温度计正是利用此式,在测得干球温度和湿球温度后间接确定出相对湿度 φ。

3. 焓湿 $(h\text{-}d)$ 图上湿空气状态参数的确定

湿空气的大多数状态参数可以从 $h\text{-}d$ 图上直接读取。但有些 $h\text{-}d$ 图上无定湿球温度线群,那么在该图上如何求得湿球温度 t_w 值呢?参见图 7-5,可由已知状态点 1 沿定焓线往右下方与饱和湿空气线($\varphi = 100\%$ 的定值线)相交于点 2,该点的温度即为湿球温度 t_w。这是由于湿空气由干球温度 t 变化到湿球温度 t_w 的过程是由未饱和状态变至饱和状态的过程,在此

过程中,若忽略水的焓值,可近似看作是一定焓过程。

例如,已知湿空气的干球温度 $t=30\ ℃$,相对湿度 $\varphi=80\%$,欲确定该状态的其它状态参数 h、d、t_w、t_d 及 p_v。则可在 $h-d$ 图上找到 $t=30\ ℃$ 及 $\varphi=80\%$ 两线的交点,即状态点 1。通过 1 点求得定焓线 $h=60\ kJ/kg$(干空气),定含湿量线 $d=14.4\times10^{-3}\ kg/kg$(干空气),$p_v=2.3\ kPa$。过 1 点的定焓线与 $\varphi=100\%$ 的定值线交于点 2,通过 2 点的温度值即为 t_w,查得 $t_w=20.8\ ℃$。过 1 点的定含湿量线与 $\varphi=100\%$ 的定值线交于点 3,通过 3 点的温度值即为 t_d,查得 $t_d=19.8\ ℃$。

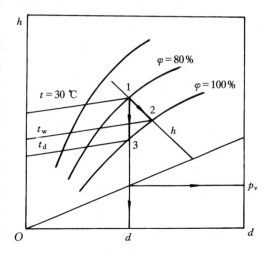

图 7-5　湿空气 $h-d$ 图的示意图

7.5　典型题精解

7.5.1　理想气体混合物

例题 7-1　在如图 7-6 所示的绝热混合器中,氮气与氧气均匀混合。已知氮气进口压力 $p_1=0.5\ MPa$,温度 $t_1=27\ ℃$,质量 $m_1=3\ kg$;氧气进口压力 $p_2=0.1\ MPa$,温度 $t_2=127\ ℃$,质量 $m_2=2\ kg$。

(1) 求混合后的温度;

(2) 问混合气流出口压力 p_3 能否达到 0.4 MPa。

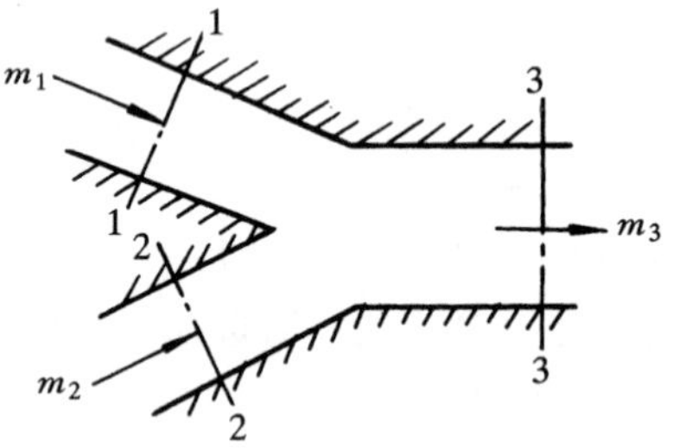

图 7-6　例题 7-1 附图

解　(1) 确定混合后气流的温度

根据热力学第一定律

$$Q=H_3-(H_1+H_2)=(m_1+m_2)h_3-m_1h_1-m_2h_2=0$$
$$m_1c_{p,N_2}(T_3-T_1)+m_2c_{p,O_2}(T_3-T_2)=0$$

于是,两股空气合流后的温度为

$$T_3=\frac{m_1c_{p,N_2}T_1+m_2c_{p,O_2}T_2}{m_1c_{p,N_2}+m_2c_{p,O_2}} \tag{a}$$

其中

$$R_{g,N_2}=\frac{R}{M_{N_2}}=\frac{8.314\ J/(mol\cdot K)}{28\times10^{-3}\ kg/mol}=297\ J/(kg\cdot K)$$

$$R_{g,O_2}=\frac{R}{M_{O_2}}=\frac{8.314\ J/(mol\cdot K)}{32\times10^{-3}\ kg/mol}=260\ J/(kg\cdot K)$$

$$c_{p,N_2}=\frac{7}{2}R_{g,N_2}=1.040\times10^3\ J/(kg\cdot K)$$

$$c_{p,O_2}=\frac{7}{2}R_{g,O_2}=0.910\times10^3\ J/(kg\cdot K)$$

将这些数值代入式(a)得

$$T_3 = 336.8 \text{ K}$$

(2) 这实际上是一个判断过程能否实现的问题。先假定 $p_3 = 0.4$ MPa,求控制体积熵产,如熵产大于零,则出口压力可以达到该值,否则就不能达到。

混合后 N_2 的摩尔分数为

$$x_{N_2} = \frac{3/28}{3/28 + 2/32} = 0.6316$$

混合后 N_2、O_2 的分压力为

$$p_{N_2} = x_{N_2} p_3 = 0.6316 \times 0.4 \text{ MPa} = 0.253 \text{ MPa}$$

则

$$p_{O_2} = p_3 - p_{N_2} = 0.147 \text{ MPa}$$

于是

$$\begin{aligned}
\Delta S_{iso} &= \Delta S_g = S_3 - S_1 - S_2 \\
&= (m_1 + m_2)s_3 - m_1 s_1 - m_2 s_2 = m_1(s_3 - s_1) + m_2(s_3 - s_2) \\
&= m_1\left(c_{p,N_2} \ln \frac{T_3}{T_1} - R_{g,N_2} \ln \frac{p_{N_2}}{p_1}\right) + m_2\left(c_{p,O_2} \ln \frac{T_3}{T_2} - R_{g,O_2} \ln \frac{p_{O_2}}{p_2}\right) \\
&= 3 \text{ kg} \times \left[1040 \text{ J/(kg·K)} \times \ln \frac{336.8 \text{ K}}{300 \text{ K}} - 297 \text{ J/(kg·K)} \times \ln \frac{0.253 \times 10^6 \text{ Pa}}{0.5 \times 10^6 \text{ Pa}}\right] + \\
&\quad\ 2 \text{ kg} \times \left[910 \text{ J/(kg·K)} \times \ln \frac{336.8 \text{ K}}{400 \text{ K}} - 260 \text{ J/(kg·K)} \times \ln \frac{0.147 \times 10^6 \text{ Pa}}{0.1 \times 10^6 \text{ Pa}}\right] \\
&= 4454.6 \text{ J/K} < 0
\end{aligned}$$

由计算可知,这是一个熵产大于零的过程,因此可以发生。

讨论

(1) 两股气流混合后的温度受热力学第一定律制约而有确定的值。对于理想气体,混合后的压力只受热力学第二定律制约,但混合后的压力并不是某一确定值,而是与混合方式有关。

(2) 混合后的压力范围应满足 $\Delta S_g > 0$,极限压力应满足 $\Delta S_g = 0$。显然,极限压力达不到,因为混合过程总是不可逆的。

(3) 两种或两种以上不同类的气体混合,计算熵变时应注意用分压力;而同类气体混合,计算熵变用混合后的总压即可。

例题 7-2 图 7-7 所示的绝热刚性容器被一绝热隔板分成两部分。一部分存有 2 kmol 氧气,$p_{O_2} = 5 \times 10^5$ Pa,$T_{O_2} = 300$ K;另一部分有 3 kmol 二氧化碳,$p_{CO_2} = 3 \times 10^3$ Pa,$T_{CO_2} = 400$ K。现将隔板抽去,使氧与二氧化碳均匀混合。求混合气体的压力 p' 和温度 T' 以及热力学能、焓和熵的变化。按定值比热容进行计算。

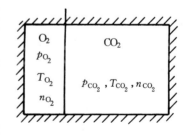

图 7-7　例题 7-2 附图

解 (1) 求混合气体的温度 T'

取整个容器为系统,按题意系统为孤立系,抽去隔板前后

$$Q = 0, \qquad W = 0$$

根据 $Q = \Delta U + W$ 得到

$$\Delta U = 0$$

即

$$\Delta U_{O_2} + \Delta U_{CO_2} = 0$$

$$n_{O_2} C_{V,m,O_2} (T' - T_{O_2}) + n_{CO_2} C_{V,m,CO_2} (T' - T_{CO_2}) = 0$$

$$2 \times 10^3 \text{ mol} \times \frac{5}{2} \times 8.314 \text{ J/(mol} \cdot \text{K)} (T' - 300 \text{ K}) +$$

$$3 \times 10^3 \text{ mol} \times \frac{7}{2} \times 8.314 \text{ J/(mol} \cdot \text{K)} (T' - 400 \text{ K}) = 0$$

解得

$$T' = 367.7 \text{ K}$$

(2) 求混合气体的压力 p'

$$
\begin{aligned}
p' &= \frac{nRT'}{V} = \frac{(n_{O_2} + n_{CO_2})RT'}{n_{O_2}RT_{O_2}/p_{O_2} + n_{CO_2}RT_{CO_2}/p_{CO_2}} \\
&= \frac{(2+3) \times 10^3 \text{ mol} \times 367.7 \text{ K}}{2 \times 10^3 \text{ mol} \times 300 \text{ K}/(5 \times 10^5 \text{ Pa}) + 3 \times 10^3 \text{ mol} \times 400 \text{ K}/(3 \times 10^5 \text{ Pa})} \\
&= 3.54 \times 10^5 \text{ Pa}
\end{aligned}
$$

(3) 热力学能变化为 $\Delta U = 0$

(4) 焓的变化

$$
\begin{aligned}
\Delta H &= \Delta H_{O_2} + \Delta H_{CO_2} \\
&= n_{O_2} C_{p,m,O_2} (T' - T_{O_2}) + n_{CO_2} C_{p,m,CO_2} (T' - T_{CO_2}) \\
&= 2 \times 10^3 \text{ mol} \times \frac{7}{2} \times 8.314 \text{ J/(mol} \cdot \text{K)} \times (367.7 \text{ K} - 300 \text{ K}) + \\
&\quad 3 \times 10^3 \text{ mol} \times \frac{9}{2} \times 8.314 \text{ J/(mol} \cdot \text{K)} \times (367.7 \text{ K} - 400 \text{ K}) \\
&= 314.7 \times 10^3 \text{ J} = 314.7 \text{ kJ}
\end{aligned}
$$

(5) 熵的变化

混合后氧和二氧化碳的分压力分别为

$$p'_{O_2} = x_{O_2} p' = \frac{2}{5} \times 3.54 \times 10^5 \text{ Pa} = 1.416 \times 10^5 \text{ Pa}$$

$$p'_{CO_2} = x_{CO_2} p' = \frac{3}{5} \times 3.54 \times 10^5 \text{ Pa} = 2.124 \times 10^5 \text{ Pa}$$

于是熵变为

$$
\begin{aligned}
\Delta S &= n_{O_2} (\Delta S_m)_{O_2} + n_{CO_2} (\Delta S_m)_{CO_2} \\
&= n_{O_2} \left(C_{p,m,O_2} \ln \frac{T'}{T_{O_2}} - R\ln \frac{p'_{O_2}}{p_{O_2}} \right) + n_{CO_2} \left(C_{p,m,CO_2} \ln \frac{T'}{T_{CO_2}} - R\ln \frac{p'_{CO_2}}{p_{CO_2}} \right) \\
&= 2 \times 10^3 \text{ mol} \times \left[\frac{7}{2} \times 8.314 \text{ J/(mol} \cdot \text{K)} \times \ln \frac{367.7 \text{ K}}{300 \text{ K}} - \right. \\
&\quad \left. 8.314 \text{ J/(mol} \cdot \text{K)} \ln \frac{1.416 \times 10^5 \text{ Pa}}{5 \times 10^5 \text{ Pa}} \right] + \\
&\quad 3 \times 10^3 \text{ mol} \times \left[\frac{9}{2} \times 8.314 \text{ J/(mol} \cdot \text{K)} \times \ln \frac{367.7 \text{ K}}{400 \text{ K}} - \right.
\end{aligned}
$$

$$8.314 \text{ J/(mol \cdot K)} \times \ln \frac{2.124 \times 10^5 \text{ Pa}}{3 \times 10^5 \text{ Pa}} \Big]$$

$$= 31.98 \times 10^3 \text{ J/K} = 31.98 \text{ kJ/K}$$

讨论

（1）理想气体焓的计算，也可先分别求得混合物的焓值后，再相减得到，即

$$\Delta H = H' - (H_{O_2} + H_{CO_2})$$
$$= nC_{p,\text{m,总}}T' - n_{O_2}C_{p,\text{m},O_2}T_{O_2} - n_{CO_2}C_{p,\text{m},CO_2}T_{CO_2}$$

其中

$$C_{p,\text{m,总}} = x_{O_2}C_{p,\text{m},O_2} + x_{N_2}C_{p,\text{m},N_2}$$

理想气体热力学能和熵的计算也同样可以如此计算。显然该种方法较例题中所用方法复杂，所以，当混合气体进行的热力过程成分不变化，且按定值比热容计算时，建议采用例题所用的方法求热力参数的变化量，即分别求得各组元气体的 ΔU_i、ΔH_i 及 ΔS_i 后再求和；但若成分发生变化，或要求用较准确的平均比热容计算，则只能先分别求得混合物初、终态的 U、H 及 S 值后再相减求得变化量。

（2）该题若是同温、同压下的不同种气体相混合，所求各量又怎样呢？可以证明，此时 $\Delta T = 0$，$\Delta p = 0$，$\Delta U = 0$，$\Delta H = 0$，$\Delta S > 0$。

例题 7-3　氮和氩的理想气体混合物以 50 kg/min 的流量流经一加热器，如图 7-8 所示。混合气体流入加热器时的状态为 40 ℃、1.013×10^5 Pa，流出时为 260 ℃、1.013×10^5 Pa。如果混合气体中氮的体积分数为 40%，问加入热流量为多少？

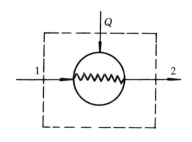

图 7-8　例题 7-3 附图

解　依题意，此过程可看作是忽略动能、位能变化及无功传递的稳态稳流过程。根据能量平衡方程

$$\dot{Q} = q_m(h_2 - h_1) = q_m c_p (T_2 - T_1)$$

其中，c_p 为混合气体的比热容。先求混合气体的摩尔热容

$$c_{p,\text{m}} = \sum_i \varphi_i C_{p,\text{m},i} = \varphi_{N_2}C_{p,\text{m},N_2} + \varphi_{Ar}C_{p,\text{m},Ar} = \varphi_{N_2} \times \frac{7}{2}R + \varphi_{Ar} \times \frac{5}{2}R$$

$$= \left(0.40 \times \frac{7}{2} + 0.6 \times \frac{5}{2}\right) \times 8.314 \text{ J/(mol \cdot K)} = 24.11 \text{ J/(mol \cdot K)}$$

混合气体的摩尔质量为

$$M = \sum_i \varphi_i M_i = \varphi_{N_2} M_{N_2} + \varphi_{Ar} M_{Ar}$$
$$= 0.4 \times 28 \times 10^{-3} \text{ kg/(mol \cdot K)} + 0.6 \times 39.95 \times 10^{-3} \text{ kg/(mol \cdot K)}$$
$$= 35.17 \times 10^{-3} \text{ kg/(mol \cdot K)}$$

混合气体的比热容为

$$c_p = \frac{C_{p,\text{m}}}{M} = \frac{24.11 \text{ J/(mol \cdot K)}}{35.17 \times 10^{-3} \text{ kg/(mol \cdot K)}} = 0.6855 \times 10^3 \text{ J/(kg \cdot K)}$$

故加入热流量为

$$\dot{Q} = \frac{50}{60} \text{ kg/s} \times 0.6855 \times 10^3 \text{ J/(kg \cdot K)} \times (260 - 40) \text{ K}$$

$$= 125.7 \times 10^3 \text{ W} = 125.7 \text{ kW}$$

例题 7 - 4 某种由甲烷和氮气组成的天然气,已知其摩尔分数 $x_{CH_4}=70\%$,$x_{N_2}=30\%$。现将它从 1 MPa,220 K 可逆绝热压缩到 10 MPa。试计算该过程的终态温度、熵变化以及各组成气体的熵变。设该混合气体可按定值比热容理想混合气体计算,已知甲烷的摩尔定压热容 $C_{p,m,CH_4}=35.72$ J/(mol·K),氮气的为 $C_{p,m,N_2}=29.08$ J/(mol·K)。

解 (1) 求终态温度

混合气体的摩尔定压热容为

$$\begin{aligned}C_{p,m}&=\sum_i x_i C_{p,m,i}=x_{CH_4}C_{p,m,CH_4}+x_{N_2}C_{p,m,N_2}\\&=(0.7\times35.72+0.3\times29.08)\ \text{J/(mol·K)}\\&=33.728\ \text{J/(mol·K)}\end{aligned}$$

混合气体的绝热指数为

$$\kappa=\frac{C_{p,m}}{C_{V,m}}=\frac{C_{p,m}}{C_{p,m}-R}=\frac{33.728\ \text{J/(mol·K)}}{(33.728-8.3140)\ \text{J/(mol·K)}}=1.327$$

终态温度 T_2 为

$$T_2=T_1\left(\frac{p_2}{p_1}\right)^{(\kappa-1)/\kappa}=220\ \text{K}\times\left(\frac{10\times10^6\ \text{Pa}}{1\times10^6\ \text{Pa}}\right)^{(1.327-1)/1.327}=388.01\ \text{K}$$

(2) 求各组成气体及混合气体的熵变

$$\begin{aligned}\Delta S_{m,CH_4}&=C_{p,m,CH_4}\ln\frac{T_2}{T_1}-R\ln\frac{p_{CH_4,2}}{p_{CH_4,1}}\\&=35.72\ \text{J/(mol·K)}\times\ln\frac{388.01\ \text{K}}{220\ \text{K}}-8.314\ \text{J/(mol·K)}\times\ln\times\frac{7\times10^6\ \text{Pa}}{0.7\times10^6\ \text{Pa}}\\&=1.124\ \text{J/(mol·K)}\end{aligned}$$

$$\begin{aligned}\Delta S_{m,N_2}&=C_{p,m,N_2}\ln\frac{T_2}{T_1}-R\ln\frac{p_{N_2,2}}{p_{N_2,1}}\\&=29.08\ \text{J/(mol·K)}\times\ln\frac{388.01\ \text{K}}{220\ \text{K}}-8.314\ \text{J/(mol·K)}\ln\times\frac{3\times10^6\ \text{Pa}}{0.3\times10^6\ \text{Pa}}\\&=-2.644\ \text{J/(mol·K)}\end{aligned}$$

混合气体熵变化

$$\begin{aligned}\Delta S_m&=\sum_i x_i\Delta S_{m,i}=x_{CH_4}\Delta S_{m,CH_4}+x_{N_2}\Delta S_{m,N_2}\\&=[0.7\times1.124+0.3\times(-2.644)]\ \text{J/(mol·K)}\\&=(0.79-0.79)\ \text{J/(mol·K)}=0\end{aligned}$$

讨论

(1) 混合气体的熵变为零,这与可逆绝热是一等熵过程的结论一致。

(2) 由于 $\kappa_{N_2}>\kappa>\kappa_{CH_4}$,而混合气体在过程中的 T,p 关系是按 $Tp^{(1-\kappa)/\kappa}=C$ 变的。因此,就混合气体而言,它所经历的虽是一可逆绝热过程,但对其中的 N_2 组元来说,它经历的过程相当于一可逆的放热过程(放热给 CH_4),因而其熵减小;而对其中的 CH_4 组元来说,它经历的过程相当于一可逆吸热过程,故熵增加。但整个系统(混合气体在该可逆过程期间与外界是绝热的,因而混合气体的熵值不变;

(3) 只有在 $\kappa_{N_2}=\kappa_{CH_4}=\kappa$ 时,各组成气体的熵变化才与混合气体的熵变化一样,都等于零。

例题 7 - 5　CO_2 与 N_2 的混合物为 2 kg,其中 CO_2 的质量分数为 $w_{CO_2} = 0.4$,由 $p_1 = 0.8$ MPa 进行可逆绝热膨胀至 p_2,后经再热器定压加热至 $T_3 = T_1 = 1000$ K,加热量为 460 kJ,然后再经可逆绝热过程膨胀至 $p_4 = 0.1$ MPa。

(1) 求膨胀过程的技术功;

(2) 若再热器热源温度为 $t_{HR} = 900$ ℃,试求不可逆传热引起的熵产;

(3) 在 T-S 图上定性画出过程。

按定值比热容计算,$c_{p,CO_2} = 0.845$ kJ/(kg·K),$c_{p,N_2} = 1.04$ kJ/(kg·K)。

解　(1) 先求混合气体的物性参数

$$c_p = \sum_i w_i c_{p,i} = w_{CO_2} c_{p,CO_2} + w_{N_2} c_{p,N_2}$$
$$= (0.4 \times 0.845 + 0.6 \times 1.04) \text{ kJ/(kg·K)}$$
$$= 0.962 \text{ kJ/(kg·K)}$$

$$R_g = \sum_i w_i R_{g,i} = w_{CO_2} R_{g,CO_2} + w_{N_2} R_{g,N_2}$$
$$= 0.4 \times \frac{8.314 \text{ J/(mol·K)}}{44 \times 10^{-3} \text{ kg/mol}} + 0.6 \times \frac{8.314 \text{ J/(mol·K)}}{28 \times 10^{-3} \text{ kg/mol}}$$
$$= 0.254 \times 10^3 \text{ J/(kg·K)} = 0.254 \text{ kJ/(kg·K)}$$

$$c_V = c_p - R_g = (0.962 - 0.254) \text{ kJ/(kg·K)} = 0.708 \text{ kJ/(kg·K)}$$

$$\kappa = \frac{c_p}{c_V} = 1.36$$

再求状态 2 点的温度,由

$$Q_{23} = mc_p(T_3 - T_2) = mc_p(T_1 - T_2)$$

得

$$T_2 = T_1 - \frac{Q}{mc_p} = 1000 \text{ K} - \frac{460 \times 10^3 \text{ J}}{2 \text{ kg} \times 962 \text{ J/(kg·K)}} = 760.9 \text{ K}$$

则

$$p_2 = p_1 \left(\frac{T_2}{T_1}\right)^{\kappa/(\kappa-1)} = 0.8 \times 10^6 \text{ Pa} \times \left(\frac{760.9 \text{ K}}{1000 \text{ K}}\right)^{1.36/0.36} = 0.285 \times 10^6 \text{ Pa}$$

$$T_4 = T_3 \left(\frac{p_4}{p_3}\right)^{(\kappa-1)/\kappa} = 1000 \text{ K} \times \left(\frac{0.1 \times 10^6 \text{ Pa}}{0.285 \times 10^6 \text{ Pa}}\right)^{0.36/1.36} = 757.9 \text{ K}$$

于是,两个可逆绝热膨胀过程共作技术功为

$$W_t = W_{t,12} + W_{t,34} = mc_p[(T_1 - T_2) + (T_3 - T_4)]$$
$$= 2 \times 962 \text{ J/(kg·K)} \times [(1000 - 760.9) \text{ K} + (1000 - 757.9) \text{ K}]$$
$$= 925.8 \times 10^3 \text{ J} = 925.8 \text{ kJ}$$

(2) 求传热过程 2—3 引起的熵产

热源熵的变化

$$\Delta S_{HR} = \frac{Q}{T_{HR}} = \frac{-460 \text{ kJ}}{(900 + 273) \text{ K}} = -0.392 \text{ kJ/K}$$

过程 2—3 混合气体熵的变化

$$\Delta S \doteq mc_p \ln \frac{T_3}{T_2} = 2 \text{ kg} \times 962 \text{ J/(kg·K)} \times \ln \frac{1000 \text{ K}}{760.9 \text{ K}}$$
$$= 0.526 \times 10^3 \text{ J/K} = 0.526 \text{ kJ/K}$$

故不可逆传热引起的熵产
$$\Delta S_g = \Delta S_{HR} + \Delta S = 0.134 \text{ kJ/K}$$
（3）过程在 T-S 图上的表示见图 7-9。

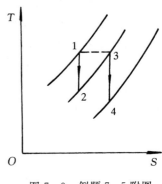

图 7-9　例题 7-5 附图

讨论

将混合气体等价成某一纯质看待,关键是求出混合气体的物性参数,之后它就完全等价于纯质的求解方法。

7.5.2　湿空气

例题 7-6　当地当时大气压力为 0.1 MPa,空气温度为 30 ℃,相对湿度为 60%,试分别用解析法和焓湿图求湿空气的露点 t_d,含湿量 d,水蒸气分压力 p_v 及焓 h。

解　（1）解析法

水蒸气分压力 $p_v = \varphi p_s$

查饱和蒸汽表得: $t = 30$ ℃时,$p_s = 4.246$ kPa

因而
$$p_v = 0.6 \times 4.246 \text{ kPa} = 2.548 \text{ kPa}$$

露点温度是与 p_v 相应的饱和温度,查饱和蒸汽表得
$$t_d = t_s(p_v) = 21.3 \text{ ℃}$$

含湿量
$$d = 0.622 \frac{p_v}{p - p_v} = 0.622 \times \frac{2.548 \text{ kPa}}{100 \text{ kPa} - 2.548 \text{ kPa}} = 1.626 \times 10^{-2} \text{ kg/kg(干空气)}$$

湿空气的焓
$$\begin{aligned}h &= 1.005t + d(2\,501 + 1.86t)\\ &= 1.005 \times 30 + 1.626 \times 10^{-2} \times (2\,501 + 1.86 \times 30)\\ &= 71.72 \text{ kJ/(kg·K)(干空气)}\end{aligned}$$

（2）图解法

如图 7-10 所示,由 $\varphi = 60\%$ 及 $t = 30$ ℃,在 h-d 图上找到的交点 1,即为湿空气的状态。从图中可读得
$$d = 16.2 \text{ g/kg(干空气)}$$
$$h = 717.7 \text{ kJ/kg(干空气)}$$

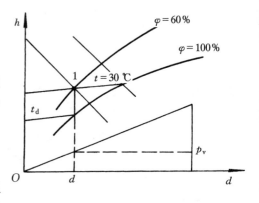

图 7-10　例题 7-6 附图

由 1 点作等 d 线向下与 $\varphi = 100\%$ 线相交,交点的温度即为 $t_d = 21.5$ ℃;由 1 点作等 d 线向下与 $p_v = f(d)$ 相交,即为水蒸气分压力 p_v,通过此交点向右侧纵坐标读得 $p_v = 25$ kPa。

例题 7-7　某储气筒内装有压缩氮气,压力 $p_1 = 3.0$ MPa,当地的大气温度 $t_0 = 27$ ℃,压力 $p_0 = 100$ kPa,相对湿度 $\varphi = 60\%$。今打开储气筒内气体进行绝热膨胀,试问压力为多少时,筒表面开始出现露滴? 假定筒表面与筒内气体温度一致。

解　储气筒门打开后，筒内气体将进行绝热膨胀，温度降低，若降到大气露点温度值以下，则会在筒表面出现空气结露现象。所以必须先求得湿空气的露点温度。由 $t_0 = 27\ ℃$ 查饱和蒸汽表得 $p_s = 3.569\ kPa$，于是湿空气中水蒸气的分压力为

$$p_v = \varphi p_s = 0.6 \times 3.569\ kPa = 2.141\ kPa$$

查饱和蒸汽表得露点温度

$$t_d = t_s(p_v) = 18.58\ ℃$$

氮气膨胀到此温度 $T_2 = T_d = 18.58\ ℃$ 时，所对应的压力为

$$p_2 = p_1 \left(\frac{T_2}{T_1}\right)^{\kappa/(\kappa-1)} = 3.0\ MPa \times \left[\frac{(273 + 18.58)\ K}{(273 + 27)\ K}\right]^{1.4/0.4} = 2.72\ MPa$$

故，当筒内压力小于等于 2.72 MPa 时，筒表面有露滴出现。

例题 7-8　将压力为 0.1 MPa，温度为 0 ℃，相对湿度为 60% 的湿空气经多变压缩（$n = 1.25$）至 60 ℃，若湿空气压缩过程按理想气体处理。试求压缩终了湿空气的相对湿度。

解　由已知条件可求得初始状态湿空气的含湿量为

$$d_1 = 0.622\ \frac{\varphi p_s}{p_1 - \varphi_1 p_s}$$

查饱和蒸汽表得 $t_1 = 0\ ℃$ 时，$p_{s1} = 0.0006112\ MPa$，于是

$$d_1 = 0.622 \times \frac{0.6 \times 0.0006112\ MPa}{0.1\ MPa - 0.6 \times 0.0006112\ MPa} = 0.00229\ kg/kg（干空气）$$

压缩终了的压力为

$$p_2 = p_1 \left(\frac{T_2}{T_1}\right)^{n/(n-1)} = 0.1\ MPa \times \left(\frac{333\ K}{273\ K}\right)^{1.25/0.25} = 0.270\ MPa$$

终态时，$t_2 = 60\ ℃$ 所对应的水蒸气 $p_{s2} = 0.019933\ MPa$，此时若 $\varphi = 100\%$，则

$$d_2' = 0.622\ \frac{p_{s2}}{p_2 - p_{s2}} = 0.622 \times \frac{0.019933\ MPa}{0.270\ MPa - 0.019933\ MPa} = 0.04958\ kg/kg（干空气）$$

$d_2' > d_1$ 这是不可能的，可见 $\varphi_2 < 100\%$，于是由

$$d_2 = d_1 = 0.622\ \frac{\varphi_2 p_{s2}}{p_2 - \varphi_2 p_{s2}} = 0.00229$$

解得　　$\varphi_2 = 5.0\%$

讨论

通常湿空气所进行的过程总压不变。但此题是一变压过程，因此虽然经分析 1—2 过程是一等含湿量过程，终态的独立变量 p_2、t_2、d_2 全部确定，但决不能与初态在同一 $h-d$ 图上去查取 φ_2 值。

例题 7-9　压力为 100 kPa，温度为 30 ℃，相对湿度为 60% 的湿空气经绝热节流至 50 kPa，试求节流后空气的相对湿度。湿空气按理想气体处理；30 ℃ 时水蒸气的饱和压力为 4.245 kPa。

解　据热力学第一定律知，绝热节流过程

$$h_2 = h_1$$

又湿空气可作为理想气体处理，则上式即为

$$T_2 = T_1$$

于是　　　　　　　　　　$$p_{s2} = p_{s1} = 42.45\ kPa$$

根据
$$d_2 = d_1 = 0.622\frac{\varphi_1 p_{s1}}{p_1 - \varphi_1 p_{s1}} = 0.622\frac{\varphi_2 p_{s2}}{p_2 - \varphi_2 p_{s2}}$$

即
$$\frac{0.6}{100\ \text{kPa} - 0.6 \times 4.245\ \text{kPa}} = \frac{\varphi_2}{50\ \text{kPa} - \varphi_2 \times 4.245\ \text{kPa}}$$

解得
$$\varphi_2 = 30.0\%$$

例题 7-10 由于工程实际情况不同,有时需要对湿空气喷入一定的水分,即所谓加湿过程,这种加湿过程可采用如下一些方法:

(1) 干球温度不变的定干球温度加湿方法;

(2) 相对湿度不变的定相对湿度加湿方法;

(3) 绝热条件下的绝热加湿方法。

分别按各种调湿过程将湿空气调节为要求的湿空气。已知:$t_1 = 12\ ℃$,$p_1 = 100\ \text{kPa}$,$\varphi_1 = 25\%$,$d_2 = 5 \times 10^{-3}\ \text{kg/kg(干空气)}$,湿空气进入房间的体积流量 $q_V = 60\ \text{m}^3/\text{min}$,加湿水温为 $12\ ℃$。试确定:

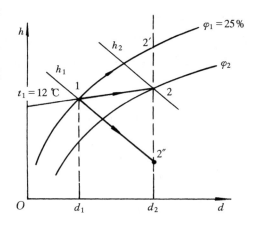

(1) 加湿后的相对湿度 φ_2;

(2) 加湿后的空气温度 t_2;

(3) 热流量 $\dot{Q}$。

图 7-11　例题 7-10 附图

解 (1)按定干球温度加湿过程

参见图 7-11,由已知的 $t_1 = 12\ ℃$,$\varphi_1 = 25\%$ 在图上可以定出调湿前湿空气的状态点 1。由 $t_2 = t_1$ 和 $d_2 = 5 \times 10^{-3}\ \text{kg/kg(干空气)}$ 可确定调湿后的湿空气状态点 2,则 1—2 为定干球温度的调湿过程。查得 $\varphi_2 = 55\%$。

当水喷入湿空气后,湿空气的含湿量增加,干球温度要下降,为保持干球温度不变,则必须同时加入热量。

据稳定流动能量方程
$$\dot{Q} = q_{m,a}(h_2 - h_1) - q_{m,w}h'$$

其中,$q_{m,a}$ 由下式求得
$$q_m = q_{m,a} + q_{m,a}d_1 = q_{m,a}(1+d_1) = \frac{q_V}{v_1}$$

则
$$q_{m,a} = \frac{q_V/v_1}{1+d_1}$$

由 h-d 图上读得
$$v_1 = 0.821\ \text{m}^3/\text{kg(干空气)}, \quad d_1 = 0.0023\ \text{kg/kg(干空气)}$$
$$h_1 = 17.7\ \text{kJ/kg(干空气)}, \quad h_2 = 25.0\ \text{kJ/kg(干空气)}$$

另外按 $12\ ℃$ 查饱和水蒸气表,饱和水的焓 $h' = 50.37\ \text{kJ/kg}$

于是
$$q_{m,a} = \frac{60\ \text{m}^3/\text{min}}{0.821\ \text{m}^3/\text{kg(干空气)}} \times \frac{1}{1+0.0023\ \text{kg/kg(干空气)}} = 72.91\ \text{kg/min}$$

根据质量守恒,加湿后加入的水

$$q_{m,w} = q_{m,a}(d_2 - d_1)$$
$$= 72.91 \text{ kg/min} \times (5 \times 10^{-3} - 0.0023) \text{ kg/kg(干空气)}$$
$$= 0.1969 \text{ kg/min}$$

故　　　　$\dot{Q} = q_{m,a}(h_2 - h_1) - q_{m,w}h'$
$$= 72.91 \text{ kg/min} \times (25.0 - 17.7) \text{ kJ/kg(干空气)} - 0.1969 \text{ kg/min} \times 50.37 \text{ kJ/kg}$$
$$= 522.3 \text{ kJ/min}$$

即所要求的 3 个量分别为　$\varphi_2 = 55\%$, $t_2 = 12$ ℃, $\dot{Q} = 522.3 \text{ kJ/min}$

(2)按定相对湿度加湿过程

由 $\varphi_2 = \varphi_1$ 和 d_2 确定调湿后的湿空气状态 2′,定相对湿度的调湿过程用 7-11 图中的 1—2′ 表示。

从 h-d 图上读得

$$t_{2'} = 25.0 \text{ ℃}, \quad h_{2'} = 38.0 \text{ kJ/kg(干空气)}$$

此时, $q_{m,a}$、$q_{m,w}$ 和 h' 与定干球温度加湿过程相同,即

$$q_{m,a} = 72.91 \text{ kg/min}, \quad q_{m,w} = 0.1969 \text{ kg/min}$$
$$h' = 50.37 \text{ kJ/min}$$

则热流量

$$\dot{Q} = q_{m,a}(h_{2'} - h_1) - q_{m,w}h'$$
$$= 72.91 \text{ kJ/min} \times (38.0 - 17.7) \text{ kJ/kg(干空气)} - 0.1969 \text{ kg/min} \times 50.37 \text{ kJ/min}$$
$$= 1470.2 \text{ kJ/min}$$

即所要求的 3 个量分别为

$$\varphi_{2'} = 24\%, \quad t_{2'} = 25.0 \text{ ℃}, \quad \dot{Q} = 1470.2 \text{ kJ/min}$$

(3)按绝热加湿过程

因绝热加湿过程基本上是一定焓过程,所以由 $h_2 = h_1$ 和 d_2 确定调湿后的湿空气状态 2″,则绝热调湿过程线用 7-11 图中的 1—2″ 表示。

从 h-d 图上读得

$$t_{2''} = 4.5 \text{ ℃}, \quad \varphi_{2''} = 95\%$$

又因是绝热过程,则 $\dot{Q} = 0$。

例题 7-11　将 $t_1 = 32$ ℃, $p = 100$ kPa 及 $\varphi_1 = 65\%$ 的湿空气送入空调机(图 7-12(a))。在空调机中,首先用冷却盘管对湿空气冷却和冷凝去湿,直至湿空气降至 $t_2 = 10$ ℃,然后用电加热器将湿空气加热到 $t_3 = 20$ ℃。试确定:

(1) 各过程湿空气的初、终态参数;

(2) 1 kg 干空气在空调机中除去的水分 Δm_w;

(3) 湿空气被冷却而带走的热量 q_1 和从电热器吸入的热量 q_2。

解　空调过程如图 7-12(b)所示。

(1) 确定各过程初、终态参数。

由 $t_1 = 32$ ℃, $\varphi_1 = 65\%$,在 h-d 图上求得点 1,并查得

$$d_1 = 0.0197 \text{ kg/kg(干空气)}, \quad h_1 = 82.0 \text{ kJ/kg(干空气)}$$

通过点 1 作垂线与 $\varphi = 100\%$ 的线相交,再沿 φ 线与 $t_2 = 10$ ℃的定温线交于点 2,并查得

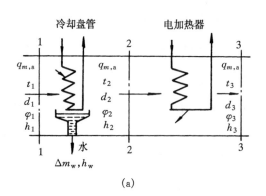

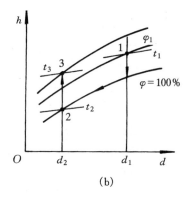

(a)   (b)

图 7 - 12   例题 7 - 11 附图

$$d_2 = 0.0077 \text{ kg/kg(干空气)}, \quad h_2 = 29.5 \text{ kJ/kg(干空气)}$$

通过点 2 作垂线与 $t_3 = 20$ ℃的定温线交于点 3,并查出

$$d_3 = d_2, \quad h_3 = 39.8 \text{ kg/kg(干空气)}, \quad \varphi_3 = 53\%$$

在饱和蒸汽表中查得,$t_2 = 10$ ℃时饱和水的焓为

$$h_w = h_2' = 42.0 \text{ kJ/kg}$$

(2) 计算 Δm_w

$$\Delta m_w = d_1 - d_2 = (0.0197 - 0.0077) \text{ kg/kg(干空气)} = 0.012 \text{ kg/kg(干空气)}$$

(3) 计算 q_1 和 q_2

利用冷却去湿过程的能量方程式(7 - 21),即

$$\begin{aligned}q_1 &= h_1 - h_2 - (d_1 - d_2)h_w \\ &= (82.0 - 29.5) \times 10^3 \text{ J/kg(干空气)} - 0.012 \text{ kg/kg(干空气)} \times 42 \times 10^3 \text{ J/kg} \\ &= 52.0 \times 10^3 \text{ J/kg(干空气)} = 52.0 \text{ kJ/kg(干空气)}\end{aligned}$$

利用加热过程的能量方程式(7 - 19),即

$$\begin{aligned}q_2 &= h_3 - h_2 = (39.8 - 29.5) \times 10^3 \text{ J/(kg • K)(干空气)} \\ &= 10.3 \times 10^3 \text{ J/kg(干空气)} = 10.3 \text{ kJ/kg(干空气)}\end{aligned}$$

例题 7 - 12 $t_1 = 20$ ℃及 $\varphi_1 = 60\%$ 的空气作干燥用。空气在加热器中被加热到 $t_2 = 50$ ℃,然后进入干燥器,由干燥器出来时,相对湿度为 $\varphi_3 = 80\%$(参见图 7 - 13(a)),设空气的流量为5000 kg(干空气)/h,试求:

(1) 使物料蒸发 1 kg 水分需要多少干空气;

(2) 每小时蒸发水分多少千克;

(3) 加热器每小时向空气加入的热量及蒸发 1 kg 水分所消耗的热量。

解   这是一湿物体的烘干过程,湿空气进行的是在加热器中的加热过程 1—2 和在干燥器中的绝热加湿过程 2—3。由已知 t_1 和 φ_1,在 h-d 图上可确定状态点 1;因加热过程含湿量不变,则由 $d_2 = d_1$ 及 t_2 可确定状态点 2;据绝热加湿过程特点 $h_3 = h_2$ 及 φ_3,又可确定状态点 3。

(1) 从 h-d 图上读得各状态点的参数为

$$h_1 = 42.8 \text{ kJ/kg(干空气)}, \quad d_1 = d_2 = 0.0088 \text{ kg/kg(干空气)}$$

$$h_2 = h_3 = 73 \text{ kJ/kg(干空气)}, \quad d_3 = 0.0182 \text{ kg/kg(干空气)}$$

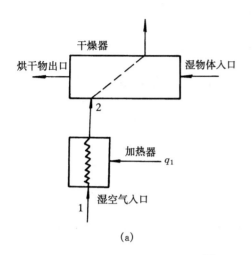

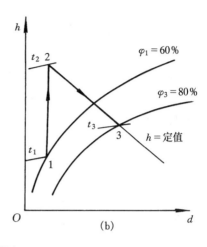

图 7 - 13　例题 7 - 12 附图

于是

$$m'_a = \frac{1}{\Delta d} = \frac{1}{d_3 - d_2} = \frac{1}{0.0094 \text{ kg/kg(干空气)}} = 106.4 \text{ kg(干空气)/kg(水分)}$$

（2）每小时蒸发的水分

$$\Delta q_{m,w} = q_{m,a} \Delta d = 5000 \text{ kg(干空气)/h} \times 0.0094 \text{ kg/kg(干空气)} = 47 \text{ kg/h}$$

（3）空气从加热器中吸收的热量

$$\dot{Q} = q_{m,a}(h_2 - h_1)$$
$$= 5000 \text{ kg(干空气)/h} \times (73 - 42.8) \text{ kJ/kg(干空气)} = 151000 \text{ kJ/h}$$

蒸发 1 kg 水分所消耗的热量

$$Q' = m'_a (h_2 - h_1)$$
$$= 106.4 \text{ kg(干空气)/kg(水分)} \times (73 - 42.8) \text{ kJ/kg(干空气)}$$
$$= 3\ 212.7 \text{ kJ/kg(水分)}$$

例题 7 - 13　两股湿空气在绝热流动过程中混合，一股 $t_1 = 20 \text{ ℃}, \varphi_1 = 30\%$，所含干空气的质量流量 $q_{m1,a} = 25 \text{ kg/min}$；另一股 $t_2 = 30 \text{ ℃}, \varphi_2 = 60\%, q_{m2,a} = 40 \text{ kg/min}$。如所处压力为 0.1 MPa，试分别用解析法和图解法求混合后空气的相对湿度、温度和含湿量。

解　（1）解析法

混合过程干空气质量守恒

$$q_{m1,a} + q_{m2,a} = q_{m3,a} \tag{a}$$

则

$$q_{m3,a} = (25 + 40) \text{ kg/min} = 65 \text{ kg/min}$$

查饱和水蒸气表得

$$t_1 = 20 \text{ ℃ 时}, p_{s1} = 0.002337 \text{ MPa}$$
$$t_2 = 30 \text{ ℃ 时}, p_{s2} = 0.004241 \text{ MPa}$$

则

$$d_1 = 0.622 \times \frac{\varphi_1 p_{s1}}{p_b - \varphi_1 p_{s1}}$$
$$= 0.622 \times \frac{0.3 \times 2337 \text{ Pa}}{0.1 \times 10^6 \text{ Pa} - 0.3 \times 2337 \text{ Pa}}$$

$$=0.004392 \text{ kg/kg(干空气)}$$

$$d_2 = 0.622 \times \frac{\varphi_2 p_{s2}}{p_b - \varphi_2 p_{s2}}$$

$$=0.622 \times \frac{0.6 \times 4241 \text{ Pa}}{0.1 \times 10^6 \text{ Pa} - 0.6 \times 4241 \text{ Pa}}$$

$$=0.01624 \text{ kg/kg(干空气)}$$

据质量守恒有

$$q_{m1,a} d_1 + q_{m2,a} d_2 = q_{m3,a} d_3 \tag{b}$$

于是

$$d_3 = \frac{q_{m1,a} d_1 + q_{m2,a} d_2}{q_{m3,a}}$$

$$= \frac{25 \text{ kg(干空气)/min} \times 0.004392 \text{ kg/kg(干空气)} + 40 \text{ kg(干空气)/min} \times 0.01624 \text{ kg/kg(干空气)}}{65 \text{ kg(干空气)/min}}$$

$$=0.01168 \text{ kg/kg(干空气)}$$

状态 1、2 点的焓值分别为

$$h_1 = 1.005 t_1 + d_1(2501 + 1.86 t_1) = 31.25 \text{ kJ/kg(干空气)}$$

$$h_2 = 1.005 t_2 + d_2(2501 + 1.86 t_2) = 71.67 \text{ kJ/kg(干空气)}$$

绝热混合过程的能量方程为

$$q_{m1,a} h_1 + q_{m2,a} h_2 = q_{m3,a} h_3 \tag{c}$$

得

$$h_3 = \frac{q_{m1,a} h_1 + q_{m2,a} h_2}{q_{m3,a}}$$

$$= \frac{25 \text{ kJ/min} \times 31.25 \text{ kJ/kg} + 40 \text{ kg/min} \times 71.67 \text{ kJ/kg}}{65 \text{ kg/min}}$$

$$=56.12 \text{ kJ/min}$$

由

$$h_3 = 1.005 t_3 + d_3(2501 + 1.863 t_3)$$

得

$$t_3 = \frac{h_3 - 2501 d_3}{1.005 + 1.86 d_3} = 26.20 \text{ ℃}$$

查饱和水蒸气表,内插得

$$p_{s3} = 0.0035 \text{ MPa}$$

由

$$d_3 = 0.622 \times \frac{\varphi_3 p_{s3}}{p_b - \varphi_3 p_{s3}}$$

解得

$$\varphi_3 = \frac{d_3 p_b}{(0.622 + d_3) p_{s3}} = 0.527$$

（2）图解法

据绝热混合过程的能量守恒方程（c）和质量守恒方程（a），（b）可得

$$\frac{q_{m1,a}}{q_{m2,a}} = \frac{h_3 - h_2}{h_1 - h_3} = \frac{d_3 - d_2}{d_1 - d_3} \tag{d}$$

这表明 h 和 d 呈线性关系,则在 $h-d$ 图（图 7-14）上混合气流的状态点必在这两股气流状态

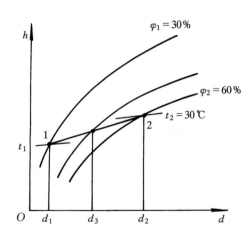

图 7-14 例题 7-13 附图

点之间的联线上,且将该联线分为与单位质量干空气成反比的两段,亦称"杠杆法则"。用杠杆法则确定混合气流的状态点后,有关的参数就可以在 $h-d$ 图上直接读出。

本题是根据干空气质量,利用杠杆法则分割两股气流状态点之间联线,确定混合后的状态点,从而确定其余参数。反之,也可由已知湿空气的状态和预定的混合后状态,来确定混合时所需保持的干空气质量流量比 $\dfrac{q_{m1,a}}{q_{m2,a}}$。

7.6　自我测验题

7 - 1　填空及问答题

1. 未饱和湿空气是 _____ 和 _____ 的混合气体。

2. 湿空气的总压等于 _____ 和 _____ 分压力之和。

3. 湿空气的独立状态参数是怎样的?

4. 湿空气的相对湿度 φ 与哪些因素有关?为什么用干-湿球温度计能间接测量它?

5. 未饱和湿空气的干球温度 t,湿球温度 t_w 和露点温度 t_d 之间的大小关系是 _____ _____,为什么?定性表示在 $T-s$ 图上。饱和湿空气的 t、t_w 和 t_d 之间的大小关系又是 _____,为什么?

6. 在 $h-d$ 图上若没有定湿球温度线,在已知 t_w 和 t 的情况下,如何确定该状态点,如何读取 d、t_d、φ 等参数?

7. 湿空气的相对湿度越大,是否意味着含湿量也愈大?

8. 分析湿空气问题时,为什么不用每单位质量湿空气,而选用每单位质量干空气作计量单位?

9. 被冷却水在冷却塔中能冷到比大气温度还低,这是否违反热力学第二定律?为什么?

7 - 2　空气大体可以看作是由氮气和氧气组成,其中氧气的质量分数 $w_{O_2}=23\%$,试计算氮气和氧气的摩尔分数;空气的折合摩尔质量和折合气体常数。

7 - 3　一绝热刚性容器,被一绝热刚性隔板分为两部分,一部分盛 2 kg 的氧气,另一部分盛 3 kg 的氮气,它们的温度和压力均为 30 ℃和 0.5 MPa。取掉隔板后,两种气流混合,忽略隔板厚度。

求:(1) 混合后的压力和温度;

(2) 混合过程热力学能、焓和熵的变化。

7 - 4　由质量分数 $w_{CO_2}=0.4$ 的 CO_2 和 N_2 所组成的混合气体,初压为 6.0 MPa,初温为 1000 ℃,经气轮机绝热膨胀至 0.1 MPa。若气轮机效率 $\eta_T=0.86$,试求:

(1) 气体的出口温度;

(2) 单位质量气体经气轮机所作的理想功和实际功;

(3) 当大气温度为 17 ℃时的不可逆损失;

(4) 将不可逆损失表示在 $T-S$ 图上。

按定值比热容计算。

7 - 5　氢和氮在绝热稳流过程中,以 1 mol 氮和 2 mol 氢的比例混合。已知:$p_{H_2}=0.5066$ MPa,$T_{H_2}=293$ K;$p_{N_2}=0.5066$ MPa,$T_{N_2}=473$ K。混合后的压力

$p_2=0.4965$ MPa。确定：

(1) 混合气体的温度；

(2)1 mol 混合气体的熵的变化量。

7-6 湿空气的温度为 30 ℃、压力为 0.9807×10^5 Pa，相对湿度为 70%，试求：

(1) 含湿量；

(2) 水蒸气分压力；

(3) 湿空气焓值；

(4) 由 $h-d$ 图查以上各参数，并作以对照；

(5) 如果将其冷却到 10 ℃，在这个过程中，会析出多少水分？放出多少热量？（用 $h-d$ 图）

7-7 将压力为 0.1 MPa，温度为 25 ℃，相对湿度为 80% 的湿空气压缩至 0.2 MPa，温度保持 25 ℃，问能除去多少水分？

7-8 $t_1=10$ ℃，$\varphi_1=80\%$，$q_{V1}=150$ m³/min 的湿空气流 1 进入绝热混合室与另一股 $t_2=30$ ℃，$\varphi_2=60\%$，$q_{V2}=100$ m³/min 的湿空气流 2 混合，总压力为 0.1 MPa。确定出口气流的温度 t_3、含湿量 d_3 和相对湿度 φ_3。

7-9 有一冷却水塔如图 7-15 所示，进水流量 $q_{m,w1}=216$ t/h，进口水温为 $t_1=38$ ℃，被冷却至 $t_2=21$ ℃；进入冷却塔的空气温度 $t_3=20$ ℃，相对湿度 $\varphi_3=50\%$，并在 $t_4=30$ ℃，$\varphi_4=100\%$ 时排出冷却塔。设大气压力为 0.1 MPa，试：

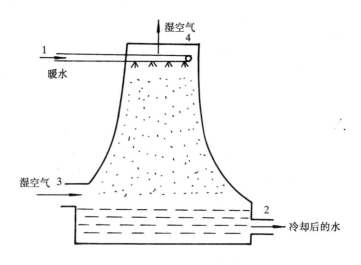

图 7-15 题 7-9 附图

(1) 列出冷却过程的质量和能量守恒方程；

(2) 求每小时需供给的干空气量；

(3) 求每小时水的蒸发量。

第8章 气体和蒸气的流动

本章主要研究流体流过变截面短管(喷管和扩压管)时,其热力状态、流速与截面积之间的变化规律。方法是:由于流动管道短,流体流动速度快,因此,当略去管壁面的摩擦,可简化成可逆绝热流动。首先从可逆绝热流动过程遵循的基本方程入手,考虑到流动过程轴功为零,找出流动的特性和规律;然后,对于实际过程,再考虑摩擦等不可逆因素的影响,加以修正。作为流动一章,本章还介绍了绝热节流和流动混合过程。

8.1 基本要求

(1)掌握流体的位能变化可略去不计、又不对机器做功的一元可逆绝热即定熵稳定流动的基本方程。这些基本方程是本章的研究基础。

(2)弄清促使流速改变的力学条件和几何条件,以及这2个条件对流速的影响。理解气流截面积变化的原因。

(3)掌握喷管中气体流速、流量的计算,会进行喷管外形的选择和尺寸的计算,以及有摩阻时喷管出口参数的计算。能熟练进行喷管的设计和校核两类计算。

(4)明确滞止焓、临界截面、临界参数的概念。掌握绝热滞止、绝热节流、流动混合过程的计算。

8.2 基本知识点

8.2.1 一元稳定流动的基本方程式

1. 连续性方程

$$q_m = \frac{A_1 c_{f1}}{v_1} = \frac{A_2 c_{f2}}{v_2} = \frac{A c_f}{v} = 定值 \tag{8-1a}$$

$$\frac{\mathrm{d}A}{A} + \frac{\mathrm{d}c_f}{c_f} - \frac{\mathrm{d}v}{v} = 0 \tag{8-1b}$$

连续性方程说明了一元稳定流动中,气流速度、比体积与管道截面积之间的关系,适用于一元稳定流动的任何情况。不管气体是理想气体还是实际气体,也不管过程是可逆还是不可逆均适用。

2. 能量方程

将稳定流动能量方程应用于本章的研究对象,气流流经喷管、扩压管或阀门等,可认为 $q \approx 0, g\Delta z \approx 0$,又 $w_s \approx 0$,所以得到

$$h_1 + \frac{1}{2}c_{f1}^2 = h_2 + \frac{1}{2}c_{f2}^2 = h_0 = 定值 \tag{8-2a}$$

$$\mathrm{d}h + \frac{1}{2}\mathrm{d}c_f^2 = 0 \tag{8-2b}$$

h_0 称为滞止焓,是气体在不对机器做功的绝热流动中,流速降为零时的焓值。上述能量方程同样适用于任何工质(理想气体或实际气体)、任何过程(可逆或不可逆)的绝热稳定流动。

3. 过程方程

$$pv^\kappa = 定值 \tag{8-3a}$$

$$\frac{\mathrm{d}p}{p} + \kappa \frac{\mathrm{d}v}{v} = 0 \tag{8-3b}$$

上述定熵过程方程式,原则上只适用于比热容当作定值的理想气体,当 κ 取过程范围内的平均值时,也可用于变比热容的理想气体定熵过程。有时,也用于水蒸气定熵过程的近似分析,此时的 κ 为经验数据,$\kappa \neq c_p/c_V$。

综合以上 3 个基本方程,它们适用于:理想气体,当位能变化可略去不计,不对机器做功的一元定熵稳定流动。

8.2.2 促使流速改变的条件

气体在管道中流动的目的在于实现热能和动能的相互转换,因此促进流速改变的条件是研究的重点。

流体要流动,必须有外力动力的作用,这就是力学条件。有了动力之后,还必须创造条件充分利用这个动力,使流体得到最大的能量转换。也就是说要使管道的流道形状能密切地配合流动过程的需要,以致这个过程不产生任何能量损失,达到完全可逆的程度,从而形成了对管道形状的要求,这就是几何条件。必须同时满足力学条件和几何条件才有可能使工质达到预期的转换。

1. 力学条件——压力变化与流速变化的关系

由稳定流动能量方程得到

$$\frac{1}{2}(c_{f2}^2 - c_{f1}^2) = -\int_1^2 v\mathrm{d}p$$

或

$$c_f \mathrm{d}c_f = -v\mathrm{d}p$$

音速方程

$$c = \sqrt{\kappa p v}$$

马赫数

$$Ma = \frac{c_f}{c}$$

联立以上 3 式得到

$$\kappa Ma^2 \frac{\mathrm{d}c_f}{c_f} = -\frac{\mathrm{d}p}{p} \tag{8-4}$$

可见,在本章所研究的流动中,$\mathrm{d}c_f$ 与 $\mathrm{d}p$ 的符号始终相反。这就是说,气体在管道中流动,如果气体流速增加则压力必下降;反之,流速减小则压力必上升。因此,气体通过喷管要想得到加速,必须创造喷管中气流压力不断下降的力学条件。

2. 几何条件——流速变化与截面积变化的关系

联立式(8-1b)、式(8-3b)和式(8-4)3 式得到

$$\frac{\mathrm{d}A}{A} = (Ma^2 - 1)\frac{\mathrm{d}c_f}{c_f} \tag{8-5}$$

可见,对于本章所研究的流动,当 (Ma^2-1) 有不同的取值时,$\mathrm{d}A$ 与 $\mathrm{d}c_f$ 之间有着完全不同的变化关系,即

当 $Ma<1$，亚音速流动，$\mathrm{d}A$ 与 $\mathrm{d}c_\mathrm{f}$ 互为异号，亦即流动截面积的变化趋势与管内流速的变化趋势相反；

当 $Ma=1$，音速流动，$\mathrm{d}A=0$；

当 $Ma>1$，超音速流动，$\mathrm{d}A$ 与 $\mathrm{d}c_\mathrm{f}$ 互为同号，亦即流动截面积的变化趋势与管内流速的变化趋势相同。

在喷管和扩压管中，气流的状态参数如何变化；在不同的 Ma 下，截面积如何选择，将在 8.3 节中给予归纳，这里不再赘述。

8.2.3　喷管的热力计算

由于流体在扩压管中的过程是喷管的反过程，所以热力计算主要针对喷管讨论，扩压管的计算原理与之相同。

1. 定熵滞止参数

流体的初速 c_f1 直接影响流动过程的分析，使喷管的计算变得复杂，为此引入滞止状态的概念。设想一个定熵滞止过程（即减速增压的扩压过程）将气流初速完全滞止到零。气流速度为零时的状态称为滞止态，滞止态下的热力参数称为滞止参数。

对于理想气体，其滞止参数可按如下公式确定，即

$$T_0 = T + \frac{c_\mathrm{f}^2}{2c_p} \tag{8-6a}$$

$$p_0 = p\left(\frac{T_0}{T}\right)^{\kappa/(\kappa-1)} \tag{8-6b}$$

$$v_0 = v\left(\frac{T}{T_0}\right)^{1/(\kappa-1)} \tag{8-6c}$$

或

$$v_0 = \frac{R_\mathrm{g}T_0}{p_0} \tag{8-6d}$$

对于水蒸气，其滞止参数可方便地从 $h\text{-}s$ 图上查得。例如，流动中水蒸气的热力状态为 $1(p_1,t_1)$，流速为 c_f1，因为

$$h_0 = h_1 + \frac{1}{2}c_\mathrm{f1}^2 \tag{8-7}$$

在 $h\text{-}s$ 图上，由 1 点向上作垂线，与 h_0 线的交点即定熵滞止状态点（如图 8-1 所示），从该点可查到 p_0、T_0、v_0。

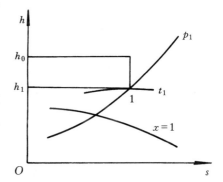

图 8-1　滞止点在 $h\text{-}s$ 图上的表示

2. 流速的计算

由能量方程 8-2a 得流速计算公式

$$c_\mathrm{f2} = \sqrt{2(h_0 - h_2)} \tag{8-8}$$

此式不论何种工质，也不论过程是否可逆都适用。

对于理想气体，可有

$$c_\mathrm{f2} = \sqrt{2c_p(T_0 - T_2)} \tag{8-9}$$

假定比热容为定值，流动过程是可逆的，上式可进一步推演得到

$$c_{f2} = \sqrt{2\frac{\kappa}{\kappa-1}R_g T_0 \left[1-\left(\frac{p_2}{p_0}\right)^{(\kappa-1)/\kappa}\right]} \tag{8-10a}$$

$$= \sqrt{2\frac{\kappa}{\kappa-1}p_0 v_0 \left[1-\left(\frac{p_2}{p_0}\right)^{(\kappa-1)/\kappa}\right]} \tag{8-10b}$$

3. 临界流速和临界压力比

气流在喷管中压力降低,流速升高,当流速增至当地音速时,称流动达到临界状态,该状态下的参数叫临界参数,临界流动状态的截面称为临界截面,临界压力与初压力之比称为临界压力比 ν_{cr}。

临界参数的确定,关键是临界压力比 ν_{cr} 的确定,根据

$$c_{f,cr} = c_{cr}$$

即

$$\sqrt{2\frac{\kappa}{\kappa-1}p_0 v_0 \left[1-\left(\frac{p_{cr}}{p_0}\right)^{(\kappa-1)/\kappa}\right]} = \sqrt{\kappa p_{cr} v_{cr}}$$

又因 $\dfrac{v_0}{v_{cr}} = \left(\dfrac{p_{cr}}{p_0}\right)^{1/\kappa}$ 代入上式简化得到

$$\frac{p_{cr}}{p_0} = \nu_{cr} = \left(\frac{2}{\kappa+1}\right)^{\kappa/(\kappa-1)} \tag{8-11}$$

可见,临界压力比 ν_{cr} 仅与工质的性质有关。

临界流速计算公式除式(8-10)外,还可将 ν_{cr} 代入简化,得式

$$c_{f,cr} = \sqrt{2\frac{\kappa}{\kappa+1}p_0 v_0} = \sqrt{2\frac{\kappa}{\kappa+1}R_g T_0} \tag{8-12}$$

上式表明,工质一旦确定(即 κ 值已知),临界速度只取决于滞止状态。对于理想气体则只取决于滞止温度。

4. 流量的计算

对已有的喷管,尺寸已定,又知道喷管进、出口参数时,可按

$$q_m = \frac{A c_f}{v} \tag{8-13}$$

求取流量。当设计喷管时,给出流量和进、出口参数,则可按上式求截面积 A。要注意的是 A、c_f、v 为同一截面上的数值。

为揭示流量随进、出口参数变化的关系,把流量公式作进一步推导。将式(8-10b)及 $\dfrac{1}{v_2} = \dfrac{1}{v_0}\left(\dfrac{p_2}{p_0}\right)^{1/\kappa}$ 的关系代入式(8-13),可得

$$q_m = A_2 \sqrt{\frac{2\kappa}{\kappa-1}\frac{p_0}{v_0}\left[\left(\frac{p_2}{p_0}\right)^{2/\kappa} - \left(\frac{p_2}{p_0}\right)^{(\kappa+1)/\kappa}\right]} \tag{8-14}$$

上式表明,当进口参数,即滞止参数及喷管出口截面积保持恒定时,流量仅依 $\dfrac{p_2}{p_0}$ 而变化。

对于渐缩喷管,当背压 p_b(喷管出口截面外的环境压力)由 p_0 逐渐降低,出口压力 p_2 以及 $\dfrac{p_2}{p_0}$ 也随之降低,流量则逐渐增加,如图 8-2 上 ab 曲线所示。当背压 p_b 继续减小,由于气流在渐缩喷管中最多只能被加速到音速,因而渐缩喷管的出口压力最多降至 $p_2 = p_{cr}$ 就不再随 p_b 的降低而降低,而是维持 $p_2 = p_{cr}$ 不变,从而流量也保持最大值不变,如图上的 bc 所示。这

时，渐缩喷管的出口截面积，即是临界截面 A_{min}，出口压力即是临界压力 p_{cr}，也就是说式(8-14)中的 $A_2 = A_{min}$，$p_2 = p_{cr}$。考虑到式(8-11)，则式(8-14)可化为

$$q_{m,max} = A_{min}\sqrt{2\frac{\kappa}{\kappa+1}\left(\frac{2}{\kappa+1}\right)^{2/(\kappa-1)}\frac{p_0}{v_0}}$$

$$(8-15)$$

对于缩放喷管，因渐缩段后有渐扩通道引导，可使气流得到进一步膨胀和加速，出口压力可降至 p_{cr} 以下，故缩放喷管都工作于 $p_b < p_{cr}$ 的情况下，这时缩放喷管的最小喉部截面即是临界截面。分析可知，缩放喷管渐缩段的工作情况与渐缩喷管当 $p_2 = p_{cr}$ 时的工作情况相同，因而流量总可达到最大值 $q_{m,max}$。在渐扩

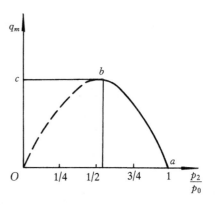

图 8-2　渐缩喷管的流量随压力比的变化

段中，工作压力继续降至 p_b 而出口，但并不影响流量，因为稳定流动的喷管中，各截面的流量相等。所以，缩放喷管的进口参数及喉部尺寸 A_{min} 一定，p_b 在小于 p_{cr} 的范围内变动时，临界截面上的压力总是 p_{cr}，流速总是 c_{cr}，流量保持 $q_{m,max}$ 不变，流量可按式(8-15)计算得到，倘若 A_{min} 改变，流量也当然随之改变。

5. 喷管形状的选择与尺寸计算

形状选择：　　当 $p_b \geq p_{cr}$，即 $\dfrac{p_b}{p_0} \geq \dfrac{p_{cr}}{p_0} = \nu_{cr}$ 时，　选渐缩喷管；

　　　　　　　当 $p_b < p_{cr}$，即 $\dfrac{p_b}{p_0} < \dfrac{p_{cr}}{p_0} = \nu_{cr}$ 时，　选缩放喷管。

尺寸计算：对于渐缩喷管只需求出口截面积 $A_2 = q_m\dfrac{v_2}{c_{f2}}$；对于缩放喷管，需求临界截面积 A_{min}，出口截面积 A_2 及渐扩部分的长度，即

$$A_{min} = \frac{q_m v_{cr}}{c_{f,cr}} \qquad A_2 = \frac{q_m v_2}{c_{f2}}$$

$$l = \frac{d_2 - d_{min}}{2\tan(\varphi/2)} \qquad (\varphi = 10° \sim 12°)$$

喷管的设计计算及校核计算的具体步骤，在本章第 4 节重点与难点中小结。

8.2.4　有摩阻的绝热流动

由于摩阻的存在，喷管的实际出口流速 c_{f2}' 将比理想流速 c_{f2} 小，小的程度用速度系数 φ 或喷管效率 η_N 表示

$$\varphi = \frac{c_{f2}'}{c_{f2}}$$

$$\eta_N = \frac{\frac{1}{2}c_{f2}'^2}{\frac{1}{2}c_{f2}^2} = \frac{h_0 - h_{2'}}{h_0 - h_2} = \varphi^2$$

由经验估定 φ 或 η_N 后，按 c_{f2} 即可求得 c_{f2}'，进而求出实际出口焓 $h_{2'}$ 和比体积 $v_{2'}$，就可计算喷管尺寸。对于缩放喷管，最小截面的参数也按同样方法处理。

速度系数 φ 与流体性质、喷管形式、喷管尺寸、壁面粗糙度等因素有关,通常由实验测定,一般在 $0.92\sim0.98$ 范围内。渐缩喷管,摩擦损耗小,可取较大值;缩放喷管,则取较小值。

8.2.5 绝热节流

绝热节流是由于局部阻力使流体压力降低的现象。节流是典型的不可逆过程,略去绝热节流前后动能的变化,可得到 $h_1=h_2$,即绝热节流前后焓值相等,但不能把绝热节流叫做定焓过程,实际上,在节流孔的附近,流体处于非平衡态状态。

绝热节流前后流体的温度变化,称为节流的温度效应(也称焦-汤效应)。对于理想气体,由于焓仅是温度的函数,节流前后焓不变,温度也不变。但实际气体绝热节流后,温度可能降低,可能升高,也可能不变,视节流前气体的状态以及节流后的压力 p_2 而定。焦-汤系数

$$\mu_J = \left(\frac{\partial T}{\partial p}\right)_h = \frac{T\left(\frac{\partial v}{\partial T}\right)_p - v}{c_p} \tag{8-16}$$

μ_J 可表示节流过程中温度随压力的变化。$\mu_J>0$,因节流后压力降低,则温度降低,称节流冷效应;$\mu_J<0$,节流后温度升高,称节流热效应;$\mu_J=0$,节流后温度不变,称节流零效应。由式(8-16)看到,若气体的状态方程及节流前的状态已知,就可判断节流后的温度变化情况。

8.2.6 绝热流动混合

几股气流绝热地混合成一股混合气流,位能差可略去。当流速不高时,动能差也可略去不计,根据稳定流动能量方程得 $\Delta H=0$,即

$$q_m h = \sum_i q_{m,i} h_i$$

所以
$$h = \sum_i w_i h_i \tag{8-17}$$

对于理想气体也可写成

$$c_p T = \sum_i w_i c_{pi} T_i$$

或
$$T = \frac{\sum_i w_i c_{pi} T_i}{c_p} = \frac{\sum_i w_i c_{pi} T_i}{\sum_i w_i c_{pi}} \tag{8-18}$$

因为理想气体的 h 和 T 不互相独立,所以尚需测得混合后的另一参数,通常测定压力 p,混合后的状态才能确定。

8.3 公式小结

1. 流动过程的主要公式
见表 8-1。

表 8-1　第 8 章的基本公式

名称	公　式	适用条件
音速	$c=\sqrt{-v^2\left(\dfrac{\partial p}{\partial v}\right)_s}$	任意气体
	$c=\sqrt{\kappa p v}=\sqrt{\kappa R_g T}$	理想气体
流速	$c_{f2}=\sqrt{2(h_0-h_2)}$	任意气体,可逆或不可逆的绝热流动
	$c_{f2}=\sqrt{2\dfrac{\kappa}{\kappa-1}R_g T_0\left[1-\left(\dfrac{p_2}{p_0}\right)^{(\kappa-1)/\kappa}\right]}$	理想气体,定熵流动
临界压力比	$\nu_{cr}=\dfrac{p_{cr}}{p_0}=\left(\dfrac{2}{\kappa+1}\right)^{\kappa/(\kappa-1)}$	定熵流动,κ 为定值
临界流速	$c_{f,cr}=c_{cr}=\sqrt{2\dfrac{\kappa}{\kappa+1}p_0 v_0}=\sqrt{2\dfrac{\kappa}{\kappa+1}R_g T_0}$	定熵流动,κ 为定值
流量	$q_m=\dfrac{Ac_f}{v}$	任意气体,稳定流动
	$q_m=A_2\sqrt{2\dfrac{\kappa}{\kappa-1}\dfrac{p_0}{v_0}\left[\left(\dfrac{p_2}{p_0}\right)^{2/\kappa}-\left(\dfrac{p_2}{p_0}\right)^{(\kappa+1)/\kappa}\right]}$	定熵流动,κ 为定值
最大流量	$q_{m,\max}=A_{\min}\sqrt{2\dfrac{\kappa}{\kappa+1}\left(\dfrac{2}{\kappa+1}\right)^{2/(\kappa-1)}\dfrac{p_0}{v_0}}$	定熵流动,κ 为定值

说明:原则上,上述公式除

$$c=\sqrt{\kappa p v}=\sqrt{\kappa R_g T}\ \text{和}\ c_{cr}=\sqrt{2\dfrac{\kappa}{\kappa+1}R_g T_0}$$

以外,同样适应用水蒸气当 κ 取经验值的“$pv^\kappa=$ 定值”的定熵流动的分析,但这样计算的结果误差很大。因而,进行水蒸气的喷管计算时,除了根据 κ 的经验值,利用公式 $\nu_{cr}=\left(\dfrac{2}{\kappa+1}\right)^{\kappa/(\kappa-1)}$ 来确定 p_{cr} 外,其他计算则采用水蒸气图表以及式(8-8)和式(8-13)进行(参阅例题 8-2)。

2. 喷管和扩压管中参数的变化,及流速与截面积的变化规律

根据式 $\dfrac{\mathrm{d}A}{A}=(Ma^2-1)\dfrac{\mathrm{d}c_f}{c_f}$ 及等熵流动规律,分析可得表 8-2 所列规律。

表 8-2　截面积变化与压力、流速变化的关系

参数变化规律	流动情况			
	$Ma<1$	$Ma=1$	$Ma>1$	$Ma>1\to Ma<1$
	dA 与 dc_f 异号		dA 与 dc_f 同号	
喷管 $\mathrm{d}c_f>0,\mathrm{d}p<0$ $\mathrm{d}v>0,\mathrm{d}T<0$ $\mathrm{d}h<0$	d$A<0$ $Ma<1$ 渐缩喷管	d$A=0$ $Ma=1$	d$A>0$ $Ma>1$ 渐扩喷管	$Ma=1$ $Ma<1$　$Ma>1$ 缩放喷管

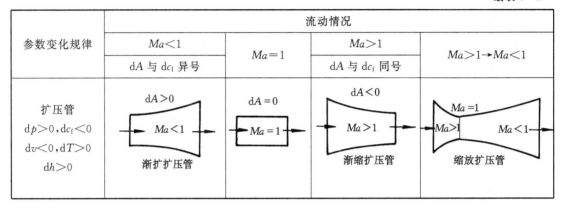

参数变化规律	流动情况			
	$Ma<1$	$Ma=1$	$Ma>1$	$Ma>1\rightarrow Ma<1$
	dA 与 dc_f 异号		dA 与 dc_f 同号	
扩压管 $dp>0,dc_f<0$ $dv<0,dT>0$ $dh>0$	dA>0 Ma<1 渐扩扩压管	dA=0 Ma=1	dA<0 Ma>1 渐缩扩压管	Ma=1 Ma>1 Ma<1 缩放扩压管

8.4 重点与难点

8.4.1 难点

本章难点在于渐缩喷管的出口压力 p_2 是否总能降到背压 p_b? 缩放喷管的背压 p_b 在小于 p_{cr} 的范围内变动时,为何不影响其流量?

喷管是使气流膨胀降压而增速的管道,因而来流速度通常不高,往往是 $c_{f1}<c$,即 $Ma<1$ 的亚音速气流。由式(8-4)和式(8-3b)可得到 $\dfrac{dv}{v}=Ma^2\dfrac{dc_f}{c_f}$。从此式可见,亚音速气流的比体积增长率 $\dfrac{dv}{v}$ 小于流速增长率 $\dfrac{dc_f}{c_f}$,也就是说比体积虽在增大(使气流截面积扩大),而流速增加(使气流截面积缩小)得更快,结果气流截面缩小。但超音速气流($Ma>1$)的规律恰恰相反,比体积增长率 $\dfrac{dv}{v}$ 大于流速增长率,也就是比体积增长率起主要作用,因此气流截面扩大。所以,亚音速($Ma<1$)气流开始膨胀降压增速时,截面积是缩小的,当压力降至临界压力时,气流速度增至临界流速 $c_{f,cr}$,即当地音速。若气流压力再降低,流速就大于当地音速,转变为超音速($Ma>1$)流了,这时气流截面积扩大。所以亚音速气流膨胀降压增速时,先是气流截面积缩小,达音速后气流截面积扩大。

以上阐述的是气流的比体积、流速与截面积之间的变化关系。喷管设计的任务就是:在给定的气流初参数、流量和背压 p_b 下,设计计算符合气流截面变化要求的通道,以使流动尽可能接近可逆。所以,设计喷管的原则是,所设计的喷管的外形和尺寸,应符合气流膨胀所需的截面积变化,既要保证气流充分膨胀,使出口压力能降到 p_b($p_2=p_b$),又要无过份膨胀或磨损,以达尽可能多地提高气流速度的目的。据此,当 $p_b\geqslant p_{cr}$ 时,应选择渐缩喷管;而 $p_b<p_{cr}$ 时,则选择缩放喷管。

对于已经设计好的喷管,尺寸已定,当用于不同场合时,其出口参数和流量要具体核算。例如,压力 $p_1=1$ MPa,$Ma<1$ 的空气流过一渐缩喷管,空气的 $\nu_{cr}=0.528$。若 $p_b=0.6$ MPa,空气流在渐缩喷管中能充分膨胀到 p_b,即出口压力 $p_2=p_b$,因为渐缩通道符合亚音速流截面

变化的规律。但若 $p_b=0.4$ MPa（注意，此时 $p_b<p_{cr}$），那么气流只能在喷管中膨胀到 $p_2=p_{cr}=0.528$ MPa，这时 $c_{f2}=c_{f,cr}=c_{cr}$。倘若再要膨胀降压，气流将达超音速，其截面要求扩大，但现在是渐缩喷管，无法满足截面扩大的要求。所以，虽然 $p_b<p_{cr}$，但渐缩喷管出口压力 p_2 至多降到 p_{cr}，工质流出喷管后，从 p_{cr} 自由膨胀到 p_b。显然这部分压降未得到利用而损失了。

所以说，渐缩喷管的出口压力 p_2 并不是总能降到背压 p_b 的，它只工作于 $p_2 \geqslant p_{cr}$ 的情况下。当 $p_b \geqslant p_{cr}$ 时，出口压力 p_2 可以降到 p_b，即 $p_2=p_b$；当 $p_b<p_{cr}$ 时，出口压力 p_2 就降不到 p_b 了，而是降到 p_{cr} 为止，即 $p_2=p_{cr}$ 时，这时的出口流速 c_{f2} 也增到了最高值临界流速，即当地音速 c_{cr}。即使 p_b 在小于 p_{cr} 的范围内变动，也不影响渐缩喷管的工作，不影响喷管内气体参数的变化情况，流量也一直保持最大值。

上述 $p_b=0.4$ MPa 时，气流膨胀到 0.528 MPa 后，因无扩张通道，气流只能流出喷管后自由膨胀，造成损失。倘若在渐缩喷管后加渐扩段，成为缩放喷管，气流就可能继续膨胀到 $p_2=p_b=0.4$ MPa 而出口。因而 $p_b<p_{cr}$ 时，必须选用缩放喷管。已设计好的缩放喷管，最小截面和出口截面尺寸已确定，当背压 p_b 在小于 p_{cr} 的范围内变动时，只影响渐扩段的工作，而不影响渐缩段的工况。也就是说，气流在渐缩段中总能从初压降至临界压力 p_{cr}，比体积增至临界比体积 v_{cr}，流速升至临界流速 $c_{f,cr}$。既然临界截面上参数一定，截面积又已确定，因而流量也一定，达最大流量。

以上所述可归纳为：

（1）渐缩喷管

$p_2 \geqslant p_{cr}$，出口压力不可能降到 p_{cr} 以下

$c_{f2} \leqslant c_{cr}$，出口流速不可能超过当地音速

$q_m \leqslant q_{m,max}$

（2）缩放喷管

$p_2 < p_{cr}$，$p_2 = p_b < p_{cr}$

$c_{f2} > c_{cr}$

$q_m = q_{m,max}$

8.4.2　重点

1. 喷管的设计计算和校核计算

本章所讲述的气体在喷管中的流动特性和规律，其应用体现在对喷管进行设计和校核两类计算上。现将两类计算的具体步骤归纳如下。

1）喷管的设计计算

已知：　气流的初参数（p_1, t_1, c_{f1}），流量 q_m，背压 p_b。

任务：　选择喷管的形状，并计算喷管的尺寸。具体地说：对于渐缩喷管，求出口截面积 A_2；对于缩放喷管，求临界截面积 A_{min}，出口截面积 A_2 及渐扩段的长度。

设计原则：　设计出的喷管的外形和尺寸应符合气流定熵膨胀所需要的截面积变化，保证气流充分膨胀，使出口压力 p_2 能降到背压 p_b，以达到使气流的技术功充分转换为动能的目的。

步骤：

165

（1）求滞止参数

理想气体：
$$T_0 = T_1 + \frac{c_{f1}^2}{2c_p}$$

$$p_0 = p_1 \left(\frac{T_0}{T_1}\right)^{\kappa/(\kappa-1)}$$

$$v_0 = v_1 \left(\frac{T_1}{T_0}\right)^{1/(\kappa-1)} \qquad \text{或 } v_0 = \frac{R_g T_0}{p_0}$$

水蒸气：
$$h_0 = h_1 + \frac{1}{2}c_{f1}^2$$

据 h_0 及 $s_0 = s_1$ 查图或表得到 p_0，参见图 8-3。

（2）选型

计算出 $\dfrac{p_b}{p_0}$，与 $\nu_{cr}\left(=\dfrac{p_{cr}}{p_0}\right)$ 比较：

若 $\dfrac{p_b}{p_0} \geqslant \nu_{cr}$， 选渐缩喷管

若 $\dfrac{p_b}{p_0} < \nu_{cr}$， 选缩放喷管

可见，临界压力比 ν_{cr} 非常重要，它提供了选择喷管的依据。所以，常见工质的 ν_{cr} 应记住。

双原子理想气体： $\nu_{cr} = 0.528$

多原子理想气体： $\nu_{cr} = 0.546$

过热水蒸气： $\nu_{cr} = 0.546$

饱和水蒸气： $\nu_{cr} = 0.577$

（3）求临界截面和出口截面上气体的状态参数

$$p_{cr} = \nu_{cr} p_0 ; \qquad p_2 = p_b$$

理想气体：
$$T_{cr} = T_0 \nu_{cr}^{(\kappa-1)/\kappa} ; \quad T_2 = T_0\left(\frac{p_2}{p_0}\right)^{(\kappa-1)/\kappa} ;$$

$$v_{cr} = \frac{R_g T_{cr}}{p_{cr}} ; \qquad v_2 = \frac{R_g T_2}{p_2}$$

实际气体：据 p_{cr}、p_2 及 $s_{cr} = s_2 = s_1$ 查热力性质图或表，确定 h_{cr}，h_2 及 v_{cr}，v_2，参见图 8-3。

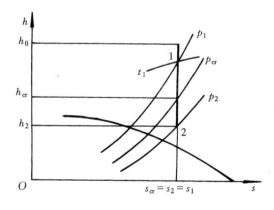

图 8-3　喷管内流动过程的 h-s 图

（4）求临界流速和出口截面流速

理想气体：
$$c_{\mathrm{f,cr}} = \sqrt{2c_p(T_0 - T_{\mathrm{cr}})} = \sqrt{\kappa R_{\mathrm{g}} T_{\mathrm{cr}}} = \sqrt{\frac{2\kappa}{\kappa+1} p_0 v_0} = \sqrt{\frac{2\kappa}{\kappa+1} R_{\mathrm{g}} T_0}$$

$$c_{\mathrm{f2}} = \sqrt{2c_p(T_0 - T_2)}$$

实际气体：
$$c_{\mathrm{f,cr}} = \sqrt{2(h_0 - h_{\mathrm{cr}})}$$

$$c_{\mathrm{f2}} = \sqrt{2(h_0 - h_2)}$$

若是有摩阻的绝热流动，则 $c'_{\mathrm{f,cr}} = \varphi c_{\mathrm{f,cr}}$，　$c'_{\mathrm{f2}} = \varphi c_{\mathrm{f2}}$。

（5）求临界截面和出口截面面积

$$A_{\mathrm{cr}} = \frac{q_m v_{\mathrm{cr}}}{c_{\mathrm{f,cr}}}; \quad A_2 = \frac{q_m v_2}{c_{\mathrm{f2}}}$$

若有摩阻，式中 $c_{\mathrm{f,cr}}$，c_{f2} 用 $c'_{\mathrm{f,cr}}$ 和 c'_{f2}。

对于渐缩喷管，以上步骤（3）～（5）只需求出口截面上的参数即可。对于缩放喷管，除上述求解外，往往还需求渐扩部分的长度，即

$$l = \frac{d_2 - d_{\min}}{2\tan(\varphi/2)} \qquad (\varphi = 10° \sim 12°)$$

本章公式比较繁多，但有很多公式是为了分析方便而引出的，并不需要记住它们，只需记住上述列出的一些最基本的公式即可。

2）喷管的校核计算

已知：　喷管的形状和尺寸，及不同工作条件（即初参数及背压）；

任务：　确定出口流速和通过喷管的流量。

步骤：

（1）求滞止参数；

（2）确定喷管出口截面上的压力。

这是与设计计算不同的一步。对于渐缩喷管：

若 $\dfrac{p_{\mathrm{b}}}{p_0} \geqslant \nu_{\mathrm{cr}}$，则 $p_2 = p_{\mathrm{b}}$

若 $\dfrac{p_{\mathrm{b}}}{p_0} < \nu_{\mathrm{cr}}$，则 $p_2 = p_{\mathrm{cr}} = \nu_{\mathrm{cr}} p_0$

对于缩放喷管：

若 $\dfrac{p_2}{p_0} < \nu_{\mathrm{cr}}$，则 $p_2 = p_{\mathrm{b}}$

（3）、（4）同设计计算。

（5）求通过喷管的流量

$$q_m = \frac{A_{\mathrm{cr}} c_{\mathrm{f,cr}}}{v_{\mathrm{cr}}} = \frac{A_2 c_{\mathrm{f2}}}{v_2}$$

可用临界截面参数求，也可用出口截面参数求。

2. 节流的工程应用

（1）利用节流的温度效应，让工质节流后产生低温，液化各种气体。

（2）利用节流来测量流体的流量。

（3）利用节流来调节发动机的功率，参见例题 8-8。

(4) 利用节流来测定湿蒸气的干度,参见例题 8 - 9。

(5) 蒸汽动力厂中有时也用节流来提高蒸汽的过热度,以免膨胀后有过多的水分。

此外,在物性研究中,绝热节流也有很大的应用价值,如可根据实验测得的 μ_{J} 值来求取经验状态方程等。

但因节流过程是一个不可逆过程,伴随有有效能的损失,所以非必须的场合应尽量避免。

8.5　典型题精解

例题 8 - 1　由不变气源来的压力 $p_1 = 1.5$ MPa,温度 $t_1 = 27$ ℃的空气,流经一喷管进入压力保持在 $p_{\mathrm{b}} = 0.6$ MPa 的某装置中,若流过喷管的流量为 3 kg/s,来流速度可忽略不计,试设计该喷管? 若来流速度 $c_{\mathrm{f1}} = 100$ m/s,其他条件不变,则喷管出口流速及截面积为多少?

解　(1) 这是一典型的喷管设计问题,可按设计步骤进行。

① 求滞止参数

因 $c_{\mathrm{f1}} = 0$,所以初始状态即可认为是滞止状态,则

$$p_0 = p_1,\ T_0 = T_1 = (27 + 273)\text{ K} = 300\text{ K}$$

② 选型

$$\frac{p_{\mathrm{b}}}{p_0} = \frac{0.6\text{ MPa}}{1.5\text{ MPa}} = 0.4 < \nu_{\mathrm{cr}} = 0.528$$

所以,为了使气体在喷管内实现完全膨胀,应选缩放喷管,则 $p_2 = p_{\mathrm{b}} = 0.6$ MPa。

③ 求临界截面及出口截面参数(状态参数及流速)

$$p_{\mathrm{cr}} = \nu_{\mathrm{cr}} p_0 = 0.528 \times 1.5\text{ MPa} = 0.792\text{ MPa}$$

$$T_{\mathrm{cr}} = T_0 \left(\frac{p_{\mathrm{cr}}}{p_0}\right)^{(\kappa-1)/\kappa} = 300\text{ K} \times \left(\frac{0.792\text{ MPa}}{1.5\text{ MPa}}\right)^{0.4/1.4} = 250.0\text{ K}$$

$$v_{\mathrm{cr}} = \frac{R_{\mathrm{g}} T_{\mathrm{cr}}}{p_{\mathrm{cr}}} = \frac{287\text{ J/(kg·K)} \times 250.0\text{ K}}{0.792 \times 10^6\text{ Pa}} = 0.09059\text{ m}^3/\text{kg}$$

$$c_{\mathrm{f,cr}} = \sqrt{\kappa R_{\mathrm{g}} T_{\mathrm{cr}}} = \sqrt{1.4 \times 287\text{ J/(kg·K)} \times 250.0\text{ K}} = 316.9\text{ m/s}$$

或

$$c_{\mathrm{f,cr}} = \sqrt{2c_p(T_0 - T_{\mathrm{cr}})}$$

$$p_2 = p_{\mathrm{b}} = 0.6\text{ MPa}$$

$$T_2 = T_0 \left(\frac{p_2}{p_0}\right)^{(\kappa-1)/\kappa} = 300\text{ K} \times \left(\frac{0.6\text{ MPa}}{1.5\text{ MPa}}\right)^{0.4/1.4} = 230.9\text{ K}$$

$$v_2 = \frac{R_{\mathrm{g}} T_2}{p_2} = \frac{287\text{ J/(kg·K)} \times 230.9\text{ K}}{0.6 \times 10^6\text{ Pa}} = 0.1104\text{ m}^3/\text{kg}$$

$$c_{\mathrm{f2}} = \sqrt{2c_p(T_0 - T_2)} = \sqrt{2 \times 1004\text{ J/(kg·K)} \times (300 - 230.9)\text{ K}}$$
$$= 372.5\text{ m/s}$$

④ 求临界截面和出口截面面积及渐扩段长度

$$A_{\mathrm{cr}} = \frac{q_m v_{\mathrm{cr}}}{c_{\mathrm{f,cr}}} = \frac{3\text{ kg/s} \times 0.09059\text{ m}^3/\text{kg}}{316.9\text{ m/s}}$$
$$= 8.576 \times 10^{-4}\text{ m}^2 = 8.576\text{ cm}^2$$

$$A_2 = \frac{q_m v_2}{c_{\mathrm{f2}}} = \frac{3\text{ kg/s} \times 0.1104\text{ m}^3/\text{kg}}{372.6\text{ m/s}}$$

$$= 8.891 \times 10^{-4}\ \mathrm{m}^2 = 8.891\ \mathrm{cm}^2$$

取顶锥角 $\varphi = 10°$

$$l = \frac{d_2 - d_{\min}}{2\tan(\varphi/2)} = \frac{\sqrt{4A_2/\pi} - \sqrt{4A_{\min}/\pi}}{2\tan(\varphi/2)}$$

$$= \frac{\sqrt{4 \times 8.891 \times 10^{-4}\ \mathrm{m}^2/3.14} - \sqrt{4 \times 8.576 \times 10^{-4}\ \mathrm{m}^2/3.14}}{2\tan 5°}$$

$$= 0.344 \times 10^{-2}\ \mathrm{m} = 0.344\ \mathrm{cm}$$

(2) 当 $c_{f1} \neq 0$ 时，$p_0 \neq p_1$，p_0 将增大，则 $\dfrac{p_b}{p_0}$ 减小，说明选用缩放喷管仍可行，否则要重新选型。这时的滞止参数为

$$T_0 = T_1 + \frac{c_{f1}^2}{2c_p} = 300\ \mathrm{K} + \frac{(100\ \mathrm{m/s})^2}{2 \times 1004\ \mathrm{J/(kg \cdot K)}} = 305.0\ \mathrm{K}$$

$$p_0 = p_1\left(\frac{T_0}{T_1}\right)^{\kappa/(\kappa-1)} = 1.5\ \mathrm{MPa} \times \left(\frac{305.0\ \mathrm{K}}{300\ \mathrm{K}}\right)^{1.4/0.4}$$

$$= 1.589\ \mathrm{MPa}$$

$$T_2 = T_0\left(\frac{p_2}{p_0}\right)^{(\kappa-1)/\kappa} = 305.0\ \mathrm{K} \times \left(\frac{0.6\ \mathrm{MPa}}{1.589\ \mathrm{MPa}}\right)^{0.4/1.4}$$

$$= 230.9\ \mathrm{K}\ (\text{与}\ c_{f1} = 0\ \text{时一样})$$

$$c_{f2} = \sqrt{2c_p(T_0 - T_2)} = \sqrt{2 \times 1\,004\ \mathrm{J/(kg \cdot K)} \times (305.0 - 230.9)\ \mathrm{K}}$$

$$= 385.7\ \mathrm{m/s}$$

$$A_2 = \frac{q_m v_2}{c_{f2}} = \frac{3\ \mathrm{kg/s} \times 0.110\ 4\ \mathrm{m}^3/\mathrm{kg}}{385.7\ \mathrm{m/s}} = 8.587 \times 10^{-4}\ \mathrm{m}^2$$

$$= 8.587\ \mathrm{cm}^2$$

讨论

(1) 对于喷管的设计问题，应明确设计任务，明确要求哪些参数，不要遗漏。

(2) 当初速 $c_{f1} = 100\ \mathrm{m/s}$ 时，求出的出口速度和出口截面积，与初速 $c_{f1} = 0$ 时相比，其相对误差均为 3.42%。误差不大，所以工程上通常将 $c_{f1} < 100\ \mathrm{m/s}$ 时的初速略去不计。

(3) 从本题目求解中看到，当 $c_{f1} = 0$ 与 $c_{f1} \neq 0$ 时，求得的出口截面上的状参 T_2、v_2 是一样的。这从图 8-4 上很容易理解，在初始状态参数 p_1、t_1 及终压 p_2 不变的情况下，无论初速 c_{f1} 是否为零，1 和 2 状态点的位置都不会改变，即出口的热力状态参数 T_2、v_2 不会改变，但力学参数 c_{f2} 是随初速变化的，因而出口截面积也会改变。

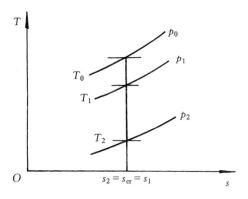

图 8-4　题 8-1 讨论

例题 8-2　一渐缩喷管，其进口速度接近零，进口截面积 $A_1 = 40\ \mathrm{cm}^2$，出口截面积 $A_2 = 25\ \mathrm{cm}^2$。进口水蒸气参数为 $p_1 = 9\ \mathrm{MPa}$，$t_1 = 500\ ℃$，背压 $p_b = 7\ \mathrm{MPa}$，试求

(1) 气流出口流速及流过喷管的流量。

(2) 由于工况的改变,背压变为 $p_b=4$ MPa,这时的气流出口流速和流过喷管的流量又为多少?

(3) 在(1)条件下,考虑到流动过程有摩阻存在,$\varphi=0.97$,出口流速和流量有何变化?

解 这是一典型的喷管校核计算类题目。因初速为零,因此初态 1 即是滞止态。

(1) 确定出口截面上的气体压力

因

$$\frac{p_b}{p_0}=\frac{p_b}{p_1}=\frac{7 \text{ MPa}}{9 \text{ MPa}}=0.778>\nu_{cr}=0.546$$

所以

$$p_2=p_b=7 \text{ MPa}$$

确定出口截面参数

根据 (p_1,t_1) 查水蒸气热力性质图或表得

$$h_1=3386.4 \text{ kJ/kg}, \quad s_1=6.6592 \text{ kJ/(kg·K)}$$

由 (p_2,s_1) 查图得

$$h_2=3306.1 \text{ kJ/kg}, \quad v_2=0.04473 \text{ m}^3/\text{kg}$$

求出口流速

$$c_{f2}=\sqrt{2(h_0-h_2)}=\sqrt{2(h_1-h_2)}=\sqrt{2\times(3386.4-3306.1)\times10^3 \text{ J/kg}}$$
$$=400.7 \text{ m/s}$$

求流量

$$q_m=\frac{A_2 c_{f2}}{v_2}=\frac{25\times10^{-4} \text{ m}^2\times400.7 \text{ m/s}}{0.04473 \text{ m}^3/\text{kg}}=22.4 \text{ kg/s}$$

(2) 当 $p_b=4$ MPa 时

因

$$\frac{p_b}{p_0}=\frac{4 \text{ MPa}}{9 \text{ MPa}}=0.444<\nu_{cr}=0.546$$

则渐缩喷管最大膨胀能力 $p_2=p_{cr}=\nu_{cr}p_0=0.546\times9 \text{ MPa}=4.914 \text{ MPa}$

查得此压力下气体的状态参数为 $h_2=3192.5 \text{ kJ/kg}, \quad v_2=0.05988 \text{ m}^3/\text{kg}$

所以

$$c_{f2}=\sqrt{2(h_0-h_2)}$$
$$=\sqrt{2\times(3386.4-3192.5)\times10^3 \text{ J/kg}}=622.7 \text{ m/s}$$
$$q_m=\frac{A_2 c_{f2}}{v_2}=\frac{25\times10^{-4} \text{ m}^2\times622.7 \text{ m/s}}{0.05988 \text{ m}^3/\text{kg}}=26.0 \text{ kg/s}$$

(3) 若有摩阻存在,则

$$c'_{f2}=\varphi c_{f2}=0.97\times400.7 \text{ m/s}=388.7 \text{ m/s}$$

欲求 q'_m 还涉及到 $v_{2'}$,因此状态点 $2'$ 需先确定下来,然后查得 $v_{2'}$。由

$$c'_{f2}=\sqrt{2(h_0-h_{2'})}$$

得

$$h_{2'}=h_0-\frac{1}{2}c'^2_{f2}=3386.4\times10^3 \text{ J/kg}-\frac{1}{2}\times(388.7 \text{ m/s})^2$$
$$=3310.8\times10^3 \text{ J/kg}=3310.8 \text{ kJ/kg}$$

由 $(p_2,h_{2'})$ 查得 $v_{2'}=0.04488 \text{ m}^3/\text{kg}$(参见图 8-5)

故

$$q'_m=\frac{A_2 c'_{f2}}{v_{2'}}=\frac{25\times10^{-4} \text{ m}^2\times388.7 \text{ m/s}}{0.04488 \text{ m}^3/\text{kg}}=21.65 \text{ kg/s}$$

讨论

（1）当流过喷管的工质是实际气体时,要注意适应于理想气体的公式不再适用,如 $c_{f2}=\sqrt{2c_p(T_0-T_2)}$ 等公式。

（2）求流速时要特别注意单位。通常查图或表得到的焓值的单位是 kJ/kg,代公式求流速时要将其化为国际单位 J/kg。

（3）对于渐缩喷管的校核计算,气体出口压力的确定是很必要的,因为并不能保证 p_2 总能降到背压 p_b。决不可以不加判断地就认为 $p_2=p_b$,这是错误做法。

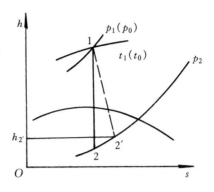

图 8-5　例题 8-2 附图

例题 8-3　氦气从恒定压力 $p_1=0.695$ MPa,温度 $t_1=27$ ℃的储气罐流入一喷管。如果喷管效率 $\eta_N=0.89$,求喷管里静压力 $p_2=0.138$ MPa 处的流速为多少? 其他条件不变,只是工质由氦气改为空气,其流速变为多少? 设氦气及空气的比热容为定值,$c_{p,\mathrm{He}}=5.234$ kJ/(kg·K),$\kappa_{\mathrm{He}}=1.667$,$c_{p,\mathrm{air}}=1.004$ kJ/(kg·K),$\kappa_{\mathrm{air}}=1.4$。

解　（1）气体由储气罐流入喷管,初速度很小可看作零。根据

$$\eta_N=\frac{h_1-h_{2'}}{h_1-h_2}=\frac{c_p(T_1-T_{2'})}{c_p(T_1-T_2)}$$

得

$$T_{2'}=T_1-\eta_N(T_1-T_2)$$

根据定熵过程参数间关系可得

$$T_2=T_1\left(\frac{p_2}{p_1}\right)^{(\kappa-1)/\kappa}=(273+27)\ \mathrm{K}\times\left(\frac{0.138\ \mathrm{MPa}}{0.695\ \mathrm{MPa}}\right)^{(1.667-1)/1.667}=157.1\ \mathrm{K}$$

于是

$$T_{2'}=300\ \mathrm{K}-0.89\times(300-157.1)\ \mathrm{K}=172.8\ \mathrm{K}$$

$$c_{f2'}=\sqrt{2c_p(T_1-T_{2'})}$$
$$=\sqrt{2\times5234\ \mathrm{J/(kg\cdot K)}\times(300-172.8)\ \mathrm{K}}=1153.9\ \mathrm{m/s}$$

（2）工质为空气

$$T_2=T_1\left(\frac{p_2}{p_1}\right)^{(\kappa-1)/\kappa}=300\ \mathrm{K}\times\left(\frac{0.138\ \mathrm{MPa}}{0.695\ \mathrm{MPa}}\right)^{(1.4-1)/1.4}=189.0\ \mathrm{K}$$

$$T_{2'}=T_1-\eta_N(T_1-T_2)=300\ \mathrm{K}-0.89\times(300-189.0)\ \mathrm{K}=201.2\ \mathrm{K}$$

$$c_{f2'}=\sqrt{2c_p(T_1-T_{2'})}$$
$$=\sqrt{2\times1004\ \mathrm{J/(kg\cdot K)}\times(300-201.2)\ \mathrm{K}}=445.4\ \mathrm{m/s}$$

讨论

从计算结果看到,对于初始条件相同,出口压力相等的理想气体,κ 或 R_g 值大的气体,在流动中将得到大的流速。所以在高速风洞中常用氦气作为工作流体。

例题 8-4　如图 8-6 所示,一渐缩喷管经一可调阀门与空气罐连接。气罐中参数恒定为 $p_a=500$ kPa,$t_a=43$ ℃,喷管外大气压力 $p_b=100$ kPa,温度 $t_0=27$ ℃,喷管出口截面面积为 68 cm²。空气的 $R_g=287$ J/(kg·K),$\kappa=1.4$。试求

（1）阀门 A 完全开启时(假设无阻力),求流经喷管的空气流量 q_{m1} 是多少?

（2）关小阀门 A,使空气经阀门后压力降为 150 kPa,求流经喷管的空气流量 q_{m2},以及因

节流引起的做功能力损失为多少？并将此
流动过程及损失表示在 T-S 图上。

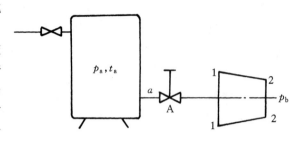

图 8-6 例题 8-4 附图

解 分析：本例题实质上是一喷管校
核计算型题目。问题的关键是确定出喷管
不同工况下的入口参数，一旦入口参数确
定了，就变成一单纯的喷管校核问题。而
入口参数又由节流过程决定，可见是由节
流过程和定熵流动过程组成的复合过程。

（1）阀门完全开启时，节流阀没起作
用，喷管的入口参数为

$$p_1 = p_a = 500 \text{ kPa}, \quad T_1 = T_a = (43 + 273) \text{ K} = 316 \text{ K}$$

因

$$\frac{p_b}{p_1} = \frac{100 \text{ kPa}}{500 \text{ kPa}} = 0.2 < \nu_{cr} = 0.528$$

所以

$$p_2 = p_{cr} = \nu_{cr} p_1 = 0.528 \times 500 \text{ kPa} = 264 \text{ kPa}$$

$$T_2 = T_1 \nu_{cr}^{(\kappa-1)/\kappa} = 316 \text{ K} \times 0.528^{0.4/1.4} = 263.3 \text{ K}$$

$$v_2 = \frac{R_g T_2}{p_2} = \frac{287 \text{ J/(kg · K)} \times 263.3 \text{ K}}{264 \times 10^3 \text{ Pa}} = 0.2862 \text{ m}^3/\text{kg}$$

$$c_{f2} = \sqrt{2 c_p (T_1 - T_2)} = \sqrt{2 \times 1004 \text{ J/(kg · K)} \times (316 - 263.3) \text{ K}}$$
$$= 325.3 \text{ m/s}$$

$$q_{m1} = \frac{A_2 c_{f2}}{v_2} = \frac{68 \times 10^{-4} \text{ m}^2 \times 325.3 \text{ m/s}}{0.2862 \text{ m}^3/\text{kg}} = 7.73 \text{ kg/s}$$

（2）阀门关小时，气流先要经过一节流过程，据开口系能量方程知

$$h_1 = h_a, \quad 对于理想气体即 T_1 = T_a = 316 \text{ K}$$

则喷管入口参数为 $p_1 = 150 \text{ kPa}$, $T_1 = 316 \text{ K}$

因

$$\frac{p_b}{p_1} = \frac{100 \text{ kPa}}{150 \text{ kPa}} = 0.667 > \nu_{cr} = 0.528$$

所以

$$p_2 = p_b = 100 \text{ kPa}$$

$$c_{f2} = \sqrt{\frac{2\kappa}{\kappa-1} R_g T_1 \left[1 - \left(\frac{p_2}{p_1} \right)^{(\kappa-1)/\kappa} \right]}$$

$$= \sqrt{\frac{2 \times 1.4}{0.4} \times 287 \text{ J/(kg · K)} \times 316 \text{ K} \times \left[1 - \left(\frac{100 \text{ kPa}}{150 \text{ kPa}} \right)^{0.4/1.4} \right]}$$

$$= 263.5 \text{ m/s}$$

$$v_2 = v_1 \left(\frac{p_1}{p_2} \right)^{1/\kappa} = \frac{R_g T_1}{p_1} \left(\frac{p_1}{p_2} \right)^{1/\kappa} = \frac{287 \text{ J/(kg · K)} \times 316 \text{ K}}{150 \times 10^3 \text{ Pa}} \left(\frac{150 \text{ kPa}}{100 \text{ kPa}} \right)^{1/1.4}$$

$$= 0.8077 \text{ m}^3/\text{kg}$$

$$q_{m2} = \frac{A_2 c_{f2}}{v_2} = \frac{68 \times 10^{-4} \text{ m}^2 \times 263.5 \text{ m/s}}{0.8077 \text{ m}^3/\text{kg}} = 2.22 \text{ kg/s}$$

因理想气体节流前后温度不变，于是节流引起的做功能力损失为

$$I = q_{m2} T_0 \Delta s_g = q_{m2} T_0 \left(-R_g \ln \frac{p_1}{p_a} \right)$$

$$= 2.22 \text{ kg/s} \times 300 \text{ K} \left[-287 \text{ J/(kg} \cdot \text{K)} \times \ln \frac{150 \times 10^3 \text{ Pa}}{500 \times 10^3 \text{ Pa}} \right]$$

$$= 230.1 \times 10^3 \text{ W} = 230.1 \text{ kW}$$

流动过程 a—1 和 1—2 及做功能力损失的表示如图 8-7 所示。

例题 8-5　如图 8-8 所示,压力 $p_1 = 0.45$ MPa,温度 $t_1 = 77 ℃$,速度忽略不计的空气稳定流入一可逆绝热的渐缩喷管,喷管出口处压力降为 $p_2 = 0.28$ MPa。紧接着流经一根水平放置的等截面管道,测得管道出口截面处空气流的压力 $p_3 = 0.27$ MPa,温度 $t_3 = 15 ℃$。空气的定值比热容为 $c_p = 1.004$ kJ/(kg·K),气体常数 $R_g = 0.287$ kJ/(kg·K)。试求:

（1）喷管出口处空气的温度和流速;

（2）平直管道出口处空气的流速;

（3）平直管道与外界交换的热量;

（4）当喷管存在摩阻,速度系数 $\varphi = 0.95$ 时,喷管出口截面处空气的速度、温度和比体积是多少?

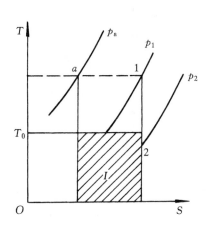

图 8-7　例题 8-4 附图

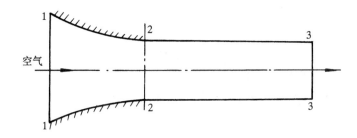

图 8-8　例题 8-5 附图

解　该题包含了两个过程,一是在喷管中的绝热流动过程,二是在等截面管道中的放热流动过程。

（1）喷管出口处空气的温度和流速

$$T_2 = T_1 \left(\frac{p_2}{p_1} \right)^{(\kappa-1)/\kappa} = (77 + 273) \text{ K} \left(\frac{0.28 \times 10^6 \text{ Pa}}{0.45 \times 10^6 \text{ Pa}} \right)^{0.4/1.4} = 305.6 \text{ K}$$

$$c_{f2} = \sqrt{2 c_p (T_1 - T_2)} = \sqrt{2 \times 1004 \text{ J/(kg} \cdot \text{K)}(350 - 305.6) \text{ K}} = 298.6 \text{ m/s}$$

（2）平直管道进出口的比体积

$$v_2 = \frac{R_g T_2}{p_2} = \frac{287 \text{ J/(kg} \cdot \text{K)} \times 305.6 \text{ K}}{0.28 \times 10^6 \text{ Pa}} = 0.3132 \text{ m}^3/\text{kg}$$

$$v_3 = \frac{R_g T_3}{p_3} = \frac{287 \text{ J/(kg} \cdot \text{K)} \times (15 + 273) \text{ K}}{0.27 \times 10^6 \text{ Pa}} = 0.3061 \text{ m}^3/\text{kg}$$

根据

$$q_{m2} = \frac{c_{f2} A_2}{v_2} = q_{m3} = \frac{c_{f3} A_3}{v_3}$$

求得平直管道出口流速为

$$c_{f3} = \frac{v_3}{v_2} c_{f2} = \frac{0.3061 \ \text{m}^3/\text{kg}}{0.3132 \ \text{m}^3/\text{kg}} \times 298.6 \ \text{m/s} = 291.8 \ \text{m/s}$$

（3）对平直管道列稳定流动能量方程，则

$$q = (h_3 - h_2) + \frac{1}{2}(c_{f3}^2 - c_{f2}^2) = c_p(T_3 - T_2) + \frac{1}{2}(c_{f3}^2 - c_{f2}^2)$$

$$= 1004 \ \text{J}/(\text{kg} \cdot \text{K}) \times (288 - 305.6) \ \text{K} + \frac{1}{2} \times \left[(291.8 \ \text{m/s})^2 - (298.6 \ \text{m/s})^2 \right]$$

$$= -19.68 \times 10^3 \ \text{J/kg} = -19.68 \ \text{kJ/kg}（负号表示向环境散热）$$

（4）有摩阻时

$$c_{f2'} = \varphi c_{f2} = 0.95 \times 298.6 \ \text{m/s} = 283.7 \ \text{m/s}$$

由

$$c_{f2'} = \sqrt{2c_p(T_1 - T_{2'})}$$

得

$$T_{2'} = T_1 - \frac{c_{f2'}^2}{2c_p} = 350 \ \text{K} - \frac{(283.7 \ \text{m/s})^2}{2 \times 1004 \ \text{J}/(\text{kg} \cdot \text{K})} = 309.9 \ \text{K}$$

$$v_{2'} = \frac{R_g T_{2'}}{p_2} = \frac{287 \ \text{J}/(\text{kg} \cdot \text{K}) \times 309.9 \ \text{K}}{0.28 \times 10^6 \ \text{Pa}} = 0.3176 \ \text{m}^3/\text{kg}$$

例题 8-6 由 CO_2 和 N_2 组成的混合气体，CO_2 的质量分数 $w = 60\%$。混合气体由初态 $p_1 = 400 \ \text{kPa}, t_1 = 500 \ ℃$ 经一喷管可逆绝热膨胀到 $p_2 = 100 \ \text{kPa}$。已知

$$c_{p,CO_2} = 0.8503 \ \text{kJ}/(\text{kg} \cdot \text{K}), \quad c_{V,CO_2} = 0.6613 \ \text{kJ}/(\text{kg} \cdot \text{K})$$

$$c_{p,N_2} = 1.039 \ \text{kJ}/(\text{kg} \cdot \text{K}), \quad c_{V,N_2} = 0.742 \ \text{kJ}/(\text{kg} \cdot \text{K})$$

试求 （1）在设计时应选用什么形状的喷管？为什么？

（2）求喷管出口截面混合气体的温度和速度；

（3）求喷管出口截面的马赫数；

（4）求 1 kg 混合气体的熵变量及各组成气体的熵变量。

解 （1）混合物的物性参数及比热容

$$R_{g,CO_2} = c_{p,CO_2} - c_{V,CO_2} = (0.8503 - 0.6613) \ \text{kJ}/(\text{kg} \cdot \text{K}) = 0.1890 \ \text{kJ}/(\text{kg} \cdot \text{K})$$

$$R_{g,N_2} = c_{p,N_2} - c_{V,N_2} = (1.039 - 0.742) \ \text{kJ}/(\text{kg} \cdot \text{K}) = 0.297 \ \text{kJ}/(\text{kg} \cdot \text{K})$$

混合物的折合气体常数

$$R_g = \sum_i w_i R_{g,i} = 0.6 \times 0.1890 \ \text{kJ}/(\text{kg} \cdot \text{K}) + 0.4 \times 0.297 \ \text{kJ}/(\text{kg} \cdot \text{K})$$

$$= 0.2322 \ \text{kJ}/(\text{kg} \cdot \text{K})$$

混合气体的比热容及比热容比

$$c_p = \sum_i w_i c_{pi} = 0.6 \times 0.8503 \ \text{kJ}/(\text{kg} \cdot \text{K}) + 0.4 \times 1.039 \ \text{kJ}/(\text{kg} \cdot \text{K})$$

$$= 0.9258 \ \text{kJ}/(\text{kg} \cdot \text{K})$$

$$c_V = c_p - R_g = (0.9258 - 0.2322) \ \text{kJ}/(\text{kg} \cdot \text{K}) = 0.6936 \ \text{kJ}/(\text{kg} \cdot \text{K})$$

$$\kappa = \frac{c_p}{c_V} = 1.335$$

选型：

$$\frac{p_2}{p_1} = \frac{100 \ \text{kPa}}{400 \ \text{kPa}} = 0.25$$

而临界压力比

$$\nu_{cr} = \left(\frac{2}{\kappa+1}\right)^{\kappa/(\kappa-1)} = \left(\frac{2}{1.335+1}\right)^{1.335/0.335} = 0.539$$

显然 $\dfrac{p_2}{p_1} < \nu_{cr}$，所以选缩放喷管

（2）出口截面气体温度和速度

$$T_2 = T_1 \left(\frac{p_2}{p_1}\right)^{(\kappa-1)/\kappa} = 773 \text{ K} \times \left(\frac{100 \times 10^3 \text{ Pa}}{400 \times 10^3 \text{ Pa}}\right)^{0.335/1.335} = 545.9 \text{ K}$$

$$\begin{aligned}c_{f2} &= \sqrt{2c_p(T_1 - T_2)} = \sqrt{2 \times 825.8 \text{ J/(kg·K)} \times (773 - 545.9) \text{ K}} \\ &= 612.5 \text{ m/s}\end{aligned}$$

（3）出口截面的音速及马赫数

$$c_2 = \sqrt{\kappa R_g T_2} = \sqrt{1.335 \times 232.2 \text{ J/(kg·K)} \times 545.9 \text{ K}} = 411.4 \text{ m/s}$$

$$Ma_2 = \frac{c_{f2}}{c_2} = \frac{612.5 \text{ m/s}}{411.4 \text{ m/s}} = 1.489$$

（4）先求各组成气体的分压力，再求它们的熵变量

各组成气体的摩尔分数为

$$x_{CO_2} = \frac{R_{g,CO_2}}{R_g} w_{CO_2} = \frac{0.1890 \text{ kJ/(kg·K)}}{0.2322 \text{ kJ/(kg·K)}} \times 0.6 = 0.4884$$

$$x_{N_2} = 1 - x_{CO_2} = 0.5116$$

分压力：
$$p_{1,CO_2} = x_{CO_2} p_1 = 0.4884 \times 400 \times 10^3 \text{ Pa} = 195.4 \times 10^3 \text{ Pa}$$

$$p_{1,N_2} = p_1 - p_{1,CO_2} = 400 \times 10^3 \text{ Pa} - 195.4 \times 10^3 \text{ Pa} = 204.6 \times 10^3 \text{ Pa}$$

$$p_{2,CO_2} = x_{CO_2} p_2 = 0.4884 \times 100 \times 10^3 \text{ Pa} = 48.84 \times 10^3 \text{ Pa}$$

$$p_{2,N_2} = x_{N_2} p_2 = 0.5116 \times 100 \times 10^3 \text{ Pa} = 51.16 \times 10^3 \text{ Pa}$$

1 kg 混合气中有 0.6 kg 的 CO_2、0.4 kg 的 N_2，于是

$$\begin{aligned}\Delta S_{CO_2} &= m_{CO_2}\left(c_{p,CO_2} \ln\frac{T_2}{T_1} - R_{g,CO_2} \ln\frac{p_{2,CO_2}}{p_{1,CO_2}}\right) \\ &= 0.6 \text{ kg}\left[850.3 \text{ J/(kg·K)} \times \ln\frac{545.9 \text{ K}}{773 \text{ K}} - 189.0 \text{ J/(kg·K)} \times \ln\frac{48.84 \times 10^3 \text{ Pa}}{195.4 \times 10^3 \text{ Pa}}\right] \\ &= -20.23 \text{ J/K}\end{aligned}$$

$$\begin{aligned}\Delta S_{N_2} &= m_{N_2}\left(c_{p,N_2} \ln\frac{T_2}{T_1} - R_{g,N_2} \ln\frac{p_{2,N_2}}{p_{1,N_2}}\right) \\ &= 0.4 \text{ kg}\left[1039 \text{ J/(kg·K)} \times \ln\frac{545.9 \text{ K}}{773 \text{ K}} - 297 \text{ J/(kg·K)} \times \ln\frac{51.16 \times 10^3 \text{ Pa}}{204.6 \times 10^3 \text{ Pa}}\right] \\ &= -20.10 \text{ J/K}\end{aligned}$$

1 kg 混合气体的熵变

$$\Delta S = \Delta S_{CO_2} + \Delta S_{N_2} \approx 0$$

这符合混合气体在喷管中做定熵流动的特点。

讨论

本例题的难点在于流经喷管的是混合气体，因此首先应求出混合气体的物性参数和比热容，然后才能求出临界压力比，进而进行喷管选型和求取其他参数。

例题 8 - 7　压力 $p_1 = 100$ kPa、温度 $t_1 = 27$ ℃的空气，流经扩压管时压力提高到

$p_2 = 180$ kPa。问空气进入扩压管时至少有多大流速? 这时进口马赫数是多少? 应设计成什么形状的扩压管?

解 (1) 依题意 $c_{f2} = 0$,根据稳定流动能量方程

$$h_1 + \frac{1}{2}c_{f1}^2 = h_2$$

$$c_{f1} = \sqrt{2(h_2 - h_1)} = \sqrt{2c_p(T_2 - T_1)} = \sqrt{\frac{2\kappa R_g T_1}{\kappa - 1}\left[\left(\frac{p_2}{p_1}\right)^{(\kappa-1)/\kappa} - 1\right]}$$

$$= \sqrt{\frac{2\times 1.4\times 287 \text{ J/(kg·K)}\times 300 \text{ K}}{1.4 - 1}\left[\left(\frac{180\times 10^3 \text{ Pa}}{100\times 10^3 \text{ Pa}}\right)^{0.4/1.4} - 1\right]}$$

$$= 331.98 \text{ m/s}$$

(2) $Ma_1 = \dfrac{c_{f1}}{c_1} = \dfrac{c_{f1}}{\sqrt{\kappa R_g T_1}} = \dfrac{331.98 \text{ m/s}}{\sqrt{1.4\times 287 \text{ J/(kg·K)}\times 300 \text{ K}}} = 0.956 < 1$

(3) 因 $Ma_1 < 1$,所以应设计成渐扩扩压管

例题 8-8 在蒸汽动力装置中,为调节输出功率,让从锅炉出来的压力 $p_1 = 2.5$ MPa,温度 $t_1 = 490$ ℃的蒸汽,先经节流阀,使之压力降为 $p_2 = 1.5$ MPa,然后再进入汽轮机定熵膨胀至 40 kPa。设环境温度为 20 ℃,求:

(1) 绝热节流后蒸汽的温度;

(2) 节流过程熵的变化;

(3) 节流的有效能损失,并将其表示在 T-s 图上;

(4) 由于节流使技术功减少了多少?

解 依题意画出设备图如图 8-9 所示。

根据 (p_1, t_1) 查图或表得

$h_1 = 3442$ kJ/(kg), $s_1 = 7.300$ kJ/(kg·K)

节流后 $h_2 = h_1 = 3442$ kJ/kg

根据 (p_2, h_2) 查图或表得

$s_2 = 7.527$ kJ/(kg·K), $t_2 = 485$ ℃

进入汽轮机作定熵膨胀,所以 $s_3 = s_2$。则根据 (p_3, s_2),查图或表得 $h_3 = 2588$ kJ/kg,参如图 8-10 所示。

若从锅炉出来的蒸汽不经过节流阀直接进入汽轮机定熵膨胀,则终点是 $3'$,据 (p_3, s_1) 查得 $h_{3'} = 2488$ kJ/kg

查出相关参数后,于是

(1) 绝热节流后蒸汽的温度

$$t_2 = 485 \text{ ℃}$$

(2) 节流过程熵的变化

$$\Delta s_{21} = s_2 - s_1 = (7.527 - 7.300) \text{ kJ/(kg·K)}$$
$$= 0.227 \text{ kJ/(kg·K)}$$

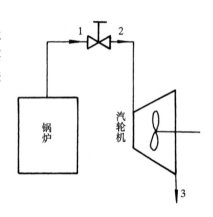

图 8-9 例题 8-8 附图

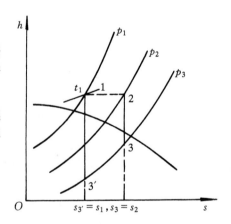

图 8-10 例题 8-8 附图

（3）节流过程的有效能损失

$$i = T_0 \Delta s_g = T_0 (s_2 - s_1)$$
$$= 293\text{ K} \times 0.227 \times 10^3\text{ J/kg}$$
$$= 66.5 \times 10^3\text{ J/kg} = 66.5\text{ kJ/kg}$$

在 $T\text{-}s$ 图上的表示如图 8-11 所示。

（4）由于节流使技术功减少了

$$\Delta w_t = w_{t,13'} - w_{t,13} = (h_1 - h_{3'}) - (h_2 - h_3)$$
$$= h_3 - h_{3'} = (2588 - 2488)\text{ kJ/kg}$$
$$= 100\text{ kJ/kg}$$

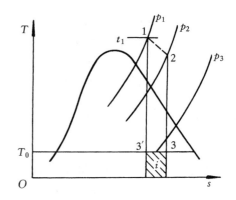

图 8-11　例题 8-8 附图

讨论

本题就是利用节流来调节发动机功率的一个例子。若不节流，输出的功为 $w_{t,13'} = h_1 - h_{3'} = 1004$ kJ/kg，而节流后，通过汽轮机输出的功为 $w_{t,13} = h_2 - h_3 = 904$ kJ/kg，显然，输出功调小了。通过节流阀的调节，可以不断改变输出功的大小。

例题 8-9　节流式蒸汽量热计如图 8-12 所示。它是用来测定流过蒸汽管路的湿蒸汽干度的一种仪器，是利用湿蒸汽充分节流后将形成过热蒸汽这一原理而制成的。若湿蒸汽从 1.4 MPa 在量热计中节流到 0.1 MPa、150 ℃时，试确定湿蒸汽的干度的多少？

解　由 $p_2 = 0.1$ MPa，$t_2 = 150$ ℃查图或表得
$$h_2 = 2776.0\text{ kJ/(kg·K)}$$
因节流过程，$\quad h_1 = h_2 = 2776.0$ kJ/(kg·K)
根据 (p_1, h_1) 查图或表得
$$x_1 = 0.994$$

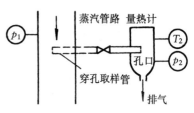

图 8-12　例题 8-9 附图

讨论

这是利用节流来测定蒸汽干度的一个实例。因为在湿蒸汽区，压力和温度不互相独立，一个为另一个的函数，即 $p_s = f(t_s)$，从而压力或温度只能测量出一个参数，显然，湿蒸汽的状态无法确定。利用湿蒸汽充分节流后形成过热蒸汽，可测量出过热蒸汽的压力和温度，即确定出状态 2 点（参见图 8-13），然后根据 $h_2 = h_1$，即可将湿蒸汽状态 1 点确定，于是湿蒸汽的干度或其他参数就可很方便的得到。

例题 8-10　理想气体从初态 $1(p_1, t_1)$ 进行不同过程至相同终压 p_2，一过程为经过喷管的不可逆绝热膨胀过程，另一过程为经过节流阀的绝热节流过程。若 $p_1 > p_2 > p_0$，$T_1 > T_0$（p_0，T_0 为环境压力和温度），试在 $T\text{-}s$ 图上表示此两过程，并根据图比较两过程做功能力损失的大小。

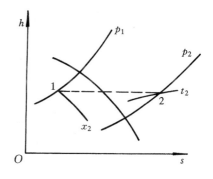

图 8-13　例题 8-9 附图

解 如图 8 - 14 所示,1—2 表示绝热节流过程, 1—2′表示喷管中的不可逆绝热膨胀过程。

节流过程的做功能力损失为

$i = T_0 \Delta s_g = T_0(s_2 - s_1) = a—b—c—d—a$ 所围的面积

不可逆绝热过程的做功能力损失为

$i' = T_0 \Delta s_g = T_0(s_{2'} - s_1) = a—f—e—d—a$ 所围的面积

显然 $i > i'$

讨论

节流前后焓值不变,即能量在数量上并无损失,但 由于局部阻力的存在,使节流后能量的品质降低了。由 以上分析看到,与喷管中的不可逆绝热膨胀相比,绝热 节流的能量品质损耗更为严重,因绝热节流的熵产

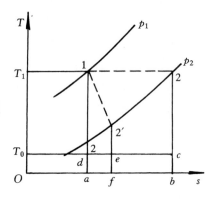

图 8 - 14 例题 8 - 10 附图

$(s_2 - s_1)$ 要比喷管的 $(s_2' - s_1)$ 大得多。所以,绝热节流过程决不能作为可逆过程来处理。

8.6 自我测验题

8 - 1 填空题

(1) 空气在稳定工况下流经喷管,空气的 _____ 转变成 _____ ,空气的压力 _____ ,流速 _____ ,温度 _____ 。

(2) 空气流经阀门,其焓变化 _____ ;压力变化 _____ ;熵变化 _____ ,温度 变化 _____ 。(填大于零、小于零或等于零)

(3) 焦汤系数 $\mu_J =$ _____ 。当 $\mu_J > 0$ 时,节流后温度将 _____ 。

(4) 插入高速流动工质中的温度计,测出的温度值一般 _____ 工质的实际温度。

(5) 两股空气流,其参数如图 8 - 15 所示。流量分别为 q_{m1}, q_{m2},合流过程是绝热的,忽略 动能、位能的变化,试用已知参数表示合流后的温度 $t =$ _____ 。(c_p 为定值)

(6) 渐缩喷管工作在初压 p_1 和极低背压 p_b 之间,初速略去不计。若喷管出口部分切去一 小段,如图 8 - 16 所示。则工质的出口流速 _____ ,流量 _____ (填变大,变小或不变)

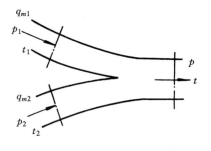

图 8 - 15 题 8 - 1(5)附图

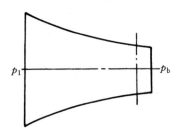

图 8 - 16 题 8 - 1(6)附图

8-2　简答题

(1) 在给定的定熵流动中,流道各截面的滞止参数是否相同? 为什么?

(2) 渐缩喷管内的流动情况,在什么条件下不受背压变化的影响? 若进口压力有所改变 (其余不变),则流动情况又将如何?

(3) 气体在喷管中流动加速时,为什么会出现喷管截面积逐渐扩大的情况? 常见的河流和小溪,遇到流道狭窄处,水流速度会明显上升,很少见到水流速度加快处,会是流道截面积加大的地方,这是为什么?

(4) 气体在喷管中绝热流动,不管其过程是否可逆,都可以用 $c_{f2} = \sqrt{2(h_0 - h_2)}$ 进行计算。这是否说明可逆过程和不可逆过程所得到的效果相同?

8-3　渐缩喷管射出的空气,压力为 0.2 MPa,温度为 150 ℃,流速为 400 m/s,求空气的定熵滞止温度和压力。

8-4　燃烧室产生的燃气压力为 0.8 MPa、温度为 900 ℃,让燃气通过一个喷管流入压力为 0.1 MPa 的空间,以获得高速气流。流经喷管的燃气流量为 0.93 kg/s。已知燃气的比定压热容 $c_p = 1.133$ kJ/(kg·K),比热比 $\kappa = 1.34$。

(1) 为使气体充分膨胀,应选用何种形式的喷管? 能否获得超音速气流?

(2) 求喷管出口处气流速度和出口截面积。

(3) 若考虑摩擦,喷管出口处气流实际速度 c'_{f2} 与理论流速相比,哪个大? 为保证流量不变,出口截面积应该怎样改变?

8-5　空气流经渐缩喷管作定熵流动。已知进口截面上空气参数为 $p_1 = 0.6$ MPa,$t_1 = 700$ ℃,$c_{f1} = 312$ m/s,出口截面积 $A_2 = 30$ cm²。试确定最大质量流量及达到最大质量流量时的背压为多少?

8-6　水蒸气流经某渐缩喷管,进口参数为 $p_1 = 8.8$ MPa,$t_1 = 500$ ℃,喷管出口外界背压 $p_b = 4.0$ MPa,出口截面积 $A_2 = 20$ cm²。试求:

(1) 不计摩阻时喷管出口的流速和流量。

(2) 若设计一喷管以充分利用压差,应选何种形状? 喷管的出口流速为多少(不计摩阻)?

(3) 当考虑摩阻,喷管的速度系数 $\varphi = 0.96$ 时,题(1)的出口速度是多少? 定性说明流量是变大还是变小?

8-7　压力为 $p_1 = 1.2$ MPa,温度 $t_1 = 1\,200$ K 的空气,以 $q_m = 3$ kg/s 的流量流经节流阀,压力降为 $p_2 = 1.0$ MPa,然后进入喷管作可逆绝热膨胀。已知喷管出口外界背压 $p_b = 0.6$ MPa,环境温度 $T_0 = 300$ K。问:

(1) 应选何种形状的喷管?

(2) 喷管出口流速及截面为多少?

(3) 因节流引起的做功能力损失为多少? 并表示在 T-S 图上。

(4) 如果背压变为 $p_b = 0.4$ MPa,此时流过喷管的流量为多少?

8-8　压力为 1 MPa 的饱和水,经节流阀压力降为 0.1 MPa。已知环境温度 $T_0 = 300$ K。求:

(1) 节流后的温度、焓和热力学能;

(2) 节流引起的有效能损失;

(3) 将此过程及损失表示在 T-s 图上(建议用水蒸气热力性质表作)。

8-9 如图 8-17 所示,温度为 200 ℃、流量为 6 kg/s、流速为 100 m/s 的空气流过管道 1,与另一管道 2 中温度为 100 ℃、流量为 1 kg/s、流速为 50 m/s 的空气进行绝热混合。混合后空气的压力为 0.4 MPa。管道 3 的直径为 100 mm。若空气的比热容为定值,试求混合后空气的流速和温度。

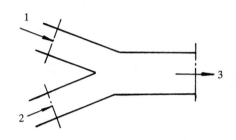

图 8-17 题 8-9 附图

第9章　气体和蒸气的压缩

消耗外功使气体压缩升压的设备称为压气机。压气机按其产生压缩气体的压力范围，习惯上常分为通风机（<110 kPa）、鼓风机（110～400 kPa）和压缩机（>400 kPa）。压气机按其结构的不同，又可分为活塞式和叶轮式（离心式、轴流式）两类。

在第 3 章、第 6 章气体（或蒸气）的热力过程的基础上，再讲压气机的热力过程，其目的是：分析压气机的工作过程，计算定量气体自初态压缩到预定终压时，压气机所耗的功，并寻求省功的方向和方法。本章的基本公式在前几章中均已掌握，学习本章时只要对活塞式和叶轮式压气机的工作原理有所了解，同时抓住压气机耗功的计算及如何省功的分析这条中心线索，本章内容就很容易掌握。

9.1　基本要求

(1)掌握活塞式压气机和叶轮式压气机的工作原理。

(2)掌握不同压缩过程（绝热、定温、多变）状态参数的变化规律、耗功的计算，以及压气机耗功的计算。

(3)了解多级压缩、中间冷却的工作情况。了解余隙容积对活塞式压气机工作的影响。

9.2　基本知识点

9.2.1　活塞式压气机的过程分析

活塞式压气机的工作过程由进气、压缩和排气 3 个过程组成，其中进气与排气过程都不是热力过程，只是气体迁移过程，缸内气体的数量发生变化，而热力状态不变，如图 9-1 所示的 a—1，2—b 过程。只有当进、排气阀关闭，对气体进行压缩，使其状态变化的压缩过程才是热力过程。

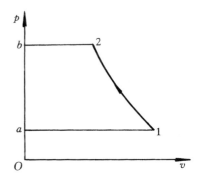

图 9-1　活塞式压气机示功图

1. 压气机的耗功

使气体压力从 p_1 升至 p_2，压气机的耗功等于压缩过程耗功与进、排气过程推动功的代数和，即

$$w_c = w_{12} - (p_2 v_2 - p_1 v_1) = w_t \quad （见式(2-15)）$$

可见，压气机的耗功为技术功，当过程可逆时，在 p-v 图上可用过程线在纵坐标上的投影面积表示。而压缩过程的耗功是体积变化功，在 p-v 图上是过程线在横坐标上的投影面积。

关于这一点，也可这样理解。在活塞式压气机中，气体的压缩虽是间歇地、周期性地进行，但是，因其间歇时间极短，运动速度极快；又因一般压气机进、排气均有足够大的空间，可维持进、排气近乎连续而稳定。因此，活塞式压气机的工作过程也可视作稳定流动，其所对应的功，在进、排气体的流速和高度差别不大,动、位能的变化被忽略时,就是技术功 w_t。

2. 不同压缩过程的比较

压缩过程可能出现 3 种情况:第 1 种是过程中对气体未采取冷却措施,过程可视为绝热压缩;第 2 种是气体被充分冷却,过程接近定温压缩;第 3 种是压气机的实际压缩过程,虽采用了一定的冷却措施,但气体又未能充分冷却,所以压缩过程为定温与绝热之间的多变过程。不同压缩过程的热力分析和比较如下。

1) 过程线的比较

图 9-2 是 3 种压缩过程的 p-v 图和 T-s 图。

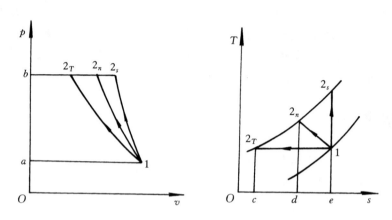

图 9-2　不同压缩过程的比较示意图

2) 排气温度的计算与比较

定熵过程　　　$T_{2s} = T_1 \left(\dfrac{p_2}{p_1} \right)^{(\kappa-1)/\kappa}$

多变过程　　　$T_{2n} = T_1 \left(\dfrac{p_2}{p_1} \right)^{(n-1)/n}$

定温压缩　　　$T_{2T} = T_1$

3) 压气机耗功的计算与比较

定熵压缩

$$w_{t,s} = \frac{\kappa}{\kappa-1} R_g T_1 \left[1 - \left(\frac{p_2}{p_1} \right)^{(\kappa-1)/\kappa} \right]$$

$$= p\text{-}v \text{ 图上面积 } 1-2_s-b-a-1$$

$$= T\text{-}s \text{ 图上 } 1-2_s-2_T-c-e-1$$

多变压缩

$$w_{t,n} = \frac{n}{n-1} R_g T_1 \left[1 - \left(\frac{p_2}{p_1} \right)^{(n-1)/n} \right]$$

$$= p\text{-}v \text{ 图上面积 } 1-2_n-b-a-1$$

$$= T\text{-}s \text{ 图上面积 } 1-2_n-2_T-c-e-1$$

定温压缩

$$w_{t,T} = R_g T_1 \ln \frac{v_2}{v_1} = -R_g T_1 \ln \frac{p_2}{p_1}$$

$$= p\text{-}v \text{ 图上面积 } 1\text{—}2_T\text{—}b\text{—}a\text{—}1$$
$$= T\text{-}s \text{ 图上面积 } 1\text{—}2_T\text{—}c\text{—}e\text{—}1$$

4）压缩过程传热量的计算与比较

定熵过程　　　$q_s = 0$

多变过程　　　$q_n = \dfrac{n-\kappa}{n-1} c_V (T_2 - T_1) = T\text{-}s$ 图上面积 $1\text{—}2_n\text{—}d\text{—}e\text{—}1$

定温过程　　　$q_T = w_{t,T} = R_g T_1 \ln \dfrac{v_2}{v_1} = -R_g T_1 \ln \dfrac{p_2}{p_1} = T\text{-}s$ 图上面积 $1\text{—}2_T\text{—}c\text{—}e\text{—}1$

从图 9-2 不难看出

$$T_{2_T} < T_{2_n} < T_{2s}$$
$$|w_{t,T}| < |w_{t,n}| < |w_{t,s}|$$

这就是说，从同一初态压缩到某一预定压力，定温过程的耗功量最省，压缩终了的排气温度也最低，所以定温过程最好。所以使实际压缩过程趋近定温过程，就是改进压气机工作的主要方向。

9.2.2　多级压缩、中间冷却

多级压缩、中间冷却是改进压气机，使之省功的一种有效方法。以两级压缩为例，让气体在低压气缸中压缩到某一中间压力，然后送到中间冷却器进行定压冷却，冷却到进气温度后又送到高压气缸，在高压气缸中压缩到终压后排出气缸。

对应的 $p\text{-}v$ 和 $T\text{-}s$ 图，如图 9-3 所示。由图 9-3(a) 看到，当达到相同的终态压力时，两级压缩、中间冷却与单级压缩（$1\text{-}4'$ 过程）相比，压气机耗功量减少，所节省的功量等于面积 $2\text{—}4'\text{—}4\text{—}3\text{—}2$。同时，由图 9-3(b) 看到，压气机排气温度 T_4 也比单级的 $T_{4'}$ 降低了。不难看出，在总增压比一定的条件下，级数分得越多，理论耗功量越小。当级数为无限多时，压缩过程就无限接近于定温压缩，理论耗功量最小，但是，这样会使设备太复杂。实际上通常分为 $2 \sim 4$ 级。

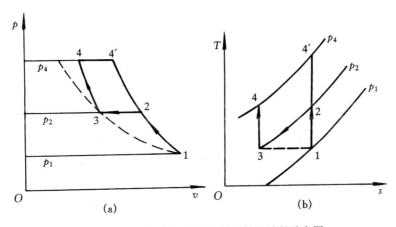

图 9-3　两级压缩、中间冷却压气机过程示意图

多级压气机的耗功量应是各级耗功量之和，显然其与中间压力有关。以耗功量最小为原则，可求得最佳中间压力为

$$p_2 = \sqrt{p_1 p_4} \qquad\qquad (9-1a)$$

或
$$\frac{p_2}{p_1} = \frac{p_4}{p_2} = \sqrt{\frac{p_4}{p_1}} \qquad\qquad (9-1b)$$

即两级增压比相等时,压气机耗功量达最小值。这一结论可推广到任意级压缩。如 x 级压缩,则每级增压比为

$$\pi = \sqrt[x]{\frac{p_{\text{终压}}}{p_{\text{初压}}}}$$

选择最佳中间压力后,可使得压气机各级耗功量、各级气体的温升、各级压缩过程的放热量及各中间冷却器的放热量相等,这对于压气设备的设计和运行是很有利的。

9.2.3 活塞式压气机的余隙影响

实际的活塞式压气机,为避免活塞与气缸盖的撞击,以及便于安装进、排气阀等,当活塞处于上死点时,活塞顶面与缸盖之间必留有一定的空隙,称为余隙容积。

由于余隙容积 V_3 的存在,活塞就不可能将高压气体全部排出,而有一部分残留在气缸内。因此,活塞在下一个吸气行程中,必须等待余隙容积中残留的高压气体膨胀到进气压力 p_1 时,才能从外界吸入新气。整个工作过程变为如图 9-4 所示的 1—2—3—4—1。

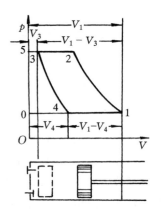

图 9-4 活塞式压气机工作过程示意图

显然,有余隙时的理论耗功量为

$W_{\text{t},n} =$ 面积 1—2—3—4—1
$=$(面积 1—2—5—0—1)$-$(面积 4—3—5—0—4)

假定 1—2 及 3—4 两过程的 n 相同,则

$$W_{\text{t},n} = \frac{n}{n-1} p_1 V_1 \left[1 - \left(\frac{p_2}{p_1}\right)^{(n-1)/n} \right] - \frac{n}{n-1} p_4 V_4 \left[1 - \left(\frac{p_3}{p_4}\right)^{(n-1)/n} \right]$$

$$= \frac{n}{n-1} p_1 (V_1 - V_4) \left[1 - \left(\frac{p_2}{p_1}\right)^{(n-1)/n} \right]$$

$$= \frac{n}{n-1} p_1 V \left[1 - \left(\frac{p_2}{p_1}\right)^{(n-1)/n} \right]$$

$$= \frac{n}{n-1} m R_{\text{g}} T_1 \left[1 - \left(\frac{p_2}{p_1}\right)^{(n-1)/n} \right]$$

上式表明,无论有无余隙,压缩同质量的气体,压气机的耗功量相同。但有了余隙后,有效吸气容积 $V=(V_1-V_4)$ 减少,气缸容积不能充分利用,要达到原气缸产量时,必须采用尽寸较大的气缸,这增加了设备费用。另外,由于终压愈高,有效吸气容积就愈小,当终压高至一定程度时,甚至无法吸了,因此余隙的这一有害影响还随增压比的增大而增加。所以,应该尽量减小余隙容积。在设计制造时,通常余隙比为

$$C = \frac{V_3}{V_h} = \frac{V_3}{V_1 - V_3} = 0.03 \sim 0.08$$

将有效吸气容积与活塞排量之比称为容积效率 η_V,即

$$\eta_V = \frac{V}{V_{\mathrm h}} = \frac{V_1 - V_4}{V_1 - V_3} = 1 - \frac{V_4 - V_3}{V_1 - V_3} = 1 - \frac{V_3}{V_1 - V_3}\left(\frac{V_4}{V_3} - 1\right)$$

由于 $\dfrac{V_4}{V_3} = \left(\dfrac{p_3}{p_4}\right)^{1/n} = \left(\dfrac{p_2}{p_1}\right)^{1/n}$，故上式可写成

$$\eta_V = 1 - \frac{V_3}{V_1 - V_3}\left[\left(\frac{p_2}{p_1}\right)^{1/n} - 1\right] = 1 - C\left[\left(\frac{p_2}{p_1}\right)^{1/n} - 1\right]$$

由此式可见,相同的余隙比时,提高增压比,将减小容积效率 η_V。因此,单级活塞式压气机的增压比受余隙容积的影响而有一定的限制,一般不超过 $8\sim9$。当需要获得较高压力时,必须采用多级压缩。而当增加比一定时,余隙比加大,也将使容积效率 η_V 降低。总之,余隙容积的存在对压气机工作是不利的。

9.2.4　叶轮式压气机

　　叶轮式压气机分离心式和轴流式两种。两者的共同特点是:气流不断流入压气机,在其中依赖叶片之间形成的通道加速和扩压,压缩升压后的气体不断流出压气机。

　　和活塞式相比较,叶轮式结构紧凑,输气量大,输气均匀且运转平稳,机械效率高。其主要缺点是增压比不大,因此,在需要高增压比的场合仍然多用活塞式压气机。

　　活塞式和叶轮式压气机的结构和工作原理虽然不同,但从热力学观点来看,气体压缩过程并没有什么不同,都是消耗外功,使气体压缩升压的过程,而且都可视为稳定流动过程。因此,在叶轮式压气机中,气体的热力过程和耗功量的计算都可运用活塞式压气机所推得的计算式。只是由于叶轮式压气机的结构特点,加上转速高,因而压缩过程基本是绝热的($n=\kappa$)。此外,在叶轮式压气机中,广泛地采用多级压缩、中间冷却。

　　与活塞式压气机相比,叶轮式压气机的气流速度要高得多,因而摩擦的影响不可忽略。引入压气机绝热效率 $\eta_{\mathrm{C},s}$。它是可逆绝热压缩的压气机耗功量与不可逆绝热压缩的压气机的耗功量之比,即

$$\eta_{\mathrm{C},s} = \frac{w_{\mathrm t}}{w_{\mathrm t}'} = \frac{h_1 - h_2}{h_1 - h_{2'}}$$

状态点如图 9-5 所示。

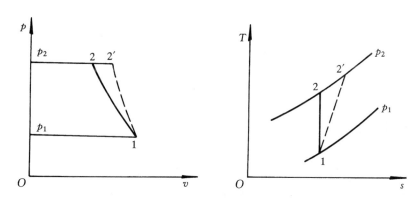

图 9-5　可逆与不可逆绝热压缩过程示意图

9.3 公式小结

1. 压气机耗功

无论是活塞式还是叶轮式压气机,在略去动、位能变化时,压气机的耗功就是技术功 w_t,所以前面章节介绍的不同热力过程技术功的计算公式均可用。

对于绝热压缩过程,压气机耗功为

$$w_{t,s} = -\Delta h \qquad \text{适用于任何工质,可逆或不可逆过程}$$
$$= c_p (T_1 - T_2) \qquad \text{适用于理想气体,可逆或不可逆过程}$$
$$= \frac{\kappa}{\kappa-1}(p_1 v_1 - p_2 v_2) \qquad \text{适用于理想气体,可逆绝热过程}$$
$$= \frac{\kappa}{\kappa-1} p_1 v_1 \left[1 - \left(\frac{p_2}{p_1} \right)^{(\kappa-1)/\kappa} \right] \qquad \text{适用于理想气体,可逆绝热过程}$$
$$= \frac{\kappa}{\kappa-1} R_g T_1 \left[1 - \left(\frac{p_2}{p_1} \right)^{(\kappa-1)/\kappa} \right] \qquad \text{适用于理想气体,可逆绝热过程}$$

对于多变压缩过程,只需将绝热压缩过程的压气机耗功计算式中的绝热指数 κ 改为多变指数 n 即可。

对于定温压缩过程,压气机耗功为

$$w_{t,T} = q - \Delta h \qquad \text{适用于任何工质,可逆或不可逆过程}$$
$$= R_g T \ln \frac{v_2}{v_1} = -R_g T \ln \frac{p_2}{p_1} \qquad \text{适用于理想气体,可逆过程}$$

2. 多级压缩、中间冷却

由总耗功最小可得到,在 x 级压缩时,各最佳中间压力应满足:

$$\frac{p_2}{p_1} = \frac{p_3}{p_2} = \cdots = \frac{p_x}{p_{x-1}} = \frac{p_{x+1}}{p_x} = \pi = \sqrt[x]{\frac{p_{终压}}{p_{初压}}}$$

即各级增压比相等。按此最佳中间压力选择后,可使:压气机各级耗功量相等,各级气体的温升相等,各级压缩过程的放热量及各中间冷却器的放热量均相等。因此,耗功量等物理量的计算,仍可按单级计算后乘以相应级数即可。

3. 压气机绝热效率 $\eta_{C,s}$

$$\eta_{C,s} = \frac{\text{可逆绝热压缩耗功}}{\text{实际绝热压缩耗功}} = \frac{w_{t,s}}{w_t} = \frac{h_1 - h_2}{h_1 - h_{2'}}$$

$\eta_{C,s}$ 实际上是一修正系数,大致为 $0.85 \sim 0.90$。

9.4 重点与难点

本章重点是要能正确计算压气机的耗功,并能区分压缩过程耗功与压气机耗功的概念。压缩过程耗功是体积变化功即膨胀功 w,而压气机耗功是技术功 w_t,选用公式时需加注意。

另外,对叶轮式压气机的耗功进行分析计算时,视为绝热过程。但由于气流流速大,压缩过程的摩擦损失较大,因而需要当作不可逆绝热过程来处理。不可逆绝热压缩过程的终态 $2'$ 落在可逆绝热压缩终态 2 的右侧,如图 9-6 所示。

实际压气机耗功　　$w_t = h_1 - h_{2'}$

可逆时压气机耗功　$w_{t,s} = h_1 - h_2$

压气机绝热效率　　$\eta_{C,s} = \dfrac{h_1 - h_2}{h_1 - h_{2'}}$

若为理想气体,且定值比热容,则压气机绝热效率为

$$\eta_{C,s} = \frac{T_1 - T_2}{T_1 - T_{2'}}$$

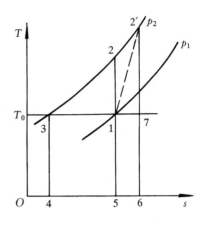

图 9-6　叶轮式压气机的压缩过程示意图

在图 9-6 上,可逆绝热压缩的压气机耗功量 $h_1 - h_2$ 等于面积 1—2—3—4—5—1,实际压气机耗功量 $h_1 - h_{2'}$ 等于面积 2'—3—4—6—2'。不可逆绝热压缩较绝热压缩多消耗的功量为 $h_2 - h_{2'}$,等于面积 2'—2—5—6—2'。但多耗的功量并不就是损失的有效能,由于不可逆而引起的有效能损失为

$$i = T_0 \Delta s_g = T_0(s_{2'} - s_1)$$

为图上面积 1—5—6—7—1 所示(压气机进口温度即为大气温度)。

9.5　典型题精解

例题 9-1　空气为 $p_1 = 1 \times 10^5$ Pa,$t_1 = 50$ ℃,$V_1 = 0.032$ m³,进入压气机按多变过程压缩至 $p_2 = 32 \times 10^5$ Pa,$V_2 = 0.0021$ m³。试求:(1)多变指数 n;(2)压气机的耗功;(3)压缩终了空气温度;(4)压缩过程中传出的热量。

解　(1)多变指数

$$\frac{p_2}{p_1} = \left(\frac{V_1}{V_2}\right)^n$$

$$n = \frac{\ln \dfrac{p_2}{p_1}}{\ln \dfrac{V_1}{V_2}} = \frac{\ln \dfrac{32 \times 10^5 \text{ Pa}}{1 \times 10^5 \text{ Pa}}}{\ln \dfrac{0.032 \text{ m}^3}{0.0021 \text{ m}^3}} = 1.2724$$

(2)压气机的耗功

$$W_t = \frac{n}{n-1}(p_1 V_1 - p_2 V_2)$$

$$= \frac{1.2724}{1.2724 - 1} \times (1 \times 10^5 \text{ Pa} \times 0.032 \text{ m}^3 - 32 \times 10^5 \text{ Pa} \times 0.0021 \text{ m}^3)$$

$$= -16.44 \times 10^3 \text{ J} = -16.44 \text{ kJ}$$

(3)压缩终温

$$T_2 = T_1 \left(\frac{p_2}{p_1}\right)^{\frac{n-1}{n}} = (50 + 273) \text{ K} \times \left(\frac{32 \times 10^5 \text{ Pa}}{1 \times 10^5 \text{ Pa}}\right)^{0.2724/1.2724} = 678.3 \text{ K}$$

(4)压缩过程传热量

$$Q = \Delta H + W_t = m c_p (T_2 - T_1) + W_t$$

$$m = \frac{p_1 V_1}{R_g T_1} = \frac{1 \times 10^5 \text{ Pa} \times 0.032 \text{ m}^3}{287 \text{ J/(kg · K)} \times 323 \text{ K}} = 3.452 \times 10^{-2} \text{ kg}$$

于是

$$Q = 3.452 \times 10^{-2} \text{ kg} \times 1004 \text{ J/(kg} \cdot \text{K)} \times (678.3 - 323) \text{ K} - 16.44 \times 10^3 \text{ J}$$
$$= -4.126 \times 10^3 \text{ J} = -4.126 \text{ kJ}$$

例题 9-2 压气机中气体压缩后的温度不宜过高,取极限值为 150 ℃,吸入空气的压力和温度为 $p_1 = 0.1$ MPa,$t_1 = 20$ ℃。若压气机缸套中流过 465 kg/h 的冷却水,在气缸套中的水温升高 14 ℃。求在单级压气机中压缩 250 m³/h 进气状态下空气可能达到的最高压力,及压气机必需的功率。

解法 1

(1) 压气机的产气量为

$$q_m = \frac{p_1 q_V}{R_g T_1} = \frac{0.1 \times 10^6 \text{ Pa} \times 250 \text{ m}^3/\text{h}}{287 \text{ J/(kg} \cdot \text{K)} \times 293 \text{ K}} = 297.3 \text{ kg/h}$$

(2) 求多变压缩过程的多变指数

根据能量守恒有 $Q_\text{气} = -Q_\text{水}$

即

$$q_m c_n (T_2 - T_1) = -q_{m,\text{水}} c_\text{水} \, \Delta t_\text{水}$$

$$c_n = \frac{-q_{m,\text{水}} c_\text{水} \, \Delta t_\text{水}}{q_m (T_2 - T_1)} = \frac{-465 \text{ kg/h} \times 4187 \text{ J/(kg} \cdot \text{K)} \times 14 \text{ K}}{297.3 \text{ kg/h} \times (150 - 20) \text{ K}}$$

$$= -705.3 \text{ J/(kg} \cdot \text{K)}$$

又因

$$c_n = \frac{n - \kappa}{n - 1} c_V = \frac{n - \kappa}{n - 1} \frac{5}{2} R_g$$

即

$$-705.3 \text{ J/(kg} \cdot \text{K)} = \frac{n - 1.4}{n - 1} \times \frac{5}{2} \times 287 \text{ J/(kg} \cdot \text{K)}$$

解得

$$n = 1.20$$

(3) 求压气机的终压

$$p_2 = p_1 \left(\frac{T_2}{T_1}\right)^{n/(n-1)} = 0.1 \times 10^6 \text{ Pa} \times \left(\frac{423 \text{ K}}{293 \text{ K}}\right)^{1.20/0.20}$$

$$= 0.905 \times 10^6 \text{ Pa} = 0.905 \text{ MPa}$$

(4) 求压气机的耗功

$$\dot{W}_t = \frac{n}{n - 1} q_m R_g (T_1 - T_2)$$

$$= \frac{1.20}{1.20 - 1} \times 297.3 \text{ kg/h} \times \frac{1}{3\,600} \text{ h/s} \times 287 \text{ J/(kg} \cdot \text{K)} \times (293 - 423) \text{ K}$$

$$= -18.49 \times 10^3 \text{ W} = -18.49 \text{ kW}$$

解法 2

在求得压气机产气量 q_m 后,再求压气机的耗功量为

$$W_t = Q - \Delta H = -Q_\text{水} - \Delta H = -q_{m,\text{水}} c_\text{水} \, \Delta t_\text{水} - q_m c_p (T_2 - T_1)$$

$$= -465 \text{ kg/h} \times \frac{1}{3600} \text{ h/s} \times 4187 \text{ J/(kg} \cdot \text{K)} \times 14 \text{ K} -$$

$$297 \text{ kg/h} \times \frac{1}{3600} \text{ h/s} \times 1004 \text{ J/(kg} \cdot \text{K)} \times (150 - 20) \text{ K}$$

$$= -18.34 \times 10^3 \text{ W} = -18.34 \text{ kW}$$

由

$$W_t = \frac{n}{n - 1} q_m R_g (T_1 - T_2)$$

可求得多变指数为

$$n = \cfrac{1}{1 - \cfrac{q_m R_g (T_1 - T_2)}{W_t}}$$

$$= \cfrac{1}{1 - \cfrac{297.3 \text{ kg/h} \times \cfrac{1}{3600} \text{ h/s} \times 287 \text{ J/(kg} \cdot \text{K)} \times (20 - 150) \text{ K}}{-18.34 \times 10^3 \text{ W}}} = 1.20$$

压气机的终压为

$$p_2 = p_1 \left(\frac{T_2}{T_1} \right)^{n/(n-1)} = 0.905 \text{ MPa}$$

讨论

本例题提到压气机排气温度的极限值。压气机的排气温度一般规定不得超过160～180 ℃。由于排气温度超过限定值,会引起润滑油变质,从而影响润滑效果,严重时还可能引起自燃,甚至发生爆炸,所以不可能用单级压缩产生压力很高的压缩空气。

例如,实验室需要压力为 6.0 MPa 的压缩空气,应采用一级压缩还是两级压缩? 若采用两级压缩,最佳中间压力应为多少? 设大气压力为 0.1 MPa,大气温度为 20 ℃,$n = 1.25$,采用中冷器将压缩空气冷却到初温,压缩终了空气的温度又是多少?

决定上述例子是采用一级压缩还是二级压缩,实际上就是要看压缩终温是否超过了规定值。

如采用一级压缩,则终了温度为 $T_2 = T_1 \left(\dfrac{p_4}{p_1} \right)^{(n-1)/n} = 664.5 \text{ K} = 391.5 \text{ ℃}$,显然超过了润滑油允许温度。所以应采用两级压缩中间冷却,其最佳中间压力为 $p_2 = \sqrt{p_1 p_4} = 0.7746 \text{ MPa}$,两级压缩后的终温则为 $T_4 = T_2 = T_1 \left(\dfrac{p_4}{p_1} \right)^{(n-1)/n} = 441 \text{ K} = 168 \text{ ℃}$。

例题 9-3 轴流式压气机从大气吸入 $p_1 = = 0.1 \text{ MPa}$,$t_1 = 17 \text{ ℃}$ 的空气,经绝热压缩至 $p_2 = 0.9 \text{ MPa}$。由于摩阻作用,使出口空气温度为 307 ℃,若此不可逆绝热过程的初、终态参数满足 $p_1 v_1^n = p_2 v_2^n$,且质量流量为 720 kg/min,试求:(1)多变指数 n;(2)压气机的绝热效率;(3)拖动压气机所需的功率;(4)由于不可逆多耗的功量 $\Delta \dot{W}_t$;(5)若环境温度 $t_0 = t_1 = 17 \text{ ℃}$,求由于不可逆引起的有效能损失 $\dot{I}$;(6)在 T-S 图上用面积示出 ΔW_t 和 I。

解 (1)求多变指数

不可逆绝热压缩过程的初、终态参数满足多变过程的关系

$$\frac{T_{2'}}{T_1} = \left(\frac{p_2}{p_1} \right)^{(n-1)/n}$$

$$\frac{n-1}{n} = \frac{\ln(T_{2'}/T_1)}{\ln(p_2/p_1)} = \frac{\ln(580 \text{ K}/290 \text{ K})}{\ln[0.9 \times 10^6 \text{ Pa}/(0.1 \times 10^6 \text{ Pa})]} = 0.315$$

则多变指数

$$n = 1.461$$

(2)求压气机的绝热效率

可逆绝热压缩过程的终温

$$T_2 = T_1 \left(\frac{p_2}{p_1} \right)^{(\kappa-1)/\kappa} = 290 \text{ K} \left(\frac{0.9 \times 10^6 \text{ Pa}}{0.1 \times 10^6 \text{ Pa}} \right)^{(1.4-1)/1.4} = 543.3 \text{ K}$$

压气机的绝热效率

$$\eta_{C,s} = \frac{T_2 - T_1}{T_{2'} - T_1} = \frac{(543.3 - 290)\ \text{K}}{(580 - 290)\ \text{K}} = 87.3\%$$

（3）求压气机所耗功率

$$P = \dot{W}_t = q_m c_p (T_{2'} - T_1)$$

$$= 720\ \text{kg/min} \times \frac{1}{60}\ \text{min/s} \times 1004\ \text{J/(kg}\cdot\text{K}) \times (580 - 290)\ \text{K}$$

$$= 3.49 \times 10^6\ \text{W} = 3.49 \times 10^3\ \text{kW}$$

（4）求由于不可逆多耗的功量

$$\Delta \dot{W}_t = \dot{W}_t - \dot{W}_t \eta_{C,s} = (1 - \eta_{C,s})\dot{W}_t$$

$$= (1 - 0.873) \times 3.49 \times 10^3\ \text{kW} = 443.2\ \text{kW}$$

（5）求有效能的损失

$$\dot{I} = q_m T_0 \Delta s_g = q_m T_0 (s_{2'} - s_1) = q_m T_0 (s_{2'} - s_2)$$

由于 $2'$ 与 2 状态点在一条定压线上，故

$$\dot{I} = q_m T_0 c_p \ln \frac{T_{2'}}{T_2}$$

$$= 720\ \text{kg/min} \times \frac{1}{60}\ \text{min/s} \times 290\ \text{K} \times 1004\ \text{J/(kg}\cdot\text{K}) \times \ln \frac{580\ \text{K}}{543.3\ \text{K}}$$

$$= 228.4 \times 10^3\ \text{W} = 228.4\ \text{kW}$$

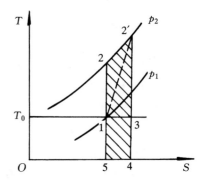

图 9-7　例题 9-3 附图

（6）不可逆而多耗的功量 ΔW_t 如图 9-7 中面积 $2'-2-5-4-2'$ 所示，不可逆引起的有效能损失 I 如图面积 $1-5-4-3-1$ 所示。

讨论

（1）由于不可逆多消耗功率 443.2 kW，且压缩终温 $T_{2'}$ 比 T_2 高将近 37 ℃，这都是不利的。

（2）由于不可逆多耗的功量 $\Delta \dot{W}_t$ 与不可逆损失 $\dot{I}$ 并不相等。这是因为 $\Delta \dot{W}_t$ 转变为热量被气体吸收（使气体温度从 T_2 上升到 $T_{2'}$），其中一部分仍为有效能的缘故。但是，对于压缩气体来说，增加的这部分有效能实际上并无用处。

（3）不可逆绝热压缩过程的熵产 $\Delta s_g = c_p \ln \dfrac{T_2}{T_1} - R_g \ln \dfrac{p_2}{p_1}$，可简化为 $\Delta s_g = c_p \ln \dfrac{T_{2'}}{T_2}$。

例题 9-4　汽油机的增压器吸入 $p_1 = 98$ kPa、$t_1 = 17$ ℃ 的空气——燃油混合物，经绝热压缩到 $p_2 = 216$ kPa。已知混合物的初始密度 $\rho_1 = 1.3$ kg/m³，混合物中空气与燃油的质量比为 $14:1$，燃油耗量为 0.66 kg/min。求增压器的绝热效率为 0.84 时，增压器所消耗的功率。设混合物可视为理想气体，比热容为定值 $\kappa = 1.38$。

解　先求混合物的 R_g 及 c_p

$$R_g = \frac{p_1 v_1}{T_1} = \frac{p_1}{\rho_1 T_1} = \frac{98 \times 10^3\ \text{Pa}}{1.3\ \text{kg/m}^3 \times 290\ \text{K}} = 259.9\ \text{J/(kg}\cdot\text{K})$$

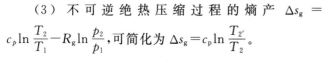

$$c_p = \frac{\kappa}{\kappa-1}R_g = \frac{1.38}{1.38-1} \times 259.9 \ \text{J/(kg·K)} = 943.8 \ \text{J/(kg·K)}$$

可逆绝热压缩时，增压器出口的混合物温度

$$T_2 = T_1 \left(\frac{p_2}{p_1}\right)^{(\kappa-1)/\kappa} = 290 \ \text{K} \left(\frac{216 \ \text{kPa}}{98 \ \text{kPa}}\right)^{0.38/1.38} = 360.5 \ \text{K}$$

由

$$\eta_{C,s} = \frac{T_1 - T_2}{T_1 - T_{2'}}$$

可求得不可逆绝热压缩时，混合物的终温

$$T_{2'} = T_1 - (T_1 - T_2)/\eta_{C,s} = 290 \ \text{K} - (290 \ \text{K} - 360.5 \ \text{K})/0.84 = 373.9 \ \text{K}$$

按题意可知，混合物的空燃比为 14:1，即 1 kg 燃油对应于 15 kg 的混合物，则经过增压器混合物的耗量为

$$q_m = 0.66 \ \text{kg/min} \times \frac{1}{60} \ \text{min/s} \times 15 = 0.165 \ \text{kg/s}$$

不可逆压缩时，增压器所消耗的功率

$$
\begin{aligned}
P &= q_m w_t' = q_m c_p (T_1 - T_{2'}) \\
&= 0.165 \ \text{kg/s} \times 943.8 \ \text{J/(kg·K)} \times (290 - 373.9) \ \text{K} \\
&= -13.07 \times 10^3 \ \text{W} = -13.07 \ \text{kW}
\end{aligned}
$$

例题 9-5　某轴流式压气机对 SO_2、CO_2 和 N_2 的混合物进行绝热压缩。已知初温 $t_1 = 25 \ ℃$，初压 $p_1 = 102 \ \text{kPa}$，混合气体的质量分数为 $w_{CO_2} = 0.3$，$w_{N_2} = 0.65$。试求在下列两种情况下每分钟生产 66 kg 压力为 400 kPa 的压缩气体的耗功量：

(1) 若压缩过程是可逆的；

(2) 若压气机的绝热效率 $\eta_{C,s} = 0.84$，并计算不可逆绝热压缩过程的熵产。

（按定值比热容计算，$c_{p,SO_2} = 0.644 \ \text{kJ/(kg·K)}$，$c_{p,CO_2} = 0.845 \ \text{kJ/(kg·K)}$，$c_{p,N_2} = 1.038 \ \text{kJ/(kg·K)}$）

解　(1) 求混合气体的 R_g、c_p、κ 等

$$w_{SO_2} = 1 - w_{CO_2} - w_{N_2} = 1 - 0.3 - 0.65 = 0.05$$

$$
\begin{aligned}
R_g &= \sum_i w_i R_{g,i} = \sum_i w_i \frac{R}{M_i} = R \sum_i \frac{w_i}{M_i} \\
&= 8.314 \ \text{J/(mol·K)} \left(\frac{0.05}{64.1 \times 10^{-3} \ \text{kg/mol}} + \frac{0.3}{44 \times 10^{-3} \ \text{kg/mol}} + \frac{0.65}{28 \times 10^{-3} \ \text{kg/mol}}\right) \\
&= 256 \ \text{J/(kg·K)}
\end{aligned}
$$

$$
\begin{aligned}
c_p &= \sum_i w_i c_{p,i} \\
&= 0.05 \times 644 \ \text{J/(kg·K)} + 0.3 \times 845 \ \text{J/(kg·K)} + 0.65 \times 1038 \ \text{J/(kg·K)} \\
&= 960.4 \ \text{J/(kg·K)}
\end{aligned}
$$

$$c_V = c_p - R_g = (960.4 - 256) \ \text{J/(kg·K)} = 704.4 \ \text{J/(kg·K)}$$

$$\kappa = \frac{c_p}{c_V} = \frac{960.4 \ \text{J/(kg·K)}}{704.4 \ \text{J/(kg·K)}} = 1.363$$

压气机的耗功量为

$$P = \dot{W}_t = \frac{q_m \kappa R_g T_1}{\kappa - 1}\left[1 - \left(\frac{p_2}{p_1}\right)^{(\kappa-1)/\kappa}\right]$$

$$= 66 \text{ kg/min} \times \frac{1}{60} \text{ min/s} \times \frac{1.363}{1.363-1} \times 256 \text{ J/(kg · K)} \times (25+273) \text{ K} \times$$

$$\left[1-\left(\frac{400 \times 10^3 \text{ Pa}}{102 \times 10^3 \text{ Pa}} \right)^{(1.363-1)/1.363} \right]$$

$$= -138.3 \times 10^3 \text{ W} = -138.3 \text{ kW}$$

（2）不可逆过程压气机的耗功率为

$$P' = P/\eta_{C,s} = -138.3 \text{ kW}/0.84 = -164.6 \text{ kW}$$

为了求不可逆绝热压缩过程的熵产,需先求出出口温度。可逆时的出口温度

$$T_2 = T_1 \left(\frac{p_2}{p_1} \right)^{(\kappa-1)/\kappa} = 298 \text{ K} \left(\frac{400 \times 10^3 \text{ Pa}}{102 \times 10^3 \text{ Pa}} \right)^{(1.363-1)/1.363} = 428.8 \text{ K}$$

不可逆时的出口温度,根据

$$\eta_{C,s} = \frac{T_1 - T_2}{T_1 - T_{2'}}$$

得

$$T_{2'} = T_1 - (T_1 - T_2)/\eta_{C,s} = 298 \text{ K} - \frac{298 \text{ K} - 428.8 \text{ K}}{0.84} = 453.7 \text{ K}$$

不可逆过程的熵产

$$\Delta S_g = q_m c_p \ln \frac{T_{2'}}{T_2} = \frac{66}{60} \text{ kg/s} \times 960.4 \text{ J/(kg · K)} \times \ln \frac{453.7 \text{ K}}{428.8 \text{ K}} = 59.6 \text{ W/K}$$

讨论

例题 9-4 和 9-5,关键是要先求出混合气体的物性参数 R_g 及 c_p、c_v、κ 等值。

例题 9-6 活塞式压气机从大气吸入压力为 0.1 MPa,温度为 27 ℃的空气,经 $n=1.3$ 的多变过程压缩到 0.7 MPa 后进入一储气筒,再经储气筒上的渐缩喷管排入大气,参见图 9-8。由于储气筒散热,进入喷管时空气压力为 0.7 MPa,温度为 60 ℃,已知喷管出口截面面积为 4 cm²。试求:

（1）流经喷管的空气流量;

（2）压气机每小时吸入大气状态下的空气容积;

（3）压气机的耗功率;

（4）将过程表示在 T-S 图上。

解 （1）对于喷管来说,属校核计算型题目。确定喷管出口压力,因

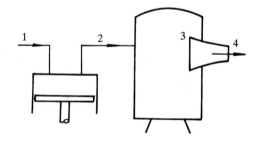

图 9-8 例题 9-6 附图

$$\frac{p_b}{p_3} = \frac{0.1 \text{ MPa}}{0.7 \text{ MPa}} = 0.143 < \nu_{cr} = 0.528$$

所以

$$p_4 = \nu_{cr} p_o = \nu_{cr} p_3 = 0.528 \times 0.7 \text{ MPa} = 0.3696 \text{ MPa}$$

喷管出口截面上的流速

$$c_{f4} = c_{cr,4} = \sqrt{\frac{2\kappa}{\kappa+1} R_g T_3}$$

$$= \sqrt{\frac{2 \times 1.4}{1.4 + 1} \times 287 \text{ J/(kg} \cdot \text{K)} \times (60 + 273) \text{ K}} = 333.9 \text{ m/s}$$

$$v_3 = \frac{R_g T_3}{p_3} = \frac{287 \text{ J/(kg} \cdot \text{K)} \times 333 \text{ K}}{0.7 \times 10^6 \text{ Pa}} = 0.1365 \text{ m}^3/\text{kg}$$

$$v_4 = v_3 \left(\frac{1}{\nu_{cr}} \right)^{1/\kappa} = 0.1365 \text{ m}^3/\text{kg} \times \left(\frac{1}{0.528} \right)^{1/1.4} = 0.2154 \text{ m}^3/\text{kg}$$

流经喷管的空气流量

$$q_{m4} = \frac{c_{f4} A_4}{v_4} = \frac{333.9 \text{ m/s} \times 4 \times 10^{-4} \text{ m}^2}{0.2154 \text{ m}^3/\text{kg}} = 0.620 \text{ kg/s}$$

（2）压气机吸入大气状态下的体积流量

$$q_{V1} = \frac{q_{m1} R_g T_1}{p_1} = \frac{q_{m4} R_g T_1}{p_1}$$

$$= \frac{0.620 \text{ kg/s} \times 287 \text{ J/(kg} \cdot \text{K)} \times (27 + 273) \text{ K}}{0.1 \times 10^6 \text{ Pa}} \times 3600 \text{ s/h}$$

$$= 1921.8 \text{ m}^3/\text{h}$$

（3）压气机的耗功率

$$P = \dot{W}_t = \frac{q_{m1} n R_g T_1}{n-1} \left[1 - \left(\frac{p_2}{p_1} \right)^{(n-1)/n} \right]$$

$$= \frac{0.620 \text{ kg/s} \times 1.3 \times 287 \text{ J/(kg} \cdot \text{K)} \times 300 \text{ K}}{1.3 - 1} \left[1 - \left(\frac{0.7 \times 10^6 \text{ Pa}}{0.1 \times 10^6 \text{ Pa}} \right)^{(1.3-1)/1.3} \right]$$

$$= -131.3 \times 10^3 \text{ W} = -131.3 \text{ kW}$$

（4）过程在 T-S 图上的表示如图 9-9 所示，1—2 是在压气机中进行的多变压缩过程，2—3 是在储气筒中进行的定压放热过程，3—4 是在喷管中进行的可逆绝热膨胀过程。

讨论

这是一压气机与喷管的综合题。喷管的计算属校核计算问题，它的进口状态是 3，出口状态是 4。进口状态、背压及喷管尺寸已知，喷管的计算就完全确定，可从它入手，求得流过喷管的流量（求解时注意喷管出口压力的确定）。此流量也是通过压气机的流量，于是求压气机的耗功率等问题就迎刃而解。

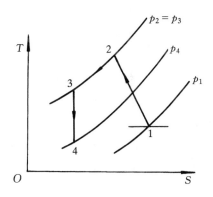

图 9-9　例题 9-6 附图

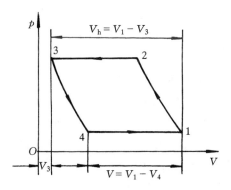

图 9-10　例题 9-7 附图

例题 9-7 某活塞式压气机的余隙比 $C=0.05$,进气的初参数为 $p_1=0.1$ MPa,$t_1=27$ ℃,压缩终压为 $p_2=0.6$ MPa。若压缩过程与膨胀过程的多变指数相同,均为 $n=1.2$,气缸直径 $D=200$ mm,活塞行程 $S=300$ mm,机轴转速为 500 r/min。试求:(1)画出压气机示功图;(2)求压气机的有效吸气容积;(3)求压气机的容积效率;(4)求压气机排气温度及拖动压气机所需的功率。

解 (1)压气机示功图如图 9-10 所示。

(2)压气机的有效吸气容积及活塞排量

$$V_h = V_1 - V_3 = \frac{\pi D^2}{4} S = \frac{\pi \times (0.2 \text{ m})^2 \times 0.3 \text{ m}}{4} = 9.43 \times 10^{-3} \text{ m}^3$$

根据余隙比

$$C = \frac{V_3}{V_h} = \frac{V_3}{V_1 - V_3} = 0.05$$

求得

$$V_3 = 0.05 V_h = 0.05 \times 9.43 \times 10^{-3} \text{ m}^3 = 4.72 \times 10^{-4} \text{ m}^3$$

及

$$V_1 = V_h + V_3 = 9.43 \times 10^{-3} \text{ m}^3 + 4.72 \times 10^{-4} \text{ m}^3 = 9.902 \times 10^{-3} \text{ m}^3$$

按可逆多变膨胀过程 3—4 参数间关系得

$$V_4 = V_3 \left(\frac{p_2}{p_1}\right)^{1/n} = 4.72 \times 10^{-4} \text{ m}^3 \times \left(\frac{0.6 \times 10^6 \text{ Pa}}{0.1 \times 10^6 \text{ Pa}}\right)^{1/1.2} = 2.101 \times 10^{-3} \text{ m}^3$$

有效吸气容积

$$V = V_1 - V_4 = 9.902 \times 10^{-3} \text{ m}^3 - 2.101 \times 10^{-3} \text{ m}^3 = 7.801 \times 10^{-3} \text{ m}^3$$

(3)压气机的容积效率

$$\eta_V = \frac{V}{V_h} = \frac{7.801 \times 10^{-3} \text{ m}^3}{9.43 \times 10^{-3} \text{ m}^3} = 82.7\%$$

(4)压气机排气温度

$$T_2 = T_1 \left(\frac{p_2}{p_1}\right)^{(n-1)/n} = 300 \text{ K} \times \left(\frac{0.6 \times 10^6 \text{ Pa}}{0.1 \times 10^6 \text{ Pa}}\right)^{0.2/1.2} = 404.4 \text{ K}$$

压气机所耗功率

$$P = N \frac{n}{n-1} p_1 (V_1 - V_4) \left[1 - \left(\frac{p_2}{p_1}\right)^{(n-1)/n}\right]$$

$$= \frac{500}{60} \text{ r/s} \times \frac{1.2}{1.2-1} \times 0.1 \times 10^6 \text{ Pa} \times 7.801 \times 10^{-3} \text{ m}^3 \times$$

$$\left[1 - \left(\frac{0.6 \times 10^6 \text{ Pa}}{0.1 \times 10^6 \text{ Pa}}\right)^{0.2/1.2}\right]$$

$$= -13.57 \times 10^3 \text{ W} = -13.57 \text{ kW}$$

例题 9-8 在两级压缩活塞式压气机装置中,空气从初态 $p_1=0.1$ MPa、$t_1=27$ ℃压缩到终压 $p_4=6.4$ MPa。设两气缸中的可逆多变压缩过程的多变指数均为 $n=1.2$,且级间压力取最佳中间压力。要求压气机每小时向外供给 4 m³ 的压缩空气量。求:(1)压气机总的耗功率;(2)每小时流经压气机水套及中间冷却器总的水量。设水流过压气机水套及中间冷却器时的温升都是 15 ℃。

解 (1)压气机总的耗功率

中间压力 p_2

$$p_2 = \sqrt{p_1 p_4} = \sqrt{0.1 \times 10^6 \text{ Pa} \times 6.4 \times 10^6 \text{ Pa}} = 0.8 \times 10^6 \text{ Pa}$$

$$P = \sum_i q_m w_{t,i} = 2\,\frac{n}{n-1}\,p_1\dot{V}_1\left[1-\left(\frac{p_2}{p_1}\right)^{(n-1)/n}\right]$$

$$= 2\,\frac{n}{n-1}\,p_3\dot{V}_3\left[1-\left(\frac{p_4}{p_3}\right)^{(n-1)/n}\right]$$

因为　　　　　$$\frac{p_4\dot{V}_4}{p_3\dot{V}_3} = \frac{T_4}{T_3} = \left(\frac{p_4}{p_3}\right)^{(n-1)/n}$$

故　　　　　$$p_3\dot{V}_3 = \frac{p_4\dot{V}_4}{(p_4/p_3)^{(n-1)/n}}$$

所以　　　　　$$P = 2\,\frac{n}{n-1}\,p_4\dot{V}_4\left[\left(\frac{p_4}{p_3}\right)^{(1-n)/n}-1\right]$$

$$= 2\times\frac{1.2}{1.2-1}\,6.4\times10^6\ \text{Pa}\times4\ \text{m}^3/\text{h}\times\left[\left(\frac{6.4\times10^6\ \text{Pa}}{0.8\times10^6\ \text{Pa}}\right)^{(1-1.2)/1.2}-1\right]$$

$$= -89977\times10^3\ \text{J/h} = -25.0\times10^3\ \text{W} = -25.0\ \text{kW}$$

（2）总的冷却水量

空气的终温 T_4

$$T_3 = T_1 = 300\ \text{K}$$

$$T_4 = T_3\left(\frac{p_4}{p_3}\right)^{(n-1)/n} = 300\ \text{K}\times8^{(1.2-1)/1.2} = 424.3\ \text{K}$$

空气质量流量为

$$q_m = \frac{p_4\dot{V}_4}{R_g T_4} = \frac{6.4\times10^6\ \text{Pa}\times4\ \text{m}^3/\text{h}}{287\ \text{J}/(\text{kg}\cdot\text{K})\times424.3\ \text{K}} = 210.2\ \text{kg/h}$$

压缩空气在多变压缩过程中,对冷却水放出的热流量 $\dot{Q}_n$（也是冷却水流经压气机水套时带走的热流量）

$$\dot{Q}_n = 2\Delta\dot{H} + \dot{W}_t = 2q_m c_p(T_2-T_1) + P$$

$$= 2\times210.2\ \text{kg/h}\times1004\ \text{J}/(\text{kg}\cdot\text{K})\times(424.3-300)\ \text{K}-89977\times10^3\ \text{J/h}$$

$$= -37.51\times10^6\ \text{J/h}$$

压缩空气在中间冷器中,对冷却水放出的热流量 $\dot{Q}_p$（也就是冷却水流经中间冷却器时带走的热流量）

$$\dot{Q}_p = q_m c_p(T_3-T_2) = 210.2\ \text{kg/h}\times1004\ \text{J}/(\text{kg}\cdot\text{K})\times(300-424.3)\ \text{K}$$

$$= -26.23\times10^6\ \text{J/h}$$

冷却水流经压气机水套及中间冷却器时,带走总的热流量 $\dot{Q}$

$$\dot{Q} = (\dot{Q}_n+\dot{Q}_p) = (37.51\times10^6+26.23\times10^6)\ \text{J/h}$$

$$= 63.74\times10^6\ \text{J/h}$$

每小时流经压气机水套及中间冷却器总的冷却水量为

$$q_{m,\text{H}_2\text{O}} = \frac{\dot{Q}}{c_{p,\text{H}_2\text{O}}\Delta t} = \frac{63.74\times10^6\ \text{J/h}}{4187\ \text{J}/(\text{kg}\cdot\text{K})\times15\ \text{K}} = 1014.9\ \text{kg/h}$$

例题 9-9　一两级活塞式氮气压缩机,进气压力 $p_1=0.1$ MPa,温度 $t=27$ ℃,级间有中间冷却器。高压缸的进气温度 $t_3=t_1$,排气压力 $p_4=6.4$ MPa,两级压缩均为 $n=1.3$ 的多变过程,每小时生产 2.16×10^3 kg 的氮气。中间水冷却器的进口水温 $t=24$ ℃,流量 $q_{m,\text{H}_2\text{O}}=1.2$ kg/s,环境温度 $t_0=24$ ℃。在最佳压比设计条件下,求:（1）压气机的耗功率;（2）冷却器中由于不可逆传热引起的有效能损失,并将传热过程及有效能损失表示在 T-S 图上。

解 (1) 压气机的耗功率

$$\pi_{\text{opt}} = \sqrt{\frac{6.4 \text{ MPa}}{1.0 \text{ MPa}}} = 8$$

$$P = \frac{2q_m n R_g T_1}{n-1}[1 - \pi^{(n-1)/n}] = \frac{2q_m n R T_1}{(n-1)M}[1 - \pi^{(n-1)/n}]$$

$$= \frac{2 \times 2.16 \times 10^3 \text{ kg/h} \times \frac{1}{3600} \text{ h/s} \times 1.3 \times 8.314 \text{ J/(mol} \cdot \text{K)} \times 300 \text{ K}}{(1.3-1) \times 28 \times 10^{-3} \text{ kg/mol}} \times$$

$$[1 - 8^{(1.3-1)/1.3}]$$

$$= -285.3 \times 10^3 \text{ W} = -285.3 \text{ kW}$$

(2) 压气机的排气温度

$$T_2 = T_1 \pi^{(n-1)/n} = 300 \text{ K} \times 8^{(1.3-1)/1.3} = 484.8 \text{ K}$$

对中间冷却器列出稳定流动能量方程

$$\Delta \dot{H}_{N_2} + \Delta \dot{H}_{H_2O} = 0$$

即

$$q_m c_p (T_3 - T_2) + q_{m,H_2O} c_{p,H_2O}(T_{2,H_2O} - T_{1,H_2O}) = 0$$

则中冷器的出口水温

$$T_{2,H_2O} = \frac{q_m c_p (T_2 - T_3)}{q_{m,H_2O} c_{p,H_2O}} + T_{1,H_2O}$$

$$= \frac{\left(\frac{2.16 \times 10^3}{3600}\right) \text{ kg/s} \times \frac{7}{2} \times \frac{8.314 \text{ J/(mol} \cdot \text{K)}}{28 \times 10^{-3} \text{ kg/mol}} \times (484.8 - 300) \text{ K}}{1.2 \text{ kg/s} \times 4187 \text{ J/(kg} \cdot \text{K)}} +$$

$$(24 + 273) \text{ K} = 319.9 \text{ K}$$

水在冷却器中的熵增

$$\Delta \dot{S}_{H_2O} = \int_{T_1}^{T_2} \frac{\delta Q_{H_2O}}{T} = \int_{T_1}^{T_2} \frac{q_{m,H_2O} c_{p,H_2O} \, dT}{T} = q_{m,H_2O} c_{p,H_2O} \ln \frac{T_{2,H_2O}}{T_{1,H_2O}}$$

$$= 1.2 \text{ kg/s} \times 4187 \text{ J/(kg} \cdot \text{K)} \times \ln \frac{319.9 \text{ K}}{297 \text{ K}}$$

$$= 373.2 \text{ W/K}$$

氮气在冷却器中的熵增

$$\Delta \dot{S} = q_m c_p \ln\left(\frac{T_3}{T_2}\right)$$

$$= \left(\frac{2.16 \times 10^3}{3600}\right) \text{ kg/s} \times \frac{7}{2} \times \frac{8.314 \text{ J/(mol} \cdot \text{K)}}{28 \times 10^{-3} \text{ kg/mol}} \times \ln \frac{300 \text{ K}}{484.8 \text{ K}}$$

$$= -299.3 \text{ W/K}$$

冷却器中传热过程引起的熵产

$$\Delta \dot{S}_g = \Delta \dot{S} + \Delta \dot{S}_{H_2O} = (373.2 - 299.3) \text{ W/K} = 73.9 \text{ W/K}$$

有效能损失

$$I = T_0 \Delta \dot{S}_g = 297 \text{ K} \times 73.9 \text{ W/K} = 21.9 \times 10^3 \text{ W} = 21.9 \text{ kW}$$

(3) 传热过程及有效能损失在 $T\text{-}S$ 图上的表示,如图 9-11 所示。2-3 是氮气在冷却器中的定压放热过程,$1'$-$2'$ 是水在冷却器中的吸热过程。面积 $a\text{—}b\text{—}c\text{—}d$ 表示了有效能的损失。

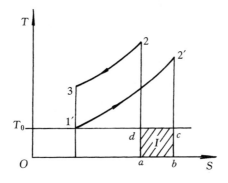

图 9 - 11　例题 9 - 9 附图

9.6　自我测验题

9 - 1　压气机按其工作原理可分为几种形式？其能量转换特点怎样？应用场合怎样？

9 - 2　在 $p\text{-}v$ 图和 $T\text{-}s$ 图上画出定熵、定温、$n=1.25$ 的压缩过程，并分别用面积在两个图上表示出压气机的耗功。

9 - 3　考虑活塞式压气机的余隙容积的影响，压气机的耗功和产气量如何变化？

9 - 4　设有两台氮气压气机，它们的进、出口状态参数相同，但一台实施的是 $n=1.6$ 的可逆多变过程，另一台实施是不可逆绝热压缩过程。不通过计算，试利用 $T\text{-}s$ 图说明哪一台压气机生产单位质量压缩气体耗功多？

9 - 5　理想的活塞式压气机吸入 $p_1=0.1$ MPa，$t_1=20$ ℃ 的空气 1000 m³/h，并将其压缩到 $p_2=0.6$ MPa。设压缩为 $n=1$，$n=1.25$，$n=1.4$ 的各种可逆过程，求理想压气机的耗功率及各过程中压气机的排气温度。

9 - 6　轴流式压气机每分钟吸入 $p_1=98$ kPa、$t_1=20$ ℃ 的空气 200 m³，经绝热压缩到 $p_2=600$ kPa，该压气机的绝热效率为 0.88，求压气机出口空气的温度及压气机所消耗的功率。

9 - 7　一压气机的增压比为 $\pi=\dfrac{p_2}{p_1}=6$，进口空气的温度为 17 ℃，经绝热压缩至 260 ℃。

（1）问该压气机压缩过程是否可逆？为什么？

（2）求压气机的耗功量及压气机效率。

（3）将此过程定性画在 $p\text{-}v$ 图加 $T\text{-}s$ 图上。

9 - 8　具有水套冷却的活塞式压气机，每分钟将 2 kg 的空气从压力为 $p_1=0.1$ MPa、温度 $t_1=15$ ℃ 升至压力 $p_2=1.0$ MPa，温度 $t_2=155$ ℃。试求每秒钟由水套中的冷却水带走的热量。

9 - 9　某活塞式压气机从大气环境中吸入 $p_1=0.1$ MPa、$t_1=20$ ℃ 的空气，经多变压缩到 $p_2=28$ MPa。为保证气缸润滑的正常，每级压缩终了空气的温度不大于 180 ℃，设各缸中多变压缩过程的多变指数 $n=1.3$，试确定压气机应有的最小级数。

9 - 10　用一台单缸活塞式压气机压缩空气，已知进气参数为 $p_1=100$ kPa、$t_1=20$ ℃，终

压力 $p_2 = 600$ kPa,压缩过程的多变指数 $n = 1.2$。若压气机的吸气量为 200 m³/h,求带动压气机所必须的最小功率。若存在余隙,余隙比为 0.03,求压气机所需功率、每小时的吸气量和容积效率。

9 - 11 一台两级压缩的活塞式压气机装置,每小时吸入 252 m³ 的空气,空气参数为 $p_1 = 95$ kPa,$t_1 = 22$ ℃,将其压缩到 $p_4 = 1.3$ MPa。设两气缸中的可逆多变压缩过程的多变指数相同,$n = 1.25$。假定中间压力值最佳、中间冷却很充分。试求:

(1) 中间压力;

(2) 各气缸的出口温度;

(3) 压气机所消耗的功率;

(4) 压缩过程中空气放出的总热量,中间冷却器中空气放出的热量;

(5) 与单级压缩进行比较。

第 10 章　热力装置及其循环

动力装置、制冷装置和热泵装置统称为热力装置。动力装置的任务是将热量通过能量的传递和转换,转变成人们所需要的功。制冷装置的任务是将热量不断地从系统排向环境以使系统温度降到所要求的某一低于环境温度的水平,并使该系统温度保持不变。热泵装置的任务则相反,是将热量不断地传给系统以使系统温度提高到所要求的某一高于环境温度的水平,并使该系统温度保持不变。

本章将分析以气体为工质的内燃机循环、燃气轮机循环,和以蒸汽为工质的蒸汽动力循环、制冷循环等各种循环的热力性能,揭示能量利用的完善程度和影响其性能的主要因素,给出评价和改进这些装置热力性能的方法和措施。

10.1　基本要求

(1)掌握各种装置循环的实施设备及工作流程。

(2)掌握将实际循环抽象和简化为理想循环的一般方法,并能分析各种循环的热力过程组成。

(3)掌握各种循环的吸热量、放热量、做功量及热效率等能量分析和计算的方法。

(4)会分析影响各种循环热效率的主要因素。

(5)掌握提高各种循环能量利用经济性的具体方法和途径。

10.2　基本知识点

10.2.1　分析循环的一般方法

分析循环的步骤和方法如下。

1. 将实际循环抽象和简化为理想循环

任何实际热力装置中的工作过程都是不可逆的,而且是十分复杂的。为了对循环进行热力学分析,了解该循环的基本特性和规律,通常要建立起与实际循环相对应的热力学模型,也就是将实际过程和循环的特点加以抽象和概括,用相应的理想可逆过程和循环来近似地描述实际的不可逆过程和循环。

具体的简化程序是:先绘出工质的工作流程简图,然后根据每一设备的工作特点,将其中的实际工作过程用近似的或等效的可逆过程来表征。例如,将不可逆的燃烧过程用可逆的吸热过程来代替;将工质在发动机中的不可逆膨胀过程用可逆膨胀过程代替……。在忽略了一切不可逆因素之后,可以得到反映该动力装置基本特征的相应的可逆循环。这种作法不仅是为了使计算简化,更重要的是这种简化得出的可逆循环,能反映该热力装置按给定方式工作所能达到的最佳效果,而热力装置最佳效果的研究是工程热力学的基本任务之一。

2. 将简化好的理想可逆循环表示在 $p-v$ 图和 $T-s$ 图上

(略)

3. 对理想循环进行分析和计算

具体来说，要计算循环中有关状态点(如最高压力点和最高温度点等)的参数，与外界交换的热量和功量以及循环的热效率或工作系数。

对于动力循环，其热效率为

$$\eta_t = \frac{w_{net}}{q_1} = 1 - \frac{q_2}{q_1}$$

对于制冷和热泵循环，其制冷系数和热泵系数分别为

$$\varepsilon = \frac{q_2}{w_{net}} = \frac{q_2}{q_1 - q_2}$$

$$\varepsilon' = \frac{q_1}{w_{net}} = \frac{q_2}{q_1 - q_2}$$

4. 定性分析各主要参数对理想循环的影响

定性分析各主要参数对理想循环的吸热量、放热量及净功量的影响，进而分析对循环热效率(或工作系数)的影响，提出提高循环热效率(或工作系数)的主要措施。

可利用适用于理想可逆循环的热效率的平均温度表达式，来探讨提高循环热效率的途径，即

$$\eta_t = 1 - \frac{\overline{T}_2}{\overline{T}_1} \tag{10-1}$$

式中，$\overline{T}_1$、$\overline{T}_2$ 分别为平均吸热温度和平均放热温度。由上式看出，平均吸热温度愈高，平均放热温度愈低，循环的热效率就愈高。如欲考察各点参数对循环热效率的影响，只需分析各点参数对平均吸热温度和平均放热温度的影响；如欲比较各种理想循环的热效率，也只需比较它们的平均吸热温度和平均放热温度；如欲提高热效率，就必须设法提高平均吸热温度，或设法降低平均放热温度，这是提高循环热效率的根本途径。

5. 对理想循环的计算结果引入必要的修正

上述对理想循环的分析，没有考虑实际存在的不可逆因素，所以按理想循环计算所得的循环净功和热效率等，与实际的还有偏差，需根据一些经验效率数据来进行修正。

通常把某部件的实际收益与代价的比值定义为该部件的效率，并给出经验值。通过这些经验效率数据，可计算出某部件或整个循环的实际收益和损失。

6. 对实际循环进行热力学第二定律分析

以上是针对整个循环或某个部件(过程)从花费的代价、得到的收益及损失 3 个方面的能量数量关系作定量分析的。它仅着眼于能量的数量，属热力学第一定律分析法。若要进一步分析能量在质量方面的利用情况，还需进行热力学第二定律的分析，即熵分析或㶲分析。第二定律分析，不仅可反映能量数量的损失，而且可反映质的贬值，所得结论可以更科学地揭示出损失的原因、部位和大小，从而可以有针对性地改善设备，有效地提高热效率。

关于循环的热力学第一定律和第二定律较全面的分析，参见例题 10-22，我们重点要求掌握热力学第一定律的分析方法。

10.2.2 活塞式内燃机循环

1. 实际工作循环的抽象和简化

实际内燃机的工作循环是很复杂的。首先，循环是开式的，循环中工质发生变化，数量也

有变化;由于燃烧、节流和摩擦的存在,其过程是不可逆的。为了简化问题,进行热力学分析计算,将实际工作循环作一些抽象和简化,其中主要的是将燃料燃烧加热工质的过程看成是自热源吸入同样数量的可逆加热过程;排气放热过程看成是向冷源放出同样数量热量的可逆放热过程;忽略实际过程中的摩擦阻力和进、排气阀的节流损失。这样,实际工作循环就理想化为一个定质量的闭合可逆循环。其次,把有热交换的压缩和膨胀过程作可逆绝热过程处理,再以接近燃气性质的空气作为工质,并按比热容为定值的理想气体作热力分析。通过这样的抽象和简化,不仅便于作热力学分析和计算,而且能突出热力学上的主要因素,反映出按给定方式工作所能达到的最佳效果。

2. 柴油机混合加热理想循环和定压加热理想循环(狄塞尔循环)

根据柴油不易挥发的特性,柴油机采用压缩燃烧方式,其加热过程近似为部分定容加热、部分定压加热过程,故称柴油机循环是混合加热循环。其理想循环的 $p - v$ 图和 $T - s$ 图如图 10-1 所示。在完成了循环各状态点参数的计算之后,可对循环进行能量分析和计算。

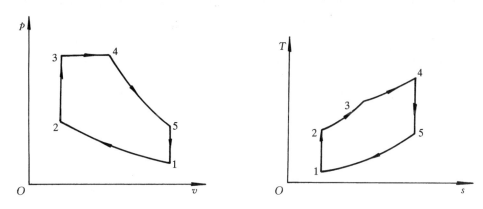

图 10-1　混合加热循环的 $p - v$ 图与 $T - s$ 图

混合加热循环的吸热量为

$$q_1 = q_{1,v} + q_{1,p}$$
$$= c_V (T_3 - T_2) + c_p (T_4 - T_3)$$

循环放热量为

$$q_2 = c_V (T_5 - T_1)$$

净功量为

$$w_{net} = q_1 - q_2$$

混合加热循环的热效率 η_t 为

$$\eta_t = 1 - \frac{q_2}{q_1}$$

$$= 1 - \frac{T_5 - T_1}{(T_3 - T_2) + \kappa (T_4 - T_3)} \tag{10-2}$$

$$= 1 - \frac{\lambda \rho^\kappa - 1}{\varepsilon^{\kappa-1} [(\lambda - 1) + \kappa \lambda (\rho - 1)]} \tag{10-3}$$

亦即,柴油机混合加热理想循环热效率随压缩比 $\varepsilon (= \frac{v_1}{v_2})$ 和定容升压比 $\lambda (= \frac{p_3}{p_2})$ 的增大而提

高,随预胀比 $\rho(=\frac{v_4}{v_3})$ 的增大而降低。预胀比增大之所以导致循环热效率的降低,是因为在定压加热后期加入的热量,在膨胀过程中能转换为功量的部分减少。另外,受强度和机械效率等实际因素的限制,柴油机的压缩比也不能任意提高,实际柴油机的压缩比一般在 13~20 范围内变化。

应该指出的是,式(10-3)是用来分析影响循环热效率因素的,至于热效率的计算,建议采用计算 q_1 和 q_2 的方法,并通过 $\eta_t = 1 - \frac{q_2}{q_1}$ 进行计算较简便,即式(10-2)。

柴油机除混合加热循环外,还有一种定压加热循环即狄塞尔(Diesel)循环。影响狄塞尔循环热效率的因素可以由式(10-3)取 $\lambda = 1$ 求得

$$\eta_t = 1 - \frac{\rho^\kappa - 1}{\varepsilon^{\kappa-1}(\rho - 1)} \qquad (10-4)$$

上式表明,定压加热理想循环的热效率随压缩比的增大而提高,随预胀比的增大而降低。

3. 汽油机定容加热理想循环(奥图循环)

根据汽油机易挥发的特性,汽油机采用点火燃烧方式,其加热过程近似为定容加热过程,故汽油机理想循环是定容加热循环,亦称奥图(Otto)循环。循环在 p-v 图和 T-s 图上的表示如图 10-2 所示。

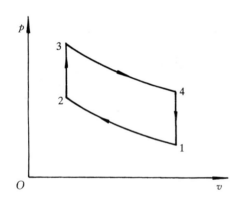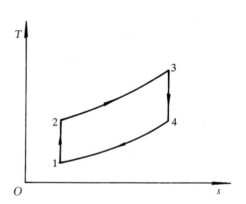

图 10-2 定容加热循环的 p-v 图和 T-s 图

循环吸热量为

$$q_1 = c_V(T_3 - T_2)$$

循环放热量为

$$q_2 = c_V(T_4 - T_1)$$

循环净功量为

$$w_{\text{net}} = q_1 - q_2$$

循环热效率为

$$\eta_t = 1 - \frac{q_2}{q_1} = 1 - \frac{T_4 - T_1}{T_3 - T_2} \qquad (10-5)$$

$$\eta_t = 1 - \frac{1}{\varepsilon^{\kappa-1}} \qquad (10-6)$$

亦可将 $\rho=1$ 代入式(10-3)得到式(10-6)。上式表明,定容加热理想循环的热效率依压缩比 ε 而定,且随 ε 的增大而提高。但由于汽油机在吸气过程中吸入气缸的是空气-汽油的混合物,受混合气体自燃温度的限制,压缩比又不能任意提高。实际汽油机的压缩比在 5~10 范围内变化,远低于柴油机的压缩比。

4. 活塞式内燃机各种理想循环的比较

对各种理想循环热效率作比较时,必须要有一个共同的比较标准。比较合理的共同比较标准是循环的最高压力与最高温度相同,即在相同的热力强度与机械强度条件下进行比较。最简单的方法是利用 T-s 图,比较每个循环的平均吸热温度和平均放热温度的高低。结果是定压加热循环热效率为最高,定容加热循环的热效率为最低,混合加热循环的热效率介于两者之间。这里,可以看到采用高的压缩比可使循环热效率得以提高,柴油机由于采用压燃式,其压缩比允许而且应该高于汽油机的压缩比,所以定压加热和混合加热循环的热效率比定容加热循环的高,这与实际情况是相符的。

另一种比较标准是压缩比相同、吸热量 q_1 相同,所得结果则相反,这与实际情况不符合,柴油机不可能采用与汽油机相同的压缩比。

10.2.3　燃气轮机装置循环

1. 定压加热理想循环(布雷顿循环)

燃气轮机的动力装置由压气机、燃烧室和燃气轮机 3 个基本部件组成。如图 10-3 所示,空气进入压气机,被压缩升压后进入燃烧室,喷入燃油即进行燃烧,燃烧所形成的高温燃气与燃烧室中的剩余空气混合后,进入燃气轮机的喷管,膨胀加速而冲击叶轮对外做功,做功后的废气排入大气。燃气轮机所做功的一部分用于带动压气机,其余部分(称为净功)对外输出,用于带动发电机或其他负载。

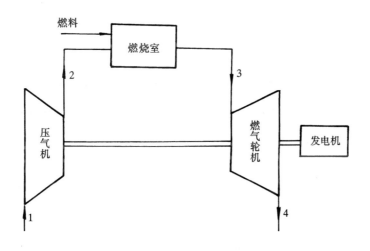

图 10-3　燃气轮机装置示意图

这里,也把实际的循环加以理想化,即:(1)把工质视为是理想气体的空气,比热容为定值,喷入的燃料质量可以忽略不计;(2)工质经历的都是可逆过程。工质在压气机和燃气轮机中的过程忽略其对外的散热量,而视为可逆绝热过程。在燃烧室中的燃烧过程,忽略流动引起的压力降低,视为可逆定压加热过程。从燃气轮机排出废气到压气机吸入空气之间,认为是定压放热过程。这样就形成了封闭的燃气轮机装置的定压加热理想循环——布雷顿(Brayton)循环,其 $p\text{-}v$ 图和 $T\text{-}s$ 图如图 10-4 所示。与内燃机装置不同的是,燃气轮机装置的每一个设备都是稳定流动开口系统。

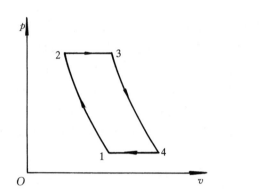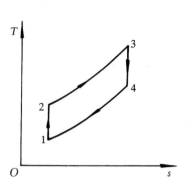

图 10-4 定压加热燃气轮机循环的 $p\text{-}v$ 图与 $T\text{-}s$ 图

循环吸热量

$$q_1 = c_p(T_3 - T_2)$$

循环放热量

$$q_2 = c_p(T_4 - T_1)$$

循环热效率

$$\eta_t = 1 - \frac{q_2}{q_1} = 1 - \frac{T_4 - T_1}{T_3 - T_2} \tag{10-7}$$

为了分析影响理想循环热效率的因素,将热效率计算式作一些推演可得

$$\eta_t = 1 - \frac{1}{\pi^{(\kappa-1)/\kappa}} \tag{10-8}$$

上式表明,布雷顿循环的热效率取决于循环增压比 $\pi\left(=\dfrac{p_2}{p_1}\right)$,且随 π 的增大而提高。

对于增压比的选择,还应考虑它对循环净功量 w_{net} 的影响。布雷顿循环的净功量可用两种方法求得,即

$$w_{net} = q_1 - q_2 = c_p(T_3 - T_2) - c_p(T_4 - T_1) \tag{10-9a}$$

或

$$
\begin{aligned}
w_{net} &= w_T - w_C = (h_3 - h_4) - (h_2 - h_1)\\
&= c_p(T_3 - T_4) - c_p(T_2 - T_1)\\
&= c_p T_1\left(\frac{T_3}{T_1} - \frac{T_4}{T_1} - \frac{T_2}{T_1} + 1\right)\\
&= c_p T_1\left(\frac{T_3}{T_1} - \frac{T_4}{T_3}\frac{T_3}{T_1} - \frac{T_2}{T_1} + 1\right)
\end{aligned} \tag{10-9b}
$$

引入反映循环特性的另一个参数——循环增温比 $\tau = \dfrac{T_3}{T_1}$,同时利用定熵过程 1-2,3-4 参数

间的关系,得

$$w_{\text{net}} = c_p T_1 (\tau - \tau \pi^{(1-\kappa)/\kappa} - \pi^{(\kappa-1)\kappa} + 1) \qquad (10-10)$$

上式表明,在一定温度范围 T_1、T_3 内,循环净功量仅仅是增压比 π 的函数。将循环净功对增压比求导数并令导数为零,即

$$\frac{\mathrm{d}w_{\text{net}}}{\mathrm{d}\pi} = 0$$

则可求得使循环净功量达到最大值时的最佳增压比为

$$\pi_{\text{opt}} = \tau^{\kappa/[2(\kappa-1)]} = \left(\frac{T_3}{T_1}\right)^{\kappa/[2(\kappa-1)]} \qquad (10-11)$$

当 $\pi = \pi_{\text{opt}}$ 时,循环最大净功量为

$$w_{\text{net,max}} = c_p (\sqrt{T_3} - \sqrt{T_1})^2$$

综上所述,对于布雷顿循环,π 值增大,可使 η_t 提高,而为了获得最大的净功,又存在最佳的 π 值。因此,选择燃气轮机装置增压比时,热效率与循环净功必须兼顾,以使既有较好的热效率,又能提供较多的循环净功。

2. 定压加热实际循环

燃气轮机实际循环的各个过程都存在不可逆因素带来的损失,这里主要考虑压气机和燃气轮机内部的不可逆损失。因为工质流经它们时,通常流速很高,这时流体之间、流体与流道之间的摩擦损失再不能被忽略,所以流经它们的过程是不可逆的绝热过程,其实际循环如图 10-5 中的 $1-2'-3-4'$ 所示。为考虑不可逆因素对循环性能的影响,引入压气机绝热效率 $\eta_{C,s}$ 与燃气轮机相对内效率 η_T 来进行修正。它们的定义分别为

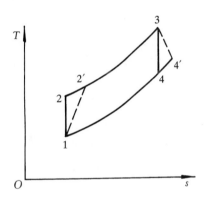

图 10-5　过程的实际循环

$$\eta_{C,s} = \frac{w_c}{w_c{'}} = \frac{h_2 - h_1}{h_{2'} - h_1} \qquad (10-12)$$

$$\eta_T = \frac{w'_T}{w_T} = \frac{h_3 - h_{4'}}{h_3 - h_4} \qquad (10-13)$$

实际循环的吸热量 $q_1{'}$ 为

$$q_1{'} = h_3 - h_{2'} = h_3 - h_1 - \frac{h_2 - h_1}{\eta_{C,s}}$$

实际循环的放热量 $q_2{'}$ 为

$$q_2{'} = h_4{'} - h_1 = h_3 - \eta_T(h_3 - h_4) - h_1$$

实际循环的净功量 $w_{\text{net}}{'}$ 为

$$w_{\text{net}}{'} = w'_T - w'_C = w_T \eta_T - \frac{w_C}{\eta_{C,s}}$$

$$= (h_3 - h_4)\eta_T - \frac{h_2 - h_1}{\eta_{C,s}}$$

实际循环的热效率可利用已求得的 q'_1、q'_2 或 $w_{\text{net}}{'}$ 求得,即

$$\eta_t = 1 - \frac{q'_2}{q'_1} = \frac{w_{\text{net}}{'}}{q'_1}$$

为了要分析影响循环热效率的因素,经过推导,当工质比热容为定值时,实际循环的热效率又可写成

$$\eta_t = \frac{\dfrac{\tau}{\pi^{(\kappa-1)/\kappa}}\eta_T - \dfrac{1}{\eta_{C,s}}}{\dfrac{\tau-1}{\pi^{(\kappa-1)/\kappa}-1} - \dfrac{1}{\eta_{C,s}}}$$ (10-14)

分析式(10-14)可以得出如下结论:(1)提高增温比 τ 可提高循环热效率。但 T_1 取决于大气温度,而 T_3 受金属材料耐热性能的限制,与冶金工业和材料科学的发展密切相关。目前,采用高温合金及气膜冷却等措施,T_3 已高达 1200 K 到 1300 K。从循环特性参数方面来讲,这是提高循环热效率的主要方向;(2)提高 $\eta_{C,s}$、η_T 可提高循环热效率。$\eta_{C,s}$、η_T 主要取决于压气机和燃气轮机叶片间气流通道的设计及加工,目前水平为 $\eta_{C,s} = 0.85 \sim 0.90$,$\eta_T = 0.85 \sim 0.92$;(3)影响实际循环热效率的因素除 τ 和 $\eta_{C,s}$、η_T 外,还有增压比 π。对一定的 τ 和 $\eta_{C,s}$、η_T,开始时循环热效率随 π 的增加而增大,但达到某一最大值后反而随 π 的增加而下降。

显然,影响燃气轮机装置实际循环热效率的因素,与理想循环的有显著差别。

3. 提高燃气轮机装置循环热效率的其他途径

在增温比和增压比确定后,进一步提高燃气轮机装置循环的热效率必须改变循环,重新组织、安排过程。其中,最有效的措施有:(1)采用回热;(2)在回热的基础上,分级压缩中间冷却、分级膨胀中间再热。这些措施,无论是对燃气轮机装置的实际循环,还是理想循环,都是有效的。

图 10-6 即为具有回热的燃气轮机装置的实际循环。分析图 10-6(a)所示的实际循环 1—2′—3—4′—1,注意到燃气轮机排气温度 $T_{4'}$ 通常总是高于压气机出口温度 $T_{2'}$,循环加热和放热过程的温度变化范围有交叉。利用这个温度交叉段,增设回热器,进行内部回热,就可以达到提高循环平均吸热温度和降低循环平均放热温度的目的,从而提高循环的热效率。

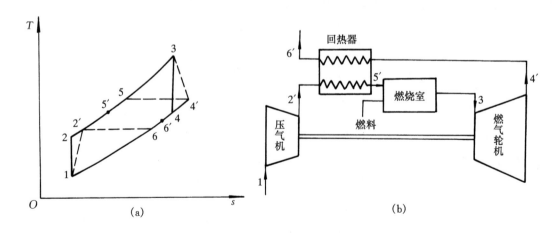

图 10-6 燃气轮机装置的回热循环

在回热器中,若燃气被冷却到可能的最低温度 $T_6(=T_{2'})$,压缩空气被预热到可能的最高温度 $T_5(=T_{4'})$,则这种理想情况称为极限回热。极限回热虽然对提高装置的内部效率最为有利,但由于传热必须有温差,因此无法实现。我们用回热度 σ 来表示实际的回热程度,其定义为实际回热量与理想极限回热量的比值,即

$$\sigma = \frac{h_{5'} - h_{2'}}{h_{4'} - h_{2'}} = \frac{T_{5'} - T_{2'}}{T_{4'} - T_{2'}}$$

通常 σ 取 $0.5 \sim 0.7$。

在对采用了回热措施的循环进行能量分析和计算时，要注意吸热过程、放热过程初、终态的变化，至于计算方法与不采用回热时相同。详细可参见例题 $10-13$ 和例题 $10-14$。

10.2.4 蒸汽动力循环

1. 朗肯循环（Rankine Cycle）

朗肯循环是最简单也是最基本的蒸汽动力循环，它由锅炉、汽轮机、冷凝器和水泵 4 个主要设备组成。图 $10-7$ 为该装置的示意图。水在锅炉中被加热汽化，直至成为过热蒸汽后，进入汽轮机膨胀做功，做功后的低

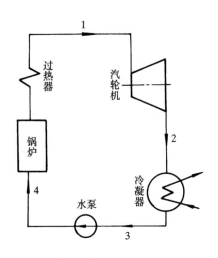

图 $10-7$ 朗肯循环装置示意图

压蒸汽进入冷凝器被冷却凝结成水，凝结水在水泵中被压缩升压后，再回到锅炉中，完成了一个循环。

为了突出主要矛盾，分析主要参数对循环的影响，与前述循环一样，首先对实际循环进行简化和理想化，略去摩阻及温差传热等不可逆因素。理想化后的循环由如图 $10-8$(a)所示的热力过程组成，对应的 $T - s$ 图如图 $10-8$(b)所示。

(a)

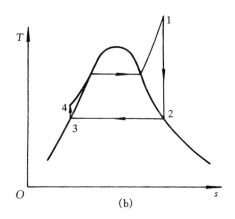
(b)

图 $10-8$ 热力过程及对应 $T - s$

朗肯循环的能量分析与计算如下：

循环吸热量

$$q_1 = h_1 - h_4$$

循环放热量

$$q_2 = h_2 - h_3$$

水蒸气流经汽轮机时，对外做出的功为

$$w_T = h_1 - h_2$$

水在水泵中升压所消耗的功为

$$w_P = h_4 - h_3$$

由于水的不可压缩性,在压缩过程中的容积变化可以忽略。水泵中的升压 $\Delta p = p_4 - p_3 = p_1 - p_2$,因此泵功可以用下式近似计算

$$w_P = v \Delta p$$

那么循环热效率为

$$\eta_t = \frac{w_{net}}{q_1} = \frac{w_T - w_P}{q_1} = \frac{(h_1 - h_2) - (h_4 - h_3)}{h_1 - h_4} \qquad (10-15)$$

由于水泵耗功相对于汽轮机做出的功极小,这样热效率可近似表示为

$$\eta_t = \frac{h_1 - h_2}{h_1 - h_4} \qquad (10-16)$$

以上各点参数,可由已知条件查水和水蒸气热力性质图或表得到。

2. 提高蒸汽动力循环热效率的途径和方法

1)提高蒸汽初压 p_1、初温 T_1,降低终参数 p_2

通过对朗肯循环的分析可知,提高初压 p_1,初温 T_1,可以提高循环的平均吸热温度;降低终参数 p_2,可以降低循环的平均放热温度。因此,提高初参数 p_1、T_1 和降低终参数 p_2 是提高循环热效率的有效措施。

然而,初温度的提高受到金属材料耐高温性的限制;终压的降低受到环境温度的限制;在初温提高受限制的条件下,提高初压又会引起排汽干度的降低,危及汽轮机的安全运行。因此,引出再热循环和回热循环,希望通过过程的合理组织,提高能量利用的经济性。

2)再热循环

所谓再热循环,就是蒸汽在汽轮机中膨胀到某一中间压力时全部引出,进入到锅炉再热器中再次加热,然后再全部回到汽轮机内继续膨胀做功。再热循环的示意图及在 $T-s$ 图上的表示如图 10-9 所示。

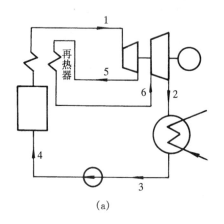
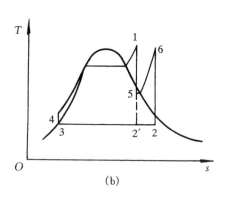

图 10-9 再热循环的装置示意图及循环 $T-s$ 图

忽略泵功时,再热循环所做的功为

$$w_T = (h_1 - h_5) + (h_6 - h_2)$$

循环加热量

$$q_1 = (h_1 - h_4) + (h_6 - h_5)$$

再热循环的热效率

$$\eta_t = \frac{w_T}{q_1} = \frac{(h_1 - h_5) + (h_6 - h_2)}{(h_1 - h_4) + (h_6 - h_5)} \tag{10-17}$$

从图 10-9(b)可以看到,选择合适的再热压力,不仅可以使乏汽干度得到提高,而且由于附加循环 2′—5—6—2—2′提高了整个循环的平均吸热温度,因此还可以使循环热效率 η_t 得到提高。依据计算和运行经验,最佳中间再热压力一般在蒸汽初压力的 20%～30%。

3) 回热循环

分析朗肯循环热效率不高的原因,主要是平均吸热温度不高。而平均吸热温度不高的主要原因在于对水加热这一段的温度较低。为了消除或减少这一不利因素的影响,可以利用一部分作过功的蒸汽来加热给水,即采用抽汽回热的办法回热给水。

采用一级抽汽、混合式给水加热器的回热循环,如图 10-10 所示。显然,由于采用了抽汽回热,工质在热源(锅炉)中的吸热从朗肯循环的 4—1 变到了 5—1,从而使平均吸热温度得到了提高。另外,还可用解析的办法,把一级抽汽回热循环的热效率 $\eta_{t,R}$ 与无回热的朗肯循环热效率 η_t 作以比较,同样可以说明采用抽汽回热循环可以提高蒸汽动力循环的热效率。

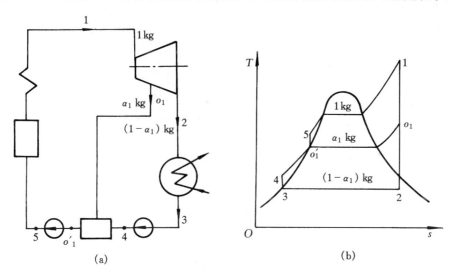

图 10-10　一级抽汽回热循环及其 T-s 图

回热循环的计算,首先要确定抽汽量 α_1。图 10-11 是混合式回热加热器的示意图。根据质量守恒和能量守恒有

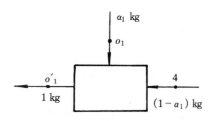

$$\alpha_1 h_{01} + (1 - \alpha_1)h_4 = h'_{01}$$

则

$$\alpha_1 = \frac{h'_{01} - h_4}{h_{01} - h_4} \tag{10-18}$$

忽略泵功时,循环的吸热量

$$q_1 = h_1 - h_5 = h_1 - h'_{01}$$

图 10-11　混合式回热器示意图

循环所做的功

$$w_T = (h_1 - h_{01}) + (1 - \alpha_1)(h_{01} - h_2)$$

则循环热效率

$$\eta_{t,R} = \frac{w_T}{q_1} = \frac{(h_1 - h_{01}) + (1 - \alpha_1)(h_{01} - h_2)}{h_1 - h_5} \qquad (10-19)$$

以上对于一级抽汽回热循环的计算,原则同样适用于多级回热循环。各级抽汽量可依照上述办法在各级回热加热器能量平衡基础上确定。另外,回热加热器除了混合式的,还有一种是表面式的,即抽汽与冷凝水不直接接触,通过换热器壁面交换热量。具体应用参见例题 10-18。

4) 高初参数与再热、回热的联合应用

在实际应用中,上述措施常常是一起采用的,尤其是在机组日趋大型化的今天,更是如此,即在采用再热、回热循环的同时,不断提高初温和初压。

5) 减少循环中的不可逆损失

在实际装置中,不可避免地存在着不可逆因素及能量的损失。对于实际循环的分析,有两类方法:一类是以能量平衡为前提的热力学第一定律分析方法,即热效率法;另一类方法是热力学第二定律的分析方法,有熵分析法及㶲分析法。对实际循环的具体分析参见例题 10-22。

为了提高循环热效率 η_t,必须想法减少各种不可逆损失。

6) 热电联产循环及其他措施

现代蒸汽动力厂循环,即使采用超高蒸汽参数,甚至超临界蒸汽参数和回热、再热等措施,热效率最高也只有 40% 左右,即燃料的热量中只有 40% 左右被利用,其余 60% 左右的热量作为损失排放到大气中而不能加以利用。为了提高能量利用的经济性,满足某些工矿电、热同时需要的要求,可以采用热电联产循环。

除热电联产循环外,两汽循环及燃气-蒸汽联合循环,也是提高蒸汽动力循环能量利用经济性的措施。

10.2.5 制冷循环

制冷循环是一种逆向循环。逆向循环的目的在于把低温物体(热源)的热量转移到高温物体(热源)去。依据热力学第二定律,必须要耗费能量作为代价。所耗费的能量通常是机械能或热能。如果循环的目的是从低温物体(如冷藏室、冷库等)不断取走热量,以维持物体的低温,称之为制冷循环;如果循环的目的是给高温物体(如供暖的房间)不断地提供热量,以保证高温物体的温度,称之为热泵循环。衡量制冷循环和热泵循环的经济性指标都用性能系数(COP)来表示,它是得到的收益与耗费的代价之比值。习惯上,对于制冷循环将此性能系数称为制冷系数,对于热泵循环称为供热系数。我们以制冷循环的分析为主。

制冷循环包括压缩制冷循环、吸收式制冷循环、吸附式制冷循环、蒸气喷射制冷循环以及半导体制冷等。压缩制冷循环又根据工质的不同,分为空气压缩制冷循环和蒸气压缩制冷循环两种。蒸气压缩制冷循环为本章重点掌握内容,其他只作以了解。

1. 逆卡诺循环

经济性指标最高的逆循环是同温限间的卡诺循环。通常制冷循环是以环境作为高温热源,即 $T_1 = T_0$。于是,逆卡诺循环的制冷系数为

$$\varepsilon = \frac{T_2}{T_1 - T_2} = \frac{T_2}{T_0 - T_2} = \frac{1}{\dfrac{T_0}{T_2} - 1} \qquad (10-20)$$

显然,在一定的环境温度 T_0 下,冷库温度 T_2 愈高,即 T_0 与 T_2 的温差愈小,则 ε 愈大;反之, T_2 愈低, T_0 与 T_2 的温差愈大, ε 就愈小。因此,维持不必要的更低温度 T_2 是对能量的浪费, 应予以避免。这一原则同样适用于实际的制冷循环。

2. 空气压缩制冷循环

1) 简单空气压缩制冷循环

简单空气压缩制冷循环可视为布雷顿(Brayton)逆循环,是由两个定压和两个定熵过程组成的制冷循环。其装置示意图及循环的 $T\text{-}s$ 图见图 10-12。

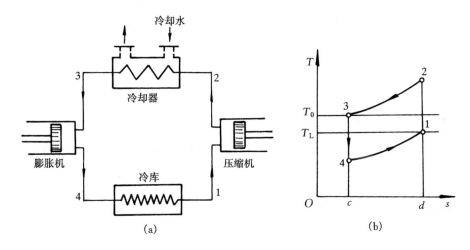

图 10-12 空气压缩制冷装置示意图及其理想循环的 $T\text{-}s$ 图

循环从冷库吸收的热量(即单位工质的制冷量)为

$$q_2 = c_p(T_1 - T_4)$$

放给高温热源的热量为

$$q_1 = c_p(T_2 - T_3)$$

循环所耗的净功为

$$w_{net} = w_C - w_E = c_p(T_2 - T_1) - c_p(T_3 - T_4)$$

或

$$w_{net} = q_1 - q_2 = c_p(T_2 - T_3) - c_p(T_1 - T_4)$$

那么,循环的制冷系数为

$$\varepsilon = \frac{q_2}{w_{net}} = \frac{T_1 - T_4}{(T_2 - T_3) - (T_1 - T_4)} \qquad (10-21)$$

为分析影响制冷系数的因素,将上式作进一步推演可得

$$\varepsilon = \frac{T_1}{T_2 - T_1} = \frac{T_L}{T_2 - T_L} = \frac{1}{\left(\dfrac{p_2}{p_1}\right)^{(\kappa-1)/\kappa} - 1} = \frac{1}{\pi^{(\kappa-1)/\kappa} - 1} \qquad (10-22)$$

上式表明,增压比 π 越小,制冷系数越大。但增压比越小,循环中单位工质的制冷量也越小,参

看图 10-13。当增压比由 p_2/p_1 下降为 p'_2/p_1 时,制冷量也由面积 1—5—7—4—1 下降为面积 1—5—6—4'—1,因此压缩比不能太小。

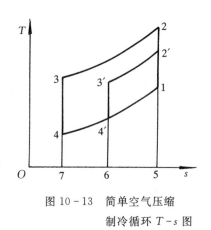

图 10-13　简单空气压缩
制冷循环 T-s 图

2) 回热式空气压缩制冷循环

简单空气压缩制冷循环的主要缺点是制冷量 $Q_2 = q_m c_p (T_1 - T_4)$ 不大。其原因如下:①空气的比热容 c_p 很小;②$(T_1 - T_4)$ 又不能太大,从图 10-13 可见,$(T_1 - T_4)$ 越大则要求增压比越高,增压比高制冷系数就要降低;③活塞式压缩机和膨胀机的循环工质流率 q_m 不能很大,否则压缩机和膨胀机就要设备庞大。因此,它只能用于制冷能力较小,制冷温度不太低(限于 $-50\ ℃$ 以上)的场合。实际上,除了应用于飞机空调等场合外,在其他方面很少应用,几乎被淘汰。

近年来,由于大流量叶轮式机械的发展,克服了活塞式机械对大流量的限制,同时又采用了回热,因此空气压缩制冷机又重新在工业上得到应用。

回热式空气压缩制冷循环的装置示意图如图 10-14 所示。图 10-15 表示的是理想回热制冷循环 1—2—3—4—5—6—1,即在回热器中,较热的空气放出热量由 T_3 变为 T_4,较冷的空气吸收这部分热量由 T_6 变为 T_1,放热量 q_{34}(即面积 3—4—a—b—3)等于吸热量 q_{61}(即面积 1—6—c—d—1),且 $T_3 = T_1$(通常为环境温度 T_0),$T_4 = T_6$(冷库的温度 T_L)。显然,此循环的制冷量和制冷系数与无回热的制冷循环 6—2'—4'—5—6 相同,因为两个循环的吸热量都是过程 5—6 吸收的热量没变,循环放热量也相等[$q_{23} = c_p(T_2 - T_3) = c_p(T_{2'} - T_{4'}) = q_{2'4'}$]。

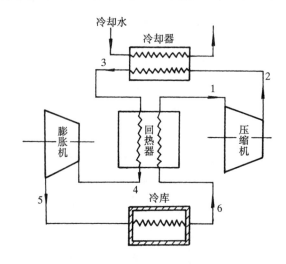

图 10-14　回热式空气压缩制冷循环的装置示意图

有回热的比无回热的制冷循环具有以下优点:

(1)增压比 π 较小(由 $p_{2'}/p_6$ 下降为 p_2/p_1),适用于采用叶轮式压气机。叶轮式压气机的空气排量较大,使得总制冷量大大提高;

(2)进膨胀机的温度 T_4 可以在 π 较小的条件下大大降低,使得回热式空气制冷循环广泛应用于气体液化等冷冻工程中；

（3）由于 π 的减小，使压缩机和膨胀机不可逆损失的影响也可减小。

回热式空气压缩制冷循环的能量分析与计算如下：

制冷量为

$$q_2 = h_6 - h_5 = c_p(T_L - T_5)$$

由于循环 1—2—3—4—5—6—1 与循环 6—2′—4′—5—6 的制冷系数相同，则

$$\varepsilon = \frac{T_L}{T_{2'} - T_L} = \frac{T_L}{T_2 - T_L} \qquad (10-23)$$

膨胀功为

$$w_T = h_4 - h_5 = c_p(T_4 - T_5) = c_p(T_L - T_5)$$

压缩机械功为

$$w_C = h_2 - h_1 = c_p(T_2 - T_1) = c_p(T_2 - T_0)$$

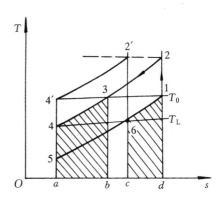

图 10 - 15　理想回热制冷循环的 T-s 图

循环净功为

$$w_{net} = w_C - w_T$$

3. 蒸气压缩制冷循环

上述空气制冷循环无疑存在着两个基本缺点：一是由于吸热过程和放热过程是在定压非定温下进行，与逆向卡诺循环的相应过程相差较远，因而制冷系数低；二是由于空气的比定压热容较小，则循环的制冷量也较小。采用蒸气压缩制冷循环，就能在这两方面大大改善，因为利用蒸气的性质在湿蒸气区内可以实现定温过程，而且蒸气的气化潜热很大。

蒸气压缩制冷循环的装置示意图及循环的 T-s 图，如图 10 - 16 所示。这里要回答一个

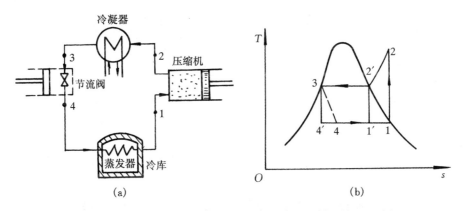

图 10 - 16　蒸气压缩制冷循环的装置示意图及循环的 T-s 图

问题：为什么不采用逆卡诺循环 1′—2′—3—4′—1′，而宁可采用循环 1—2—3—4—1 呢？这是由于考虑到工作于湿蒸气的压缩机和膨胀机，由于湿度大，不仅效率低，而且工作不可靠，容易造成液滴的猛烈撞击。取消膨胀机而用节流阀，虽然损失了一些功和制冷量（$h_4 - h_{4'}$），但节省了一台膨胀机，设备要简单可靠很多，而且用节流阀更便于调节冷库的温度；另外，压缩机采用干蒸气压缩之后，虽然压缩机多消耗了一些功[$(h_2 - h_1) > (h_{2'} - h_{1'})$]，但压缩机的工作稳定，效率提高，且制冷能力也有所增加，增加量为（$h_1 - h_{1'}$）。

工质通过蒸发器自冷源（冷库）吸收的热量为

$$q_2 = h_1 - h_4 = h_1 - h_3$$

工质通过冷凝器向外界放出的热量为

$$q_1 = h_2 - h_3$$

压缩机耗功量为

$$w_C = h_2 - h_1$$

制冷系数为

$$\varepsilon = \frac{q_2}{w_C} = \frac{h_1 - h_3}{h_2 - h_1} \tag{10-24}$$

以上各点的参数,可根据制冷工质的热力性质表或压-焓图($\lg p - h$)查得。参见图 $10-17$,一般已知蒸发温度 T_1(或初压 p_1)及冷凝温度 T_3(或终压 p_2),则 h_1 可以根据 p_1 来确定;h_2 可以根据 p_2 和 s_2(因为 $s_2 = s_1$)来确定;h_3 即 p_2 下的饱和液体焓。

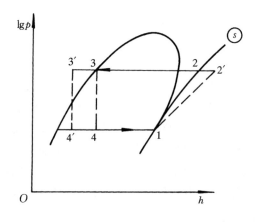

图 $10-17$ 蒸气压缩制冷循环的压-焓图

如果考虑到压缩机的不可逆损失,即压缩过程为 $1-2'$,由压气机的绝热效率定义可得

$$h_{2'} = h_1 + (h_2 - h_1)/\eta_{C,s}$$

压缩机的耗功增大为

$$w_C' = w_C/\eta_{C,s} = (h_2 - h_1)/\eta_{C,s}$$

制冷系数减小为

$$\varepsilon' = \frac{q_2}{w_c'} = \frac{q_2}{w_c/\eta_{C,s}} = \varepsilon\,\eta_{C,s}$$

因此欲提高 ε',必须一方面提高理想循环 $1-2-3-4-1$ 的制冷系数 ε,另一方面提高压气机的 $\eta_{C,s}$,减少其不可逆损失。而提高 ε,一种方法是采用过冷措施,即在冷凝器中将处于状态 3 的饱和液体进一步冷却到状态 $3'$ 的未饱和液体,如图 $10-17$ 所示。这样,制冷量即由 $h_1 - h_4$ 增加到 $h_1 - h_{4'}$,而压缩机耗功未变,所以制冷系数提高(㶲效率也相应提高)。另一种方法,可通过选择良好的制冷工质来实现。

10.3　公式小结

10.3.1　活塞式内燃机循环

定压加热循环(狄塞尔循环)和定容加热循环(奥图循环)可以看作是混合加热循环的特例。对混合加热循环的计算,参见图 10-1。循环特性参数的定义式:

压缩比 $\qquad\qquad\qquad\qquad\qquad \varepsilon = \dfrac{v_1}{v_2}$

定容升压比 $\qquad\qquad\qquad\qquad \lambda = \dfrac{p_3}{p_2}$

预胀比 $\qquad\qquad\qquad\qquad\qquad \rho = \dfrac{v_4}{v_3}$

循环各状态点参数的计算

1—2 定熵过程 $\qquad\qquad\qquad \dfrac{T_2}{T_1} = \left(\dfrac{v_1}{v_2}\right)^{\kappa-1} = \varepsilon^{\kappa-1}$

2—3 定容过程 $\qquad\qquad\qquad \dfrac{T_3}{T_2} = \dfrac{p_3}{p_2} = \lambda$

3—4 定压过程 $\qquad\qquad\qquad \dfrac{T_4}{T_3} = \dfrac{v_4}{v_3} = \rho$

5—1 定容过程 $\qquad\qquad\qquad \dfrac{T_5}{T_1} = \dfrac{p_5}{p_1}$

在对内燃机循环进行能量的分析与计算时,应注意工质是在闭口系完成吸热、做功等过程的。混合加热循环的吸热过程是定容及定压过程,而放热过程是定容过程。

定容加热、放热量的计算公式 $\qquad q = c_V \Delta T$

定压加热量的计算公式 $\qquad\qquad q = c_p \Delta T$

循环功的计算不需要求每一个过程的功量,　$w_{\text{net}} = q_1 - q_2$。

循环热效率

$$\eta_{\text{t}} = \frac{w_{\text{net}}}{q_1} = 1 - \frac{q_2}{q_2}$$

循环热效率也可用下式计算:

混合加热循环 $\qquad\qquad \eta_{\text{t}} = 1 - \dfrac{\lambda \rho^{\kappa} - 1}{\varepsilon^{\kappa-1}\left[(\lambda-1) + \kappa\lambda(\rho-1)\right]}$

定压加热循环(即 $\lambda = 1$) $\qquad \eta_{\text{t}} = 1 - \dfrac{\rho^{\kappa} - 1}{\varepsilon^{\kappa-1}\kappa(\rho-1)}$

定容加热循环(即 $\rho = 1$) $\qquad\quad \eta_{\text{t}} = 1 - \dfrac{1}{\varepsilon^{\kappa-1}}$

但状态参数、热量和功率的计算是基本计算,有了热量和功量,热效率就很容易求得,故一般不需用上述热效率公式计算,仅用它们来分析影响循环热效率的主要因素。

10.3.2　燃气轮机装置循环

燃气轮机定压加热循环的热力性能汇于表 10-1,并参见图 10-5。

表 10 - 1　燃气轮机装置循环热力计算的基本公式

		理想循环	实际循环	备　注
循环有关状态点参数	压气机终态	$T_2=T_1\left(\dfrac{p_2}{p_1}\right)^{(\kappa-1)/\kappa}=T_1\pi^{(\kappa-1)/\kappa}$ $v_2=v_1\left(\dfrac{p_1}{p_2}\right)^{1/\kappa}=\dfrac{v_1}{\pi^{1/\kappa}}$ 或 $v_2=\dfrac{R_g T_2}{p_2}$	$T_{2'}=T_1+(T_2-T_1)/\eta_{C,s}$ $v_{2'}=\dfrac{R_g T_{2'}}{p_2}$	切不可用 $T_{2'}=T_1\left(\dfrac{p_2}{p_1}\right)^{(\kappa-1)/\kappa}$ 计算 $T_{2'}$ 切不可用 $v_{2'}=v_1\left(\dfrac{p_1}{p_2}\right)^{1/\kappa}$ 计算 $v_{2'}$
	燃气轮机终态	$T_4=T_3\left(\dfrac{p_4}{p_3}\right)^{(\kappa-1)/\kappa}=\dfrac{T_3}{\pi^{(\kappa-1)/\kappa}}$ $v_4=v_3\left(\dfrac{p_3}{p_4}\right)^{1/\kappa}=v_3\pi^{1/\kappa}$ 或 $v_4=\dfrac{R_g T_4}{p_1}$	$T_{4'}=T_3-(T_3-T_4)\eta_T$ $v_{4'}=\dfrac{R_g T_{4'}}{p_1}$	切不可用 $T_{4'}=T_3\left(\dfrac{p_4}{p_3}\right)^{(\kappa-1)/\kappa}$ 计算 $T_{4'}$
压气机耗功		$w_C=h_2-h_1=c_p(T_2-T_1)$	$w'_C=h_{2'}-h_1=c_p(T_{2'}-T_1)=w_C/\eta_{C,s}$	
燃气轮机做功		$w_T=h_3-h_4=c_p(T_3-T_4)$	$w'_T=h_3-h_{4'}=c_p(T_3-T_{4'})=w_T\eta_T$	
吸热量		$q_1=h_3-h_2=c_p(T_3-T_2)$	$q'_1=h_3-h_{2'}=c_p(T_3-T_{2'})$	
放热量		$q_2=h_4-h_1=c_p(T_4-T_1)$	$q'_2=h_{4'}-h_1=c_p(T_{4'}-T_1)$	
热效率		$\eta_t=1-\dfrac{T_4-T_1}{T_3-T_2}$	$\eta_t=1-\dfrac{T_{4'}-T_1}{T_3-T_{2'}}$	

10.3.3　蒸汽动力循环

蒸汽动力循环的热力性能汇于表 10 - 2。

表 10 - 2　蒸汽动力循环热力计算的基本公式

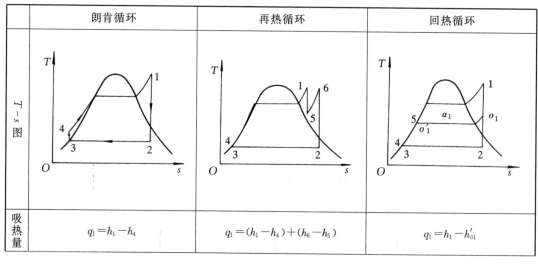

	朗肯循环	再热循环	回热循环
T-s 图			
吸热量	$q_1=h_1-h_4$	$q_1=(h_1-h_4)+(h_6-h_5)$	$q_1=h_1-h'_{01}$

	朗肯循环	再热循环	回热循环
放热量	$q_2 = h_2 - h_3$	$q_2 = h_2 - h_3$	$q_2 = (1 - \alpha_1)(h_2 - h_3)\left(\begin{array}{c}\text{回热器为}\\\text{混合式的}\end{array}\right)$
循环净功	$w_{\text{net}} = (h_1 - h_2) - (h_4 - h_3)$ $\approx h_1 - h_2 (\text{忽略泵功})$	$w_{\text{net}} = (h_1 - h_5) + (h_6 - h_2)$	$w_{\text{net}} = (h_1 - h_{01}) + (1 - \alpha_1)(h_{01} - h_2)$
热效率	$\eta_t = \dfrac{h_1 - h_2}{h_1 - h_4}$	$\eta_t = \dfrac{(h_1 - h_5) + (h_6 - h_2)}{(h_1 - h_4) + (h_6 - h_5)}$	$\eta_t = \dfrac{(h_1 - h_{01}) + (1 - \alpha_1)(h_{01} - h_2)}{h_1 - h_5}$

10.3.4　制冷循环

制冷循环的热力性能汇于表 10 - 3。

表 10 - 3　制冷循环热力计算的基本公式

	简单空气压缩制冷循环	回热式空气压缩制冷循环	蒸气压缩制冷循环
$T-s$ 图			
制冷量	$q_2 = h_1 - h_4 = c_p(T_L - T_4)$	$q_2 = h_6 - h_5 = c_p(T_L - T_5)$	$q_2 = h_1 - h_3$
放热量	$q_1 = h_2 - h_3 = c_p(T_2 - T_0)$	$q_1 = h_2 - h_3 = c_p(T_2 - T_0)$	$q_1 = h_2 - h_3$
循环净功	$w_{\text{net}} = (h_2 - h_1) - (h_3 - h_4)$ $= c_p(T_2 - T_L) - c_p(T_0 - T_4)$	$w_{\text{net}} = (h_2 - h_1) - (h_4 - h_5)$ $= c_p(T_2 - T_0) - c_p(T_L - T_5)$	$w_{\text{net}} = h_2 - h_1$
制冷系数	$\varepsilon = \dfrac{T_1 - T_4}{(T_2 - T_1) - (T_3 - T_4)}$ $= \dfrac{T_L}{T_2 - T_L} = \dfrac{1}{\left(\dfrac{p_2}{p_1}\right)^{(\kappa-1)/\kappa} - 1}$	$\varepsilon = \dfrac{T_L}{T_2 - T_L}$	$\varepsilon = \dfrac{h_1 - h_3}{h_2 - h_1}$

10.4　重点与难点

本章重点是要掌握各种循环的 $p - v$ 图和 $T - s$ 图，并能对循环进行正确的能量分析和计算。其中，以热力学第一定律分析法（热效率法）为主，即正确计算各种循环的吸热量、放热量、净功量及热效率或工作系数,而且会分析影响循环热效率的主要因素,掌握提高各种循环热效率的具体方法和途径。具体内容已在本章基本知识点和公式小结中给出。

对于给出的不同循环的热效率计算公式,如式(10 - 3)、式(10 - 14)等,不要求推演,更不要求记忆,一般也不用其来进行计算。主要用它们来说明影响循环热效率有哪些因素,以及与热效率的关系。热效率的计算建议仍用循环的热量和功量等基本量的计算来完成。

本章的难点有以下内容。

1. 各种装置实际循环的分析和计算

具体的有燃气轮机装置的实际循环、蒸汽动力装置的实际循环和蒸气压缩制冷装置的实际循环。对于实际循环的分析,注意抓住一些修正系数,如压气机绝热效率 $\eta_{C,s}$、汽轮机相对内效率 η_T 等,依据它们首先求得实际出口状态的焓或温度,再结合已知条件,求得所需的出口状态点的其他参数。之后循环热量、功量和热效率的计算方法同理想循环一样,只不过要注意用相应的实际状态点的参数进行计算。

2. 蒸汽再热循环和回热循环的能量分析与计算

在计算再热循环吸热量 q_1 时,不要忘记了工质在再热器中的吸热,即相应于图 10 - 9 中的 5—6 过程的吸热量。另外应注意,再热的目的除了可提高热效率外,更重要的在于通过再热,可提高乏气干度,这为提高初压,即进一步提高热效率创造了可能性。因此中间压力的选择应使乏气干度 x_2 落在允许范围之内(一般 $x_2 > 0.86$),切不可只考虑提高热效率 η_t,而忘记了提出再热的根本目的。

在计算抽汽回热循环的功量和热效率(式(10 - 19))时,关键是首先要计算出抽汽量 α:对于一级抽汽是计算 α_1,对于 N 级抽汽则是计算 $\alpha_j (j = 1, 2, \cdots, N)$,这是一个难点。$\alpha$ 是利用回热加热器的质量和能量守恒方程求取的。因此,正确确定回热加热器进出口的状态,列热平衡方程又是计算 α 的关键。

被广泛采用的回热加热器形式有混合式和表面式 2 种。

(1) 对于混合式回热加热器,即抽汽与冷凝水直接混合,一般抽汽压力已知或按等温差分配的原则求取(参阅例题 10 - 19),这样,抽汽焓可由抽汽压力及初态熵查取。出口焓是相应抽汽压力的饱和水焓,即如图 10 - 18(a)所示的第 j 级加热器 $h'_{0j} = h_{0j}$。进口焓若不计水泵耗功,即为后一级加热器($j + 1$ 级)的出口焓,若考虑水泵耗功,还应加上水泵所耗的功。

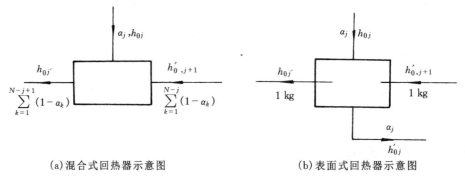

(a)混合式回热器示意图   (b)表面式回热器示意图

图 10 - 18　回热器示意图

对如图 10-18(a)所示的 N 级抽汽回热的第 j 级加热器,列出的质量守恒方程为

$$\alpha_j + \sum_{k=1}^{N-j}(1-\alpha_k) = \sum_{k=1}^{N-j+1}(1-\alpha_k)$$

能量守恒方程(不计水泵耗功)为

$$\alpha_j h_{0j} + \sum_{k=1}^{N-j}(1-\alpha_k)h'_{0,j+1} = \sum_{k=1}^{N-j+1}(1-\alpha_k)h'_{0j}$$

解得第 j 级抽汽量为

$$\alpha_j = \left(1 - \sum_{k=1}^{N-j}\alpha_k\right) \frac{h_{0j'} - h'_{0,j+1}}{h_{0j} - h'_{0,j+1}} \qquad (10-25)$$

(2) 对于表面式回热加热器,即抽汽和冷凝水不混合,它们之间是通过加热器内的管子间壁进行换热的,其抽汽量 α 仍是通过热平衡方程求取。对如图 10-18(b)所示的表面式加热器,其热平衡方程式为

$$\alpha_j(h_{0j} - h'_{0j}) = (h_{0j'} - h'_{0,j+1})$$

所以抽汽量为

$$\alpha_j = \frac{h_{0j'} - h'_{0,j+1}}{h_{0j} - h'_{0j}}$$

详细请参阅例题 10-18。

各级抽汽系数的计算顺序应从抽汽压力最高的第 I 级回热加热器算起,然后依次往下,逐级计算。

抽汽回热循环的循环功量的计算(在忽略泵功时,即为汽轮机输出功的计算)有以下几种方法:

(1) $w_{\text{net}} = q_1 - q_2$;

(2) 多级抽汽时,汽轮机输出的功应是各段输出功的叠加。注意蒸汽膨胀过程中,各段蒸汽量的变化。对于如图 10-19 所示的两级抽汽回热循环,1—o_1 段为 1 kg,o_1—o_2 段为 $(1-\alpha_1)$ kg,o_2—2 段为 $(1-\alpha_1-\alpha_2)$ kg。因此,汽轮机中每进入 1 kg 蒸汽的做功量为

$$w_{\text{net}} \approx w_{\text{T}} = (h_1 - h_{o1}) + (1-\alpha_1)(h_{o1} - h_{o2}) + (1-\alpha_1-\alpha_2)(h_{o2} - h_2)$$

推广到 N 级抽汽回热循环,则为

$$w_{\text{net}} \approx w_{\text{T}} = (h_1 - h_{o1}) + (1-\alpha_1)(h_{o1} - h_{o2}) + \cdots + (1-\alpha_1-\alpha_2-\cdots-\alpha_N)(h_{oN} - h_2)$$

(3) 以汽轮机为热力系,如图 10-19(c)所示,因蒸汽在汽轮机中经过的是绝热过程,则能量方程式为 $w_{\text{T}} = h_入 - h_出$,即

$$w_{\text{net}} \approx w_{\text{T}} = h_1 - \alpha_1 h_{o1} - \alpha_2 h_{o2} - (1-\alpha_1-\alpha_2)h_2$$

推广到 N 级抽汽回热循环,则为

$$w_{\text{net}} \approx w_{\text{T}} = h_1 - \alpha_1 h_{o1} - \alpha_2 h_{o2} - \cdots - \alpha_N h_{oN} - (1-\alpha_1-\alpha_2-\cdots-\alpha_N)h_2$$

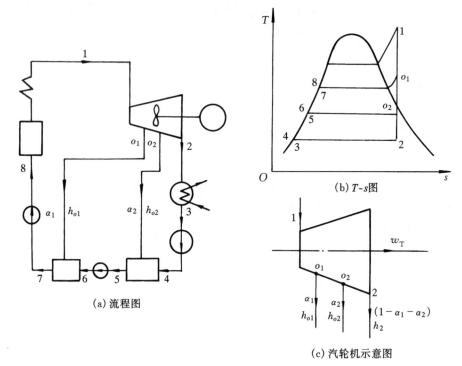

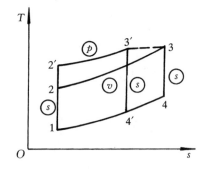

图 10-19　两级抽汽回热循环

10.5　典型题精解

10.5.1　循环的定性分析

例题 10-1　图 10-20 中的定容加热循环 1—2—3—4—1 与定压加热循环 1—2′—3′—4′—1,其工质均为同种理想气体,在 $T_3 = T_3'$ 条件下,哪个热效率高?

解　图 10-21 为循环的 $T\text{-}s$ 图。显然定压加热循环 1—2′—3′—4′—1 的平均吸热温度高于定容加热循环 1—2—3—4—1,而平均放热温度比定容加热循环的低,所以定压加热循环的热效率高。

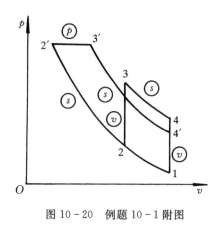

图 10-20　例题 10-1 附图

图 10-21　例题 10-1 附图

例题 10 - 2　图 10 - 22(a)～(d)中的循环 1—2—3—1 称为 A 循环,循环 1′—2′—3′ 称为 B 循环,A、B 循环的工质均为同种理想气体。试在不同条件下,比较每题中 A、B 两可逆循环热效率的高低。

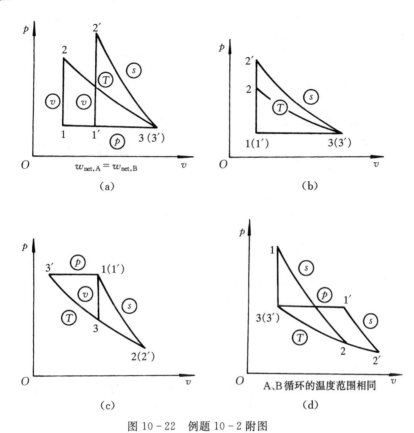

图 10 - 22　例题 10 - 2 附图

解　4 个小题中 A、B 循环所对应的 T - s 图如图 10 - 23(a)～(d)所示。

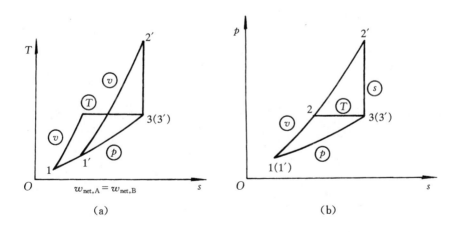

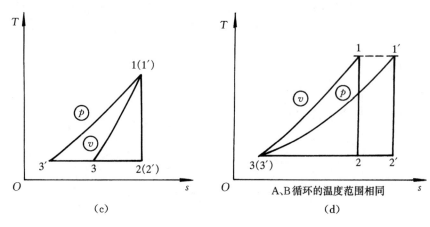

图 10 - 23　例题 10 - 2 解图

(1) 因 $\eta_t = \dfrac{w_{net}}{q_1} = \dfrac{w_{net}}{w_{net}+q_2}$

从图 10 - 23(a)看到，A 循环的放热过程为 3—1，B 循环的放热过程为 3—1′，显然 $q_{2,A} >$ $q_{2,B}$，而已知条件为 $w_{net,A} = w_{net,B}$，所以，$\eta_{t,A} < \eta_{t,B}$

(2) 由图 10 - 23(b)看到

$$q_{1,A} < q_{1,B}$$
$$q_{2,A} = q_{2,B}$$

所以
$$\eta_{t,A} < \eta_{t,B}$$

(3) A、B 循环的 T-s 图如图 10 - 23(c)所示，它们的平均吸热温度分别为

$$\overline{T}_{1,A} = \frac{q_{1,A}}{\Delta s_{23}} = \frac{c_V(T_1-T_3)}{\Delta s_{13}} = \frac{c_V(T_1-T_3)}{c_V \ln \dfrac{T_1}{T_3}} = \frac{T_1-T_3}{\ln \dfrac{T_1}{T_3}}$$

$$\overline{T}_{1,B} = \frac{q_{1,B}}{\Delta s_{23'}} = \frac{c_p(T_1-T_{3'})}{\Delta s_{13'}} = \frac{c_p(T_1-T_{3'})}{c_p \ln \dfrac{T_1}{T_{3'}}} = \frac{T_1-T_3}{\ln \dfrac{T_1}{T_3}}$$

即
$$\overline{T}_{1,A} = \overline{T}_{1,B}$$
另外，从图 10 - 23(c)看到
$$\overline{T}_{2,A} = \overline{T}_{2,B}$$
所以
$$\eta_{t,A} = \eta_{t,B}$$

(4) A、B 循环的 T-s 图如图 10 - 23(d)所示，它们的平均吸热温度分别为

$$\overline{T}_{1,A} = \frac{q_{1,A}}{\Delta s_{32}} = \frac{c_V(T_1-T_3)}{\Delta s_{31}} = \frac{c_V(T_1-T_3)}{c_V \ln \dfrac{T_1}{T_3}} = \frac{T_1-T_3}{\ln \dfrac{T_1}{T_3}}$$

$$\overline{T}_{1,B} = \frac{q_{1,B}}{\Delta s_{2'3'}} = \frac{c_p(T_1-T_{3'})}{\Delta s_{1'3'}} = \frac{c_p(T_{1'}-T_{3'})}{c_p \ln \dfrac{T_{1'}}{T_{3'}}} = \frac{T_1-T_3}{\ln \dfrac{T_1}{T_3}}$$

即
$$\overline{T}_{1,A} = \overline{T}_{1,B}$$
又
$$\overline{T}_{2,A} = \overline{T}_{2,B}$$
所以
$$\eta_{t,A} = \eta_{t,B}$$

例题 10-3 试用平均温度概念分析增压比 π 和增温比 τ 对燃气轮机理想回热循环热效率的影响?

解 图 10-24(a)示出了当 π 不变而 τ 改变时燃气轮机理想循环的 $T-s$ 图。由此图可见,当点 3 升到点 $3'$,即增温比 τ 提高到 τ' 时,循环吸热过程由 2_R—3 变为 $2'_R$—$3'$,平均吸热温度由 $\overline{T}_{1,\tau}$ 提高到 $\overline{T}'_{1,\tau}$;而平均放热温度 $\overline{T}_{2,\tau}$ 维持不变。因此,τ 愈大,$\eta_{t,回}$ 愈高。

图 10-24(b)示出了当 τ 不变而 π 改变时燃气轮机理想回热循环的 $T-s$ 图。当点 2 提高到点 $2'$,即 π 提高到 π' 时,循环吸热过程由 2_R—3 变为 $2'_R$—$3'$,显然平均吸热温度由 $\overline{T}_{1,\pi}$ 降为 $\overline{T}'_{1,\pi}$;循环放热过程由 4_R—1 变为 $4'_R$—1,平均放热温度由 $\overline{T}_{2,\pi}$ 提高到 $\overline{T}'_{2,\pi}$,因而热效率 $\eta_{t,回}$ 将降低。可见,ε 愈高,$\eta_{t,回}$ 愈低。

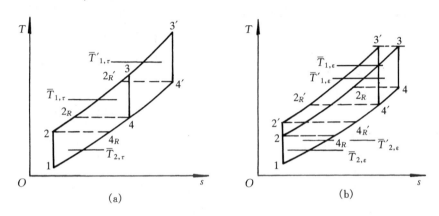

图 10-24 例题 10-3 附图

因此,为了提高燃气轮机理想回热循环的热效率,应采用较高的增温比 τ 和较低的增压比 ε。

例题 10-4 综观蒸汽动力循环、燃气轮机循环、内燃机循环以及例题 10-1 与例题 10-2 中的其他动力循环等等,可以发现它们都是由升压、加热、膨胀、放热等几个过程所组成。试分析在这几个过程中:

(1) 能否去掉放热过程,这是否违背基本定律?

(2) 能否去掉加热过程,这是否违背基本定律?

(3) 升压过程要耗功,因此能否去掉升压过程? 这是否违背基本规律?

(4) 如果在这些过程中,任何一个过程都不能删除的话,能否改变这些过程的次序? 例如,能否先加热再升压,然后膨胀及放热?

(5) 总结动力循环工作过程的一般规律。

解 每一问的详细分析,将留给读者自己进行。这里要说明的是通过本例,希望读者能基本掌握动力循环工作过程的一般规律。这种规律就是任何动力循环都是以消耗热能为代价,以做功为目的。但是为了达到这个目的,首先必须以升压造成压差为前提。否则,消耗的热能再多,倘若没有必要的压差条件,仍是无法利用膨胀转变为动力的。由此可见,压差的存在与否,是把热能转换为机械能的先决条件,它也为拉开平均吸、放热温度创造了条件。其次还必须以放热为基础,否则将违背热力学第二定律。总之,升压是前提,加热是手段,做功是目的,放热是基础。一切将热能转换为机械能或电能的动力循环,都必将遵循这些一般规律。当然,在具体动力循环中,有些过程如定容加热过程可以同时兼有升压与加热两种作用。如定温放热过程同时兼有升压与放热两种作用,有的兼有膨胀与放热的作用,因而有些动力循环可以由 3 个过程组成,例如,例题 10 - 2 的几种循环。但是无论什么动力循环,依旧必须遵循上述一般规律。

例题 10 - 5 蒸气压缩制冷的理想循环,如图 10 - 25 中的 1—2—3—4—1 所示。它主要忽略了以下 3 个方面的问题:

(1) 压缩机的压缩过程既有摩擦,又非绝热;

(2) 制冷剂流经压缩机进、排气阀时有节流损失;

(3) 制冷剂通过管道、蒸发器、冷凝器等设备时,既有摩擦,又非绝热。

现若考虑上述 3 个方面的问题,试分析此 3 个方面问题对循环的影响,并定性画出实际循环的 T - s 图。

解 以上 3 个方面的实际因素对循环的影响,参见图 10 - 26。

(1) 压缩机的压缩过程

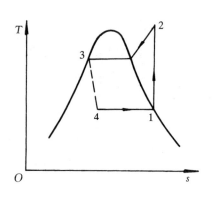

图 10 - 25 例题 10 - 5 附图

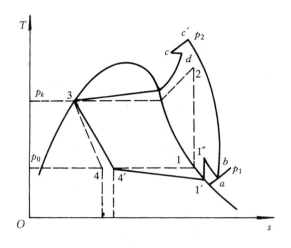

图 10 - 26 例题 10 - 5 附图

a—b 过程:制冷剂进气冲程(即进入气缸后,被压缩前),此过程中制冷剂吸收缸壁热量,有温升,压力仍为 p_1 不变。

b—c' 过程:开始压缩时,既有摩擦又有吸热,所以熵有所增加。当压缩至制冷剂温度高于缸壁温度时放热。综合熵产与熵流,总的仍使熵有所减少,直至压力升为 p_2。

c'—c 过程:若压缩机缸头有冷却水冷却,则排气过程中高压气体被进一步冷却,制冷剂的熵会减少更多。

(2) 进、排气阀的节流过程

$1''$—a 过程:进气阀处节流,焓不变,压力降至 p_1。

c—d 过程:排气阀处节流,焓不变,压力降至 p_d。

（3）制冷剂流经管道和设备的过程

d—3 过程：制冷剂从压缩机排出，经管道冷凝器时，因有摩擦和散热，所以压力和温度均有所降低。

3—$4'$ 过程：制冷剂流经节流阀降压降温后，经管道至蒸发器入口处，制冷剂吸收外界热量，焓稍有增加。

$4'$—$1'$ 过程：制冷剂在蒸发器内有摩擦，压力降低。

$1'$—$1''$ 过程：制冷剂流出蒸发器经管道至压缩机前，因摩擦并吸收外界热量，所以压力稍有降低，温度稍有升高。

说明：对于影响内燃机循环、燃气轮机装置循环、蒸汽动力循环等热效率主要因素的分析，与该题一样，都属于循环定性分析的问题。这些典型循环的定性分析，参阅本章第 2 节中基本知识点中的分析。

10.5.2　循环的热力学第一定律分析和计算

例题 10 - 6　内燃机定容加热理想循环如图 10 - 27 所示，若已知压缩初温和循环的最高温度，求循环净功量达到最大时的 T_2、T_4 及这时的热效率是多少？

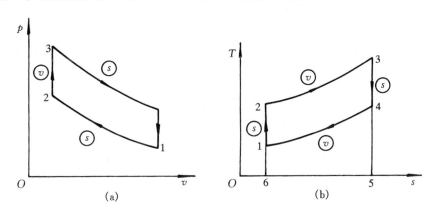

图 10 - 27　例题 10 - 6 附图

解　先寻找未知温度 T_2、T_4 与已知温度 T_1、T_3 之间的关系。因过程 1—2 及过程 3—4 是定熵过程，于是

$$\frac{T_2}{T_1} = \left(\frac{v_1}{v_2}\right)^{\kappa-1}$$

$$\frac{T_3}{T_4} = \left(\frac{v_4}{v_3}\right)^{\kappa-1}$$

又过程 2—3 及过程 4—1 是定容过程，则

$$v_1 = v_4 , v_2 = v_3$$

所以

$$\frac{T_2}{T_1} = \frac{T_3}{T_4} \tag{a}$$

即

$$T_4 = \frac{T_3}{T_2} T_1 \tag{b}$$

循环净功量为

$$w_{\text{net}} = q_1 - q_2 = c_V(T_3 - T_2) - c_V(T_4 - T_1)$$

$$= c_V(T_3 - T_2) - c_V\left(\frac{T_3}{T_2}T_1 - T_1\right)$$

使循环净功达到最大时的 T_2 应满足 $\dfrac{\mathrm{d}w_{\text{net}}}{\mathrm{d}T_2} = 0$,即

$$-c_V + c_V T_1 T_3 \frac{1}{T_2^2} = 0$$

故

$$T_2 = \sqrt{T_1 T_3}$$

将此结果代入(b)式,得

$$T_4 = \sqrt{T_1 T_3}$$

循环热效率为

$$\eta_t = 1 - \frac{q_2}{q_1} = 1 - \frac{T_4 - T_1}{T_3 - T_2} = 1 - \sqrt{\frac{T_1}{T_3}}$$

讨论

(1) 本例题推导出的式(a)不是偶然的,具有普遍性。可证明具有定值比热容的理想气体在 T-s 图上任意两条定容线(或定压线)之间,线段 $\overline{26}:\overline{16} = \overline{35}:\overline{45}$(图 10-27(b)),即 $\dfrac{T_2}{T_1} = \dfrac{T_3}{T_4}$。

(2) 本例题要注意抓住依题意所列的 $\dfrac{\mathrm{d}w_{\text{net}}}{\mathrm{d}T_2} = 0$(或 $\dfrac{\mathrm{d}w_{\text{net}}}{\mathrm{d}T_4} = 0$)这个方程,以此为突破口,问题就很容易解决。

(3) 若本题已知条件不变,求解问题变为:求为了获得最大循环净功量所需的压缩比 ε 及这时的热效率?读者可自行分析,答案为 $\varepsilon = \left(\dfrac{T_3}{T_1}\right)^{1/[2(\kappa-1)]}$,

$\eta_t = 1 - \dfrac{1}{\varepsilon^{\kappa-1}} = 1 - \sqrt{\dfrac{T_1}{T_3}}$。

例题 10-7 一台按奥图循环工作的四缸四冲程发动机,压缩比 $\varepsilon = 8.6$,活塞排量 $V'_h = 1000$ cm³,压缩过程的初始状态为 $p_1 = 100$ kPa,$t_1 = 18$ ℃,每缸向工质提供热量 135 J。求循环热效率及加热过程终了的温度和压力。

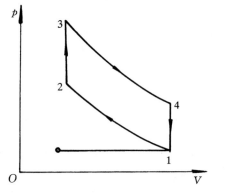

图 10-28 例题 10-7 附图

解 因为是理想循环,工质可视为理想气体的空气,故 $\kappa = 1.4$,$c_V = 717$ J/(kg·K)。

画出循环的 p-v 图,如图 10-28 所示。

循环热效率为

$$\eta_t = 1 - \frac{1}{\varepsilon^{\kappa-1}} = 1 - \frac{1}{8.6^{(1.4-1)}} = 0.577 = 57.7\%$$

1—2 是定熵过程,有

$$T_2 = T_1\left(\frac{V_1}{V_2}\right)^{(\kappa-1)} = T_1\varepsilon^{\kappa-1} = (18 + 273)\text{ K} \times 8.6^{(1.4-1)} = 688.2\text{ K}$$

$$p_2 = p_1 \left(\frac{V_1}{V_2}\right)^\kappa = 100 \text{ kPa} \times 8.6^{1.4} = 2033.75 \text{ kPa}$$

为求 3 点的温度,利用式

$$Q_{23} = mc_V(T_3 - T_2)$$

显然,必须先求出进入内燃机每缸的空气质量。利用 $m = \dfrac{p_1 V_1}{R_g T_1}$ 求解,又需先解决 V_1 为多少的问题。因此

$$V_1 = \text{余隙容积} + \text{每缸的活塞排量}$$

这里,V_2 即为余隙容积,且有 $V_2 = \dfrac{V_1}{\varepsilon}$。每缸活塞排量 V_h 为

$$V_h = \frac{V'_h}{4} = \frac{1000 \text{ cm}^3}{4} = 250 \text{ cm}^3 = 250 \times 10^{-6} \text{ m}^3$$

那么

$$V_1 = \frac{V_1}{\varepsilon} + V_h$$

则

$$V_1 = \left(\frac{1}{1 - \dfrac{1}{\varepsilon}}\right) V_h = \left(\frac{1}{1 - \dfrac{1}{8.6}}\right) \times 250 \times 10^{-6} \text{ m}^3 = 0.283 \times 10^{-3} \text{ m}^3$$

每缸内工质的质量

$$m = \frac{p_1 V_1}{R_g T_1} = \frac{(100 \times 10^3) \text{ Pa} \times (0.283 \times 10^{-3}) \text{ m}^{-3}}{287 \text{ J/(kg} \cdot \text{K)} \times 291 \text{ K}} = 0.339 \times 10^{-3} \text{ kg}$$

2—3 过程每缸工质的吸热量为

$$Q_{23} = mc_V(T_3 - T_2)$$

从上式可得

$$T_3 = T_2 + \frac{Q_{23}}{mc_V}$$

$$= 688.2 \text{ K} + \frac{135 \text{ J}}{(0.339 \times 10^{-3}) \text{ kg} \times 717 \text{ J/(kg} \cdot \text{K)}} = 1243.6 \text{ K}$$

从 2—3 的定容过程可得

$$p_3 = p_2 \frac{T_3}{T_2} = 2033.75 \text{ kPa} \times \frac{1243.6 \text{ K}}{688.2 \text{ K}} = 3675 \text{ kPa}$$

讨论

此题若给出每缸单位工质的吸热量,而不是总吸热量,则求解简单得多,读者不妨试一下。

例题 10−8　某奥图循环的发动机,余隙容积比为 8.7%,空气与燃料的比是 28,空气流量为 0.20 kg/s,燃料热值为 42000 kJ/kg,吸气状态为 100 kPa 和 20℃。试求:(1)各过程终了状态的温度和压力;(2)循环做出的功量;(3)循环热效率;(4)平均有效压力(平均有效压力是循环发出功量 w_{net} 与活塞排量 V_h 的比值)。

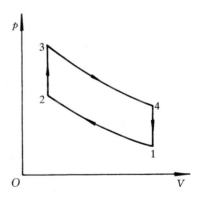

图 10−29　例题 10−8 附图

解　循环的 $p-v$ 图,如图 10−29 所示。工质的热力性质近似按理想气体的空气处理,故 $\kappa = 1.4, c_V = 717 \text{ J/(kg} \cdot \text{K)}$。

（1）各状态点的温度和压力

因

$$余隙比 = \frac{V_2}{V_1 - V_2} = \frac{1}{\dfrac{V_1}{V_2} - 1} = \frac{1}{\varepsilon - 1} = 0.087$$

故有

$$\varepsilon = \frac{1.087}{0.087} = 12.5$$

于是

$$p_2 = p_1 \varepsilon^\kappa = 100 \text{ kPa} \times 12.5^{1.4} = 3433 \text{ kPa}$$

$$T_2 = T_1 \varepsilon^{(\kappa-1)} = (273 + 20) \text{ K} \times 12.5^{0.4} = 804.7 \text{ K}$$

$$\dot{Q}_{23} = (42000 \times 10^3) \text{ J/kg} \times \frac{0.2 \text{ kg/s}}{28} = 300 \times 10^3 \text{ J/s}$$

工质的质量流量为

$$q_m = 0.2 \text{ kg/s} + \frac{0.2 \text{ kg/s}}{28} = 0.20714 \text{ kg/s}$$

$$T_3 = T_2 + \frac{\dot{Q}_{23}}{q_m c_V}$$

$$= 804.7 \text{ K} + \frac{300 \times 10^3 \text{ J/s}}{0.20714 \text{ kg/s} \times 717 \text{ J/(kg} \cdot \text{K)}} = 2825 \text{ K}$$

$$p_3 = p_2 \frac{T_3}{T_2} = 3433 \text{ kPa} \times \frac{2825 \text{ K}}{804.7 \text{ K}} = 12052 \text{ kPa}$$

$$T_4 = T_3 \frac{1}{\varepsilon^{\kappa-1}} = 2825 \text{ K} \times \frac{1}{12.5^{0.4}} = 1028.6 \text{ K}$$

$$p_4 = p_3 \frac{1}{\varepsilon^\kappa} = 12052 \text{ kPa} \times \frac{1}{12.5^{1.4}} = 351.1 \text{ kPa}$$

（2）循环做出的功率

循环放热量

$$\dot{Q}_2 = Q_{41} = q_m c_V (T_4 - T_1)$$

$$= 0.20714 \text{ kg/s} \times 717 \text{ J/(kg} \cdot \text{K)} \times (1028.6 - 293) \text{ K}$$

$$= 109.3 \times 10^3 \text{ J/s}$$

循环净功率

$$W_{\text{net}} = \dot{Q}_1 - \dot{Q}_2 = \dot{Q}_{23} - \dot{Q}_{41} = 300 \times 10^3 \text{ J/s} - 109.3 \times 10^3 \text{ J/s}$$

$$= 190.7 \times 10^3 \text{ J/s} = 190.7 \text{ kW}$$

（3）循环热效率

$$\eta_t = 1 - \frac{\dot{Q}_2}{\dot{Q}_1} = 1 - \frac{109.3 \times 10^3 \text{ W}}{300 \times 10^3 \text{ W}} = 63.6\%$$

或

$$\eta_t = 1 - \frac{1}{\varepsilon^{\kappa-1}} = 1 - \frac{1}{12.5^{(1.4-1)}} = 63.6\%$$

（4）平均有效压力

$$\dot{V}_1 = \frac{q_m R_g T_1}{p_1} = \frac{0.20714 \text{ kg/s} \times 287 \text{ J/(kg} \cdot \text{K)} \times 293 \text{ K}}{10^5 \text{ Pa}} = 0.17419 \text{ m}^3/\text{s}$$

$$\dot{V}_2 = \frac{\dot{V}_1}{\varepsilon} = \frac{0.17419 \text{ m}^3/\text{s}}{12.5} = 0.013935 \text{ m}^3/\text{s}$$

$$p_{\text{m}} = \frac{\dot{W}_{\text{net}}}{V_{\text{h}}} = \frac{\dot{W}_{\text{net}}}{\dot{V}_1 - \dot{V}_2} = \frac{190.7 \times 10^3 \text{ W}}{(0.17419 - 0.013935) \text{ m}^3/\text{s}}$$

$$= 1.190 \times 10^6 \text{ Pa} = 1190 \times 10^3 \text{ kPa}$$

例题 10-9　狄塞尔循环的压缩比 $\varepsilon = 20$，做功冲程的 4% 作为定压加热过程。压缩冲程的初始状态为 $p_1 = 100$ kPa，$t_1 = 20$ ℃。求：(1)循环中每个过程的初始压力和温度；(2)循环热效率；(3)平均有效压力。

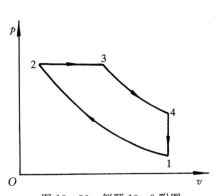

图 10-30　例题 10-9 附图

解　理想循环表明，工质是理想气体的空气，$\kappa = 1.4$，$c_p = 1004$ J/(kg·K)，$c_V = 717$ J/(kg·K)。画出循环的 p-v 图，如图 10-30 所示。

从已知条件可得

$$v_1 = \frac{R_g T_1}{p_1} = \frac{287 \text{ J/(kg·K)} \times (20+273) \text{ K}}{100 \times 10^3 \text{ Pa}}$$

$$= 0.841 \text{ m}^3/\text{kg}$$

$$v_2 = \frac{v_1}{\varepsilon} = \frac{0.841 \text{ m}^3/\text{kg}}{20} = 0.042 \text{ m}^3/\text{kg}$$

1—2　是定熵过程，有

$$T_2 = T_1 \left(\frac{v_1}{v_2}\right)^{(\kappa-1)} = 293 \text{ K} \times 20^{0.4} = 971.1 \text{ K}$$

$$p_2 = p_1 \left(\frac{v_1}{v_2}\right)^{\kappa} = 100 \text{ kPa} \times 20^{1.4} = 6628.9 \text{ kPa}$$

已知定压加热过程是做功冲程的 4%，即有

$$\frac{v_3 - v_2}{v_1 - v_2} = 0.04$$

由上式可得

$$v_3 = v_2 + 0.04 v_2 \left(\frac{v_1}{v_2} - 1\right) = v_2 [1 + 0.04(\varepsilon - 1)]$$

$$= v_2 [1 + 0.04(20 - 1)] = 1.76 v_2$$

即预胀比 $\rho = \frac{v_3}{v_2} = 1.76$。2—3 是定压过程，有

$$T_3 = T_2 \left(\frac{v_3}{v_2}\right) = T_2 \rho = 971.1 \text{ k} \times 1.76 = 1709.1 \text{ K}$$

$$p_3 = p_2 = 6628.9 \text{ kPa}$$

3—4　是定熵过程，有

$$T_4 = T_3 \left(\frac{v_3}{v_4}\right)^{\kappa-1} = T_3 \left(\frac{v_3/v_2}{v_4/v_2}\right)^{\kappa-1} = T_3 \left(\frac{\rho}{\varepsilon}\right)^{\kappa-1}$$

$$= 1709.1 \text{ K} \times \left(\frac{1.76}{20}\right)^{1.4-1} = 646.5 \text{ K}$$

$$p_4 = p_3 \left(\frac{v_3}{v_4} \right)^\kappa = p_3 \left(\frac{\rho}{\varepsilon} \right)^\kappa$$

$$= 6628.9 \text{ kPa} \times \left(\frac{1.76}{20} \right)^{1.4} = 220.6 \text{ kPa}$$

式中应用了 $v_1 = v_4$ 的关系。

$$\eta_t = 1 - \frac{q_2}{q_1} = 1 - \frac{c_V(T_4 - T_1)}{c_p(T_3 - T_2)}$$

$$= 1 - \frac{717 \text{ J/(kg} \cdot \text{K)} \times (646.5 \text{ K} - 293 \text{ K})}{1004 \text{ J/(kg} \cdot \text{K)} \times (1709.1 \text{ K} - 971\text{K})} = 65.8\%$$

或用式 $\eta_t = 1 - \dfrac{\rho^\kappa - 1}{\varepsilon^{\kappa-1}\kappa(\rho-1)}$ 计算。

平均有效压力为

$$p_m = \frac{w_{\text{net}}}{v_h} = \frac{\eta_t q_1}{v_1 - v_2}$$

$$= \frac{\eta_t \cdot c_p(T_3 - T_2)}{v_1 - v_2}$$

$$= \frac{0.658 \times 1004 \text{ J/(kg} \cdot \text{K)} \times (1709.1 \text{ K} - 971.1 \text{ K})}{(0.841 - 0.042) \text{ m}^3/\text{kg}}$$

$$= 610.2 \times 10^3 \text{ Pa} = 610.2 \text{ kPa}$$

例题 10 - 10　内燃机混合加热循环的 $p - V$ 及 $T - S$ 图如图 10 - 31 所示。已知 $p_1 = 97$ kPa，$t_1 = 28$ ℃，$V_1 = 0.084$ m³，压缩比 $\varepsilon = 15$，循环最高压力 $p_3 = 6.2$ MPa，循环最高温度 $t_4 = 1320$℃，工质视为空气。试计算：(1)循环各状态点的压力、温度和容积；(2)循环热效率；(3)循环吸热量；(4)循环净功量。

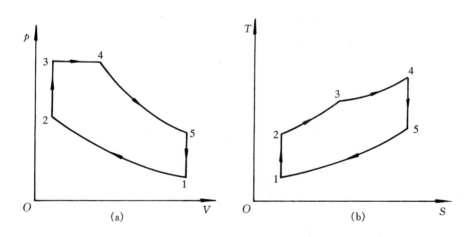

图 10 - 31　例题 10 - 10 附图

解　(1)各状态点的基本状态参数

点 1：　$p_1 = 97$ kPa，　$t_1 = 28$ ℃，　$V_1 = 0.084$ m³

点 2：　$V_2 = \dfrac{V_1}{\varepsilon} = \dfrac{0.084 \text{ m}^3}{15} = 0.0056$ m³

$$p_2 = p_1\left(\frac{V_1}{V_2}\right)^{\kappa} = 97 \text{ kPa} \times 15^{1.4} = 4298 \text{ kPa}$$

$$T_2 = T_1\left(\frac{V_1}{V_2}\right)^{\kappa-1} = 301 \text{ K} \times 15^{1.4-1} = 889.2 \text{ K}$$

点 3： $p_3 = 6.2$ MPa， $V_3 = V_2 = 0.0056$ m³

$$T_3 = T_2\frac{p_3}{p_2} = 889.2 \text{ K} \times \frac{6.2 \times 10^6 \text{ Pa}}{4298 \times 10^3 \text{ Pa}} = 1282.7 \text{ K}$$

点 4： $T_4 = (1320+273)$ K $= 1593$ K， $p_4 = p_3 = 6.2$ MPa

$$V_4 = V_3\frac{T_4}{T_3} = 0.0056 \text{ m}^3 \times \frac{1593 \text{ K}}{1282.7 \text{ K}} = 0.006955 \text{ m}^3$$

点 5： $p_5 = p_4\left(\frac{V_4}{V_5}\right)^{\kappa} = 6.2 \times 10^6 \text{ Pa} \times \left(\frac{0.006955 \text{ m}^3}{0.084 \text{ m}^3}\right)^{1.4} = 189.5 \times 10^3 \text{ Pa} = 189.5 \text{ kPa}$

$$T_5 = T_4\left(\frac{V_4}{V_5}\right)^{\kappa-1} = 1593 \text{ K} \times \left(\frac{0.006955 \text{ m}^3}{0.084 \text{ m}^3}\right)^{0.4} = 588.1 \text{ K}$$

$V_5 = V_1 = 0.084$ m³

（2）循环热效率

$$\eta_t = 1 - \frac{T_5 - T_1}{(T_3 - T_2) + \kappa(T_4 - T_3)}$$

$$= 1 - \frac{588.1 \text{ K} - 301 \text{ K}}{(1282.7 \text{ K} - 889.2 \text{ K}) + 1.4(1593 \text{ K} - 1282.7 \text{ K})} = 65.3\%$$

或

$$\eta_t = 1 - \frac{\lambda\rho^{\kappa} - 1}{\varepsilon^{\kappa-1}\left[(\lambda - 1) + \kappa\lambda(\rho - 1)\right]}$$

其中， $\varepsilon = 15, \lambda = \frac{p_3}{p_2} = 1.443, \rho = \frac{V_4}{V_3} = 1.242$ ，代入式中求解即可。

（3）循环吸热量

$$Q_1 = Q_{1,v} + Q_{1,p} = m\left[c_V(T_3 - T_2) + c_p(T_4 - T_3)\right]$$

其中

$$m = \frac{p_1 V_1}{R_g T_1} = \frac{97 \times 10^3 \text{ Pa} \times 0.084 \text{ m}^3}{287 \text{ J/(kg} \cdot \text{K)} \times 301 \text{ K}} = 0.09432 \text{ kg}$$

$$Q_1 = 0.09432 \text{ kg}\left[717 \text{ J/(kg} \cdot \text{K)} \times (1282.7 \text{ K} - 889.2 \text{ K}) + \right.$$
$$\left. 1004 \text{ J/(kg} \cdot \text{K)} \times (1593 \text{ K} - 1282.7 \text{ K})\right]$$
$$= 56.00 \times 10^3 \text{ J} = 56.00 \text{ kJ}$$

（4）循环净功量

$$W_{net} = \eta_t Q_1 = 0.653 \times 56.00 \text{ kJ} = 36.57 \text{ kJ}$$

或

$$W_{net} = Q_1 - Q_2 = Q_1 - mc_V(T_5 - T_1)$$

例题 10 - 11 一内燃机混合加热循环如图 10 - 31 所示， $t_1 = 20$ ℃， $t_2 = 360$ ℃， $t_3 = 600$ ℃， $t_5 = 300$ ℃。工质视为空气，比热容为定值。求循环热效率及同温限卡诺循环热效率。

解 先求出 4 点的温度，由图 10 - 31(b)可见

$$\Delta s_{23} + \Delta s_{34} = \Delta s_{15}$$

即

$$c_V \ln \frac{T_3}{T_2} + c_p \ln \frac{T_4}{T_3} = c_V \ln \frac{T_5}{T_1}$$

则

$$
\begin{aligned}
T_4 &= T_3 \left(\frac{T_5}{T_1}\right)^{1/\kappa} \left(\frac{T_2}{T_3}\right)^{1/\kappa} \\
&= 873\ \text{K} \times \left(\frac{573\ \text{K}}{293\ \text{K}}\right)^{1/1.4} \times \left(\frac{633\ \text{K}}{873\ \text{K}}\right)^{1/1.4} \\
&= 1120.3\ \text{K}
\end{aligned}
$$

热效率为

$$
\begin{aligned}
\eta_t &= 1 - \frac{q_2}{q_1} = 1 - \frac{T_5 - T_1}{(T_3 - T_2) + \kappa(T_4 - T_3)} \\
&= 1 - \frac{573\ \text{K} - 293\text{K}}{(873\text{K} - 633\text{K}) + 1.4 \times (1120.3\text{K} - 873\text{K})} = 52.2\%
\end{aligned}
$$

同温限卡诺循环热效率为

$$\eta_{t,c} = 1 - \frac{T_1}{T_4} = 1 - \frac{293\ \text{K}}{1120.3\text{K}} = 73.8\%$$

讨论

求 4 点的温度也可以用下面方法导出

$$
\begin{aligned}
T_4 &= T_3 \frac{v_4}{v_3} = T_3 \cdot \frac{v_4}{v_3} = T_3 \frac{v_4}{v_1 (T_1/T_2)^{1/(\kappa-1)}} \\
&= T_3 \left(\frac{T_2}{T_1}\right)^{1/(\kappa-1)} \frac{v_4}{v_1} = T_3 \left(\frac{T_2}{T_1}\right)^{1/(\kappa-1)} \left(\frac{v_4}{v_5}\right) \\
&= T_3 \left(\frac{T_2}{T_1}\right)^{1/(\kappa-1)} \left(\frac{T_5}{T_4}\right)^{1/(\kappa-1)}
\end{aligned}
$$

所以

$$T_4 = \left(\frac{T_2}{T_1}\right)^{1/\kappa} T_3^{(\kappa-1)/\kappa} T_5^{1/\kappa}$$

代入已知数值即可求得。这种方法利用了循环各组成过程参数间的关系推导而得,显然较繁琐。

例题 10-12 一燃气轮机装置,按定压加热循环工作。压缩机进口参数为:$p_1 = 10^5\ \text{Pa}$, $t_1 = 20\ ℃$;压缩机增压比 $\pi = 6$;燃气轮机进口的燃气温度 $t_3 = 800\ ℃$,压缩机绝热效率 $\eta_{C,s} = 0.82$,燃气轮机相对内效率 $\eta_T = 0.85$。试求:(1)装置的净功比 $R(R = \frac{w_{net}}{w_T})$;(2)装置的热效率;(3)吸热量 q_1 中的可用能;(4)由压缩机、燃气轮机和放热过程引起的可用能损失。环境温度 $T_0 = 293\ \text{K}$,工质按理想气体空气处理,$\kappa = 1.4, c_p = 1004\ \text{J/(kg·K)}$。

解 循环的 $T\text{-}s$ 图如图 10-32 所示。先确定各状态点的参数值。

点 1: $p_1 = 10^5\ \text{Pa}, T_1 = 293\ \text{K}$

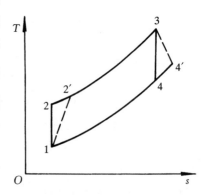

图 10-32 例题 10-12 附图

点 2：　$p_2 = \pi p_1 = 6 \times 10^5$ Pa

$$T_2 = T_1 \left(\frac{p_2}{p_1}\right)^{(\kappa-1)/\kappa} = T_1 \pi^{(\kappa-1)/\kappa}$$

$$= 293 \text{ K} \times 6^{0.4/1.4} = 488.9 \text{ K}$$

$$T_{2'} = \frac{T_2 - T_1}{\eta_{C,s}} + T_1$$

$$= \frac{488.9 \text{ K} - 293 \text{ K}}{0.82} + 293 \text{ K} = 531.9 \text{ K}$$

点 3：　$p_3 = 6 \times 10^5$ Pa, $T_3 = 1\,073$ K

点 4：　$T_4 = T_3 \dfrac{1}{\pi^{(\kappa-1)/\kappa}} = 1073 \text{ K} \times \dfrac{1}{6^{0.4/1.4}} = 643.1 \text{ K}$

$$T_{4'} = T_3 - \eta_T (T_3 - T_4) = 1073 \text{ K} - 0.85 \times (1073 \text{ K} - 643.1 \text{ K}) = 707.6 \text{ K}$$

（1）装置的净功比 R

$$R = \frac{w_{\text{net}}}{w_T'} = \frac{(T_3 - T_{4'}) - (T_{2'} - T_1)}{T_3 - T_{4'}}$$

$$= \frac{(1073 \text{ K} - 707.6 \text{ K}) - (531.9 \text{ K} - 293 \text{ K})}{1073 \text{ K} - 707.6 \text{ K}} = 0.3462$$

（2）装置的热效率

$$\eta_t = 1 - \frac{T_{4'} - T_1}{T_3 - T_{2'}} = 1 - \frac{707.6 \text{ K} - 293 \text{ K}}{1073 \text{ K} - 531.9 \text{ K}} = 23.4\%$$

（3）吸入热量 q_1 中的可用能

$$e_{x,q} = q_1 - T_0 (s_3 - s_{2'}) = c_p (T_3 - T_{2'}) - T_0 c_p \ln \frac{T_3}{T_{2'}}$$

$$= 1004 \text{ J/(kg} \cdot \text{K)} \times \left[(1073 \text{ K} - 531.9 \text{ K}) - 293 \text{ K} \times \ln \frac{1073 \text{ K}}{531.9 \text{ K}} \right]$$

$$= 336.82 \times 10^3 \text{ J/kg} = 336.82 \text{ kJ/kg}$$

（4）压缩机引起的可用能损失

$$i_c = T_0 \Delta s_{g,12'} = T_0 (s_{2'} - s_1) = T_0 (s_{2'} - s_2) = T_0 c_p \ln \frac{T_{2'}}{T_2}$$

$$= 293 \text{ K} \times 1004 \text{ J/(kg} \cdot \text{K)} \times \ln \frac{531.9 \text{ K}}{488.9 \text{ K}}$$

$$= 24.80 \times 10^3 \text{ J/kg} = 24.80 \text{ kJ/kg}$$

燃气轮机引起的可用能损失为

$$i_T = T_0 \Delta s_{g,34'} = T_0 (s_{4'} - s_3) = T_0 (s_{4'} - s_4) = T_0 c_p \ln \frac{T_{4'}}{T_4}$$

$$= 293 \text{ K} \times 1004 \text{J/(kg} \cdot \text{K)} \times \ln \frac{707.6 \text{K}}{643.1 \text{K}} = 28.12 \times 10^3 \text{ J/kg} = 28.12 \text{ kJ/kg}$$

等压放热过程引起的可用能损失为

$$i_{4'-1} = T_0 \Delta s_{g,4'1} = T_0 \left[(s_1 - s_{4'}) + \Delta s_{\text{环境}} \right]$$

$$= T_0 \left[c_p \ln \frac{T_1}{T_{4'}} + \frac{|q_{4'1}|}{T_0} \right]$$

$$= T_0 \left[c_p \ln \frac{T_1}{T_{4'}} + \frac{c_p (T_{4'} - T_1)}{T_0} \right]$$

$$= 293 \text{ K} \times 1004 \text{ J/(kg} \cdot \text{K)} \times \left[\ln \frac{293 \text{ K}}{707.6 \text{ K}} + \frac{707.6 \text{ K} - 293 \text{ K}}{293 \text{ K}} \right]$$

$$= 156.9 \times 10^3 \text{ J/kg} = 156.9 \text{ kJ/kg}$$

讨论

本例题加了一些第二定律的讨论,可看到压缩机、燃气轮机和放热过程引起的可用能损失占输入可用能的百分数分别为 $\frac{i_C}{e_{x,q}} = 7.36\%$, $\frac{i_T}{e_{x,q}} = 8.35\%$, $\frac{i_{4'-1}}{e_{x,q}} = 46.6\%$。显然,放热过程的损失最大且几乎占了一半。实际上,简单燃气轮机的排气温度还较高,可利用之来加热压气机出口的气体,以达到降低排气余热浪费和节约热能的目的,这就是燃气轮机装置的回热循环。

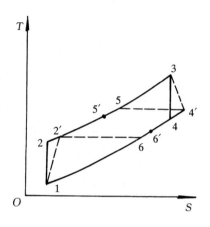

图 10-33　例题 10-13 附图

例题 10-13　燃气轮机装置循环的 T-S 图如图 10-33 所示。若工质视为空气,空气进入压气机的温度为 17 ℃,压力为 100 kPa,循环增压比 $\pi = 5$,燃气轮机进口温度为 810 ℃,且压气机绝热效率 $\eta_{C,s} = 0.85$,燃气轮机相对内效率 $\eta_T = 0.88$,空气的质量流量为 4.5 kg/s。试计算:在理想极限回热时,及由于回热器有温差传热、回热度 $\sigma = 0.65$ 时,实际循环输出的净功率和循环热效率各为多少?

解　(1) 先确定各状态点的温度

点 1:　$T_1 = 290 \text{ K}$

点 2:　$T_2 = T_1 \left(\frac{p_2}{p_1}\right)^{(\kappa-1)/\kappa} = T_1 \pi^{(\kappa-1)/\kappa} = 290 \text{ K} \times 5^{0.4/1.4} = 459.3 \text{ K}$

点 2′:　$T_{2'} = \frac{T_2 - T_1}{\eta_{C,s}} + T_1$

$$= \frac{459.3 \text{ K} - 290 \text{ K}}{0.85} + 290 \text{ K} = 489.2 \text{ K}$$

点 3:　$T_3 = 1083 \text{ K}$

点 4:　$T_4 = T_3 \frac{1}{\pi^{(\kappa-1)/\kappa}} = 1083 \text{ K} \times \frac{1}{5^{0.4/1.4}} = 683.8 \text{ K}$

点 4′:　$T_{4'} = T_3 - \eta_T(T_3 - T_4)$

$$= 1083 \text{ K} - 0.88 \times (1083 \text{ K} - 683.8 \text{ K}) = 731.7 \text{ K}$$

点 5:　$T_5 = T_{4'} = 731.7 \text{ K}$

点 5′:　由 $\sigma = \frac{T_{5'} - T_{2'}}{T_5 - T_{2'}}$ 得

$$T_{5'} = T_{2'} + \sigma(T_5 - T_{2'}) = 489.2 \text{ K} + 0.65 \times (731.7 \text{ K} - 489.2 \text{ K}) = 646.8 \text{ K}$$

点 6:　$T_6 = T_{2'} = 489.2 \text{ K}$

点 6′:　由 $\sigma = \frac{T_{4'} - T_{6'}}{T_{4'} - T_6}$ 得

$$T_{6'} = T_{4'} - \sigma(T_{4'} - T_6) = 731.7 \text{ K} - 0.65 \times (731.7 \text{ K} - 489.2 \text{ K}) = 574.1 \text{ K}$$

（2）理想极限回热时,实际循环的净功率及热效率

循环吸热量为

$$\dot{Q}_1 = q_m c_p (T_3 - T_5) = 4.5 \ \text{kg/s} \times 1004 \ \text{J/(kg} \cdot \text{K)} \times (1083 \ \text{K} - 731.7 \ \text{K})$$
$$= 1587.2 \times 10^3 \ \text{W} = 1587.2 \ \text{kW}$$

循环放热量为

$$\dot{Q}_2 = q_m c_p (T_6 - T_1) = 4.5 \ \text{kg/s} \times 1004 \ \text{J/(kg} \cdot \text{K)} \times (489.2 \ \text{K} - 290 \ \text{K})$$
$$= 900.0 \times 10^3 \ \text{W} = 900.0 \ \text{kW}$$

循环净功率为

$$P = \dot{Q}_1 - \dot{Q}_2 = (1587.2 - 900.0) \ \text{kW} = 687.2 \ \text{kW}$$

循环热效率为

$$\eta_t = 1 - \frac{\dot{Q}_2}{\dot{Q}_1} = 1 - \frac{900.0 \ \text{kW}}{1587.2 \ \text{kW}} = 43.3\%$$

（3）回热度 $\sigma = 0.65$ 时,实际循环的净功率及热效率

不完全回热时,循环的吸热量

$$\dot{Q}'_1 = q_m c_p (T_3 - T_{5'}) = 4.5 \ \text{kg/s} \times 1004 \ \text{J/(kg} \cdot \text{K)} \times (1083 \ \text{K} - 646.8 \ \text{K})$$
$$= 1970.8 \times 10^3 \ \text{W} = 1970.8 \ \text{kW}$$

循环放热量

$$\dot{Q}'_2 = q_m c_p (T_{6'} - T_1) = 4.5 \ \text{kg/s} \times 1004 \ \text{J/(kg} \cdot \text{K)} \times (574.1 \ \text{K} - 290 \ \text{K})$$
$$= 1283.6 \times 10^3 \ \text{W} = 1283.6 \ \text{kW}$$

循环净功率

$$P' = \dot{Q}'_1 - \dot{Q}'_2 = 1970.8 \ \text{kW} - 1283.6 \ \text{kW} = 687.2 \ \text{kW}$$

或　　　　　　　$P' = P = 687.2 \ \text{kW}$（与理想极限回热的相同）

循环热效率

$$\eta'_t = 1 - \frac{\dot{Q}'_2}{\dot{Q}'_1} = 1 - \frac{1283.6 \ \text{kW}}{1970.8 \ \text{kW}} = 34.9\%$$

讨论

该循环若无回热时,实际循环净功率及循环热效率可求得分别为 $P = 687.2 \ \text{kW}$, $\eta_t = 25.6\%$。可见,采用回热措施后,循环净功率不变（因 $w_{\text{net}} = w'_T - w'_C = c_p (T_3 - T_{4'}) - c_p (T_{2'} - T_1)$,其中 T_1、$T_{2'}$、T_3、$T_{4'}$ 与循环是否回热无关）,循环热效率有明显提高,回热度越大,循环热效率越高。

例题 10-14　带有理想的中间冷却和再热的两级燃气轮机装置回热循环,每级增压比均为 3.5,压气机的入口状态为 300 K,100 kPa,燃气轮机入口温度为 1300 K,回热器回热度为 0.7。工质可视为理想气体的空气,$\kappa = 1.4$,$c_p = 1004 \ \text{J/(kg} \cdot \text{K)}$,且保持定值。求压气机的耗功量,燃气轮机的做功量和循环的热效率。

解　这是一个除了回热器之外,其他过程都是可逆过程的循环。表示在 T-s 图上,如图 10-34 所示。

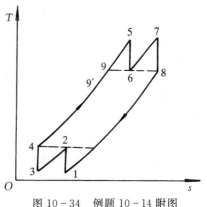

图 10-34　例题 10-14 附图

(1) 各状态点的温度

因中间冷却和再热过程都是理想的,故有

$$T_1 = T_3 = 300 \text{ K}$$

$$T_5 = T_7 = 1300 \text{ K}$$

$$T_2 = T_4 = T_1 \pi^{(\kappa-1)/\kappa} = 300 \text{ K} \times 3.5^{0.4/1.4} = 429.11 \text{ K}$$

$$T_6 = T_8 = T_5 \pi^{-(\kappa-1)/\kappa} = 1300 \text{ K} \times 3.5^{-0.4/1.4} = 908.85 \text{ K}$$

$$T_9 = T_6 = 908.85 \text{ K}$$

根据 $\sigma = \dfrac{T_{9'} - T_4}{T_9 - T_4}$ 得

$$T_{9'} = T_4 + \sigma(T_9 - T_4) = 429.1 \text{ K} + 0.7 \times (908.85 \text{ K} - 429.1 \text{ K})$$
$$= 764.93 \text{ K}$$

(2) 压气机的耗功量为

$$w_C = c_p [(T_4 - T_3) + (T_2 - T_1)] = 2c_p(T_2 - T_1)$$
$$= 2 \times 1004 \text{ J/(kg · K)} \times (429.11 \text{ K} - 300 \text{ K})$$
$$= 259.25 \times 10^3 \text{ J/kg} = 259.25 \text{ kJ/kg}$$

燃气轮机的做功量为

$$w_T = c_p [(T_5 - T_6) + (T_7 - T_8)] = 2c_p(T_5 - T_6)$$
$$= 2 \times 1004 \times (1300 \text{ K} - 908.85 \text{ K}) = 785.4 \times 10^3 \text{ J/kg}$$
$$= 785.4 \text{ kJ/kg}$$

(3) 循环吸热量为

$$q_1 = c_p [(T_5 - T_{9'}) + (T_7 - T_6)]$$
$$= 1004 \text{ J/(kg · K)} \times [(1300 \text{ K} - 764.93 \text{ K}) + (1300 \text{ K} - 908.85 \text{ K})]$$
$$= 929.92 \times 10^3 \text{ J/kg} = 929.92 \text{ kJ/kg}$$

循环热效率为

$$\eta_t = \frac{w_T - w_C}{q_1} = \frac{(785.4 - 259.25) \text{ kJ/kg}}{929.92 \text{ kJ/kg}} = 56.6\%$$

讨论

若无回热,采用分级压缩、中间冷却及分级膨胀、中间再热,其循环热效率为

$$\eta'_t = \frac{w_T - w_C}{q_1} = \frac{w_T - w_C}{c_p[(T_5 - T_4) + (T_7 - T_6)]}$$
$$= \frac{(785.4 - 259.25) \times 10^3 \text{ J/kg}}{1004 \text{ J/(kg · K)} \times [(1300 - 429.11) \text{ K} + (1300 - 908.85) \text{ K}]} = 41.5\%$$

可见,其热效率比有回热时的低,而且可以证明,其热效率比基本的理想循环热效率还要低。因此,只有在回热的基础上,采用分级压缩、中间冷却及分级膨胀、中间再热,才能提高循环热效率。

例题 10 - 15 在朗肯循环中,蒸汽进入汽轮机的初压力 p_1 为 13.5 MPa,初温度 t_1 为 550 ℃,乏汽压力为 0.004 MPa,求循环净功、加热量、热效率、汽耗率[蒸汽动力装置输出 1 kW · h(3600 kJ)功量所消耗的蒸汽量]及汽轮机出口干度。

解 循环的 T-s 如图 10 - 35 所示。由已知条件查水及水蒸气热力性质图或表,得到各

状态点参数。

1 点：　$p_1 = 13.5$ MPa，　$t_1 = 550$ ℃得

　　　　$h_1 = 3464.5$ kJ/kg，

　　　　$s_1 = 6.5851$ kJ/(kg·K)；

2 点：　$s_2 = s_1 = 6.585\ 1$ kJ/(kg·K)，

　　　　$p_2 = 0.004$ MPa，得

　　　　$x_2 = 0.765$，　$h_2 = 1982.4$ kJ/kg；

3 点：　$h_3 = h_2' = 121.41$ kJ/kg，

　　　　$s_3 = s_2' = 0.4224$ kJ/(kg·K)；

4 点：　$s_4 = s_3 = 0.4224$ kJ/(kg·K)，　$p_4 = p_1 = $

　　　　13.5 MPa，得

　　　　$h_4 = 134.93$ kJ/kg。

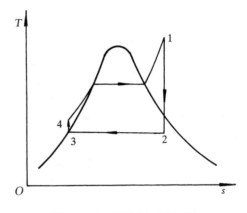

图 10-35　例题 10-15 附图

汽轮机做功

$$w_T = h_1 - h_2 = 3464.5 \text{ kJ/kg} - 1982.4 \text{ kJ/kg} = 1482.1 \text{ kJ/kg}$$

水泵消耗的功

$$w_p = h_4 - h_3 = 134.93 \text{ kJ/kg} - 121.41 \text{ kJ/kg} = 13.52 \text{ kJ/kg}$$

循环净功

$$w_{net} = w_T - w_p = 1482.1 \text{ kJ/kg} - 13.52 \text{ kJ/kg} = 1468.58 \text{ kJ/kg}$$

工质吸热量

$$q_1 = h_1 - h_4 = 3464.5 \text{ kJ/kg} - 134.93 \text{ kJ/kg} = 3329.57 \text{ kJ/kg}$$

朗肯循环热效率

$$\eta_t = \frac{w_{net}}{q_1} = \frac{1468.58 \text{ kJ/kg}}{3329.57 \text{ kJ/kg}} = 44.1\%$$

汽耗率

$$d = \frac{3600}{w_{net}} = \frac{3600}{1468.58} = 2.451 \text{ kg/(kW·h)}$$

汽轮机出口干度

$$x_2 = 0.765$$

讨论

（1）水泵消耗的功还可以这样计算：$w_p = \int v \mathrm{d}p$，考虑到水的不可压缩性，于是 $w_p = v_3 \Delta p =$ $v_2' \Delta p = 0.001004$ m³/kg × (13.5 × 10³ kPa − 0.004 × 10³ kPa) = 13.55 kJ/kg。两种方法算出的功相差极小，用 $w_p = v \Delta p$ 计算免去了求 4 点 h_4 的麻烦，结果也足够精确。

（2）以 w_T 与 w_p 的计算结果可以看到，水泵耗功只占汽轮机做功的 0.9%。在一般估算中，可以忽略泵功，于是 $q_1 \approx h_1 - h_3 = h_1 - h_{2'}$，$\eta_t = \dfrac{w_T}{q_1}$。

（3）$\eta_t = 44.1\%$ 说明蒸汽吸入的热量 q_1 中，只有 44.1% 转变成了功，55.9% 都放给了大气环境，十分可惜。但是，由于实际上排汽温度已较低（$T_2 = 28.95$ ℃），排出的热量有效能为

$$e_{x,q} = q_2\left(1 - \frac{T_0}{T_2}\right) = (h_2 - h_3)\left(1 - \frac{T_0}{T_2}\right)$$

$$= (1982.4 \text{ kJ/kg} - 121.41 \text{ kJ/kg}) \times [1 - \frac{(20 + 273) \text{ K}}{(28.75 + 273) \text{ K}}]$$

$$= 53.96 \text{ kJ/kg}$$

式中: T_0 为环境温度。由数值看,虽然排出的热量较多,但其有效能值较小,说明排汽的热能品质较低,因而动力利用的价值不大。

例题 10 - 16 蒸汽参数与例题 10 - 15 相同,即 $p_1 = 13.5 \text{ MPa}$, $t_1 = 550$ ℃, $p_2 = 0.004 \text{ MPa}$。当蒸汽在汽轮机中膨胀至 3 MPa时,再热到 t_1,形成一次再热循环。求该循环的净功、热效率、汽耗率及汽轮机出口干度。

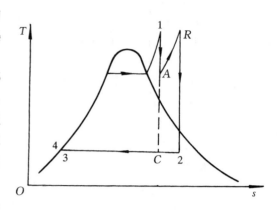

图 10 - 36 例题 10 - 16 附图

解 将一次再热循环表示在 T-s 图上,如图 10 - 36 所示。

1 点、3 点的状态参数值同例题 10 - 15,即

$$h_1 = 3464.5 \text{ kJ/kg}, \quad h_3 \approx h_4 = 121.41 \text{ kJ/kg}$$

A 点: 根据 p_A、s_1 查表得 $h_A = 3027.6 \text{ kJ/kg}$

R 点: 根据 p_A、t_1 查表得 $h_R = 3568.5 \text{ kJ/kg}$

2 点: 根据 p_2、s_R 查表得 $h_2 = 2222.0 \text{ kJ/kg}$

忽略泵功时循环净功为

$$w_{\text{net}} = (h_1 - h_A) + (h_R - h_2)$$

$$= (3464.5 - 3027.6) \text{ kJ/kg} + (3568.5 - 2222.0) \text{ kJ/kg} = 1783.4 \text{ kJ/kg}$$

循环吸热量为

$$q_1 = h_1 - h_3 + h_R - h_A = (3464.5 - 121.41 + 3568.5 - 3027.6) \text{ kJ/kg} = 3884.0 \text{ kJ/kg}$$

循环热效率

$$\eta_t = \frac{w_{\text{net}}}{q_1} = \frac{1783.4 \text{ kJ/kg}}{3884.0 \text{ kJ/kg}} = 45.9 \%$$

汽耗率

$$d = \frac{3600}{w_{\text{net}}} = 2.019 \text{ kg/(kW} \cdot \text{h)}$$

汽轮机出口干度

$$x = 0.8635$$

讨论

将本例的计算结果与例 10 - 15 的朗肯循环比较。可见,采用再热循环,当再热参数合适时,可使汽轮机出口干度提高到容许范围内,同时提高了热效率,降低了汽耗率,从而提高了整个装置的经济性。

例题 10 - 17 某蒸汽动力厂按一次再热理想循环工作,新蒸汽参数为 $p_1 = 14 \text{ MPa}$, $t_1 = 450$ ℃,再热压力 $p_A = 3.8 \text{ MPa}$,再热后温度 $t_R = 480$ ℃,背压 $p_2 = 0.005 \text{ MPa}$,环境温度 $t_0 = 25$ ℃。试:(1)定性画出循环的 T-s 图;(2)循环的平均吸、放热温度 $\overline{T}_1$、$\overline{T}_2$;(3)循环热效

率 η_t；(4)排气放热量中的不可用能。

　　解　(1)循环的 $T-s$ 图如图 10-37 所示。

　　(2) 平均吸、放热温度

　　查水蒸气图表得

　　1 点：　根据 p_1、t_1 查得　$h_1 = 3167.1$ kJ/kg

　　A 点：　根据 p_A、s_1 查得　$h_A = 2856.3$ kJ/kg

　　R 点：　根据 p_A、t_R 查得　$h_R = 3406.9$ kJ/kg，

$s_R = 7.0458$ kJ/(kg·K)

　　2 点：　根据 s_R、p_2 查得　$h_2 = 2198.1$ kJ/kg

　　3 点：　$h_3 = h_2' = 137.82$ kJ/kg，

$s_3 = 0.4762$ kJ/(kg·K)

　　4 点：　$h_4 \approx h_3 = 137.82$ kJ/kg（忽略水泵功）

于是

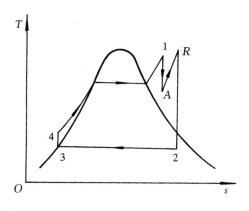

图 10-37　例题 10-17 附图

$$\overline{T}_1 = \frac{q_1}{s_R - s_3} = \frac{(h_1 - h_3) + (h_R - h_A)}{s_R - s_3}$$

$$= \frac{(3167.1 - 137.82 + 3406.9 - 2856.3)\ \text{kJ/kg}}{(7.0548 - 0.4762)\ \text{kJ/(kg·K)}} = 544.2\ \text{K}$$

$$\overline{T}_2 = \frac{q_2}{s_2 - s_3} = \frac{h_2 - h_3}{s_R - s_3} = \frac{(2198.1 - 137.82)\ \text{kJ/kg}}{(7.0548 - 0.4762)\ \text{kJ/(kg·K)}} = 313.2\ \text{K}$$

　　(3) 循环热效率

$$\eta_t = 1 - \frac{\overline{T}_2}{\overline{T}_1} = 1 - \frac{313.2\ \text{K}}{544.2\ \text{K}} = 42.4\%$$

　　(4) q_2 中的不可用能 q_0

$$q_0 = T_0(s_2 - s_3) = 298\ \text{K} \times (7.0548 - 0.4762)\ \text{kJ/(kg·K)} = 1960.4\ \text{kJ/kg}$$

讨论

注意公式 $\eta_t = 1 - \dfrac{\overline{T}_2}{\overline{T}_1}$ 的适用条件是多热源的可逆循环，若循环中某一过程不可逆，此式就不能用。

　　例题 10-18　在如图 10-38 所示的一级抽汽回热理想循环中，回热加热器为表面式，其疏水（即抽汽在表面式加热器内的凝结水）流回冷凝器，水泵功可忽略。试：(1)定性画出此循环的 $h-s$ 图及 $T-s$ 图；(2)写出用图上标出的状态点的焓值表示的求抽汽系数 α_A，循环净功 w_{net}，吸热量 q_1，放热量 q_2，循环热效率 η_t 及汽耗率 d 的计算式。

　　解　$T-s$ 图及 $h-s$ 图，如图 10-39 所示。

对表面式回热器列能量平衡方程式

$$\alpha_1(h_{o1} - h_{o1}') = h_5 - h_4$$

则抽汽系数

$$\alpha_1 = \frac{h_5 - h_4}{h_{o1} - h_{o1}'}$$

循环吸热量

$$q_1 = h_1 - h_6 = h_1 - h_5$$

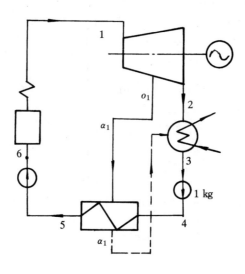

图 10-38 例题 10-18 附图

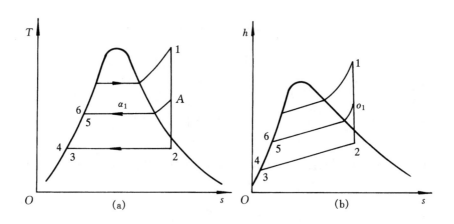

图 10-39 例题 10-18 附图

循环放热量

$$q_2 = (1-\alpha_1)(h_1 - h_3) + \alpha_1(h'_{o1} - h_3)$$

循环净功量

$$w_{net} = q_1 - q_2 = (h_1 - h_5) - \left[(1-\alpha_1)(h_2 - h_3) + \alpha_1(h'_{o1} - h_3)\right]$$

或

$$w_{net} \approx w_T = h_1 - \alpha_1 h_{o1} - (1-\alpha_1)h_2$$

或

$$w_{net} \approx w_T = (h_1 - h_{o1}) + (1-\alpha_1)(h_{o1} - h_2)$$

循环热效率

$$\eta_t = 1 - \frac{q_2}{q_1} = 1 - \frac{(1-\alpha_1)(h_2 - h_3) + \alpha_1(h'_{o1} - h_3)}{h_1 - h_5}$$

气耗率

$$d = \frac{3600}{w_{net}} = \frac{3600}{(h_1 - h_{o1}) + (1-\alpha_1)(h_{o1} - h_2)}$$

例题 10-19　在图 10-40 所示的两级抽汽回热循环中,第Ⅰ级回热加热器为混合式,第Ⅱ级为表面式。表面式回热加热器的疏水流回冷凝器。若已知该回热循环的参数为 $p_1=3.5$ MPa,$t_1=435$ ℃,$p_2=0.004$ MPa,给水回热温度为 150 ℃,抽汽点蒸汽的压力按等温差分配选定。试:(1)定性画出循环的 $T\text{-}s$ 图;(2)加热器级间的温差分配;(3)各级抽汽参数 p_{o1}、p_{o2}、h_{o1}、h_{o2};(4)抽汽系数 α_1、α_2;(5)循环功;(6)循环热效率和汽耗率;(7)与同参数朗肯循环相比较。

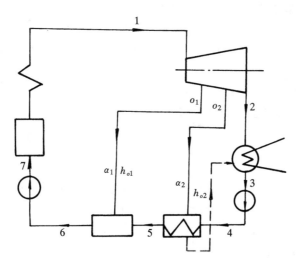

图 10-40　例题 10-19 附图

解　(1) 循环的 $T\text{-}s$ 图如图 10-41 所示。

(2) 从冷凝器的凝结水温度升至给水温度间的总温差 $\Delta t=t_7-t_3$。已知 $t_7=150$ ℃,又由 p_2 查水蒸气图表得 $t_3=29.0$ ℃,故

$$\Delta t = 150\ ℃ - 29.0\ ℃ = 121.\ ℃$$

加热级数为 2,故平均每级温差应为

$$\frac{\Delta t}{2} = 60.5\ ℃$$

由此可算出

$$t_5 = 29.0\ ℃ + 60.5\ ℃ = 89.5\ ℃$$

(3) 各级抽汽参数

各级抽汽压力是根据所供加热器出口水温要求而确定的。在混合式加热器中,抽汽压力 p_{o1} 必

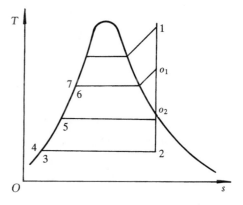

图 10-41　例题 1-19 附图

须是温度 t_6(忽略泵功时等于 t_7)对应下的饱和压力,可由饱和蒸汽表上查出 $p_{o1}=0.476$ MPa。在表面式加热器中,抽汽压力 p_{o2} 应至少相应于温度 t_5 时的饱和压力(本例中忽略冷热流体间的传热温差,即认为凝结水可以被加热至抽汽压力下的饱和温度 $t_5=t_{o2}$)。于是由 $t_{o2}=89.5$ ℃查出 $p_{o2}=0.069$ MPa。

抽汽压力确定之后,即可由水蒸气 $h\text{-}s$ 图上各定压线与定熵线的交点查出各抽汽点的焓

$$h_1 = 3306\ \text{kJ/kg}, \quad h_2 = 2090\ \text{kJ/kg}, \quad h_{2'} = h_3 = h_4 = 121\ \text{kJ/kg}$$

$$h_{o1} = 2804 \ \text{kJ/kg}, \quad h'_{o1} = h_6 = h_7 = 633 \ \text{kJ/kg}$$
$$h_{o2} = 2488 \ \text{kJ/kg}, \quad h'_{o2} = h_5 = 375 \ \text{kJ/kg}$$

（4）抽汽系数的计算

取混合式加热器为热力系，由能量平衡可得

$$\alpha_1 = \frac{h'_{o1} - h_5}{h_{o1} - h_5} = \frac{(633 - 375) \ \text{kJ/kg}}{(2804 - 375) \ \text{kJ/kg}} = 0.106$$

又如图 10-42 所示，取表面式加热器为热力系，并
进行能量和质量平衡计算，则

$$\alpha_2 (h_{o2} - h'_{o2}) = (1 - \alpha_1)(h_5 - h_4)$$

$$\alpha_2 = (1 - \alpha_1) \frac{h_5 - h_4}{h_{o2} - h'_{o2}}$$

$$= (1 - 0.106) \times \frac{(375 - 121) \ \text{kJ/kg}}{(2488 - 375) \ \text{kJ/kg}} = 0.107$$

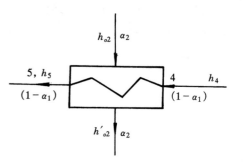

图 10-42　例题 10-19 附图

（5）循环功量计算

$$\begin{aligned} w_{\text{net}} \approx w_{\text{T}} &= h_1 - \alpha_1 h_{o1} - \alpha_2 h_{o2} - (1 - \alpha_1 - \alpha_2)h_2 \\ &= 3306 \ \text{kJ/kg} - 0.106 \times 2804 \ \text{kJ/kg} - 0.107 \times 2488 \ \text{kJ/kg} - \\ &\quad (1 - 0.106 - 0.107) \times 2090 \ \text{kJ/kg} \\ &= 1097.7 \ \text{kJ/kg} \end{aligned}$$

（6）循环热效率和汽耗率

循环吸热量

$$q_1 = h_1 - h_7 = (3306 - 633) \ \text{kJ/kg} = 2673 \ \text{kJ/kg}$$

循环热效率

$$\eta_{\text{t}} = \frac{w_{\text{net}}}{q_1} = \frac{1097.7 \ \text{kJ/kg}}{2673 \ \text{kJ/kg}} = 0.4107$$

循环汽耗率

$$d = \frac{3600}{w_{\text{net}}} = \frac{3600}{1097.7} = 3.280 \ \text{kg/(kW} \cdot \text{h)}$$

（7）与同参数朗肯循环的比较

同参数朗肯循环的热效率为

$$\eta_{\text{t}}^{\text{R}} = \frac{h_1 - h_2}{h_1 - h_4} = \frac{(3306 - 2090) \ \text{kJ/kg}}{(3306 - 121) \ \text{kJ/kg}} = 0.3818$$

回热使循环效率提高

$$0.4107 - 0.3818 = 0.0289$$

相对值为

$$\frac{0.0289}{0.3818} = 7.57\%$$

讨论

（1）从本例题看到，蒸汽回热循环计算的步骤一般是先根据已知条件定出各抽汽点的参数，然后取各加热器为热力系，利用质量和能量平衡方程式，求出抽汽系数，再算出吸放热量、循环净功能及汽耗率、热效率等各项指标。

（2）由于表面式回热器的疏水流回冷凝器，因此循环放热量除了有$(1-\alpha_1-\alpha_2)$kg 的蒸汽在冷凝器中对外放热，还有 α_2 kg 的疏水在冷凝器中也对外放热，即

$$q_2 = (1-\alpha_1-\alpha_2)(h_2-h_3) + \alpha_2(h'_{o2}-h_3)$$

计算时注意勿将第二部分放热量漏掉。

例题 10-20 有一蒸汽动力厂按一次再热和一级抽汽回热理想循环工作，如图 10-43 所示。新蒸汽参数为 $p_1 = 14$ MPa，$t_1 = 550$ ℃，再热压力 $p_A = 3.5$ MPa，再热温度 $t_R = t_1 = 550$ ℃，回热抽汽压力 $p_B = 0.5$ MPa，回热器为混合式，背压 $p_2 = 0.004$ MPa。水泵功可忽略。试：(1)定性画出循环的 $T\text{-}s$ 图；(2)求抽汽系数 α_B；(3)求循环输出净功 w_{net}，吸热量 q_1，放热量 q_2；(4)求循环热效率 η_t。

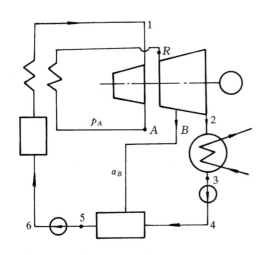

图 10-43　例题 10-20 附图

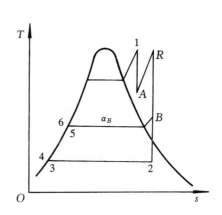

图 10-44　例题 10-20 附图

解　（1）循环的 $T\text{-}s$ 图如图 10-44 所示。

（2）查水蒸气图表得各点的参数

1 点：　根据 p_1、t_1 查得 $h_1 = 3459.2$ kJ/kg

A 点：　由 $h\text{-}s$ 图上 p_A 定压线与过 1 点的定熵线的交点查得

$\qquad h_A = 3072$ kJ/kg

R 点：　根据 p_A、t_R 查得 $h_R = 3564.5$ kJ/kg

B 点、2 点：　由 $h\text{-}s$ 图上 p_B、p_2 各定压线与过 R 点定熵线的交点查得

$$h_B = 2976.5 \text{ kJ/kg}, \quad h_2 = 2240 \text{ kJ/kg}$$

3(4)点：　$h_3 = h_4 = h'_2 = 121.41$ kJ/kg

5(6)点：　$h_5 = h_6 = h'_B = 640.1$ kJ/kg

于是，抽汽系数

$$\alpha_B = \frac{h_5-h_4}{h_B-h_4} = \frac{(640.1-121.41)\text{ kJ/kg}}{(2976.5-121.41)\text{ kJ/kg}} = 0.182$$

（3）循环净功

$$w_{net} \approx w_T = (h_1-h_A) + (h_R-h_B) + (1-\alpha_B)(h_B-h_2)$$
$$= (3459.2-3072)\text{ kJ/kg} + (3564.5-2976.5)\text{ kJ/kg} +$$

$$(1-0.182)(2976.5-2240) \text{ kJ/kg}$$
$$= 1577.7 \text{ kJ/kg}$$

循环吸热量

$$q_1 = (h_1 - h_6) + (h_R - h_A)$$
$$= (3459.2 - 640.1) \text{ kJ/kg} + (3564.5 - 3072) \text{ kJ/kg}$$
$$= 3311.6 \text{ kJ/kg}$$

循环放热量

$$q_2 = (1 - \alpha_B)(h_2 - h_3)$$
$$= (1 - 0.182)(2240 - 121.41) \text{ kJ/kg} = 1733 \text{ kJ/kg}$$

（4）循环热效率

$$\eta_t = \frac{w_{net}}{q_1} = \frac{1577.7 \text{ kJ/kg}}{3311.6 \text{ kJ/kg}} = 47.6\%$$

例题 10 - 21 一蒸气压缩制冷理想循环,参见图 10 - 45,其蒸发温度为 -20 ℃,冷凝温度为 30 ℃,制冷量为 1 kW。原先工质为氟利昂 12,现为保护臭氧层,改用替代物 HFC134a 为工质。试计算两种工质相应的制冷系数、压气机耗功率以及制冷剂流量。

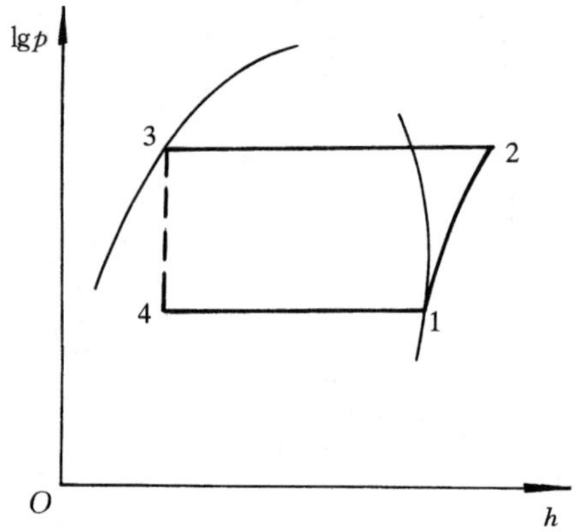

解 查 CFC12 的 $\lg p - h$ 图得

$$h_1 = 564 \text{ kJ/kg}, \quad h_2 = 592.9 \text{ kJ/kg}$$
$$h_3 = h_4 = 448 \text{ kJ/kg}$$

于是

$$\varepsilon = \frac{q_2}{w_{net}} = \frac{h_1 - h_4}{h_2 - h_1} = \frac{(564 - 448) \text{ kJ/kg}}{(592.9 - 564) \text{ kJ/kg}} = 4.01$$

图 10 - 45　例题 10 - 21 附图

制冷剂流量

$$q_m = \frac{\dot{Q}_2}{q_2} = \frac{1 \text{ kJ/s}}{(564 - 448) \text{ kJ/kg}} = 0.00862 \text{ kg/s}$$

压气机耗功率

$$P_C = q_m(h_2 - h_1) = 0.00862 \text{ kg/s} \times (592.9 - 564) \text{ kJ/kg}$$
$$= 0.25 \text{ kW}$$

对于 HFC134a,则有

$$h_1 = 387 \text{ kJ/kg}, \quad h_2 = 423 \text{ kJ/kg}, \quad h_4 = h_3 = 243 \text{ kJ/kg}$$

所以

$$\varepsilon = \frac{(387 - 243) \text{ kJ/kg}}{(423 - 387) \text{ kJ/kg}} = 4.0$$

$$q_m = \frac{1 \text{ kJ/s}}{(387 - 243) \text{ kJ/kg}} = 0.00694 \text{ kg/s}$$

$$P_C = q_m(h_2 - h_1) = 0.00694 \text{ kg/s} \times (423 - 387) \text{ kJ/kg} = 0.25 \text{ kW}$$

10.5.3　循环的热力学第二定律分析和计算

例题 10-22　已知图 10-46 所示的蒸汽动力循环中,锅炉出口过热蒸汽压力为 17 MPa,

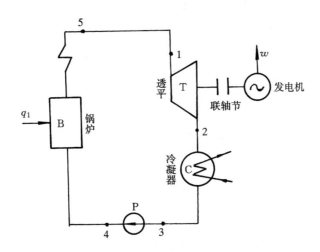

图 10-46　例题 10-22 附图

温度为 550 ℃,透平进口处蒸汽压力为 16.5 MPa,温度为 550 ℃,透平效率 $\eta_T = 0.85$,排汽压力为 5 kPa,泵出口压力为 20 MPa,泵效率 $\eta_P = 0.75$,锅炉效率 $\eta_B = 0.91$,联轴节效率 $\eta_M = 0.98$,发电机效率 $\eta_g = 0.987$。锅炉内燃料的理论燃烧温度 $t_G = 2000$ ℃,环境温度 $t_0 = 20$ ℃。

(1) 用效率法确定整个循环装置的热效率、各部件损失系数;

(2) 用㶲分析法确定整个循环装置的㶲效率及各部件㶲损失系数。

解　(1) 参见图 10-46,各点参数由水蒸气表确定,见表 10-4。

(2) 效率法

锅炉:　效率

表 10-4　例题 10-22 附表

状态点	压力/MPa	温度/℃	焓/(kJ/kg)	熵/[kJ/(kg·K)]
5	17.0	550	3436.5	6.4603
1	16.5	550	3428.5	6.4625
2	0.005		2188.9	7.1772
3	0.005		137.83	0.4761
4	20.0		165.51	0.4989

$$\eta_B = \frac{h_5 - h_4}{q_1} = 0.91$$

损失系数

$$\Psi_B = 1 - \eta_B = 9\%$$

$$q_1 = 3594.5 \text{ kJ/kg}$$

主蒸汽管道

$$\eta_{tu} = \frac{h_1 - h_4}{h_5 - h_4} = 0.9976$$

$$\Psi_{tu} = (1 - \eta_{tu})\eta_B = 0.22\%$$

考虑了透平与泵不可逆性后的循环

$$\eta_C = \frac{(h_1 - h_2) - (h_4 - h_3)}{h_1 - h_4} = 0.3714$$

$$\Psi_C = (1 - \eta_C)\eta_B\eta_{tu} = 57.1\%$$

联轴节

$$\eta_M = \frac{w_M}{(h_1 - h_2) - (h_4 - h_3)} = 0.98$$

$$\Psi_M = (1 - \eta_M)\eta_B\eta_{tu}\eta_C = 0.674\%$$

发电机

$$\eta_g = \frac{w}{w_M} = 0.987$$

$$\Psi_g = (1 - \eta_g)\eta_B\eta_{tu}\eta_C\eta_M = 0.430\%$$

整个循环装置

$$\eta_t = \frac{w}{q_1} = \frac{w_M\eta_g}{q_1}$$

$$= \frac{[(h_1 - h_2) - (h_4 - h_3)]\eta_M\eta_g}{q_1}$$

$$= 32.61\%$$

计算结果检验：

因 $\eta_t = 1 - \sum \Psi_i = 1 - 0.674 = 0.326$ 与上述结果相符。

(3) 㶲分析法

锅炉:㶲损失

$$i_B = q_1\left(1 - \frac{T_0}{T_G}\right) + e_{x4} - e_{x5}$$

$$= q_1\left(1 - \frac{T_0}{T_G}\right) + (h_4 - h_5) - T_0(s_4 - s_5)$$

$$= 3594.5 \times \left(1 - \frac{293}{2273}\right) + (165.51 - 3436.5) -$$

$$293 \times (0.4989 - 6.4603)$$

$$= 1606.85 \text{ kJ/kg}$$

㶲损失系数

$$\xi_B = \frac{i_B}{q_1\left(1 - \dfrac{T_0}{T_G}\right)} = \frac{1606.85}{3594.5 \times \left(1 - \dfrac{293}{2273}\right)} = 51.32\%$$

主蒸汽管道

$$i_{tu} = e_{x5} - e_{x1} = (h_5 - h_1) - T_0(s_5 - s_1)$$

$$= (3436.5 - 3428.5) - 293 \times (6.4603 - 6.4625) = 8.6446 \text{ kJ/kg}$$

$$\xi_{\text{tu}} = \frac{i_{\text{tu}}}{q_1\left(1 - \frac{T_0}{T_G}\right)} = \frac{8.6446}{3\,594.5 \times \left(1 - \frac{293}{2273}\right)} = 0.276\%$$

透平

$$i_T = e_{x1} - e_{x2} - w_T$$
$$= (h_1 - h_2) - T_0(s_1 - s_2) - (h_1 - h_2)$$
$$= T_0(s_2 - s_1)$$
$$= 293 \times (7.1772 - 6.4625) = 209.41 \text{ kJ/kg}$$

$$\xi_T = \frac{i_T}{q_1\left(1 - \frac{T_0}{T_G}\right)} = \frac{209.41}{3594.5 \times \left(1 - \frac{293}{2273}\right)} = 6.69\%$$

泵

$$i_P = e_{x3} - e_{x4} - w_P$$
$$= (h_3 - h_4) - T_0(s_3 - s_4) + (h_4 - h_3)$$
$$= T_0(s_4 - s_3) = 293 \times (0.4989 - 0.4761) = 6.6804 \text{ kJ/kg}$$

$$\xi_P = \frac{i_P}{q_1\left(1 - \frac{T_0}{T_G}\right)} = \frac{6.6804}{3594.5 \times \left(1 - \frac{293}{2273}\right)} = 0.213\%$$

联轴节

$$i_M = [(h_1 - h_2) - (h_4 - h_3)] - w_M$$
$$= [(h_1 - h_2) - (h_4 - h_3)](1 - \eta_M)$$
$$= (1 - 0.98)[(3428.5 - 2188.9) - (165.51 - 137.83)]$$
$$= 24.238 \text{ kJ/kg}$$

$$\xi_M = \frac{i_M}{q_1\left(1 - \frac{T_0}{T_G}\right)} = \frac{24.238}{3594.5 \times \left(1 - \frac{293}{2273}\right)} = 0.774\%$$

发电机

$$i_g = w_M - w = w_M - w_M \cdot \eta_g$$
$$= (1 - \eta_g) \cdot \eta_M[(h_1 - h_2) - (h_4 - h_3)]$$
$$= (1 - 0.987) \times 0.98 \times [(3428.5 - 2188.9) - (165.51 - 137.83)]$$
$$= 15.440 \text{ kJ/kg}$$

$$\xi_g = \frac{i_g}{q_1\left(1 - \frac{T_0}{T_G}\right)} = \frac{15.440}{3594.5 \times \left(1 - \frac{293}{2273}\right)} = 0.493\%$$

冷凝器

$$i_C = e_{x2} - e_{x3} = (h_2 - h_3) - T_0(s_2 - s_3)$$
$$= (2188.9 - 137.83) - 293(7.1772 - 0.4761)$$
$$= 87.648 \text{ kJ/kg}$$

$$\xi_C = \frac{i_C}{q_1\left(1 - \frac{T_0}{T_G}\right)} = \frac{87.648}{3594.5 \times \left(1 - \frac{293}{2273}\right)} = 2.80\%$$

整个循环装置㶲效率：

$$\eta_{e_x} = \frac{w}{q_1\left(1 - \dfrac{T_0}{T_G}\right)} = \frac{\eta_g \cdot \eta_M\left[(h_1 - h_2) - (h_4 - h_3)\right]}{q_1\left(1 - \dfrac{T_0}{T_G}\right)}$$

$$= \frac{0.987 \times 0.98 \times \left[(3428.5 - 2188.9) - (165.51 - 137.83)\right]}{3594.5 \times \left(1 - \dfrac{293}{2273}\right)}$$

$$= 37.438\%$$

计算结果检验：

因 $\eta_{e_x} = 1 - \sum \xi_i = 1 - 0.62566 = 37.434\%$ 与上述计算结果相差 0.004，这是由于计算误差引起的 。

讨论

由本例计算可以看出下列几点。

(1) 对于蒸汽动力循环来说，无论用效率法或㶲分析法，循环热效率与㶲效率相差不大。本例的热效率 $\eta_t = 32.61\%$，而㶲效率 $\eta_{e_x} = 37.44\%$。这两者的比值为

$$\frac{\eta_t}{\eta_{e_x}} = \frac{w/q_1}{w/\left[q_1\left(1 - \dfrac{T_0}{T_G}\right)\right]} = 1 - \frac{T_0}{T_G} = 0.8711$$

(2) 但是在这两种分析方法中，各部件损失所占的比例却相差很大。例如，效率法中的锅炉损失系数 $\Psi_B = 9\%$，而㶲分析法 $\xi_B = 51.32\%$。这是由于前者只从能量量的平衡角度考虑，热能的量在锅炉中损失并不多，但其质则由于温差传热等不可逆原因而有很大贬值。又如效率法从能量量的平衡出发，认为循环通过冷凝器排热多使循环损失大，即 $\Psi_C = 57.1\%$，而㶲分析法则认为，通过冷凝器排热量虽然多，但其质甚差，因而㶲损失系数 ξ_C 却只占 2.80%，两者相差很大。由此可见，㶲分析法能更科学地揭示出薄弱环节。

(3) 效率法中各部件损失系数计算公式推导如下：

锅炉
$$\Psi_B = \frac{q_1 - (h_5 - h_4)}{q_1} = 1 - \eta_B$$

管道
$$\Psi_{tu} = \frac{(h_5 - h_4) - (h_1 - h_4)}{q_1} = \frac{h_5 - h_4}{q_1}(1 - \eta_{tu})$$
$$= (1 - \eta_{tu})\eta_B$$

考虑了透平与泵不可逆损失后循环：

$$\Psi_C = \frac{(h_1 - h_4) - \left[(h_1 - h_2) - (h_4 - h_3)\right]}{q_1}$$
$$= \frac{(h_1 - h_4)(1 - \eta_C)}{q_1}$$
$$= (1 - \eta_C) \cdot \eta_B \cdot \eta_{tu}$$

联轴节
$$\Psi_M = \frac{\left[(h_1 - h_2) - (h_4 - h_3)\right] - w_M}{q_1}$$
$$= \frac{\left[(h_1 - h_2) - (h_4 - h_3)\right](1 - \eta_M)}{q_1}$$

$$= (1 - \eta_M)\eta_B \cdot \eta_{tu} \cdot \eta_C$$

发电机

$$\Psi_g = \frac{w_M - w}{q_1} = \frac{w_M}{q_1}(1 - \eta_g)$$

$$= (1 - \eta_g) \cdot \eta_B \cdot \eta_{tu} \cdot \eta_C \cdot \eta_M$$

10.6　自我测验题

10-1　画出柴油机混合加热理想循环的 $p-v$ 图和 $T-s$ 图,写出该循环吸热量、放热量、净功量和热效率的计算式;并分析影响其热效率的因素有哪些,与热效率的关系如何?

10-2　画出汽油机定容加热理想循环的 $p-v$ 图和 $T-s$ 图,写出该循环吸热量、放热量、净功量和热效率的计算式,分析如何提高定容加热理想循环的热效率,是否受到限制?

10-3　柴油机的热效率高于汽油机的热效率,其主要原因是什么?

10-4　怎样合理比较内燃机 3 种理想循环(混合加热循环、定容加压循环、定压加热循环)热效率的大小? 比较结果如何?

10-5　画出燃气轮机装置定压加热理想循环的 $p-v$ 图和 $T-s$ 图。分析如何利用压气机绝热效率 η_C 和燃气轮机相对内效率 η_T 确定实际压气机出口的温度和实际燃气轮机出口的温度,怎样来提高定压加热实际循环的热效率?

10-6　燃气轮机装置定压加热实际循环采用回热的条件是什么? 一旦可以采用回热,为什么总会带来循环热效率的提高?

10-7　朗肯循环的定压吸热是在 ＿＿＿＿＿＿＿＿ 中进行的,绝热膨胀是在 ＿＿＿＿＿＿＿＿ 中进行的;在冷凝器中发生的是 ＿＿＿＿＿＿＿＿ 过程,在水泵中进行的是 ＿＿＿＿＿＿＿＿ 过程。

10-8　试将如图 10-47 所示的蒸汽再热循环的状态点 1、2、3、4、5、6 及循环画在 $T-s$ 图上。假设各状态点的状态参数已知,填空:

$q_1 = $ ＿＿＿＿＿＿；$\overline{T}_1 = $ ＿＿＿＿＿＿；

$q_2 = $ ＿＿＿＿＿＿；$\overline{T}_2 = $ ＿＿＿＿＿＿；

$w_0 = $ ＿＿＿＿＿＿；$\eta_t = $ ＿＿＿＿＿＿。

10-9　如图 10-48 所示的一级抽汽回热(混合式)蒸汽理想循环,水泵功可忽略。试:

(1) 定性画出此循环的 $T-s$ 图和 $h-s$ 图;

(2) 写出与图上标出的状态点符号相对应的焓表示的抽汽系数 α_A,输出净功 w_{net},吸热量 q_1,放热量 q_2,热效率 η_t 及汽耗率 d 的计算式。

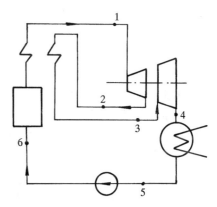

图 10-47　题 10-8 附图

10-10　某气体依次经历绝热、定容、定压 3 个可逆过程完成循环。试在 $T-s$ 图上判断该循环是热机循环还是制冷循环。

10-11　蒸气压缩制冷循环可以采用节流阀来代替膨胀机,空气压缩制冷循环是否也可以采用这种方法? 为什么?

10－12 何谓制冷系数？何谓热泵系数？试用热力学原理说明能否利用一台制冷装置在冬天供暖。

10－13 一内燃机按定容加热理想循环工作，其进口状态为 $t_1 = 60\ ℃$，$p_1 = 0.098\ \text{MPa}$，压缩比 $\varepsilon = 6$，加入热量 $q_1 = 879\ \text{kJ/kg}$。工质视为空气，比热容为定值，$c_V = 0.717\ \text{kJ/(kg·K)}$，$\kappa = 1.4$。试：

(1)在 p-v、T-s 图上画出该机的理想循环；

(2)计算压缩终了温度 T_2、循环最高温度 T_3、循环放热量 q_2 及循环热效率。

10－14 内燃机定压加热循环，工质视为空气，已知 $p_1 = 0.1\ \text{MPa}$，$t_1 = 70\ ℃$，$\varepsilon = \dfrac{v_1}{v_2} = 12$，$\rho = \dfrac{v_3}{v_2} = 2.5$。设比热容为定值，取空气的 $\kappa = 1.4$，$c_p = 1.004\ \text{kJ/(kg·K)}$。求循环的吸热量、放热量、循环净功量及循环热效率。

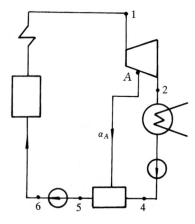

图 10－48　题 10－9 附图

10－15 一内燃机混合加热循环，已知 $p_1 = 0.103\ \text{MPa}$，$t_1 = 22\ ℃$，压缩比 $\varepsilon = \dfrac{v_1}{v_2} = 16$，定压加热过程比体积的增量占整个膨胀过程的 3%，循环加热量为 801.8 kJ/kg。求循环最高压力、最高温度及循环热效率。

10－16 一燃气轮机装置定压加热循环，工质视为空气，进入压气机时的温度 $t_1 = 20\ ℃$，压力 $p_1 = 93\ \text{kPa}$，在绝热效率 $\eta_{C,s} = 0.83$ 的压气机中被压缩到 $p_2 = 552\ \text{kPa}$。在燃烧室中吸热后温度上升到 $t_3 = 870\ ℃$，经相对内效率 $\eta_t = 0.8$ 的燃气轮机绝热膨胀到 $p_4 = 93\ \text{kPa}$。空气的质量流量 $q_m = 10\ \text{kg/s}$。设空气比热容为定值，$c_p = 1.004\ \text{kJ/(kg·K)}$，$\kappa = 1.4$。试求：

(1)循环的净功率；

(2)循环热效率。

10－17 如图 10－49 所示的一次再热和一级抽汽回热蒸汽动力理想循环，新蒸汽与再热蒸汽温度相同，回热器为表面式，疏水进入凝汽器，被加热水出口焓看作等于抽汽压力下的饱和水焓，水泵功可忽略。试：(1)定性画出循环的 T-s 图；(2)写出用图上各状态点的焓表示的求抽汽系数 α，循环吸热量 q_1，放热量 q_2，输出净功 w_net，热效率 η_t 及汽耗率 d 的计算式。

10－18 一氨蒸气压缩制冷装置，氨的质量流量 $q_m = 270\ \text{kg/h}$，蒸发器中温度为 $-15\ ℃$，冷凝器中的温度为 $30\ ℃$，氨压缩机从蒸发器中吸入 $p_1 = 0.2363\ \text{MPa}$ 的干饱和氨蒸气，并绝热压缩到 $t_2 = 75\ ℃$，离开冷凝器时是饱和液氨。设压缩机出口处的过热氨蒸气比焓 $h_2 = 1887\ \text{kJ/kg}$。求：

(1)循环制冷系数；

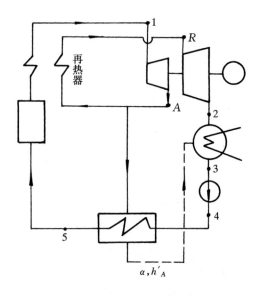

图 10－49　题 10－17 附图

（2）已知冰的熔解热为 333 kJ/kg，蒸发器将水从 20 ℃制成 0 ℃的水，每小时所产生的冰量；

（3）压缩机吸入的容积流量。

附表 10 - 5　氨的热物性表

温度/℃	压力/MPa	比体积/(m³/kg)		比焓/(kJ/kg)		比熵/[kJ/(kg·K)]	
		v'	v''	h'	h''	s'	s''
−15	0.2363	0.001518	0.5088	349.890	1664.085	3.931	9.02
30	1.1665	0.00168	0.1106	560.528	1706.372	4.6745	8.46

第11章　化学热力学基础

前面各章所讨论的内容都只与物理变化有关,不涉及化学变化。实际上,许多热力学问题还包含化学反应。本章应用热力学第一和第二定律分析经过化学变化的热力系统,研究化学反应中能量转化的规律、化学反应的方向,计算化学平衡,研究燃料的燃烧等。

11.1　基本要求

(1)掌握化学反应系统的热力学第一定律表达式。掌握反应热、反应热效应(定容热效应、定压热效应)、燃烧热(高热值、低热值)和生成焓、燃烧焓等概念。

(2)掌握盖斯定律(反应热效应与过程无关,是状态量)的内容和实质,能熟练地运用生成焓计算反应热效应。

(3)了解理论燃烧温度的概念和计算。

(4)理解化学反应达到平衡的概念,掌握平衡常数的含义、用途及平衡计算。了解影响化学平衡的因素以及平衡移动原理。

11.2　基本知识点

11.2.1　基本概念

1. 化学反应方程

在化学反应过程中,反应物和生成物之间按各自分子数计算,总是互成简单的整数比,其比值由质量守恒确定,即反应前后各化学元素的原子数目必定相等,这就是化学反应的计量原理。单相系统化学反应计量方程的一般形式为

$$\sum_i \gamma_i A_i = 0 \tag{11-1a}$$

式中:约定生成物项取正,反应物项取负;A_i 表示第 i 组元;γ_i 为 A_i 的化学计量系数,是反应过程中各物质转化的比例数,是无量纲的纯数。如甲烷的完全燃烧,其反应方程为

$$CH_4 + 2O_2 \rightarrow CO_2 + 2H_2O$$

写成反应计量方程的一般形式为

$$\gamma_a A_a + \gamma_b A_b \rightarrow \gamma_c A_c + \gamma_d A_d \tag{11-1b}$$

可知 $\gamma_c = 1, \gamma_d = 2, \gamma_a = -1, \gamma_b = -2$。

2. 反应度

在式(11-1b)中,令 n_i^0 和 n_i 分别表示起始时刻 $\tau = 0$ 和 τ 时刻组元 $i(i = a,b,c,d)$ 的物质的量,通常以 mol 为单位,根据质量守恒,则由式(11-1b)可得

$$\frac{n_a - n_a^0}{\gamma_a} = \frac{n_b - n_b^0}{\gamma_b} = \frac{n_c - n_c^0}{\gamma_c} = \frac{n_d - n_d^0}{\gamma_d}$$

令

$$\varepsilon = \frac{n_i - n_i^0}{\gamma_i} \qquad (i = \text{a,b,c,d}) \qquad (11-2\text{a})$$

ε 称为化学反应度,表示了参与反应的量与该反应物的原始量之比。式(11-2)对于微元反应的等价形式为

$$\mathrm{d}n_i = \gamma_i \mathrm{d}\varepsilon \qquad (i = \text{a,b,c,d}) \qquad (11-2\text{b})$$

3. 化学反应系数的状态描述

1) 成分

在化学反应系统中,组元 i 的成分一般用摩尔分数 x_i(组元 i 的物质的量 n_i 与系统的物质的量 n 之比)或浓度 C_i(等于 $\frac{n_i}{V}$,V 为系统的体积)表示,气相系统还可用各组元气体的分压力 p_i 与总压力 p 之比表示。

2) 独立变量

化学反应中一个含有 k 个组元的简单可压缩系统在没有化学变化时,独立变量数为2;而有化学变化时,因各组元的成分发生变化,故独立变量数增至($k+2$)个,即 p,v,T 中的2个和 $n_i, i=1,2,\cdots,k$ 个,因此系统的任一热力性质都将是($k+2$)个独立变量的函数。

由于化学反应系统的独立变量多于2个,因而在化学反应中能保持不变的独立变量可以多于1个。常见的基本化学过程有定温定压反应和定温定容反应。

4. 理论空气量

对于燃烧反应,燃料与氧气混合的数量比例,恰好等于反应方程中计量系数之比的氧气量称为理论氧气量。当燃料燃烧时,通常以空气为氧化剂,含氧量等于理论氧气量的空气量,称为燃料燃烧的理论空气量。这是燃料完全燃烧在理论上所需的空气量。

在实际燃烧过程中,为改善燃烧,输入的空气常超过理论空气量,此实际空气量与理论空气量之比称为过量空气系数,用 α 表示。

11.2.2　热力学第一定律在化学反应系统中的应用

1. 化学反应系统的热力学第一定律表达式

1) 闭口系

对于有化学反应的闭口系,热力学第一定律可写成

$$Q = U_\text{P} - U_\text{R} + W \qquad (11-3)$$

式中:Q 为反应过程中系统与外界交换的热量,称为反应热;仍以吸热为正,放热为负;W 为反应过程中系统与外界交换的功量;U_R 和 U_P 分别为反应前后系统的总热力学能,除由分子动能和分子位能组成的热力学能外,还包括化学能。

对于闭口系的定压反应过程,有

$$Q = H_\text{P} - H_\text{R} \qquad (11-4)$$

式中:H_R 和 H_P 分别为反应前后系统的总焓。

2) 开口系

对于有化学反应的稳定流动系统,忽略由于化学反应引起的其他功时,热力学第一定律可表示成

$$Q = \sum_\text{P} H_\text{out} - \sum_\text{R} H_\text{in} + W_\text{t} \qquad (11-5)$$

式中:Q 和 W_t 分别为开口系统与外界交换的反应热和技术功。忽略动能、位能变化,W_t 即等于轴功 W_s。

2. 化学反应热效应、燃料的燃烧热及标准生成焓

1)化学反应热效应

系统经历一个定温反应过程,且只有体积功而无其他形式的功时,1 mol 主要反应物或生成物所吸收或放出的热量称为反应热效应,简称热效应。化学反应在定温定容条件下进行时,称为定容热效应(Q_V);反应在定温定压条件下进行时,称为定压热效应(Q_p)。若不加以注明,通常所谓热效应均指定压热效应。

显然,Q_V、Q_p 以及理想气体 Q_p 与 Q_V 的关系为

$$Q_V = U_P - U_R \tag{11-6}$$

$$Q_p = H_P - H_R$$

$$Q_p - Q_V = (n_P - n_R)RT \tag{11-7}$$

可见,热效应与反应前后的物质种类以及前后系统所处的状态有关,同一化学反应,不同温度时热效应也不同。为此选定 101.325 kPa 和 25℃为热化学标准状态,对应的定压热效应称为标准热效应。

2)燃料的燃烧热

1 mol 燃料完全燃烧时的热效应称为燃料的燃烧热,标准状态下(101.325 kPa,25℃)的燃烧热称为标准燃烧热。燃烧热的绝对值叫做燃料的发热量或热值。当燃烧产物中的 H_2O 呈汽态时,测得的热值称为低热值;呈液态时,水蒸气凝结会放出潜热,测得的热值称为高热值。

3)标准生成焓与标准燃烧焓

在运用热力学第一定律分析化学反应过程时,ΔU、ΔH 的计算是最基本的。而工程上又以定压反应为多,所以 ΔH 的计算更为重要。无化学反应的物系,ΔH 的计算与零点的选取无关。有化学反应的物系,组元有变化,计算 ΔH 就必须规定各物质焓的共同计算起点。通常,以热化学标准状态(101.325 kPa,25℃)为基准点,规定任何化学单质在此标准状态下的焓值为零。在化学反应过程中,在定温定压下,由有关单质生成 1 mol 化合物所吸收的热量称为生成焓(或生成热),标准状态下的生成焓称为标准生成焓,用 ΔH_f^0 表示。标准状态下的燃烧热又称为标准燃烧焓,以 ΔH_b^0 表示。

3. 理论燃烧温度

在位能和动能变化可忽略不计,且系统对外绝热、不做功时,燃烧所产生的热全部用于加热燃烧产物。在理论空气量下进行完全绝热燃烧时,燃烧产物可达最高温度。此时,燃烧产物的温度称为理论燃烧温度。

由于燃烧总不能完全,散热也难以避免,所以实际上燃烧所能达到的温度总是低于计算得到的绝热理论燃烧温度。不过计算所得的理论燃烧温度可在估算燃烧设备必须承受的最高温度时参考。

11.2.3 热力学第二定律在化学反应系统中的应用

应用热力学第二定律所揭示的规律,即孤立系熵增原理,来回答在化学过程中遇到的以下问题:(1)确定化学反应过程可能进行的方向;(2)确定反应的最大功;(3)分析化学平衡等。

1. 化学反应方向与化学平衡的判据

1）孤立系统的熵判据

$$dS_{iso} \geqslant 0 \tag{11-8a}$$

即孤立系统内一切不可逆过程总是朝着熵增加的方向进行,直到熵达到极大值为止,此时系统达到了平衡状态。因此,孤立系统的平衡判据为

$$dS_{iso} = 0, \quad d^2 S_{iso} < 0 \tag{11-8b}$$

孤立系统熵判据是基本的,但对于经常遇到的定温定压或定温定容反应过程运用吉布斯函数或亥姆霍兹函数作为判据更为方便。

2）定温定容反应系统的亥姆霍兹函数判据

$$dF \leqslant 0 \tag{11-9a}$$

即定温定容反应总是朝着亥姆霍兹函数减少的方向进行的,直到达到其极小值的平衡态为止。这样,定温定容简单可压缩反应系统的平衡判据为

$$dF = 0; \quad d^2 F > 0 \tag{11-9b}$$

3）定温定压反应系统的吉布斯函数判据

$$dG \leqslant 0 \tag{11-10a}$$

即定温定压反应总是朝着吉布斯函数减少的方向进行,直到达到极小值的平衡态为止。这样,定温定压简单可压缩反应系统的平衡判据为

$$dG = 0; \quad d^2 G > 0 \tag{11-10b}$$

4）一般化学平衡判据

令

$$\left(\frac{\partial G}{\partial n_i}\right)_{T,p,n_j(j \neq i)} = \left(\frac{\partial F}{\partial n_i}\right)_{T,V,n_j(j \neq i)} = \mu_i \tag{11-11}$$

式中:μ_i 称为 i 组元的化学势。μ_i 的物理意义为:除 n_i 以外,在其他参数不变的条件下,系统某一广延性状态参数随 n_i 的变化率,例如,$\left(\frac{\partial G}{\partial n_i}\right)_{T,p,n_j(j \neq i)}$ 表示 $T, p, n_j (j \neq i)$ 不变时,G 随 n_i 的变化率。

对于定温定压反应系统,在达到化学平衡时,应有 $dG = 0$,即有

$$dG = \sum_i \left(\frac{\partial G}{\partial n_i}\right)_{T,p,n_j(j \neq i)} dn_i$$
$$= \sum_i \mu_i dn_i = 0$$

故平衡条件可写作

$$\sum_i \mu_i dn_i = 0 \tag{11-12}$$

对于定温定容、定压定熵等反应也可进行同样的分析,且其平衡条件亦可表示为式(11-12)。利用式(11-2b),即 $dn_i = \gamma_i d\epsilon$,上式进一步可表示为

$$\sum_i \gamma_i \mu_i = 0 \tag{11-13a}$$

或

$$\sum_P \gamma_i \mu_i - \sum_R \gamma_i \mu_i = 0 \tag{11-13b}$$

式中:γ_i 的符号约定同(11-1a);$\sum_P \gamma_i \mu_i$ 称为生成物的化学势;$\sum_R \gamma_i \mu_i$ 称为反应物的化学势。

该式是不同情况下,反应系统的一般化学平衡判据。具体表现为

$$\sum_{P} \gamma_i \mu_i < \sum_{R} \gamma_i \mu_i, 正向反应自发进行$$

$$\sum_{P} \gamma_i \mu_i = \sum_{R} \gamma_i \mu_i, 可逆反应或化学平衡的标志$$

$$\sum_{P} \gamma_i \mu_i > \sum_{R} \gamma_i \mu_i, 逆向反应自发进行$$

总之,化学反应朝着化学势差减少的方向进行。当系统内化学势差等于零时,系统达到化学平衡。

2. 化学平衡常数与平衡移动原理

1) 平衡常数

对于任意化学反应

$$\gamma_a A_a + \gamma_b A_b \rightarrow \gamma_c A_c + \gamma_d A_d$$

可以推得,当达到化学平衡时,各组元分压力之间的关系为

$$\ln \frac{\left(\frac{p_c}{p_0}\right)^{\gamma_c} \left(\frac{p_d}{p_0}\right)^{\gamma_d}}{\left(\frac{p_a}{p_0}\right)^{\gamma_a} \left(\frac{p_b}{p_0}\right)^{\gamma_b}} = \frac{\Delta G_T^0}{RT} \quad (11-14)$$

令

$$K_p = \frac{\left(\frac{p_c}{p_0}\right)^{\gamma_c} \left(\frac{p_d}{p_0}\right)^{\gamma_d}}{\left(\frac{p_a}{p_0}\right)^{\gamma_a} \left(\frac{p_b}{p_0}\right)^{\gamma_b}} \quad (11-15)$$

K_p 称为以分压力表示的平衡常数。

比较式(11-14)与式(11-15)有

$$\ln K_p = -\frac{\Delta G_T}{RT} \quad (11-16)$$

式中:$\Delta G_T^0 = \gamma_c \mu_c^0 + \gamma_d \mu_d^0 - \gamma_a \mu_a^0 - \gamma_b \mu_b^0$ 称为标准化学势差,其中 μ_i^0 为组元 i 在 (p_0, T) 时的化学势,$p_0 = 101.325$ kPa。显然,对于给定的化学反应(计量方程已定),ΔG_T^0 仅仅是温度的函数,所以 K_p 也只是温度的函数,当温度一定时,K_p 又是一个常量。K_p 值可以通过式(11-16)借助 ΔG_T^0 来计算,有些反应,不同温度下的 K_p 值可从有关手册或教科书中查得。

平衡常数是计算平衡成分的重要依据。平衡常数的大小还可以说明反应完全的程度。K_p 越大,表明反应进行的程度越深,反应产物的浓度也越大。通常,如 $K_p < 0.001$,表示基本上无反应;而 $K_p > 1000$,则表明反应基本可按正向完成。同时利用平衡常数,还可判断反应进行的方向,即

$$K_p > \frac{\left(\frac{p_c}{p_0}\right)^{\gamma_c} \left(\frac{p_d}{p_0}\right)^{\gamma_d}}{\left(\frac{p_a}{p_0}\right)^{\gamma_a} \left(\frac{p_b}{p_0}\right)^{\gamma_b}} 时,反应能自发正向进行$$

$$K_p < \frac{\left(\frac{p_c}{p_0}\right)^{\gamma_c} \left(\frac{p_d}{p_0}\right)^{\gamma_d}}{\left(\frac{p_a}{p_0}\right)^{\gamma_a} \left(\frac{p_b}{p_0}\right)^{\gamma_b}} 时,反应不能自发进行,但能自发地逆向进行$$

$$K_p = \frac{\left(\dfrac{p_c}{p_0}\right)^{\gamma_c}\left(\dfrac{p_d}{p_0}\right)^{\gamma_d}}{\left(\dfrac{p_a}{p_0}\right)^{\gamma_a}\left(\dfrac{p_b}{p_0}\right)^{\gamma_b}} \text{ 时，反应处于平衡状态}$$

2）平衡移动原理

处于平衡状态的系统，当外界的作用力改变而破坏系统的平衡时，系统的平衡状态将向着削弱外界作用力影响的方向移动。这个定律称为平衡移动原理或吕-查德里原理。

根据平衡移动原理，如果提高反应物的温度，则平衡向着吸热方向移动（以削弱温度的升高），反之，降低反应物的温度，则平衡向着放热方向移动（以阻止温度的下降）；如果提高总压，则平衡向着体积减小的方向移动（以削弱压力的提高）；如果增加反应物（或减少生成物）的浓度（或分压力），则平衡向着减少此反应物（或增加此生成物）的方向移动。

11.2.4　热力学第三定律和绝对熵

1. 热力学第三定律

热力学第三定律或称奈斯特定律，有以下两种表述。

其一：任何凝聚物系的熵在可逆定温过程中的改变，随热力学温度趋于零而趋于零，即

$$\lim_{T\to 0}(\Delta S)_T = 0 \tag{11-17}$$

其二：不可能用有限个步骤使物体的温度达到绝对零度。

2. 绝对熵

热力学第三定律最重要的推论就是绝对熵的导出。

由式(11-17)知，在 0 K 时 S_0＝常数。显然，可以取 S_0＝0，使不同物质有了熵的统一基准。从而有

$$S_m = \int_0^T C_{V,m}\frac{\mathrm{d}T}{T} \tag{11-18}$$

由式(11-18)计算的熵不含任意常数，称为绝对熵，式中的积分是在保持体积不变条件下进行的。

另一个较为常用的公式是

$$S_m = \int_0^T C_{p,m}\frac{\mathrm{d}T}{T}$$

积分在定压不变的条件下进行。对于实际气体

$$S_m = \int_0^{T_f} C_{p,m,s}\frac{\mathrm{d}T}{T} + \frac{\Delta H_f}{T_f} + \int_{T_f}^{T_V} C_{p,m,l}\frac{\mathrm{d}T}{T} + \frac{\Delta H}{T_V} + \int_{T_V}^T C_{p,m,g}\frac{\mathrm{d}T}{T} \tag{11-19}$$

式(11-19)的右边依次为固态熵变、熔化熵、液态熵变、汽化熵和气态熵变。

绝对熵的提出，使熵有了统一的零点。这就使我们能够对化学反应的系统以共同约定的起点计算熵，从而计算系统的熵变。

3. 玻尔兹曼关系式

玻尔兹曼关系式揭示了宏观状态参数熵的统计力学含义，即

$$S = k\ln\Omega \tag{11-20}$$

式中：k 称为玻尔兹曼常数；Ω 为给定条件下微观粒子可能有的微观态数。根据量子力学理论，粒子可能具有的能量值是不连续的，这一系列不连续的能量值组成能级，一个能值称为一

个级。Ω 就是在给定宏观条件下,所研究的粒子在各能级上分配方式的总数,即所谓总微观态数,或称为"紊乱度"。可见,熵反映了微观粒子在各能级上分布的无序性,较大熵值对应于较大的无序性,而较小熵值对应于较小的无序性。这就是熵的统计含义。

对于 0 K 的理想晶体,其粒子的各种运动形式都处于最低能态之上,无变化余地,换言之,粒子仅有唯一的排列方式。根据式(11-20)可知,此时 $S=0$,"在 0 K 下,排列整齐的理论晶体的熵为零。"这就是热力学第三定律的普朗克推论。

11.3 重点与难点

11.3.1 一些概念的区分

本章遇到的概念较多,要注意它们的联系与区分。

反应热 Q 是指有化学反应的热力过程中系统与外界交换的热量,显然反应热是过程量,与反应过程有关。当反应在定温下进行,且过程中只有体积功而无其他形式的功时,1 mol 主要反应物或生成物吸收或放出的热量才称为(反应)热效应,又根据此反应是在定温定容,还是在定温定压条件下进行的,而分为定容热效应 Q_V 和定压热效应 Q_p,由式(11-6)、式(11-4)看到热效应与反应热有所不同,当反应前后物质的种类给定时,热效应只取决于反应前后的状态,与中间经历的反应途径无关,即热效应为状态量。

燃料的燃烧热则是燃料燃烧反应的热效应。生成热是由一些单质(或元素)化合成 1 mol 化合物时的热效应;反之,分解热是 1 mol 化合物分解成较简单的化合物或元素时的热效应。对于同一种化合反应及其相应的分解反应,生成热和分解热的绝对值相等,正负号相反。

反应热效应、燃烧热、生成热、分解热等都有反应前后的温度相同,且过程中只有体积功而无其他形式功两个条件的要求。燃烧热、生成热、分解热可看做是不同形式的化学反应过程中的反应热效应。为便于比较和计算,常取 $p=101.325$ kPa,$t=25$ ℃时的热效应作为标准热效应。此时,燃烧热、生成热、分解热根据式(11-4)得知,也可用焓差计算,故称为标准燃烧焓 ΔH_b^0 及标准生成焓 ΔH_f^0 等。

以上概念之间的关系,可用方框图表示如下(图 11-1)。

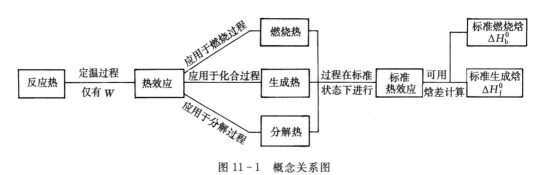

图 11-1 概念关系图

11.3.2 热效应的计算

前面已指出,化学反应的热效应与反应的中间状态无关,而只取决于反应前后系统的状态,这一结论称为盖斯定律。盖斯定律实质上就是热力学第一定律在化学反应中的具体应用。

盖斯定律是反应热效应计算的重要依据。

1. 利用盖斯定律计算反应的热效应

利用盖斯定律,可使我们能根据一些已知反应的热效应计算出某些其他反应,特别是那些难以直接测定的反应的热效应。例如,碳不完全燃烧的反应方程为

$$C + \frac{1}{2}O_2 = CO + Q_p \qquad\qquad (a)$$

但此反应难于实现,因为燃烧时的生成物不只是 CO,还有 CO_2。这一反应的热效应虽难以实测,但可籍助下列 2 个反应的热效应间接测定:

$$CO + \frac{1}{2}O_2 = CO_2 + Q'_p \qquad\qquad (b)$$

$$C + O_2 = CO_2 + Q''_p \qquad\qquad (c)$$

显然,通过反应过程(a)、(b)的综合,同样可以达到反应过程(c)的效果,根据盖斯定律应有

$$Q_p + Q'_p = Q''_p$$

或

$$Q_p = Q''_p - Q'_p$$

2. 利用标准生成焓计算反应的热效应

根据盖斯定律可推论出如下结论:反应的热效应等于生成物的生成焓(生成 1 mol 化合物的定压热效应)的总和减去反应物的生成焓的总和,即

$$Q_p = \sum_P (n_j \Delta H_{f,j}) - \sum_R (n_i \Delta H_{f,i}) \qquad\qquad (11-21)$$

式中:n_j 及 $\Delta H_{f,j}$ 分别为第 j 种生成物的物质的量及生成焓;n_i 及 $\Delta H_{f,i}$ 分别为第 i 种反应物的物质的量及生成焓。上述结论很容易根据图 11-2 得到解释。在图 11-2 所示反应中,根据盖斯定律可得

$$Q_p = \Delta H = \Delta H_{f,E} - (\Delta H_{f,A} + \Delta H_{f,B})$$

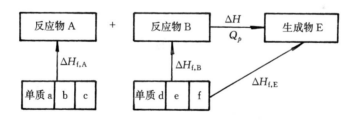

图 11-2　反应图

常用化合物的标准生成焓可以教科书或有关手册中查出,于是标准热效应由下式可直接求得

$$Q_p^0 = \Delta H^0 = \sum_P (n_j \Delta H_{f,j}^0) - \sum_R (n_i \Delta H_{f,i}^0) \qquad\qquad (11-22)$$

但一般化学反应不一定是在标准状态下进行的,其热效应又如何求解呢? 参见图 11-3,根据盖斯定律得

$$Q_p = \Delta H^0 + \Delta H_P - \Delta H_R \qquad\qquad (11-23a)$$

式中:$\Delta H^0 = Q_p^0$ 为标准热效应;ΔH_P、ΔH_R 分别为生成物和反应物由标准状态(p_0, T_0)变化到任意状态(p, T)时的焓的变化量。

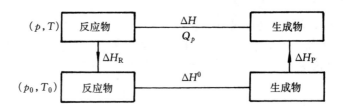

图 11-3　化学反应热效应计算示意图

从图上可清楚地看到,ΔH_R、ΔH_P 是一个组成不变的物理过程而不是化学过程,其焓差的计算与前面各章中所述的方法相同。对于理想气体,焓差只与温度有关;对于固、液相反应系统,因焓差随压力的变化很小,仍可视为仅是温度的函数,所以它们的 ΔH_R、ΔH_P 分别代表反应物和生成物从 T_0 到 T 时的焓差。这里仅有在 T_0 下由反应物变为生成物的过程是一个化学过程,而此过程中焓的变化 ΔH^0 可由式(11-22)求得。于是,式(11-23a)的另外一种表达式为

$$Q_p = \sum_P n_j (\Delta H_f^0 + \Delta H_{m,j}) - \sum_R n_i (\Delta H_f^0 + \Delta H_{m,i}) \tag{11-23b}$$

式中:下标 ΔH_m 表示 1 mol 化合物从标准状态到任意状态的焓差。该式是利用标准生成焓计算化学反应定压反应热的一般公式,只要知道有关的标准生成焓及任意状态与标准状态之间的摩尔焓差,便可计算出定压反应热。若生成物与反应物的温度相同,则用它求出的就是任意温度 T 时反应的定压热效应。

理想气体的定容反应热根据式(11-7)可写为

$$Q_V = \sum_P n_j (\Delta H_f^0 + \Delta H_{m,j}) - \sum_R n_i (\Delta H_f^0 + \Delta H_{m,i}) - R \left[\left(\sum_P n_j \right) T_P - \left(\sum_R n_i \right) T_R \right]$$

$$\tag{11-24}$$

利用此式,可计算理想气体进行定容反应时的反应热。若生成物温度 T_P 与反应物温度 T_R 相同,用它求出的就是该温度时理想气体定容反应的定容热效应 Q_V。

相应地,对于开口系统,定压反应热为

$$Q_p = \sum_P [n_j (\Delta H_f^0 + \Delta H_{m,j})]_{out} - \sum_R [n_i (\Delta H_f^0 + \Delta H_{m,i})]_{in} \tag{11-25}$$

3. 利用燃烧热计算过程的热效应

根据盖斯定律可推论出如下结论:反应的热效应等于反应物的燃烧热的总和减去生成物燃烧热的总和,即

$$Q_p = \Delta H = \sum_R (n_i \Delta H_{b,i}) - \sum_P (n_j \Delta H_{b,j})$$

式中:n_i 及 $\Delta H_{b,i}$ 分别为第 i 种反应物的物质的量及燃烧热;n_j 及 $\Delta H_{b,j}$ 分别为第 j 种生成物的物质的量及燃烧热。

某些物质的标准燃烧热 ΔH_b^0 的数据可查出。

11.3.3　关于平衡常数的几点说明

(1)平衡常数的定义式(11-15)还可推广应用到反应中有固相或液相的情况,只要固相或液相升华或蒸发形成的饱和蒸气与其他气体物质组成的气体混合物可以看做理想气体混合

物。但当温度一定时,它们的饱和蒸气压力为定值,因此在 K_p 表示式中可不出现固相或液相的饱和压力,而只用各气体的分压力表示。例如,$C(s) + CO_2 \rightleftharpoons 2CO$ 反应中,其 $K_p = \dfrac{(p_{co}/p_0)^2}{p_{co_2}/p_0}$。

（2）工程上除了采用以分压表示的 K_p 外,还有用摩尔分数 x_i 或浓度 C_i 表示的平衡常数 K_x 或 K_c。由于混合气体中各组元分压力 $p_i = x_i p$,代入式（11-15a）可得

$$K_x = \frac{x_c^{\gamma_c}\, x_d^{\gamma_d}}{x_a^{\gamma_a}\, x_b^{\gamma_b}} = K_p\left(\frac{p}{p_0}\right)^{(\gamma_c + \gamma_d - \gamma_a - \gamma_b)} = K_p\left(\frac{p}{p_0}\right)^{-\sum \gamma_i} \tag{11-15b}$$

又因 $C_i = \dfrac{\gamma_i}{V}$,$p_i = \dfrac{\gamma_i RT}{V} = C_i RT$ 代入式（11-15a）得

$$K_C = \frac{C_c^{\gamma_c}\, C_d^{\gamma_d}}{C_a^{\gamma_a}\, C_b^{\gamma_b}} = K_p(RT)^{-(\gamma_c + \gamma_d - \gamma_a - \gamma_b)}$$

$$= K_p(RT)^{-\sum \gamma_i} \tag{11-15c}$$

式中:K_x、K_C 分别是以摩尔分数和浓度表示的理想气体平衡常数。K_x 一般与反应温度 T 和反应总压力 p 有关,只有当反应前后的化学计量系数代数和为零时,K_x 才只与反应温度有关,而且在此情况下,$K_x = K_p = K_C$。K_C 和 K_p 一样只是温度的函数,因此总压改变时对 K_p、K_C 不产生影响,但对 K_x 产生影响。

（3）某些复杂的化学反应的平衡常数,可利用已知的简单化学反应的平衡常数来计算。例如,$CO + H_2O \rightleftharpoons CO_2 + H_2$ 的平衡常数 $K_{p,1}$ 可利用 $CO + \dfrac{1}{2}O_2 \rightleftharpoons CO_2$ 的平衡常数 $K_{p,2}$ 与 $H_2 + \dfrac{1}{2}O_2 \rightleftharpoons H_2O$ 的平衡常数 $K_{p,3}$ 来确定。这 3 个平衡常数之间应符合 $K_{p,1} = \dfrac{K_{p,2}}{K_{p,3}}$ 的关系。

（4）平衡常数的值与反应式的书写形式（计量系数的取值）和方向有关。如

$$CO + \frac{1}{2}O_2 \rightleftharpoons CO_2 \qquad 及 \qquad 2CO + O_2 \rightleftharpoons 2CO_2$$

则

$$K_{p,1} = (K_{p,2})^{1/2}$$

又

$$K_{p,正向} = \frac{1}{K_{p,逆向}}$$

（5）平衡常数的用途很多,具体参见例题 11-10 和 11-11。

11.4　公式小结

表 11 - 1　基本公式

化学反应方程的一般形式

$$\sum_i \gamma_i A_i(p) = 0$$

式中：
A_i 是第 i 组元的化学分子式；
p 是 i 组元的物理状态如气态 g，液态 l 和固态 s 等；
γ_i 是 i 组元的化学计量系数。方程中组元的 γ_i 必须满足各元素原子数守恒的要求

热力学第一定律应用于化学反应过程的解析式

$$Q = U_P - U_R + W = \sum_P n(\Delta H_f^0 + \Delta H_m - RT) -$$

闭口系的化学反应过程

$$\sum_R n(\Delta H_f^0 + \Delta H_m - RT) + W$$

参与反应的气体可做为理想气体处理

$$Q = \sum_P H_{out} - \sum_R H_{in} + W$$

开口系的化学反应过程

$$= \sum_P n_{out}(\Delta H_f^0 + \Delta H_m)_{out} -$$

Q 为反应热

$$\sum_R n_{in}(\Delta H_f^0 + \Delta H_m)_{in} + W_t$$

定容热效应

$$Q_V = U_P - U_R$$

当 $T_R = T_P, V_R = V_P$ 且只有体积功时

$$= \sum_P n(\Delta H_f^0 + \Delta H_m - RT) -$$

Q_V 称为定容热效应

$$\sum_R n(\Delta H_f^0 + \Delta H_m - RT)$$

定压热效应

$$Q_p = H_P - H_R$$

当 $T_R = T_P, p_R = p_P$ 且只有体积功时

$$= \sum_P n(\Delta H_f^0 + \Delta H_m) -$$

Q_p 称为定压热效应

$$\sum_R n(\Delta H_f^0 + \Delta H_m)$$

$$= \Delta H^0 + \sum_P n(H_{m,T} - H_{m,T_0}) -$$

$$\sum_R n(H_{m,T} - H_{m,T_0})$$

$$= Q_p^0 + \sum_P nC_m \int_{T_0}^{T_P} (T_p - T_0) -$$

此式为热效应与温度的关系式

$$\sum_R nC_m \Big|_{T_0}^{T_R} (T_R - T_0)$$

Q_p 与 Q_V 之间的关系

$$Q_p - Q_V = RT(n_P - n_R)$$
$$= RT \sum \gamma_{i,g}$$

是反应物和生成物中的气态物质可按理想气体处理,且是同温度下的 Q_p 与 Q_V 的关系

$\sum \gamma_{i,g}$ 是指生成物与反应物中气态物质化学计量系数的代数和,而其中的液态物质或固态物质的化学计量系数可忽略不计

绝热燃烧热平衡式

$$-Q_p^0 = -\Delta H^0 = \sum_P nC_m \Big|_{T_0}^T (T_P - T) -$$
$$\sum_R nC_m \Big|_{T_0}^T (T_R - T)$$

若已知反应物的温度 T_R,用试凑法可求得绝热燃烧温度 T_{ad}

化学反应的判据

孤立系统的熵判据

$$dS_{iso} = 0 \quad \begin{cases} > & 自发 \\ & 可逆过程 \\ < & 非自发 \end{cases}$$

$dS_{iso} = 0$, $d^2 S_{iso} < 0$　　化学平衡

定温定容反应系统的亥姆霍兹函数判据

$$dF_{T,V} = 0 \quad \begin{cases} < & 自发 \\ & 可逆过程 \\ > & 非自发 \end{cases}$$

$dF_{T,V} = 0$, $d^2 F_{T,V} > 0$,化学平衡

定温定压反应系统的吉布斯函数判据

$$dG_{T,p} = 0 \quad \begin{cases} < & 自发 \\ & 可逆过程 \\ > & 非自发 \end{cases}$$

$dG_{T,p} = 0$, $d^2 G_{T,p} > 0$,化学平衡

化学平衡常数

$$K_p \begin{matrix} > \\ = \\ < \end{matrix} \frac{\prod_P \left(\dfrac{p_i}{p_0}\right)^{\gamma_i}}{\prod_R \left(\dfrac{p_i}{p_0}\right)^{\gamma_i}}$$

以分压力表示的平衡常数

$$K_x \begin{matrix} > \\ = \\ < \end{matrix} \frac{\prod_P x_i}{\prod_R x_i} \quad \begin{matrix} 自发正方向进行 \\ 达化学平衡 \\ 自发反方向进行 \end{matrix}$$

以摩尔分数表示的平衡常数

$$K_c = \dfrac{\prod\limits_{P} C_i}{\prod\limits_{R} C_i} \begin{array}{c}>\\<\end{array}$$ 以浓度表示的平衡常数

它们之间的关系

$$K_p = K_x (p/p_0)^{\sum \gamma_i} = K_C (RT)^{\sum \gamma_i}$$

平衡常数的计算

$$\ln K_p = -\frac{\Delta G_T^0}{RT} = f(T)$$

其中 $\Delta G_T^0 = \sum\limits_{P} \gamma\mu - \sum\limits_{R} \gamma\mu$

$$= \sum\limits_{P} \gamma G_m^0 - \sum\limits_{R} \gamma G_m^0$$

$$= \sum\limits_{P} \gamma(\Delta H_f^0 + \Delta H_m - TS_{m,T}^0) -$$ 利用标准生成焓 ΔH_f^0 与绝对熵 $S_{m,T}^0$ 计算

$$\sum\limits_{R} \gamma(\Delta H_f^0 + \Delta H_m - TS_{m,T}^0)$$

$$= \sum\limits_{P} \gamma\left(\Delta G_f^0 + \Delta H_m \Big|_{T_0}^{T} - TS_{m,T}^0 - T_0 S_{m,T_0}^0\right) -$$ 利用标准生成吉布斯函数 ΔG_f^0(标准状态下稳定

$$\sum\limits_{R} \gamma\left(\Delta G_f^0 + \Delta H_m \Big|_{T_0}^{T} - TS_{m,T}^0 - T_0 S_{m,T_0}^0\right)$$ 单质生成 1 mol 生成物时吉布斯函数的变化)计算。

11.5 典型题精解

例题 11-1 问答题

(1) 气体燃料甲烷分别在定温定压与定温定容条件下燃烧,问哪种条件下放出的热量较多? 若甲烷气体是分别在定压加热与定容加热过程中达到相同的升温效果,问此时又是哪种过程中吸收的热量较多?

(2) 为什么在合成氨($N_2 + 3H_2 \longrightarrow 2NH_3$)的生产过程中要采用高压?

(3) 随着燃烧反应系统温度的提高,燃烧过程的化学燃烧损失是增大还是减少? 为什么?

(4) 已知反应 $N_2O_4(g) \rightleftharpoons 2NO_2(g)$ 在 25 ℃时,$\Delta G_T^0 = 5397$ J/mol,试判断在此温度下系统分压力为 $p_{N_2O_4} = 1.013 \times 10^5$ Pa 和 $p_{NO_2} = 10.13 \times 10^5$ Pa 时的反应方向。

答 (1)甲烷燃烧反应方程式为

$$CH_4 + 2O_2 \rightleftharpoons CO_2 + 2H_2O(g)$$

此反应中 $\Delta n = (n_{CO_2} + n_{H_2O}) - (n_{CH_4} + n_{O_2}) = 0$

根据 $Q_p = Q_V + RT\Delta n$

知 $Q_p = Q_V$

但对甲烷分别定压或定容加热到相同的升温效果时,定压加热吸热量 $Q'_p = C_{p,m}\Delta T$,显然大于定容加热吸热量 $Q'_V = C_{V,m}\Delta T$(因 $C_{p,m} > C_{V,m}$)

（2）合成氨的反应方程为

$$N_2 + 3H_2 \rightleftharpoons 2NH_3$$

反应中物质的量的改变　　　　$\Delta n = 2 - (1+3) = -2 < 0$

根据平衡移动原理，压力增加使平衡向物质的量减少的方向（即 NH_3 生成方向）移动。所以，采用高压使正向反应进行的完全度增加，生成的 NH_3 增多。

（3）随着燃烧反应温度系统温度的提高，燃料的化学不完全燃烧损失增大。因为燃料的燃烧反应是放热反应，根据平衡移动原理，温度升高时平衡向吸热方向移动，即向燃烧反应的反方向移动，使正向燃烧反应的完全度降低。从而化学不完全燃烧损失增加。

（4）根据 $\ln K_p = -\dfrac{\Delta G_T^0}{RT} = -\dfrac{5397\ \text{J/mol}}{8.314\ \text{J/(mol}\cdot\text{K)} \times 298\ \text{K}} = -2.178$

得　　　　　　　　　　　　$K_p = 0.1133$

又　　$\dfrac{(p_{NO_2}/p_0)^2}{(P_{N_2O_4}/p_0)} = \dfrac{(10.13 \times 10^5\ \text{Pa}/1.013 \times 10^5\ \text{Pa})^2}{(1.013 \times 10^5\ \text{Pa}/1.013 \times 10^5\ \text{Pa})} = 100 > K_p = 0.1133$

则反应逆向进行。

例题 11 - 2　辛烷（C_8H_{18}）在 95% 理论空气量下燃烧。假定燃烧产生物是 CO_2、CO、H_2O、N_2 的混合物，确定这个燃烧方程，并计算其空气燃料比。

解　辛烷在空气量为理论值时，燃烧反应方程为

$$C_3H_{18} + 12.5O_2 + 12.5 \times 3.76N_2 \longrightarrow 8CO_2 + 9H_2O + 47.0N_2$$

则在 95% 理论空气量下的辛烷燃烧方程可写成

$$C_3H_{18} + 0.95 \times 12.5O_2 + 0.95 \times 12.5 \times 3.76N_2$$
$$\longrightarrow aCO_2 + bCO + dH_2O + eN_2 \tag{1}$$

代中 a、b、d、e 为待定系数。

根据氢平衡

$$2d = 18, \quad \text{则}\ d = 9$$

根据氮平衡

$$e = 0.95 \times 12.5 \times 3.76 = 44.65$$

根据碳平衡

$$a + b = 8 \tag{2}$$

根据氧平衡

$$2a + b + d = 0.95 \times 12.5 \times 2 = 23.75 \tag{3}$$

联立解式(2)(3)，得

$$a = 6.75, \quad b = 1.25$$

将 a、b、d、e 代入燃烧方程(1)，可得辛烷在 95% 理论空气的方程，即

$$C_8H_{18} + 11.875O_2 + 44.65N_2 \longrightarrow 6.75CO_2 + 1.25CO + 9H_2O + 44.65N_2$$

用摩尔作单位时，空气燃料比为

$$Z = \frac{n_A}{n_F} = \frac{11.875 + 44.65}{1} = 56.53$$

用质量作单位时

$$Z' = \frac{m_A}{m_F} = 14.30$$

讨论

(1) 这是一确定化学反应方程式类型的题目。在这里质量守恒是通过各元素的原子数守恒形式表示的,而并不意味着反应物和生成物物质的量必须守恒。

(2) 对于燃烧反应,除了有理论空气量、过量空气系数 α 外,还常引入空气燃料比 Z(每千克质量或每摩尔燃料所需的空气量)表示燃料和供给空气量之间的关系。

例题 11-3 甲烷(CH_4)在大气环境下的空气中燃烧,据奥氏分析仪测试,生成物的体积分数(除去其中的 H_2O)为 $\varphi_{O_2}=10.0\%$,$\varphi_{CO_2}=2.37\%$,$\varphi_{CO}=0.53\%$,$\varphi_{N_2}=87.10\%$。试求:空气燃料比、过量空气量,并确定燃烧反应方程。取空气中氮、氧的物质的量之比为 3.76。

解 甲烷在理论空气量下的燃烧方程为

$$CH_4 + 2O_2 + 2 \times 3.76N_2 \longrightarrow CO_2 + 2H_2O + 2 \times 3.76N_2$$

其空气燃料比为

$$Z = \frac{(2 + 2 \times 3.76)\ \text{mol}}{1\ \text{mol}} = 9.52$$

根据已知的生成物成分,则 100 mol 干生成物的燃烧方程可以写成

$$aCH_4 + bO_2 + b \times 3.76N_2 = 10CO_2 + 2.37O_2 + 0.53CO + 87.1N_2 + cH_2O$$

分别按氮、氢、碳平衡可得到

$$a = 10.53, \quad b = 23.16, \quad c = 21.06$$

则燃烧方程为

$$10.53CH_4 + 23.16O_2 + 23.16 \times 3.76N_2 = 10CO_2 + 2.37O_2 + 0.53CO + 87.1N_2 + 21.06H_2O$$

以摩尔为单位的实际空气燃料比为

$$Z = \frac{n_A}{n_F} = \frac{(23.16 + 23.16 \times 3.76)\ \text{mol}}{10.53\ \text{mol}} = 10.47$$

以千克为单位的实际空气燃料比为

$$Z' = \frac{m_A}{m_F} = \frac{[(23.16 + 87.1) \times 28.9]\ \text{kg}}{(10.53 \times 16)\ \text{kg}} = 18.9$$

过量空气系数

$$\alpha = \frac{10.46\ \text{mol}}{(2 + 2 \times 3.76)\ \text{mol}} = 109.87\%$$

讨论

本题属燃气分析类题目。通过对燃气的分析,可以确定实际燃气中各个组元的浓度,进而可以求得空气的燃料比、过量空气系数 α,确定反应方程以及燃料的组成。

燃气分析可以分为以干燃气为基准或以湿燃气为基准 2 种,前者不列出燃气中水蒸气的百分数。

例题 11-2、11-3 同属于化学计量方程的确定问题的 2 个不同应用的例子。

例题 11-4 对于水煤气反应

$$CO + H_2O(g) \longrightarrow CO_2 + H_2$$

(1) 使用生成焓数据确定在状态 298 K、1.013×10^5 Pa 时的反应热效应;(2) 证明该反应热效应是下列两个反应的反应热效应的和。

$$H_2O(g) \longrightarrow H_2 + \frac{1}{2}O_2$$

$$CO + \frac{1}{2}O_2 \longrightarrow CO$$

已知　$\Delta H_{f,CO}^0 = -100603$ J/mol，　$\Delta H_{f,H_2O(g)}^0 = -241997$ J/mol，　$\Delta H_{f,CO_2}^0 = -393791$ J/mol。

解　(1) 对于反应 $CO + H_2O(g) \longrightarrow CO_2 + H_2$，　依题意有

$$Q_p = \Delta H^0 = \sum_P (n\Delta H_f^0) - \sum_R (n\Delta H_f^0)$$

$$= \Delta H_{f,CO_2}^0 + \Delta H_{f,H_2}^0 - \Delta H_{f,CO}^0 - \Delta H_{f,H_2O}^0$$

$$= [-393791 + 0 - (-110603) - (-241997)] \text{ J/mol} = -41191 \text{ J/mol}$$

(2) 对于反应 $H_2O(g) \longrightarrow H_2 + \frac{1}{2}O_2$

$$Q_{p_1} = -\Delta H_{f,H_2O(g)}^0 = 241997 \text{ J/mol}$$

对于反应　　　　　　　　　　　$CO + \frac{1}{2}O_2 \longrightarrow CO_2$

$$Q_{p_2} = \Delta H_{f,CO_2}^0 - \Delta H_{f,CO}^0 = -283188 \text{ J/mol}$$

于是　　　　　　$Q_{p_1} + Q_{p_2} = (241997 - 283188) \text{ J/mol} = -41191 \text{ J/mol}$

可见　　　　　　　　　　　　　$Q_p = Q_{p_1} + Q_{p_2}$

例题 11-5　400 K 甲烷气 $CH_4(g)$ 与 500 K 的空气在燃烧室内完全燃烧,过量空气系数 $\alpha = 1.5$,生成物温度为 1800 K,试计算燃烧 1 mol 甲烷燃烧室与外界传递的热量。已知 $CH_4(g)$ 的真实摩尔热容为

$$C_{p,m} = (14.16 + 75.55 \times 10^{-3} T - 18.00 \times 10^{-6} T^2) \text{ J/(mol·K)}$$

设空气中 N_2 与 O_2 的物质的量之比为 3.76:1,一些物质的标准生成焓如下:

$$\Delta H_{f,CO_2}^0 = -393522 \text{ J/mol}, \Delta H_{f,H_2O(g)}^0 = -241827 \text{ J/mol}, \Delta H_{f,CH_4(g)}^0 = -74873 \text{ J/mol}$$

另外,一些物质从 298 K 到 1800K 或到 550K 的焓变分别为

$$\Delta H_{m,O_2}\Big|_{298 \text{ K}}^{1800 \text{ K}} = 51689 \text{ J/mol}, \quad \Delta H_{m,O_2}\Big|_{298 \text{ K}}^{500 \text{ K}} = 6088 \text{ J/mol},$$

$$\Delta H_{m,CO_2}\Big|_{298 \text{ K}}^{1800 \text{ K}} = 79442 \text{ J/mol}, \quad \Delta H_{m,H_2O(g)}\Big|_{298 \text{ K}}^{1800 \text{ K}} = 62609 \text{ J/mol},$$

$$\Delta H_{m,N_2}\Big|_{298 \text{ K}}^{1800 \text{ K}} = 48982 \text{ J/mol}, \quad \Delta H_{m,N_2}\Big|_{298 \text{ K}}^{500 \text{ K}} = 5912 \text{ J/mol}。$$

解　CH_4 完全燃烧的反应式为

$$CH_4(g) + 2O_2(g) = CO_2(g) + 2H_2O(g)$$

在过量空气系数 $\alpha = 1.5$ 下的反应式为

$$CH_4(g) + 1.5 \times 2O_2(g) + 1.5 \times 2 \times 3.76N_2(g) =\!=\!=$$
$$CO_2(g) + 2H_2O(g) + O_2(g) + 1.5 \times 2 \times 3.76N_2(g)$$

于是

$$Q_p = [\Delta H_{f,CO_2}^0 + 2\Delta H_{f,H_2O(g)}^0 - \Delta H_{f,CH_4(g)}^0] +$$

$$\left[\Delta H_{m,CO_2}\Big|_{298 \text{ K}}^{1800 \text{ K}} + 2\Delta H_{m,H_2O(g)}\Big|_{298 \text{ K}}^{1800 \text{ K}} + \Delta H_{m,O_2}\Big|_{298 \text{ K}}^{1800 \text{ K}} + 11.28\Delta H_{m,N_2}\Big|_{298 \text{ K}}^{1800 \text{ K}}\right] -$$

$$\left[\Delta H_{m,CH_4}\Big|_{298 \text{ K}}^{400 \text{ K}} + 1.5 \times 2\Delta H_{m,O_2}\Big|_{298 \text{ K}}^{500 \text{ K}} + 1.5 \times 2 \times 3.76\Delta H_{m,N_2}\Big|_{298 \text{ K}}^{500 \text{ K}}\right]$$

其中　$\Delta H_{m,CH_4}\Big|_{298 \text{ K}}^{400 \text{ K}} = \int_{298 \text{ K}}^{400 \text{ K}} C_{p,m} \mathrm{d}T$

$$= \int_{298\text{ K}}^{400\text{ K}} (14.16 + 75.55 \times 10^{-3}T - 18.00 \times 10^{-6}T^2)\mathrm{d}T$$

$$= 3906.4 \text{ J/mol}$$

则

$$Q_p = [1 \times (-393522) + 2 \times (-241872) - (-74873)] +$$
$$[79442 + 2 \times 62609 + 51689 + 11.28 \times 48982] -$$
$$[3906.4 + 1.5 \times 2 \times 6088 + 1.5 \times 2 \times 3.76 \times 5912]$$
$$= -82384.8 \text{ J/mol}$$

例题 11 - 6　若 $H_2O(g)$ 和 $CH_4(g)$ 的标准生成焓分别为 $\Delta H^0_{f,H_2O(g)} = -241.8 \times 10^3$ J/mol, $\Delta H^0_{f,CH_4(g)} = -74.9 \times 10^3$ J/mol, 25 ℃下, $CH_4(g)$ 的低热值为 $\Delta H^0_{b,CH_4(g)} = -804.2 \times 10^3$ J/mol. 求 25 ℃时反应 $C(s) + 2H_2O(g) = CO_2(g) + 2H_2(g)$ 的 Q_p 和 Q_V.

解　25 ℃时此反应的 Q_p 为

$$Q_p = [\Delta H^0_{f,CO_2(g)} + 2\Delta H^0_{f,H_2(g)}] - [\Delta H^0_{f,C(s)} + 2\Delta H^0_{f,H_2O(g)}]$$
$$= \Delta H^0_{f,CO_2(g)} - 2\Delta H^0_{f,H_2O(g)} \tag{a}$$

式中的 $\Delta H^0_{f,CO_2(g)}$ 可利用下列反应方程的热效应关系确定.

在 25 ℃时,　$CH_4(g) + 2O_2(g) = CO_2(g) + 2H_2O(g)$

其 Q'_p 为

$$Q'_p = [\Delta H^0_{f,CO_2(g)} + 2\Delta H^0_{f,H_2O(g)}] - [\Delta H^0_{f,CH_4(g)} + 2\Delta H^0_{f,O_2(g)}]$$

而 Q'_p 等于 $CH_4(g)$ 的燃烧或低热值, 即 $Q'_p = \Delta H^0_{b,CH_4(g)} = -804.2 \times 10^3$ J/mol, 于是

$$\Delta H^0_{f,CO_2(g)} = \Delta H^0_{b,CH_4(g)} - 2\Delta H^0_{f,H_2O(g)} + \Delta H^0_{f,CH_4(g)}$$
$$= [-804.2 \times 10^3 - 2 \times (-241.8 \times 10^3) + (-74.9 \times 10^3)] \text{ J/mol}$$
$$= -395.5 \times 10^3 \text{ J/mol}$$

将其代式(a)中得

$$Q_p = [-395.5 \times 10^3 - 2 \times (-241.8 \times 10^3)] \text{ J/mol} = 88.1 \times 10^3 \text{ J/mol}$$
$$Q_V = Q_p - RT\Delta n_{(g)}$$
$$= 88.1 \times 10^3 \text{ J/mol} - 8.314 \text{ J/(mol \cdot K)} \times 298 \text{ K} \times (3 - 2)$$
$$= 85.6 \times 10^3 \text{ J/mol}$$

例题 11 - 7　一内燃机采用正辛烷气($C_8H_{18}(g)$)为燃料. 燃料和空气(为理论空气量的 200%)进入内燃机时的温度为 25 ℃, 压力为 101.325 kPa. 燃烧产物排出内燃机时的温度为 600 K, 压力为 101.325 KPa. 若内燃机的散热损失为 232000 J/mol(燃料), 试求每摩尔燃料流过内燃机所作的有用功. 已知:

$$\Delta H^0_{f,C_8H_{18}} = -208450 \text{ J/mol}, \quad \Delta H^0_{f,CO_2} = -393520 \text{ J/mol},$$

$$\Delta H^0_{f,H_2O} = -241810 \text{ J/mol}, \quad \Delta H_{m,CO_2}\Big|_{298\text{ K}}^{600\text{ K}} = 12916 \text{ J/mol},$$

$$\Delta H_{m,H_2O}\Big|_{298\text{ K}}^{600\text{ K}} = 10498 \text{ J/mol}, \quad \Delta H_{m,O_2}\Big|_{298\text{ K}}^{600\text{ K}} = 9247 \text{ J/mol},$$

$$\Delta H_{m,N_2}\Big|_{298\text{ K}}^{600\text{ K}} = 8894 \text{ J/mol}$$

解　燃烧方程为

$$C_8H_{18}(g) + 2 \times 12.5O_2 + 2 \times 12.5 \times 3.76N_2$$

$$\rightarrow 8CO_2 + 9H_2O + 12.5O_2 + 94N_2$$

若将燃料和空气流过内燃机按稳定流动处理,并略去动能和位能的变化,则由第一定律得

$$W_t = Q - \sum_P n_j (\Delta H_f^0 + H_{m,T_2} - H_{m,298\,K})_j + \sum_R n_i (\Delta H_f^0 + H_{m,T_1} - H_{m,298\,K})_i$$

$$= Q - 8\left(\Delta H_f^0 - \Delta H_m \Big|_{298\,K}^{600\,K}\right)_{CO_2} - 9\left(\Delta H_f^0 + \Delta H_m \Big|_{298\,K}^{600\,K}\right)_{H_2O} -$$

$$12.5\left(\Delta H_f^0 + \Delta H_m^0 \Big|_{298\,K}^{600\,K}\right)_{O_2} - 94\left(\Delta H_f + \Delta H_m^0 \Big|_{298\,K}^{600\,K}\right)_{N_2} +$$

$$(\Delta H_f^0)_{C_8H_{18}} + 2 \times 12.5 \Delta H_{f,O_2}^0 + 2 \times 12.5 \times 3.76 \Delta H_{f,N_2}^0$$

$$= -232000 - 8 \times (-39320 + 12916) - 9 \times (-241810 + 10498) -$$

$$12.5 \times (0 + 9247) - 94 \times (0 + 8894) + (-208450) + 0 + 0$$

$$= 3734.6 \times 10^3 \text{ J/mol} = 3734.6 \text{ kJ/mol}$$

讨论

对于化学反应,热力学第一定律表达式中的 ΔH、ΔU 与纯物理过程不同,它们分别表示生成物与反应物的焓差和热力学能差。如能切实掌握 ΔH 的计算,再根据 $\Delta U = \Delta H - R\Delta(nT)$ 求得 ΔU,那么有化学反应的过程,热力学第一定律的分析计算也就不难进行了。

例题 11-8　试判断下列反应在 1.013×10^5 Pa、25 ℃下能否自发进行? 如不能,试说明要使此反应能自发进行可采用的措施。

$$Fe_3O_4(s) + CO(g) \longrightarrow 3FeO(s) + CO_2(g)$$

已知

$$\Delta G_{f,Fe_3O_4}^0 = -1117876 \text{ J/mol}, \quad \Delta G_{f,FeO}^0 = -266699 \text{ J/mol},$$

$$\Delta G_{f,CO_2}^0 = -394668 \text{ J/mol}, \quad \Delta G_{f,CO}^0 = -137225 \text{ J/mol}$$

解　反应前后吉布斯函数的变化为

$$\Delta G^0 = \sum_P n_j \Delta G_{f,j}^0 - \sum_R n_i \Delta G_{f,i}^0$$

$$= 3\Delta G_{f,FeO}^0 + \Delta G_{f,CO_2}^0 - \Delta G_{f,Fe_3O_4}^0 - \Delta G_{f,CO}^0$$

$$= 3 \times (-266699) + (-137225) - (-1117876) - (-394668)$$

$$= 575222 \text{ J/mol}$$

因 $\Delta G^0 > 0$,所以反应在 1.013×10^5 Pa,25 ℃下不能自发进行。为使反应自发进行,可通过改变反应初始温度来改变 ΔG^0,使其小于零。

例题 11-9　在 298 K,1.013×10^5 Pa 下,$n_A : n_B = 1 : 2$ 的气体 A,B 的混合物进行如下化学反应:$A(g) + 2B(g) \Longleftrightarrow AB_2(g)$,当化学反应达到平衡时,有 70% 的气体起了反应,求反应的平衡常数 K_p。

解		A(g) ＋	2B(g) ⇌	AB₂(g)
平衡时物质的量	n_i:	0.3	2×0.3	0.7
平衡时摩尔分数	x_i:	$\dfrac{0.3}{0.3+2\times0.3+0.7}$	$\dfrac{2\times0.3}{0.3+2\times0.3+0.7}$	$\dfrac{0.7}{0.3+2\times0.3+0.7}$
	即	0.1875	0.3750	0.4375
平衡时分压力	p_i:	$0.1875p_0$	$0.3750p_0$	$0.4375p_0$

于是

$$K_p = \frac{p_{AB_2(g)}/p_0}{p_A/p_0(p_B/p_0)^2} = \frac{0.4375}{0.1875 \times 0.3750^2} = 16.6$$

讨论

在解决与化学平衡有关的问题时,平衡常数是最有用的数据。它可以用下述几种方法确定。

(1) 实验测定法。将待测反应进行实验,达平衡时测定平衡分压或平衡成分,算出 K_p 或 K_x 值。

(2) 利用相关反应的平衡常数计算。

(3) 利用标准生成焓 ΔH_f^0 与绝对熵计算,见 11.4 节中 K_p 的计算式。

(4) 利用标准生成吉布斯函数计算,见 11.4 节中 K_p 的计算公式。

例题 11-10 已知温度为 T 时,化学反应 $CO_2 \rightleftharpoons CO + \frac{1}{2}O_2$ 和 $H_2O(g) \rightleftharpoons H_2 + \frac{1}{2}O_2$ 的平衡常数分别为 $K_{p_1} = 0.1560 \times 10^7$, $K_{p_2} = 0.1300 \times 10^7$。若体系的初始状态为 44 kg 的 CO_2 和 10 kg 的 H_2 进行如下水煤气反应:$CO_2 + H_2 \rightleftharpoons CO + H_2O(g)$,当反应在温度达到平衡时,问系统中各组分的质量是多少 kg?

解 由已知条件可得下列反应的平衡常数:

$$CO_2 + H_2 \rightleftharpoons CO + H_2O(g)$$

$$K_{p_3} = \frac{K_{p_1}}{K_{p_2}} = \frac{0.1560 \times 10^7}{0.1300 \times 10^7} = 1.2$$

设平衡时反应度为 ε,反应时压力为 p,则水煤气反应方程及其有关参数如下表所示:

	CO_2 +	$H_2 \rightleftharpoons$	CO +	$H_2O(g)$
初态时物质的量	$\frac{44\ kg}{44\times10^{-3}\ kg/mol}$ $=1\ kmol$	$\frac{10\ kg}{2\times10^{-3}\ kg/mol}$ $=5\ kmol$	0	0
平衡时物质的量	$1-\varepsilon$	$5-\varepsilon$	ε	ε
总物质的量	6 kmol			
平衡时分压力	$\frac{1-\varepsilon}{6}p$	$\frac{5-\varepsilon}{6}p$	$\frac{\varepsilon}{6}p$	$\frac{\varepsilon}{6}p$
平衡常数	$K_{p_3}=\frac{(p_{CO}/p_0)(p_{H_2O}/p_0)}{(p_{CO}/p_0)(p_{H_2O(g)}/p_0)}=\frac{p_{CO}p_{H_2O}}{p_{CO_2}p_{H_2}}$ $=\frac{(\varepsilon/6\times\varepsilon/6)}{[(1-\varepsilon)/6][((5-\varepsilon)/6]}=1.2$			

化简上式得

$$0.2\varepsilon^2 - 7.2\varepsilon + 6 = 0$$

解得

$$\varepsilon = 0.8536$$

于是平衡时系统中各组分的质量为

$$m_{CO_2} = n_{CO_2}M_{CO_2} = (1-\varepsilon)M_{CO_2}$$
$$= (1-0.8536) \times 44 = 6.44\ kg$$
$$m_{H_2} = n_{H_2}M_{H_2} = (5-\varepsilon)M_{H_2}$$

$$= (5 - 0.8536) \times 2 = 8.29 \text{ kg}$$

$$m_{CO} = n_{CO}M_{CO} = \varepsilon M_{CO}$$

$$= 0.8536 \times 28 = 23.90 \text{ kg}$$

$$m_{H_2O} = n_{H_2O}M_{H_2O} = \varepsilon M_{H_2O}$$

$$= 0.8536 \times 18 = 15.36 \text{ kg}$$

例题 11 - 11　在 2000 K 下反应 $2H_2(g) + O_2(g) \Longleftrightarrow 2H_2O(g)$ 的平衡常数 $K_p = 1.55 \times 10^7$。

(1) 当混合气体内各组元气体的分压力为 $p_{H_2} = 1.013 \times 10^4$ Pa，$p_{O_2} = 1.013 \times 10^4$ Pa，$p_{H_2O} = 1.013 \times 10^5$ Pa，试判断在混合气体内，反应将自发地向何方进行？

(2) 当 H_2 和 O_2 的分压力仍然为 1.013×10^4 Pa 时，欲使这一反应不能自发地从左向右进行，则水蒸气的分压力最少应为多少 Pa？

解　(1) 按题意 $K_p = 1.55 \times 10^7$，而反应的

$$\frac{(p_{H_2O}/p_0)^2}{(p_{H_2}/p_0)^2(p_{O_2}/p_0)} = \frac{1^2}{0.1^2 \times 0.1} = 10^3 < K_p$$

由此可见，反应向正向自发地进行。

(2) 欲使反应不向正方向进行，则需满足

$$\frac{(p_{H_2O}/p_0)^2}{(p_{H_2}/p_0)^2(p_{O_2}/p_0)} = \frac{(p_{H_2O}/p_0)^2}{0.1^2 \times 0.1} \geqslant K_p = 1.55 \times 10^7$$

于是　　　　　　　$p_{H_2O} \geqslant 124.50 \times 1.013 \times 10^5 = 1.261 \times 10^7$ Pa

即当水蒸气压力等于或大于 1.261×10^7 Pa 时，上述反应不能自发地从左向右进行。

讨论

例题 11 - 10、11 - 11 是平衡常数的应用例题，平衡常数的应用很多。例题 11 - 10 是一根据平衡常数确定平衡成分和平衡反应度类型的题目；例题 11 - 11 则是根据平衡常数判断反应的可能性、方向以及反应的限度型的题目，这两类是比较典型的。

11.6　自我测验题

11 - 1　298 K，1.013×10^5 Pa 时有下列放热反应，指明反应热效应中哪些可称为标准生成焓？

(1) $CO + \frac{1}{2}O_2 \longrightarrow CO_2$；　(2) $C_{石墨} + O_2 \longrightarrow CO_2$；

(3) $2H + O \rightarrow H_2O(g)$；　(4) $H_2 + \frac{1}{2}O_2 \longrightarrow H_2O(g)$。

11 - 2　反应 $2NO + O_2 \Longleftrightarrow 2NO_2$ 的热效应 $Q_p > 0$，达到平衡时，问在下列情况下，平衡是否被破坏？K_p 是否变化？反应向何方向进行？(1) 增加压力；(2) 减少 NO_2 的分压力；(3) 增加 O_2 的分压力；(4) 升温；(5) 增加 NO_2 的浓度；(6) 加入催化剂。

11 - 3　某一反应的标准吉布斯函数变化 $\Delta G^0 > 0$，能否说明该反应不能自发进行？为什么？

11 - 4　碳的气化反应 $CO_2(g) + C(s) \Longleftrightarrow 2CO(g)$，试问：(1) 达平衡时，有人说 $K_p =$

$\dfrac{(p_{CO}/p_0)^2}{(p_{CO_2}/p_0)(p_C/p_0)}$，有人则说 $K'_p = \dfrac{(p_{CO}/p_0)^2}{(p_{CO_2}/p_0)}$，究竟哪个对？（2）这时，$\Delta G^0_T = -RT\ln K_p$，还是 $\Delta G^0_T = -RT\ln K_p$？

11-5 确定气态丁烷(C_4H_{10})在 298 K 和 1.01325×10^5 Pa 下的定压燃烧反应热效应。假定生成物中的水为液相，且各物质的标准生成焓为：$\Delta H^0_{f,C_4H_{10}} = -126.230 \times 10^3$ J/mol，$\Delta H^0_{f,CO_2} = -393.791 \times 10^3$ J/mol；$\Delta H^0_{f,H_2O(l)} = -286.028 \times 10^3$ J/mol。

11-6 试求下列反应在 1.013×10^5 Pa 及 600 K 下的热效应

$$C_3H_8(g) + 5O_2 \rightarrow 3CO_2 + 4H_4O(g)$$

已知有关参数及各气体的摩尔热容为

$$\Delta H^0_{b,C_3H_8(g)} = -2221539 \text{ J/mol}（H_2O 在燃烧产物中为液体）$$

$$C_{p,m,C_3H_8(g)} = 74.56 \text{ J/(mol·K)}, C_{p,m,O_2} = 29.34 \text{ J/(mol·K)}$$

$$C_{p,m,CO_2} = 37.19 \text{ J/(mol·K)}, C_{p,m,H_2O(l)} = 75.36 \text{ J/(mol·K)}$$

$$C_{p,m,H_2O(g)} = 30.37 + 9.62 \times 10^{-3} T \text{ J/(mol·K)}$$

11-7 计算丙烷(C_3H_8)在过量空气量为 20% 下完全燃烧时的空气燃料比。空气中氮、氧的物质的量之比为 3.76。已知丙烷在空气量为理论值时完全燃烧的方程为

$$C_3H_8 + 5O_2 + 5 \times 3.76N_2 \longrightarrow 3CO_2 + 4H_2O + 5 \times 3.76N_2$$

11-8 丙烷燃烧后的干燃气摩尔分数为：$x_{CO_2} = 11.5\%$，$x_{O_2} = 2.7\%$，$x_{CO} = 0.7\%$，$x_{N_2} = 85.1\%$。试确定空燃比 Z，过量空气系数 α，并写出此反应方程。

11-9 在 1.013×10^5 Pa 下测得 $N_2O_4(g)$ 在 60 ℃时有 50% 离解，计算反应 $N_2O_4(g) \rightleftharpoons 2NO_2(g)$ 的 K_p。

11-10 已知气相反应 $2SO_3(g) \rightleftharpoons 2SO_2(g) + O_2(g)$ 在某温度时的平衡常数 $K_{p_1} = 2.9 \times 10$，求同一温度下：

（1）反应 $2SO_2(g) + O_2(g) \rightleftharpoons 2SO_3(g)$ 的 K_{p_2}；

（2）反应 $SO_3(g) \rightleftharpoons 2SO_2(g) + \dfrac{1}{2}O_2(g)$ 的 K_{p_3}。

11-11 在 1×10^{-3} m³ 容器内应放入多少 mol 的 PCl_5 才可得 100 mol 的 Cl_2？已知反应 $PCl_5 \rightleftharpoons PCl_5 + Cl_2$，在 250 ℃时的 $K_p = 1.78$。

西安交通大学研究生

入学复习题与测试题

(8套)及解答

西安交通大学研究生入学复习题与测试题及解答(一)

复习题与测试题(一)

1. 问答题(每题 6 分,共 48 分)

(1)可逆过程是经典热力学的分析基础,请指出简单可压缩系实现可逆过程的条件?

(2)一个闭口热力系中熵的变化可以分为哪两个部分? 指出各部分的含义。

(3)在活塞式内燃机的混合加热理想循环中,一般采取什么措施可以提高效率?

(4)某气体从状态 $1(p_1$、$T_1)$ 绝热节流到状态 $2(p_2 < p_1$、$T_2 = T_1)$,是否可判定该气体为理想气体,并说明理由。

(5)理想气体从同一初态出发,分别经可逆绝热过程 A 和不可逆绝热过程 B 被压缩,设压缩过程的耗功相同,试比较 A、B 两个过程终态温度、终态压力、过程焓变和过程熵变的大小关系。

(6)请在湿空气的 $h - d$ 图中定性表示出未饱和湿空气的干球温度、湿球温度和露点温度,并指明三者之间的关系。(说明:请在 $h - d$ 图中标出相应辅助线的名称)

(7)试写出稳定流动系能量方程,其中技术功是如何定义的?

(8)写出用压缩因子表示的实际气体状态方程式,并说明压缩因子的物理意义。

2. 判断题(每题 2 分,共 10 分)

(1)闭口系与外界不交换流动功,所以不存在焓。( )

(2)理想气体混合物中某组分的质量分数越大,则该组分的摩尔分数也越大。( )

(3)一切可逆循环的热效率都相等。( )

(4)理想气体经历一可逆循环,其 $\oint ds = 0$,而实际气体经历一不可逆循环,则 $\oint ds > 0$。( )

(5)当被测容器中气体压力表读数降低时,可判定容器存在着泄漏。( )

3. 证明与作图题(每题 8 分,共 16 分)

(1)试证明:对于流速为 c_f、温度为 T、马赫数为 Ma 的定值比热容理想气体,其与滞止温度 T_0 及比热容比 κ 之间,具有如下关系式:

$$\frac{T_0}{T} = 1 + \frac{\kappa - 1}{2} Ma^2$$

(2)请在 $T - s$ 图中定性表示出理想气体维持稳定流动所需要的流动功的大小。

4.(20 分) 空气在透平中由 $p_1 = 0.5\ \text{MPa}$, $T_1 = 800\ \text{K}$,可逆绝热膨胀到 $p_2 = 0.1\ \text{MPa}$。设比热容为 $1.004\ \text{kJ/(kg·K)}$, $\kappa = 1.4$,试求:

(1)膨胀终了时空气温度以及透平膨胀过程的功量;

(2)过程中热力学能和焓的变化量;

(3)若透平效率 $\eta_T = 0.88$,则终态温度和透平膨胀过程功量又为多少?

(4)在 $T - s$ 图中定性表示出透平效率 $\eta_T = 0.88$ 时,膨胀过程中的做功能力损失。

5.（26分）　某企业选用 R134a 作为制冷工质,研发出一款带有双蒸发器的制冷系统,如题 5 附图所示。该制冷系统的运行原理如下:压缩机排出焓值为 587.50 kJ/kg 的高温高压蒸气进入冷凝器,冷凝后饱和液体经节流阀 1 绝热节流至压力 0.4125 MPa,节流后的制冷剂分两股,其中 60%(质量分数)的制冷剂经节流阀 2 继续绝热节流至压力 0.1994 MPa,并进入蒸发器 2 吸热蒸发至饱和蒸气;剩余的 40%(质量分数)制冷剂流入蒸发器 1 吸热蒸发至某状态后,通过节流阀 3 绝热节流至压力 0.1994 MPa 所对应的饱和蒸气状态,并与流出蒸发器 2 的制冷剂相互混合,一起进入压缩机被压缩至 1.0125 MPa。试求:

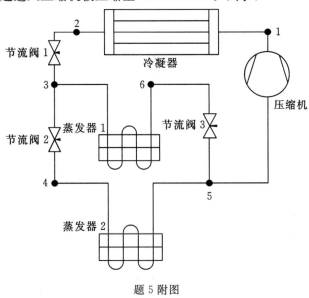

题 5 附图

(1)定性画出该制冷循环的 T-s 图;

(2)压缩机的功耗;

(3)单位质量工质在蒸发器 2 的吸热量;

(4)单位质量工质在蒸发器 1 的吸热量;

(5)该制冷系统的制冷系数。

题 5 附表　R134a 饱和液体和饱和蒸气状态数表

p /MPa	t_s/℃	h'/(kJ·kg^{-1})	h''·(kJ·kg^{-1})	s'/[kJ·(kg·K)$^{-1}$]	s''/[kJ·(kg·K)$^{-1}$]
0.1994	−10	186.50	392.57	0.9499	1.7335
0.4125	10	213.37	404.23	1.0478	1.7222
1.0125	40	256.19	419.36	1.1898	1.7111

6.（30分）　有一蒸汽动力装置按一次再热理想循环工作,如题 6 附图所示。进入汽轮机高压缸的新蒸汽压力和温度分别为 7 MPa 和 530 ℃,再热压力为 1.9 MPa,再热后温度与新蒸汽的温度相同,汽轮机的背压为 0.005 MPa。在忽略水泵功的情况下,已知环境温度为 20 ℃,试求:

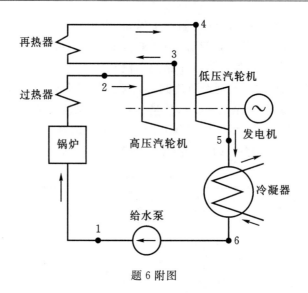

题 6 附图

(1)定性画出该蒸汽动力循环的 $T-s$ 图；

(2)循环吸热量；

(3)循环放热量；

(4)汽轮机输出功和循环热效率；

(5)乏汽在冷凝器中向环境介质放热过程的不可逆损失。

题 6 附表 1   饱和水和饱和水蒸气状态参数表

p /MPa	t_s/℃	h'/(kJ·kg⁻¹)	h''·(kJ·kg⁻¹)	s'/[kJ·(kg·K)⁻¹]	s''/[kJ·(kg·K)⁻¹]
0.005	32.9	137.75	2560.7	0.4762	8.3938
1.9	209.82	896.71	2797.2	2.4227	6.3578
7.0	285.88	1267.7	2772.6	3.1224	5.8148

题 6 附表 2   过热水蒸气状态参数表

t/℃	$p=7.0$ MPa		$p=1.9$ MPa	
	h/(kJ·kg⁻¹)	s/[kJ/(kg·K)⁻¹]	h/(kJ·kg⁻¹)	s/[kJ·(kg·K)⁻¹]
325	2932.5	6.0900	3083.1	6.8917
520	3459.7	6.8616	3513.4	7.5147
530	3483.7	6.8917	3535.5	7.5424
540	3507.7	6.9214	3557.7	7.5698

复习题与测试题(一)解答

1. 问答题(每题 6 分,共 48 分)

(1)无耗散的准平衡(静态)过程,及热力系内外一切势差趋近于零且过程无耗散。

(2)闭口系统熵的变化包括熵流和熵产。熵流是由系统与外界交换热量引起的熵变;熵产是由不可逆因素造成的。

(3)提高压缩比,提高定容增压比,降低预胀比均可提高循环的热效率。

(4)不可以判定该气体为理想气体。实际气体节流前后温度也有可能不变。具体可根据焦-汤系数进行分析。

(5)$T_A = T_B$;$p_A > p_B$;$h_A = h_B$;$s_B > s_A$。

(6)$t > t_w > t_d$

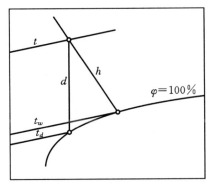

(7)$q = \Delta h + \dfrac{1}{2}\Delta c_f^2 + g\Delta z + w_s$;$w_t = \dfrac{1}{2}\Delta c_f^2 + g\Delta z + w_s$

(8)用压缩因子表示的实际气体状态方程式:$pv = ZR_gT$;

压缩因子的物理意义表示了实际气体比体积与同温同压下的理想气体比体积之比。

2. 判断题(每题 2 分,共 10 分)

(1)× (2)× (3)× (4)× (5)×

3. 证明与作图题(每题 8 分,共 16 分)

(1)$\dfrac{T_0}{T} = 1 + \dfrac{c_f^2}{2c_pT} = 1 + \dfrac{c^2Ma^2}{2c_pT} = 1 + \dfrac{\kappa R_g TMa^2}{2c_pT} = 1 + \dfrac{\kappa R_g Ma^2}{2c_p}$

$\quad = 1 + \dfrac{\kappa(c_p - c_V)}{2c_p}Ma^2 = 1 + \dfrac{\kappa-1}{2}Ma^2$

上式推导过程中用到的公式:

$\quad Ma = \dfrac{c_f}{c}$;$\kappa = \dfrac{c_p}{c_V}$;

$\quad c = \sqrt{\kappa R_g T}$;

$\quad c_p - c_V = R_g$

4.(20 分)

(1)$T_2 = T_1\left(\dfrac{p_2}{p_1}\right)^{\frac{\kappa-1}{\kappa}} = 800 \times \left(\dfrac{0.1}{0.5}\right)^{\frac{1.4-1}{1.4}} = 800 \times 0.6314 = 505.12\text{ K}$

$$w_t = -\Delta h = c_p(T_1 - T_2) = 1.004 \times (800 - 505.12) = 296.06 \text{ kJ/kg}$$

$$(2)\Delta u = c_V(T_2 - T_1) = \frac{c_p}{\kappa}(T_2 - T_1) = \frac{1.004}{1.4} \times (505.12 - 800) = -211.47 \text{ kJ/kg}$$

$$\Delta h = c_p(T_2 - T_1) = 1.004 \times (505.12 - 800) = -296.06 \text{ kJ/kg}$$

$$(3)T'_2 = T_1 - \eta_T(T_1 - T_2) = 800 - 0.88 \times (800 - 505.12) = 540.51 \text{ K}$$

$$w'_t = \eta_T w_t = 0.88 \times 296.06 = 260.53 \text{ kJ/kg}$$

(4)

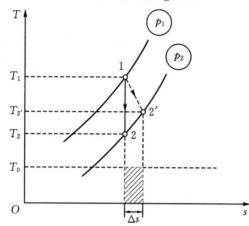

5. (20 分)

(1)

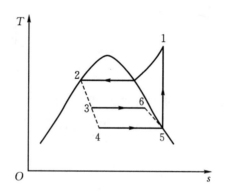

各点状态参数：

1 点：$h_1 = 587.50 \text{ kJ/kg}$

2 点：$p_2 = 1.0125 \text{ MPa}$, $h_2 = 256.19 \text{ kJ/kg}$

3 点：$h_3 = h_2 = 256.19 \text{ kJ/kg}$

4 点：$h_4 = h_2 = 256.19 \text{ kJ/kg}$

5 点：$p_5 = 0.1994 \text{ MPa}$, $h''_5 = 392.57 \text{ kJ/kg}$

6 点：$h_6 = h''_5 = 392.57 \text{ kJ/kg}$

(2)压缩机的功耗

$$w_C = h_1 - h_5 = 587.50 - 392.57 = 194.93 \text{ kJ/kg}$$

(3)单位质量工质在蒸发器 2 的吸热量

$$q_2 = h_5 - h_4 = 392.57 - 256.19 = 136.38 \text{ kJ/kg}$$

(4)单位质量工质在蒸发器 1 的吸热量

$q_1 = h_6 - h_3 = 392.57 - 256.19 = 136.38 \text{ kJ/kg}$

(5)制冷系统的制冷系数

$$\text{COP} = \frac{0.4q_1 + 0.6q_2}{w_\text{C}} = \frac{54.55 + 81.83}{194.93} = 0.70$$

6.(30 分)

(1)

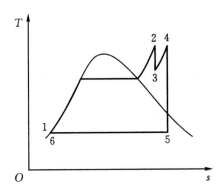

(2)确定各点状态参数

1 点：$p_1 = 0.005 \text{ MPa}$，$h'_1 = 137.75 \text{ (kJ/kg)}$

2 点：$t_2 = 530 \text{ ℃}$，$p_2 = 7 \text{ MPa}$，$h_2 = 3483.7 \text{ kJ/kg}$，$s_2 = 6.8917 \text{ kJ/(kg · K)}$

3 点：$p_3 = 1.9 \text{ MPa}$，$h_3 = 3083.1 \text{ kJ/kg}$，$s_3 = s_2 = 6.8917 \text{ kJ/(kg · K)}$ 处于过热区

4 点：$t_4 = 530 \text{ ℃}$，$p_4 = 1.9 \text{ MPa}$，$h_4 = 3535.5 \text{ kJ/kg}$

5 点：$p_5 = 0.005 \text{ MPa}$，$s_5 = s_4 = 7.5424 \text{ kJ/(kg · K)}$，$s'_5 = 0.4762 \text{ kJ/(kg · K)}$，

　　　$s''_5 = 8.3938 \text{ (kJ/kg · K)}$，

干度：$x = \dfrac{s_5 - s'_5}{s''_5 - s'_5} = \dfrac{7.5424 - 0.4762}{8.3938 - 0.4762} = 0.892$

$h_5 = xh''_5 + (1-x)h'_5 = 0.892 \times 2560.7 + (1 - 0.892) \times 137.75 = 2299.02 \text{ kJ/kg}$

循环吸热量：

$q_1 = (h_2 - h_1) + (h_4 - h_3) = (3483.7 - 137.75) + (3535.5 - 3083.1) = 3798.35 \text{ kJ/kg}$

(3)循环放热量

$q_2 = h_5 - h_1 = 2299.02 - 137.75 = 2161.27 \text{ kJ/kg}$

(4)汽轮机输出功

$w = (h_2 - h_3) + (h_4 - h_5) = (3483.7 - 3083.1) + (3535.5 - 2299.02) = 1637.08 \text{ kJ/kg}$

循环热效率：$\eta = \dfrac{w}{q_1} = \dfrac{1637.08}{3798.4} = 0.431$

(5)不可逆损失

$$i = T_0 \left(\frac{q_2}{T_0} - \frac{q_2}{T_5} \right) = 293.15 \times \left(\frac{2161.27}{293.15} - \frac{2161.27}{273.15 + 32.9} \right) = 91.1 \text{ kJ/kg}$$

西安交通大学研究生入学复习题与测试题及解答(二)

复习题与测试题(二)

1. 回答下列问题(24 分)

(1) 将右图中所示水蒸气的饱和曲线和各热力过程相应地画到 $T-s$ 图和 $h-s$ 图中。图中 A_1—C—A_2 为饱和线;1—C—2 和 3—4—5—6 为等压线;2—6 和 1—4—5—8为等温线;2—5—7 为等熵线。

(2) 根据给出的理想气体的 $T-s$ 图,判断下列各过程参数的正负并填表。

图中:ab 为定温过程;

bc 为定容过程;

cd 为定压过程。

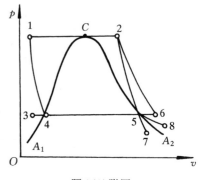

题 1(1)附图

过程	w	w_t	q
ab			
bc			
cd			

(3) 某朗肯循环 01230 如图如示,其理论热效率为 40%,因绝热节流(过程 1—$1'$)和汽轮机内部损失(过程 $1'$—$2'$)造成冷凝器向外界多排出 20% 的热量。求实际循环 $011'2'30$ 的热效率,并将此循环相应地画到 $p-v$ 图和 $h-s$ 图中。

(4) 简述活塞式压气机与叶轮式压气机(离心式或轴流式)在工作原理上的区别。

(5) 湿空气的湿球温度为什么总是低于干球温度而高于露点温度?

(6) 对于一个化学反应的系统,如何判断过程的方向性?

2. 下列问题先用"是"或"否"回答,再简要地说明理由(10 分)

(1) 工质经过一个不可逆循环后,其 $\Delta s > 0$。

(2) 理想气体不可能进行吸热而降温的过程。

(3) 可逆绝热过程即等熵过程;反之,等熵过程必为可逆绝热过程。

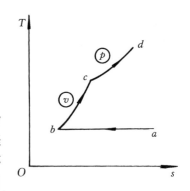

题 1(2)附图

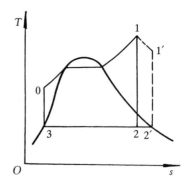

题 1(3)附图

（4）一台制冷机,只需要使工质在管道内的流动方向与制冷运行时相反,就可以在冬季改作热泵供热。

（5）定温、定容的化学反应热力过程中,其压力必定保持恒定。

3.（6分）　已知熵的一般关系式为

$$ds = \frac{c_p}{T}dT - \left(\frac{\partial v}{\partial T}\right)_p dp$$

试推导出焦耳-汤姆孙系数（或称绝热节流系数）μ_J 的一般关系式,并证明理想气体的 $\mu_J = 0$。

4.（15分）　如图所示,一绝热气缸内有一个与缸壁无摩擦的绝热活塞把气缸分成体积相同的 A、B 两部分。在 A、B 中各有同种气体 1 kg,初始时,两部分的压力、温度相等,为 $p_{A1} = p_{B1} = 0.2$ MPa,$t_{A1} = t_{B1} = 20$ ℃。现对 A 缓慢加热,活塞向右移动,直至 $p_{A2} = p_{B2} = 0.4$ MPa,若工质的 $c_p = 1.01$ kJ/(kg·K),$c_V = 0.72$ kJ/(kg·K)。试求:

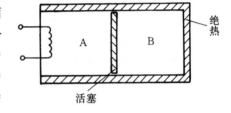

题 4 附图

（1）末状态时 A、B 两部分的体积 V_{A2}、V_{B2};

（2）末状态时 A、B 两部分工质的温度 T_{A2}、T_{B2};

（3）A 腔工质所吸收的热量 Q_A;

（4）在 p-v、T-s 图上表示出 A 腔、B 腔工质所经历的过程线。

5.（10分）　有人声称设计了一整套热设备,可将 65 ℃热水的 20% 变成 100 ℃的高温水,其余的 80% 热水由于将热量传给温度为 15 ℃的大气,最终水温也降到了 15 ℃。你认为这种方案在热力学原理上能不能实现?为什么,如能实现,那么 65 ℃热水变成 100 ℃高温水的极限比率为多少?

6.（15分）　质量分数为 82% 的空气和 18% 的某种气体组成压力为 0.6 MPa、温度为 800 ℃的混合气体,混合气体流经一渐缩喷管而进入压力为 0.2 MPa 的空间。已知喷管的出口截面积为 2400 mm²,流入喷管气流的初速度为 100 m/s,试求:

（1）等熵流动时,喷管的出口气流速度和流量;

（2）当喷管的速度系数 $\varphi = 0.92$ 时的流量,以及由于摩擦不可逆引起的做功能力（可用能）损失,并表示在 T-s 图上。

设环境温度为 $t_0 = 27$ ℃。按理想气体及定值比热容计算。

已知:空气的 $c_p = 1.004$ kJ/(kg·K),$c_V = 0.717$ kJ/(kg·K),$R_g = 0.287$ kJ/(kg·K);某气体的 $c_p = 1.867$ kJ/(kg·K),$c_V = 1.406$ kJ/(kg·K),$R_g = 0.461$ kJ/(kg·K),该气体为双原子气体,其摩尔质量为 18×10^{-3} kg/mol。

7.（10分）　某氨蒸气压缩制冷循环如图所示:

（1）根据氨饱和蒸气性质表填齐下表;

（2）计算该循环的制冷量;消耗的功及制冷系数;

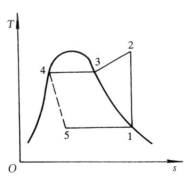

题 7 附图

（3）若压缩过程为不可逆，压缩效率为 $\eta_C=0.85$，求制冷系数；

（4）求节流过程的做功能力损失，并表示在 $T\text{-}s$ 图上（$T_0=300$ K）。

8.（10 分） 一级混合式回热加热器的抽汽回热循环，如 $T\text{-}s$ 图所示，图中相应状态点的参数为：

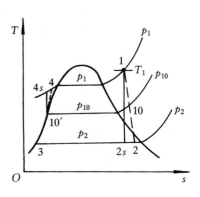

$p_1=6$ MPa，$T_1=500$ ℃，$h_1=3422.2$ kJ/kg

$p_2=15$ kPa，$h_{2s}=2234$ kJ/kg

$h_3=225.98$ kJ/kg，$h_{4s}=726.8$ kJ/kg

$h_{10s}=2872$ kJ/kg，$h_{10'}=720.9$ kJ/kg

汽轮机的内部相对效率 $\eta_T=0.9$，给水泵的效率 $\eta_P=0.8$，忽略凝结水泵的功，试确定：

（1）抽汽分额；

（2）循环吸热量和放热量；

（3）汽轮机功和给水泵功；

（4）循环热效率；

（5）进汽量 $q_m=60$ kg/s 时的循环净功率。

题 8 附图

第 7 题附表

	p/MPa	t/℃	h/(kJ/kg)	s/[kJ/(kg·K)]	x
1		-10			
2		115.0	1913.0		
3		40			
4					
5					

氨的饱和性质表

t/℃	p/MPa	h'/(kJ/kg)	h''/(kJ/kg)	s'/[kJ/(kg·K)]	s''/[kJ/(kg·K)]
-10	0.2902	372.67	1670.41	4.0160	8.9484
40	1.5544	609.47	1710.60	4.8370	8.3489

复习题与测试题(二)解答

1. (1)

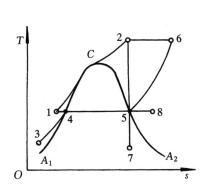
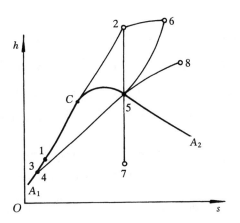

(2)

过程	w	w_t	q
ab	—	—	—
bc	0	+	+
cd	+	0	+

(3) 由 $\eta_t = 40\% = 1 - \dfrac{q_2}{q_1}$ 得 $\dfrac{q_2}{q_1} = 0.6$

于是 $\eta'_t = 1 - \dfrac{q'_2}{q_1} = 1 - \dfrac{q_2 + 20\% q_2}{q_1} = 1 - \dfrac{1.2 q_2}{q_1} = 1 - 1.2 \times 0.6 = 28\%$

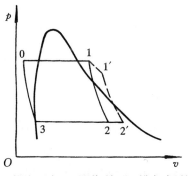
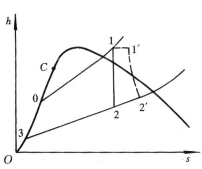

(4) 活塞式压气机是依赖进、排气阀的开启和关闭以及活塞的往复运动,在气缸中完成气体的压缩过程。其气体的压缩是间歇地、周期性进行的。

叶轮式压气机则是依赖叶片之间形成的加速和扩压通道,使气体压缩升压的。其气体的压缩是在连续流动情况下进行的。

(5) 略。参见本书相关章节 7.4。

(6) 略。参见本书相关章节 11.2.3。

2. (1) 否。熵是一个状态参数,其变化只取决于初、终状态,与变化过程所经历的路径、可逆与否无关。循环一周后,状态又回到原来的状态,因此变化量应为零,即

$$\oint \mathrm{d}s = 0$$

(2) 否。对于任意一过程,$q = c_n \Delta T$,其中 c_n 有可能为负值,则有可能吸热而降温。

(3) 是。根据熵的定义 $\mathrm{d}s = \dfrac{\delta q_{\mathrm{re}}}{T}$,显然可逆绝热过程时,$\delta q_{\mathrm{re}} = 0$,则 $\mathrm{d}s = 0$,即是等熵过程。反之,等熵过程 $\mathrm{d}s = 0$,则由该定义式一定可得 $\delta q_{\mathrm{re}} = 0$,即可逆绝热过程。

(4) 否。不是简单的使工质在管道内的流动方向与制冷运行时相反,就可将制冷机改作热泵供热。

(5) 否。化学反应系统的独立变量多于 2 个,因而在化学反应中,能保持不变的独立变量可以是 2 个,此时状态仍然可以变化,因而压力不一定保持恒定。

3.
$$\mathrm{d}h = T\mathrm{d}s + v\mathrm{d}p = T\left[c_p \frac{\mathrm{d}T}{T} - \left(\frac{\partial v}{\partial T}\right)_p\right]\mathrm{d}p + v\mathrm{d}p = c_p\mathrm{d}T + \left[v - T\left(\frac{\partial v}{\partial T}\right)_p\right]\mathrm{d}p$$

于是
$$\mathrm{d}T = \frac{1}{c_p}\mathrm{d}h + \frac{1}{c_p}\left[T\left(\frac{\partial v}{\partial T}\right)_p - v\right]\mathrm{d}p \qquad (A)$$

状态参数 $T = f(h, p)$ 又可以写成全微分形式,即

$$\mathrm{d}T = \left(\frac{\partial T}{\partial h}\right)_p \mathrm{d}h + \left(\frac{\partial T}{\partial p}\right)_h \mathrm{d}p \qquad (B)$$

对比式(A),(B),得焦-汤系数的一般表达式

$$\mu_J = \left(\frac{\partial T}{\partial p}\right)_h = \frac{T\left(\frac{\partial v}{\partial T}\right)_p - v}{c_p}$$

对于理想气体,$pv = R_g T$,于是把 $\left(\dfrac{\partial v}{\partial T}\right)_p = \dfrac{R_g}{p}$ 代入上式得

$$\mu_J = \frac{TR_g/p - v}{c_p} = \frac{v - v}{c_p} = 0$$

4. 参见第 3 章例题 3-8。

5. 取整套热设备为热力系,大气为环境。设 $t_0 = 15\ ℃$,$t_1 = 100\ ℃$,$t_2 = 65\ ℃$,水的质量为 m。根据热力学第二定律有

$$\Delta S_{\mathrm{iso}} = \Delta S_{\mathrm{sys}} + \Delta S_{\mathrm{surr}} = \Delta S_1 + \Delta S_2 + \Delta S_{\mathrm{surr}}$$

$$= 0.2m\int_{T_2}^{T_1} c_{\mathrm{H_2O}}\ \frac{\mathrm{d}T}{T} + 0.8m\int_{T_2}^{T_0} c_{\mathrm{H_2O}}\ \frac{\mathrm{d}T}{T} + \frac{Q_0}{T_0}$$

$$= 0.2mc_{\mathrm{H_2O}}\ln\frac{T_1}{T_2} + 0.8mc_{\mathrm{H_2O}}\ln\frac{T_0}{T_2} + \frac{0.8mc_{\mathrm{H_2O}}(T_2 - T_0) - 0.2mc_{\mathrm{H_2O}}(T_1 - T_2)}{T_0}$$

$$= 0.2m \times 4.1868 \times \ln\frac{273 + 100}{273 + 65} + 0.8m \times 4.1868 \times \ln\frac{273 + 15}{273 + 65} +$$

$$\frac{0.8m \times 4.1868 \times (65 - 15) - 0.2m \times 4.1868 \times (100 - 65)}{273 + 15}$$

$$= (0.0825 - 0.5362 + 0.4797)m$$

$$= 0.026m \quad \text{kJ/K} > 0$$

可见,这种方案在热力学原理上是能实现的。

根据 $\Delta S_{\text{iso}} = 0$ 可求得极限比率 x

$$\Delta S_{\text{iso}} = xm\int_{T_2}^{T_1} c_{H_2O}\frac{dT}{T} + (1-x)m\int_{T_2}^{T_0} c_{H_2O}\frac{dT}{T} + \frac{Q'_0}{T_0} = 0$$

即 $\quad xmc_{H_2O}\ln\frac{T_1}{T_2} + (1-x)mc_{H_2O}\ln\frac{T_0}{T_2} + \dfrac{(1-x)mc_{H_2O}(T_2-T_0) - xmc_{H_2O}(T_1-T_2)}{T_0} = 0$

$$xm\ln\frac{373}{338} + (1-x)m\ln\frac{288}{338} + \frac{(1-x)m(65-15) - xm(100-65)}{288} = 0$$

$$(0.09853x - 0.1601 + 0.1601x + 0.1736 - 0.1736x - 0.1215x)m = 0$$

解得 $\quad x = 0.37 = 37\%$

6. 依题意画出的装置简图如图所示。这是一喷管校核计算型题目,问题的关键是首先确定喷管出口处的压力。

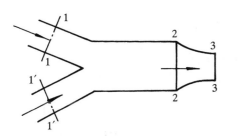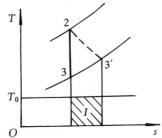

(1) 求混合物的物性参数及比热容

$$c_p = \sum w_i c_{pi} = 0.82 \times 1.004 + 0.18 \times 1.867 = 1.159 \text{ kJ/(kg · K)}$$

$$c_V = \sum w_i c_{Vi} = 0.82 \times 0.717 + 0.18 \times 1.406 = 0.841 \text{ kJ/(kg · K)}$$

$$R_g = \sum w_i R_{gi} = 0.82 \times 0.287 + 0.18 \times 0.461 = 0.318 \text{ kJ/(kg · K)}$$

(或 $R_g = c_p - c_V$)

$$\kappa = \frac{c_p}{c_V} = 1.378$$

临界压力比 $\quad \nu_{\text{cr}} = \left(\frac{2}{\kappa+1}\right)^{\kappa/(\kappa-1)} = \left(\frac{2}{1.378+1}\right)^{1.378/0.378} = 0.5320$

(2) 确定喷管出口压力

$$\frac{p_b}{p_2} = \frac{0.2}{0.6} = 0.333 < \nu_{\text{cr}}$$

于是气体流出渐缩喷管时,出口压力为

$$p_3 = p_{\text{cr}} = \nu_{\text{cr}} p_2 = 0.5320 \times 0.6 = 0.3192 \text{ MPa}$$

(说明:流入喷管的流速 $c_{f2} = 100 \text{ m/s}$,不大,可近似认为 p_2 就是滞止压力)

(3) 求喷管出口气流速度和流量

流速: $c_{f3} = \sqrt{2c_p T_2 [1 - \nu_{\text{cr}}^{(\kappa-1)/\kappa}] + c_{f2}^2}$

$$= \sqrt{2 \times 1.159 \times 10^3 \times 1073 \times [1 - 0.5320^{0.378/1.378}] + 100^2}$$

$$=636.7 \text{ m/s}$$

$$T_3 = T_2 \left(\frac{p_3}{p_2}\right)^{(\kappa-1)/\kappa} = 1073 \times 0.5320^{0.378/1.378} = 902.4 \text{ K}$$

$$v_3 = \frac{R_g T_3}{p_3} = \frac{0.318 \times 10^3 \times 902.4}{0.3192 \times 10^6} = 0.8990 \text{ m}^3/\text{kg}$$

流量：$\quad q_{m3} = \frac{A_3 c_{f3}}{v_3} = \frac{2400 \times 10^{-6} \times 636.7}{0.8990} = 1.700 \text{ kg/s}$

（4）求不可逆因素存在时，喷管的流量及引起的作用能力损失

$$c'_{f3} = \varphi c_{f3} = 0.92 \times 636.7 = 585.8 \text{ m/s}$$

由 $\qquad c'_{f3} = \sqrt{2c_p(T_2 - T'_3) + c_{f2}^2}$

即 $\qquad 585.8^2 = 2 \times 1.159 \times 10^3 \times (1037 - T'_3) + 100^2$

求得 $\qquad T'_3 = 929.3 \text{ K}$

$$v'_3 = \frac{R_g T'_3}{p_3} = \frac{0.318 \times 10^3 \times 929.3}{0.319\ 2 \times 10^6} = 0.9258 \text{ m}^3/\text{kg}$$

流量：$\quad q'_m = \frac{A_3 c'_{f3}}{v'_3} = \frac{2400 \times 10^{-6} \times 585.8}{0.9258} = 1.519 \text{ m}^3$

求混合气体的熵变要用混合气体各组元的分压力

$$\Delta s_{\text{iso}} = \Delta s_g = \Delta s_{\text{air}} + \Delta s_{\text{某}}$$

$$= w_{\text{air}} \left(c_{p,\text{air}} \ln \frac{T'_3}{T_2} - R_{g,\text{air}} \ln \frac{p_{3,\text{air}}}{p_{2,\text{air}}}\right) + w_{\text{某}} \left(c_{p,\text{某}} \ln \frac{T'_3}{T_2} - R_{g,\text{某}} \ln \frac{p_{3,\text{某}}}{p_{2,\text{某}}}\right)$$

$$= 0.82 \times \left(1.004 \times \ln \frac{929.3}{1073} - 0.287 \times \ln \frac{0.3192 x_{\text{air}}}{0.6 x_{\text{air}}}\right) +$$

$$0.18 \times \left(1.867 \times \ln \frac{929.3}{1073} - 0.461 \times \ln \frac{0.3192 x_{\text{某}}}{0.6 x_{\text{某}}}\right)$$

$$= 0.03420 \text{ kJ/(kg} \cdot \text{K)}$$

做功能力损失

$$I = q_m T_0 \Delta S_{\text{iso}} = 1.519 \times 300 \times 0.03420 = 15.58 \text{ kJ}$$

在 $T\text{-}s$ 图上的表示如图所示。

7.（1）

	p/MPa	t/℃	h/(kJ/kg)	s/[kJ/(kJ $\cdot$ K)]	x
1	0.2902	-10	1670.41	8.9484	1
2	1.5544	115.0	1913.0	8.9484	/
3	1.5544	40	1710.60	8.3489	1
4	1.5544	40	609.47	4.8370	0
5	0.2902	-10	609.47	4.9182	0.1825

其中 5 点参数这样来确定

$$h_5 = h_4 = 609.47 \text{ kJ/kg}$$

$$x_5=\frac{h_5-h'_5}{h''_5-h'_5}=\frac{609.47-372.67}{1670.41-372.67}$$

$$=0.1825$$

$$s_5=s'_5+x_5(s''_5-s'_5)$$

$$=4.0160+0.1825\times(8.9484-4.0160)$$

$$=4.9162\ \text{kJ/(kg·K)}$$

（2）循环制冷量

$$q_L=h_1-h_5=1670.41-609.47=1060.94\ \text{kJ/kg}$$

消耗的功　$w_C=h_2-h_1=1913.0-1670.41=242.59\ \text{kJ/kg}$

制冷系数　$\varepsilon=\dfrac{q_L}{w_C}=\dfrac{1060.94}{242.59}=4.373$

（3）不可逆过程的耗功为

$$w'_C=\frac{w_C}{\eta_C}=\frac{242.59}{0.85}=285.4\ \text{kJ/kg}$$

$$\varepsilon'=\frac{q_L}{w'_C}=\frac{1060.94}{285.9}=3.711$$

（4）节流过程的做功能力损失为

$$i=T_0\Delta s_g=T\Delta s_{45}=T_0(s_5-s_4)=300\times(4.9182-4.8370)=23.76\ \text{kJ/kg}$$

其中 $T\text{-}s$ 图上的表示如图所示。

8.（1）求抽汽率

$$h_{10}=h_1-\eta_T(h_1-h_{10s})=3422.2-0.9\times(3422.2-2872)=2927.0\ \text{kJ/kg}$$

因　$\alpha(h_{10}-h_{10'})=(1-\alpha)(h_{10'}-h_3)$

则　$\alpha=\dfrac{h_{10'}-h_3}{h_{10}-h_3}=\dfrac{720.9-225.98}{2927.0-225.98}=0.183$

（2）求循环吸热量和循环放热量

$$h_4=h_{10'}+(h_{4s}-h_{10'})/\eta_P=720.9+(726.8-720.9)/0.8=728.3\ \text{kJ/kg}$$

吸热量：$q_1=h_1-h_4=3422.2-728.3=2693.9\ \text{kJ/kg}$

$$h_2=h_{10}-\eta_T(h_{10}-h_{2s})=2927.0-0.9\times(2927.0-2234)=2303.3\ \text{kJ/kg}$$

放热量：$q_2=(1-\alpha)(h_2-h_3)=(1-0.183)\times(2303.3-225.98)=1697.2\ \text{kJ/kg}$

（3）求循环热效率

$$\eta_t=1-\frac{q_2}{q_1}=1-\frac{1697.2}{2693.9}=37.0\ \%$$

（4）求循环净功量

$$w_P=h_4-h_{10'}=728.3-720.9=7.4\ \text{kJ/kg}$$

$$w_T=(h_1-h_{10})+(1-\alpha)(h_{10}-h_2)$$

$$=(3422.2-2927.0)+(1-0.183)\times(2927.0-2303.3)=1004.8\ \text{kJ/kg}$$

于是　$P=q_mw_{net}=q_m(w_T-w_P)=60\times(1004.8-7.4)=59844\ \text{kW}$

或　$P=q_mw_{net}=q_m(q_1-q_2)=60\times(2693.9-1697.2)=59802\ \text{kW}$

西安交通大学研究生入学复习题与测试题及解答(三)

复习题与测试题(三)

1. 简要回答下列问题(25 分)

(1) 试判别下列过程是否可行? 是否可逆?

①熵增的放热过程;

②不可压缩流体的绝热升温过程;

③等熵的吸热过程。

(2) 在工程热力学研究中,为什么要引入可逆过程?

(3) 用搅拌器搅拌绝热容器中的水:①水温 20 ℃;②水温 70 ℃。在搅拌器耗功相同条件下,试问①情况下的不可逆损失比②情况下的不可逆损失大还是小? 为什么?

(4) 如图所示一压缩过程 1—2,若过程为可逆时,问该过程是吸热还是放热? 若过程为不可逆绝热过程,两者区别何在? 哪个过程耗功大? 为什么?

(5) 试检验下列热力学关系式哪一个正确?

① $c_p - c_V = -T\left(\dfrac{\partial v}{\partial T}\right)_p^2\left(\dfrac{\partial p}{\partial v}\right)_T$

② $c_p - c_V = T\left(\dfrac{\partial v}{\partial T}\right)_p^2\left(\dfrac{\partial p}{\partial v}\right)_T$

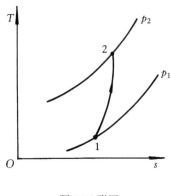

题 1(4)附图

2. 图解与推导(16 分)

(1) $T-s$ 图上所示循环 1—2—3—1 中,2—3 为绝热过程。试用面积表示该循环中的吸热量,放热量,净功量和由于粘性摩阻而引起的做功能力损失。

(2) 试在 $T-s$ 图上把理想气体任意两状态间的热力学能及焓的变化表示出来。

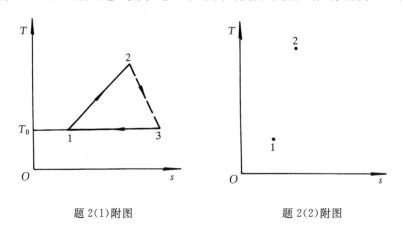

题 2(1)附图　　　　　　　　题 2(2)附图

(3) 已知理想气体的比定容热容 $c_V = a + bT$,其中 a,b 为常数,试导出其热力学能、焓和熵的计算式。

（4）试导出湿空气中水蒸气质量分数 w_V 与湿空气含湿量 d 之间的关系式 $w_V = f(d)$。

3.（6分）　温度为 40 ℃的 20 kg 水向环境放热，试求水放出热量中的可用能（设环境温度为 17 ℃，水的比热容为 4.187 kJ/(kg·K)）。

4.（8分）　一容积为 0.3 m^3 的储气罐内装初压 $p_1 = 0.5$ MPa、初温 $t_1 = 27$ ℃的氮气（N_2）。若对罐加热，温度、压力升高。储气罐上装有压力控制阀，当压力超过 0.8 MPa 时，阀门便自动打开，放走氮气，即储气罐维持最大压力为 0.8 MPa。问当罐内氮气温度为 306 ℃时，对罐内氮气共加入多少热量？设氮气比热容为定值。

5.（8分）　某储气筒内装有压缩氮气，当时大气的温度为 $t_0 = 27$ ℃，压力 $p_0 = 100$ kPa，相对湿度 $\varphi = 60\%$。已知储气筒内氮气压力为 $p_1 = 3.0$ MPa。试问当打开储气筒阀门使筒内气体进行绝热膨胀，表压力至少为多少时，筒表面开始有露水（假定筒表面与筒内气体温度一致）。

附饱和蒸汽表如下：

$t/℃$	p_s/kPa	$t/℃$	p_s/kPa
16	1.8170	24	2.9824
18	2.0626	26	3.3600
20	2.3368	28	3.7785
22	2.6424	30	4.2417

6.（7分）　某双原子理想气体在定压下从 677 ℃放热到 37 ℃，且外界对气体作了压缩功 169 kJ/kg，设比热容为定值，试求热力学能变化及放热量。若放热过程为放热给环境，环境温度为 $t_0 = 27$ ℃，试求不可逆过程中的有效能损失，并表示在 T-s 图上。

7.（15分）　活塞式压气机从大气吸入压力为 0.1 MPa、温度为 27 ℃的空气，经 $n = 1.3$ 的多变过程压缩到 0.7 MPa 后进入一储气筒，再经储气筒上的渐缩喷管排入大气。由于储气筒的散热，进入喷管时空气压力为 0.7 MPa，温度为 60 ℃。已知喷管出口截面积为 4 cm^2，试求：

（1）流经喷管的空气流量；

（2）压气机每小时吸入大气状态下的空气体积（m^3/h）；

（3）压气机的耗功率；

（4）将过程表示在 T-S 图上；

（5）要使气体在喷管中充分膨胀到大气压力，应采取什么措施？为什么？　（空气 $R_g = 0.287$ kJ/(kg·K)）

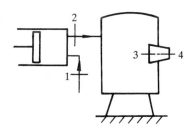

题 7 附图

8.（15分）　附图为一水蒸气动力循环简图。为了提高循环热效率采用了抽汽回热，回热加热器为一表面式加热器。进入汽轮机的蒸汽压力为 3.0 MPa，温度为 600 ℃，汽轮机出口处的压力为 0.005 MPa，抽汽压力为 0.5 MPa。抽汽在回热器中放热后全部变为饱和水,通过节流阀后,在冷凝器中与汽轮机排汽混合。设进入锅炉中水(5 点)的温度与回热器中抽汽出口状态点(b 点)的温度相同。在忽略泵功的情况下,试求:

(1)画出循环的 $T-s$ 图;

(2)求抽汽量 α;

(3)求每千克蒸汽在汽轮机中所作的功;

(4)求蒸汽吸热量,放热量和循环热效率。

附表:
饱和水与饱和蒸汽表及过热蒸汽表

p/MPa	t/℃	h'/(kJ/kg)	h''/(kJ/kg)	s'/[kJ/(kg·K)]	s''/[kJ/(kg·K)]
0.005	32.9	137.77	2561.2	0.4762	8.3952
0.5	151.85	640.01	2748.5	1.8604	6.8215

过热蒸汽表

p/MPa	t/℃	h/(kJ/kg)	s/[kJ/(kg·K)]
0.5	313.8	3092.8	7.5084
3.0	600	3681.5	7.5084

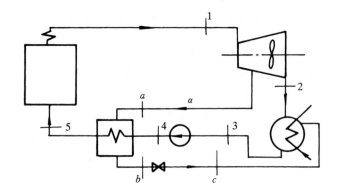

题 8 附图

复习题与测试题(三)解答

1. (1) ①过程可行,但不可逆。

②过程可行,但不可逆。

③过程不可行。

(2) 略。

(3) 情况①的不可逆损失大于情况②的。因搅拌器耗功 $W=mc_p\Delta t$,在 W 相同下,两种情况的 mc_p 相同,所以引起的温升也相同。但低温温升引起的熵产大于高温温升引起的熵产。

(4) 若为可逆过程,因 $s_2>s_1$,由 $\delta q_{re}=Tds$ 知,该过程为吸热过程。

若为不可逆绝热过程,则两过程的初终态相同,但过程不同,耗功及与外界的交换热量也不同。具体分析如下:

可逆时:　$-W=\Delta U-Q$, $Q>0$

不可逆绝热时:　$-W'=\Delta U$, $Q=0$

显然 $|-W'|>|-W|$,即不可逆耗功大

(5) 将理想气体状态方程 $pv=R_gT$ 代入,即

$$\left(\frac{\partial p}{\partial v}\right)_T=-\frac{p}{v},\quad \left(\frac{\partial v}{\partial T}\right)_p=\frac{R_g}{p}$$

则　① $c_p-c_V=-T\left(\frac{\partial v}{\partial T}\right)_p^2\left(\frac{\partial p}{\partial v}\right)_T$

$$=-\left(\frac{R_g}{p}\right)^2\left(-\frac{p}{v}\right)=R_g$$

② $c_p-c_V=T\left(\frac{\partial v}{\partial T}\right)_p^2\left(\frac{\partial p}{\partial v}\right)_T=-R_g$

显然①式正确。

2. (1) 吸热量:面积 $12BA1$

放热量:面积 $13CA1$

净功量:面积 $12BA1$—面积 $13CA1$

可用能损失:面积 $3DBC3$

(2)

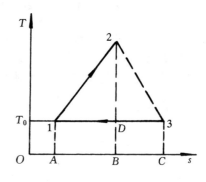

题 2(1)解图

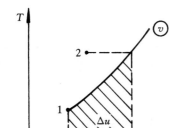

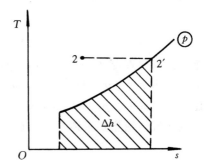

（3）因 $c_V = a + bT$

则　　$c_p = c_V + R_g = a + R_g + bT$

$$\Delta u = \int_{T_1}^{T_2} c_V \mathrm{d}T = a(T_2 - T_1) + \frac{b}{2}(T_2^2 - T_1^2)$$

$$\Delta h = \int_{T_1}^{T_2} c_p \mathrm{d}T = (a + R_g)(T_2 - T_1) + \frac{b}{2}(T_2^2 - T_1^2)$$

$$\Delta s = \int_{T_1}^{T_2} c_V \frac{\mathrm{d}T}{T} + R_g \frac{v_2}{v_1} = a\ln\frac{T_2}{T_1} + b(T_2 - T_1) + R_g\ln\frac{v_2}{v_1}$$

（4）$w_V = \dfrac{m_v}{m_v + m_a}$,　　$d = \dfrac{m_v}{m_a}$

$$\frac{w_V}{d} = \frac{m_a}{m_v + m_a} = \frac{1}{1 + d}$$

所以　　$w_V = \dfrac{d}{1 + d}$

3. $E_{x,Q} = \displaystyle\int \left(1 - \frac{T_0}{T}\right)\delta Q = \int_T^{T_0}\left(1 - \frac{T_0}{T}\right)mc\,\mathrm{d}T$

$$= -mc\Delta T - T_0 mc\ln\frac{T_0}{T}$$

$$= -mc\left(\Delta T - T_0\ln\frac{T}{T_0}\right)$$

$$= -20\times 4.187\times\left[(40 - 17) - 290\times\ln\frac{313}{290}\right]$$

$$= -72.56 \text{ kJ}$$

4. 工质经过了 2 个过程，状态 1→状态 2 是定容过程，直到 $p_2 = 0.8$ MPa；状态 2→状态 3 是定压过程，且此过程中，系统的质量在不断变化。

$$T_2 = T_1\frac{p_2}{p_1} = 300\times\frac{0.8}{0.5} = 480 \text{ K}$$

$$Q_V = mc_V\Delta T = \frac{p_1 V_1}{R_g T_1}\times\frac{5}{2}R_g\Delta T = \frac{5}{2}\frac{p_1 V_1}{T_1}\Delta T$$

$$= \frac{5}{2}\times\frac{0.5\times 10^3\times 0.3}{300}\times(480 - 300) = 225 \text{ kJ}$$

$$Q_p = \int_{T_2}^{T_3} mc_p\,\mathrm{d}T = \int_{T_2}^{T_3}\frac{p_2 V_1}{R_g T}\frac{7}{2}R_g\,\mathrm{d}T$$

$$= \frac{7}{2}p_2 V_1\ln\frac{T_3}{T_2} = \frac{7}{2}\times 0.8\times 10^3\times 0.3\times\ln\frac{579}{480} = 157.5 \text{ kJ}$$

共加入热量

$$Q = Q_V + Q_p = 382.5 \text{ kJ}$$

5. 由饱和蒸汽表查得，$t_0 = 27$ ℃时，所对应的饱和温度 $p_s = 3.56925$ kPa，于是湿空气中的水蒸气分压力为 $p_v = \varphi p_s = 60\%\times 3.56925 = 2.14155$ kPa

露点温度 $t_2 = t_d = t_s(p_v) = 18.58$ ℃

即当储气筒内的气体绝热膨胀到 t_2 时，筒表面开始结露，对应的压力为

$$\frac{p_2}{p_1} = \left(\frac{T_2}{T_1}\right)^{\kappa/(\kappa - 1)}$$

$$p_2 = p_1 \left(\frac{T_2}{T_1} \right)^{\kappa/(\kappa-1)} = 3.0 \times \left(\frac{273+18.58}{300} \right)^{1.4/0.4} = 2.72 \text{ MPa}$$

对应的表压力为 $p_{g2} = p_2 - p_b = 2.72 - 0.1 = 2.62 \text{ MPa}$

即当 $p_{g2} \leqslant 2.62 \text{ MPa}$ 时,筒表面就有露珠出现。

6. 由 $w = p\Delta v = R_g \Delta T$ 得

$$R_g = \frac{-w}{\Delta T} = \frac{-169}{37-677} = 0.2640 \text{ kJ/(kg·K)}$$

于是
$$\Delta u = c_V \Delta T = \frac{5}{2} R_g \Delta T = \frac{5}{2} \times 0.2640 \times (-640) = -422.4 \text{ kJ/kg}$$

$$q = \Delta u + w = -422.4 + (-169.0) = -591.4 \text{ kJ/kg}$$

$$\Delta s_{iso} = \Delta s_{sys} + \Delta s_{surr}$$
$$= \left(c_p \ln \frac{T_2}{T_1} - R_g \ln \frac{p_2}{p_1} \right) + \frac{|q|}{T_0}$$
$$= \frac{7}{2} \times 0.2640 \ln \frac{310}{677+273} + \frac{591.4}{27+273}$$
$$= -1.035 + 1.971 = 0.936 \text{ kJ/(kg·K)}$$

有效能损失
$$i = T_0 \Delta s_{iso} = 300 \times 0.936 = 280.8 \text{ kJ/kg}$$

在 T-s 图上的表示如图所示。

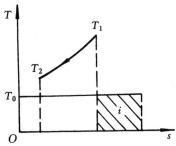

题 6 解图

7. (1) 这相当于喷管的校核计算问题。先确定喷管出口处的压力

$$\frac{p_b}{p_3} = \frac{0.1}{0.7} < \nu_{cr}$$

则 $p_4 = p_{cr} = \nu_{cr} p_3 = 0.528 p_3 = 0.3696 \text{ MPa}$

又 $v_3 = \frac{R_g T_3}{p_3} = 0.1365 \text{ m}^3/\text{kg}$

$$v_4 = v_3 \left(\frac{1}{\nu_{cr}} \right)^{1/\kappa} = 0.2154 \text{ m}^3/\text{kg}$$

$$c_{f4} = \sqrt{\frac{2\kappa}{\kappa+1} R_g T_3} = \sqrt{\frac{2 \times 1.4}{2.4} \times 287 \times (60+273)} = 333.9 \text{ m/s}$$

于是,流经喷管的流量为

$$q_m = \frac{A_4 c_{f4}}{v_4} = \frac{4 \times 10^{-4} \times 333.9}{0.2154} = 0.6200 \text{ kg/s}$$

(2) $q_{V1} = \frac{q_{m1} R_g T_1}{p_1} = \frac{q_m R_g T_1}{p_1}$

$$= \frac{0.6200 \times 287 \times 300}{0.1 \times 10^6} = 0.5338 \text{ m}^3/\text{s} = 1921.8 \text{ m}^3/\text{h}$$

(3) $P = \frac{q_m n R_g T_1}{n-1} \left[1 - \left(\frac{p_2}{p_1} \right)^{(n-1)/n} \right]$

$$= \frac{0.620 \times 1.3 \times 0.287 \times 300}{1.3-1} \times \left[1 - \left(\frac{0.7}{0.1} \right)^{0.3/1.3} \right]$$

$$= -131.12 \text{ kW}$$

（4）过程在 T-S 图上的表示如图示。

（5）可利用缩放喷管,充分利用已有的压差,克服膨胀的不足。

8.（1）循环的 T-s 图如图所示。

（2）求抽汽量 α

因　$\alpha(h_a - h_b) = h_5 - h_4$

则　$\alpha = \dfrac{h_5 - h_4}{h_a - h_b} = \dfrac{640.1 - 137.77}{3092.8 - 640.1} = 0.2048$

（3）确定状态 2 点的焓值

$$x_2 = \frac{s_1 - s'_2}{s''_2 - s'_2} = \frac{7.5084 - 0.4762}{8.3952 - 0.4762} = 0.8880$$

$$\begin{aligned} h_2 &= h'_2 + x_2(h''_2 - h'_2) \\ &= 137.77 + 0.8880 \times (2561.2 - 137.2) \\ &= 2290.3 \text{ kJ/kg} \end{aligned}$$

汽轮机所做的功

$$\begin{aligned} w_T &= h_1 - h_a + (1-\alpha)(h_a - h_2) \\ &= 3681.5 - 3092.8 + \\ &\quad (1 - 0.2048) \times (3092.8 - 2265.5) \\ &= 1246.6 \text{ kJ/kg} \end{aligned}$$

（4）求循环吸热量、放热量和热效率

$$q_1 = h_1 - h_5 = 3681.5 - 640.1 = 3041.4 \text{ kJ/kg}$$

$$\begin{aligned} q_2 &= (1-\alpha)(h_2 - h_3) + \alpha(h_c - h_3) \\ &= (1 - 0.2048) \times (2265.5 - 137.77) + 0.2048 \times (640.1 - 137.77) \\ &= 1794.9 \text{ kJ/kg} \end{aligned}$$

$$\eta_t = 1 - \frac{q_2}{q_1} = 41.0\%$$

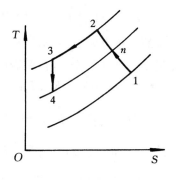

题 7 解图

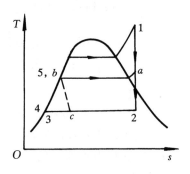

题 8 解图

西安交通大学研究生入学复习题与测试题及解答(四)

复习题与测试题(四)

1. 简答题(30 分)

(1) 对于简单可压缩系,系统只与外界交换哪一种形式的功？可逆时这种功如何计算？

(2) 写出状态参数中的一个直接测量量和一个不可测量量;写出与热力学第二定律有关的一个状态参数。

(3) 试述可逆过程的特征及实现可逆过程的条件。

(4) 在稳定流动能量方程式中,哪几项能量是机械能形式。

(5) 写出下列计算式的适用条件:

① $\Delta u = c_V \Delta T$; ② $\delta q = du + p dv$

(6) 利用右表氧气的平均比定压热容表,求 1 kg 氧气定压下从 135 ℃加热到 300 ℃所吸收的热量。

$t/℃$	$c_p \mid_0^t$
	kJ/(kg·K)
100	0.923
200	0.935
300	0.950

(7) 质量分数为 28%的氧气和 72%的氮气混合。求这种混合气体的折合气体常数和折合摩尔质量。

(8) 一个热力系统中熵的变化可分为哪两部分？指出它们的正负号。

(9) 实际气体绝热节流后,它的温度如何变化。

(10) 水蒸气从状态 $1(p_1, T_1, v_1, h_1, s_1)$可逆定温变化到状态 $2(p_2, T_2, v_2, h_2, s_2)$,试求这一变化过程中膨胀功的大小。

(11) 采用两级活塞式压缩机将压力为 0.1 MPa 的空气压缩至 2.5 MPa,中间压力为多少时耗功最小？

(12) 压力为 0.8 MPa 的空气进入一渐缩喷管(右图所示),射向压力为 0.1 MPa 的空间,假若在喷管的出口端沿截面切去一段,出口截面上的压力、流速及流量将如何变化？

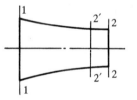

题 1(12)附图

(13) 右图是湿空气中水蒸气的 T-s 图,A、B 两点在同一条等压线上,试在图中标出两点的露点温度,比较两点相对湿度的大小。

(14) 试在 T-s 图上分别画出汽油机理想循环和柴油机混合加热理想循环简图。

(15) 何谓化学反应的反应热效应？

2. 推导(10 分)

(1) 同一物质的 A、B 两物体,B 物体质量为 m,A 物体的质量是 B 物体质量的两倍,两物体的初温分别为 T_A、T_B,且 $T_A > T_B$,物体的比热容 c 为常数。若在两物体间设置一可逆热机,试导出此热机能够做出的最大功。

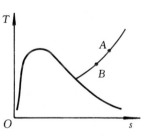

题 1(13)附图

(2) 某气体遵守状态方程:$v = R_g T/p + C/T^2$(式中 C 为常数),试推导这种气体在定温过程中焓变化的表达式。($dh = c_p dT - [T(\partial v/\partial T)_p - v]dp$)

3. (10 分) 250 ℃的空气在定压下放热至 80 ℃,单位质量空气放出热量中的有效能(可用能)为多少? 环境温度为 27 ℃。若将热量全部放给环境,则有效能损失为多少? 将热量的有效能及有效能损失表示在 T-s 图上。[$c_p = 1.004$ kJ/(kg·K)]

4. (8 分) 画出朗肯循环和蒸气压缩制冷循环的 T-s 图,用各点的状态参数写出:
(1) 朗肯循环的吸热量、放热量、汽轮机所做的功及循环热效率;
(2) 制冷循环的制冷量、压缩机耗功及制冷系数。

5. (12 分) 有人设计了一高压氮气为动力源的小功率应急辅助发电装置,如图所示。氮气罐最初的压力为 14 MPa,温度为 20 ℃,氮气可作为理想气体处理,$c_p = 1.037$ kJ/(kg·K),比热比 $\kappa = 1.4$。氮气经调节阀调压后压力降为 0.7 MPa,然后进入气轮机做功,气轮机出口处的压力为 0.1 MPa,在气轮机中的流动为可逆绝热过程,罐中的压力降到 0.7 MPa 时装置停止工作,在整个过程中罐内的温度保持在 20 ℃。试求:

(1) 氮气进入气轮机时的温度;
(2) 每千克氮气所做的功;
(3) 如果气轮机发出的功率为 75 W 时,要求工作一小时,问氮气罐需要多大体积?
(4) 从工程实用出发,你认为此装置的设计有哪些问题?

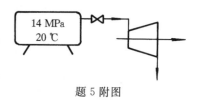

题 5 附图

6. (15 分) 一燃气轮机装置如图所示。它由一台压气机产生压缩空气,而后分两路进入两个燃烧室燃烧,燃气分别进入两台燃气轮机,其中燃气轮机 Ⅰ 发出的动力供应压气机,另一台则输出净功率 $P = 2000$ kW。压气机进口空气状态为:$p_1 = 0.1$ MPa,$t_1 = 27$ ℃;压气机的增压比 $\pi = 10$;燃气轮机进口处的燃气温度 $t_3 = 1180$ ℃。燃气可近似作为空气,且比热 $c_p = 1.004$ kJ/(kg·K)。

(1) 若全部都是可逆过程,试求:
① 每千克燃气在气轮机中所做的功 w_T;
② 燃气轮机 Ⅱ 的质量流量 $q_{m,B}$;
③ 压力机压缩每千克空气所消耗的功 w_C;
④ 燃气轮机 Ⅰ 的质量流量 $q_{m,A}$;
⑤ 每分钟气体工质分别从两燃烧室吸收的热量 Q_A 和 Q_B;
⑥ 整个装置的热效率 η_t。
(2) 若压气机的绝热效率 $\eta_C = 0.85$,试求:
① 压缩每千克空气时,做功能力损失是多少?
② 此时整个装置的热效率又为多少?

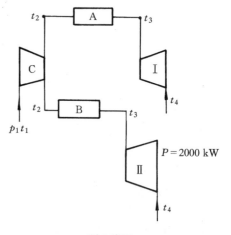

题 6 附图

7. (15 分) 一绝热气缸活塞系统,内用完全透热的固定且刚性的金属隔板分为 A、B 两部分,如图所示。上部活塞上面有一重物。A 中有压力为 3.5 MPa、温度为 140 ℃的空气 10 kg,B 中盛有温度为 140 ℃的 4.5 kg 水与 0.5 kg 水蒸气。现将下部活塞缓慢向上推动,直至 A 中气体等温压缩到压力为 20 MPa。空气的 $R_g = 0.287$ kJ/(kg·K)。求:

（1）推动下部活塞所耗的功；

（2）系统 B 中水蒸气干度的变化；

（3）系统 A＋B 的总热力学能的变化。

附：140 ℃时饱和蒸汽参数

$t_s = 140\ ℃$， $p_s = 361.36\ kPa$，

$v' = 0.0010801\ m^3/kg$， $h' = 589.1\ kJ/kg$，

$s' = 1.7390\ kJ/(kg \cdot K)$，

$v'' = 0.50875\ m^3/kg$， $h'' = 2734.0\ kJ/kg$，

$s'' = 6.9307\ kJ/(kg \cdot K)$

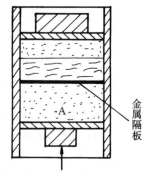

金属隔板

题 7 附图

复习题与测试题(四)解答

1. (1) 对于简单可压缩系,系统只与外界交换膨胀功或体积变化功一种形式的功。可逆时,$w = \int_1^2 p\mathrm{d}v$

(2) 直接测量量:p(或 T,或 v)

不可测量量:h(或 u,或 s)

与热力学第二定律有关的参数:s(或 e_x)

(3) 其逆过程使系统和外界均恢复初态。

实现可逆过程的条件是:准平衡过程及无耗散效应。

(4) 在 $q = \Delta h + \dfrac{1}{2}\Delta c_f^2 + g\Delta z + w_s$ 中,$\dfrac{1}{2}c_f^2$、$g\Delta z$、w_s 是机械能形式,分别代表进、出口工质的动能差、势能差及开口系与外界交换的轴功。

(5) ①适用于理想气体的任意过程,或实际气体的定容过程;

②适用于任意工质的可逆过程。

(6) $q = c_p\Big|_0^{300}\times 300 - c_p\Big|_0^{135}\times 135 = 0.950\times 300 - 0.927\times 135 = 159.9 \ \mathrm{kJ/kg}$

(7) $R_g = \sum w_i R_{g,i} = 0.28\times\dfrac{8.314}{32} + 0.72\times\dfrac{8.314}{28} = 0.2865 \ \mathrm{kJ/(kg \cdot K)}$

$M = \dfrac{R}{R_g} = \dfrac{8.314}{0.287\times 10^3} = 28.97\times 10^{-3} \ \mathrm{kg/mol}$

(8) 在一个热力系统中,熵的变化可分为熵流和熵产。熵流 $\mathrm{d}s_f$ 可正、可负、可为零;熵产 $\mathrm{d}s_g$ 只能为正,或为零。

(9) 实际气体绝热节流后,其温度可能升高,也可能降低,还可能不变,视工质及节流前状态而定。

(10) $\begin{aligned} w &= q - \Delta u = T\Delta s - \Delta u = T\Delta s - \Delta h + \Delta(pv) \\ &= T(s_2 - s_1) - (h_2 - h_1) + (p_2 v_2 - p_1 v_1) \end{aligned}$

(11) $p_{opt} = \sqrt{0.1\times 2.5} = 0.5 \ \mathrm{MPa}$

(12) 因 $\dfrac{p_b}{p_0} = \dfrac{p_b}{p_1} = \dfrac{0.1}{0.8} < \nu_{cr} = 0.528$

所以 $\qquad p_2 = p_{cr} = 0.528 p_1 \qquad$ 不变

$\qquad\qquad T_2 = T_1\left(\dfrac{p_2}{p_1}\right)^{(\kappa-1)/\kappa} \qquad$ 不变

流速: $\qquad c_{f2} = \sqrt{2c_p(T_1 - T_2)} \qquad$ 不变

$\qquad\qquad v_2 = \dfrac{R_g T_2}{p_2} \qquad\qquad$ 不变

流量: $\qquad q_m = \dfrac{c_{f2} A_2}{v_2}$,因 A_2 变小,q_m 增大。

(13) 两点的露点温度相同,如图示 T_d。但 $\varphi_A < \varphi_B$

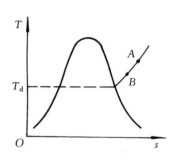

题 1(13)解图

（14）①汽油机循环　　　　　　　　②柴油机循环

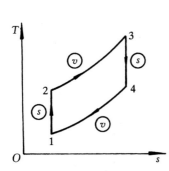 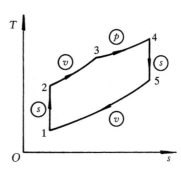

（15）系统经历一个定温反应过程，且只有体积功而无其他形式的功时，1 mol 主要反应物或生成物所吸收或释放的热量称为该反应的热效应。

2.　（1）当可逆机在 A、B 两物体间工作时，它们的温度在不断变化，设两物体的平衡温度为 T_m。根据孤立系熵增原理，有

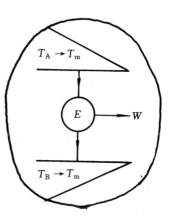

$$\Delta S_{iso} = \Delta S_A + \Delta S_B + \Delta S_E$$

$$= \int_{T_A}^{T_m} \frac{m_A c \mathrm{d}T}{T} + \int_{T_B}^{T_m} \frac{m_B c \mathrm{d}T}{T} + 0 = 0$$

即　　　$2m_A c \ln \dfrac{T_m}{T_A} + m_B c \ln \dfrac{T_m}{T_B} = 0$

$$\ln\left(\frac{T_m}{T_A}\right)^2 \left(\frac{T_m}{T_B}\right) = 0$$

$$\frac{T_m^3}{T_A^2 T_B} = 1 \qquad 即 \quad T_m = \sqrt[3]{T_A^2 T_B}$$

于是可逆机输出的最大功为

$$W_{max} = Q_1 - Q_2 = m_A c(T_A - T_m) - m_B c(T_m - T_B)$$

$$= m_B c [2(T_A - T_m - T_m + T_B] = m_B c(2T_A + T_B - 3T_m)$$

$$= m_B c(2T_A + T_B - 3\sqrt[3]{T_A^2 T_B})$$

（2）$\mathrm{d}h = c_p \mathrm{d}T - \left[T\left(\dfrac{\partial v}{\partial T}\right)_p - v\right]\mathrm{d}p$

对于等温过程，则

$$\mathrm{d}h = \left[v - T\left(\frac{\partial v}{\partial T}\right)_p\right]\mathrm{d}p \tag{A}$$

由所给状态方程得

$$\left(\frac{\partial v}{\partial T}\right)_p = \frac{R_g}{p} - 2CT^{-3}$$

代入式（A）

$$\mathrm{d}h = \left[v - \frac{R_g T}{p} + 2CT^{-2}\right]\mathrm{d}p = \left[v - \left(\frac{R_g T}{p} + \frac{C}{T^2}\right) + \frac{3C}{T^2}\right]\mathrm{d}p$$

$$= \left(v - v + \frac{3C}{T^2}\right)\mathrm{d}p = \frac{3C}{T^2}\mathrm{d}p$$

于是　　$\Delta h = \int_1^2 \frac{3C}{T^2}\mathrm{d}p = \frac{3C}{T^2}\int_1^2 \mathrm{d}p = \frac{3C}{T^2}(p_2 - p_1) = 3C\Delta p / T^2$

3. （1）放出热量的有效能

$$e_{x,Q} = \int_1^2 \left(1 - \frac{T_0}{T}\right)\delta Q = \int_{T_1}^{T_2}\left(1 - \frac{T_0}{T}\right)c_p\mathrm{d}T$$

$$= c_p(T_2 - T_1) - T_0 c_p \ln\frac{T_2}{T_1}$$

$$= 1.004 \times (80 - 250) - 300 \times 1.004 \times \ln\frac{80+273}{250+273}$$

$$= -52.27 \text{ kJ/kg}$$

（2）将热量全部放给环境,有效能的损失为

方法 1：$i = T_0 \Delta s_{\mathrm{iso}} = T_0(\Delta s_{\mathrm{sys}} + \Delta s_{\mathrm{surr}})$

$$= T_0 c_p \ln\frac{T_2}{T_1} + \frac{|q|}{T_0} \times T_0$$

$$= 300 \times 1.004 \times \ln\frac{80+273}{250+273} + 1.004 \times$$

$$(250 - 80)$$

$$= 52.27 \text{ kJ/kg}$$

方法 2：$i = -e_{x,Q} = 52.27$ kJ/kg

（3）热量的有效能及有效能损失在 $T\text{-}s$ 图上的表示,如图所示。

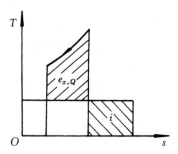

4. （1）朗肯循环

吸热量：　　$q_1 = h_1 - h_4$

放热量：　　$q_2 = h_2 - h_3$

汽轮机做功：$w_{\mathrm{T}} = h_1 - h_2$

热效率：　　$\eta_{\mathrm{t}} = \frac{(h_1-h_2)-(h_4-h_3)}{h_1-h_4} \approx \frac{h_1-h_2}{h_1-h_4}$

（2）蒸气压缩制冷循环

制冷量：　　$q_{\mathrm{L}} = h_1 - h_4$

压缩机耗功：$w_{\mathrm{C}} = h_2 - h_1$

制冷系数：　$\varepsilon = \frac{q_{\mathrm{L}}}{w_{\mathrm{C}}} = \frac{h_1-h_4}{h_2-h_1} = \frac{h_1-h_3}{h_2-h_1}$

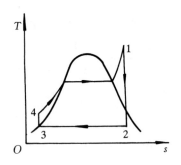

题 4(1)解图

5. （1）求氮气进入汽轮机时的温度。

气体经节流过程,据第一定律得

$$\Delta h = 0$$

对于理想气体,则　$\Delta T = 0$

即节流后　　$T_2 = T_1 = 20 + 273 = 293$ K

（2）求每千克氮气所做的功

$$w_{\mathrm{s}} = -\Delta h = c_p T_2\left[1 - \left(\frac{p_3}{p_2}\right)^{(\kappa-1)/\kappa}\right]$$

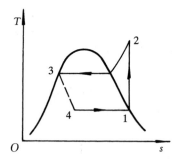

题 4(2)解图

$$= 1.037 \times 293 \times \left[1 - \left(\frac{0.1}{0.7} \right)^{0.4/1.4} \right]$$

$$= 129.6 \text{ kJ/kg}$$

（3）求氮气罐需要多大体积

由 $\quad P = q_m w_s$ 得

$$q_m = \frac{P}{w_s} = \frac{75 \times 10^{-3}}{129.6} = 0.5887 \times 10^{-3} \text{ kg/s} = 2.08 \text{ kg/h}$$

由 $\quad p q_V = q_m R_g T$ 得

$$q_V = \frac{q_m}{p_1 - p_2} R_g T_1 = \frac{2.08 \times 8.314/28 \times 293}{(14 - 0.7) \times 10^3} = 0.0136 \text{ m}^3/\text{h}$$

（4）① T_3 过低，计算为 $T_3 = 168 \text{ K} = -105 \text{ ℃}$，所以绝热膨胀不可能。

② 气轮机功率为 75 W，作为动力装置，功率如此之小，无多大实用意义。

③ 氮气罐压力过高，在节流过程中，很难保持其内气体温度不变。

6. （1）过程全部都是可逆的过程时

① $T_4 = T_3 \left(\dfrac{1}{\pi} \right)^{(\kappa-1)/\kappa} = (1180 + 273) \times \left(\dfrac{1}{10} \right)^{0.4/1.4} = 752.6 \text{ K}$

$\quad w_{\text{T,I}} = w_{\text{T,II}} = c_p (T_3 - T_4) = 1.004 \times (1453 - 752.6) = 703.2 \text{ kJ/kg}$

② $q_{m,\text{B}} = \dfrac{P_{\text{II}}}{w_{\text{T,II}}} = \dfrac{2000}{703.2} = 2.84 \text{ kg/s}$

③ $T_2 = T_1 \pi^{(\kappa-1)/\kappa} = 300 \times 10^{0.4/1.4} = 579.2 \text{ K}$

$\quad w_{\text{C}} = c_p (T_2 - T_1) = 1.004 \times (579.2 - 300) = 280.3 \text{ kJ/kg}$

④ 根据燃气轮机 I 发出的功率与压气机消耗的功率相等，得

$$q_{m,\text{A}} w_{\text{T,I}} = (q_{m,\text{A}} + q_{m,\text{B}}) w_{\text{C}}$$

则 $\quad q_{m,\text{A}} = \dfrac{q_{m,\text{B}} w_{\text{C}}}{w_{\text{T,I}} - w_{\text{C}}} = \dfrac{2.84 \times 280.3}{703.2 - 280.3} = 1.88 \text{ kg/s}$

⑤ $\dot{Q}_{\text{A}} = q_{m,\text{A}} c_p (T_3 - T_2) = 1.88 \times 1.004 \times (1453 - 579.2) = 1649.3 \text{ kW}$

$\quad \dot{Q}_{\text{B}} = q_{m,\text{B}} c_p (T_3 - T_2) = 2.84 \times 1.004 \times (1453 - 579.2) = 2491.5 \text{ kW}$

⑥ 方法 1：$\eta_t = \dfrac{P_{\text{II}}}{\dot{Q}_{\text{A}} + \dot{Q}_{\text{B}}} = \dfrac{2000}{1649.3 + 2491.5} = 48.2 \text{ \%}$

方法 2：理想定压加热循环

$$\eta_t = 1 - \frac{T_1}{T_2} = 1 - \frac{300}{579.2} = 48.2 \text{ \%}$$

（2）气体的压缩为不可逆过程时

① $T_{2'} = T_1 + \dfrac{T_2 - T_1}{\eta_{\text{C}}} = 300 + \dfrac{579.2 - 300}{0.85} = 628.5 \text{ K}$

$\quad w'_{\text{C}} = \dfrac{w_{\text{C}}}{\eta_{\text{C}}} = \dfrac{280.3}{0.85} = 329.8 \text{ kJ/kg}$

$\quad q'_{m,\text{A}} = \dfrac{q_{m,\text{B}} w'_{\text{C}}}{w_{\text{T,I}} - w'_{\text{C}}} = \dfrac{2.84 \times 329.8}{703.2 - 329.8} = 2.51 \text{ kg/s}$

不可逆过程的做功能力损失

$$I = (q'_{m,\text{A}} + q_{m,\text{B}}) T_0 \Delta s_{\text{g}}$$

$$= (q'_{m,A} + q_{m,B}) T_0 \left(c_p \ln \frac{T'_2}{T_1} - R_g \ln \frac{p_2}{p_1} \right)$$

$$= (q'_{m,A} + q_{m,B}) T_0 c_p \ln \frac{T'_2}{T_2}$$

$$= (2.51 + 2.84) \times 300 \times 1.004 \times \ln \frac{628.5}{579.2}$$

$$= 131.6 \text{ kW}$$

② 方法 1：

$$\dot{Q}' = \dot{Q}'_A + \dot{Q}'_B = (q'_{m,A} + q_{m,B}) c_p (T_3 - T'_2)$$

$$= (2.51 + 2.84) \times 1.004 \times (1453 - 628.5) = 4428.7 \text{ kW}$$

$$\eta'_t = \frac{P_{\text{II}}}{\dot{Q}'} = \frac{2000}{4428.7} = 45.2 \ \%$$

方法 2：

$$\eta'_t = \frac{T_3 - T_4 - \dfrac{1}{\eta_C}(T_2 - T_1)}{T_3 - T_1 - \dfrac{1}{\eta_C}(T_2 - T_1)} = \frac{1453 - 752.6 - \dfrac{1}{0.85} \times (579.2 - 300)}{1453 - 300 - \dfrac{1}{0.85} \times (579.2 - 300)} = 45.1 \ \%$$

7. (1) 对于系统 A 中的空气

$$W_A = -m R_g T \ln \frac{p_2}{p_1} = -10 \times 0.287 \times (140 + 273) \times \ln \frac{20}{3.5} = -2.066 \times 10^3 \text{ kJ}$$

(2) $Q_A = W_A = -Q_B = 2.066 \times 10^3 \text{ kJ}$

对于系统 B 中的湿蒸汽经过一定压(亦是等温)过程

初态：$x_1 = \dfrac{m'}{m' + m''} = \dfrac{0.5}{0.5 + 4.5} = 0.1$

$$s_1 = x_1 s''_1 + (1 - x_1) s_1$$

$$= 0.1 \times 6.9307 + 0.9 \times 1.7390 = 2.2582 \text{ kJ/(kg} \cdot \text{K)}$$

过程中：$Q_B = m_B T(s_2 - s_1)$

$$s_2 = \frac{Q_B}{m_B T} + s_1 = \frac{2.066 \times 10^3}{5.0 \times 413} + 2.2582 = 3.259 \text{ kJ/(kg} \cdot \text{K)}$$

$$x_2 = \frac{s_2 - s'}{s'' - s'} = \frac{3.259 - 1.7390}{6.9307 - 1.739} = 0.2928$$

所以，系统 B 中水蒸气干度的变化

$$\Delta x = x_2 - x_1 = 0.2928 - 0.1 = 0.1928$$

(3) $\Delta U_{A+B} = \Delta U_A + \Delta U_B = 0 + \Delta U_B = m_B (U_2 - U_1)$

$$= m_B [(h_2 - p v_2) - (h_1 - p v_1)]$$

$$= m_B [(h_2 - h_2) - p(v_2 - v_1)]$$

$$= m_B [(x_2 - x_1)(h'' - h') - p(x_2 - x_1)(v'' - v')]$$

$$= m_B (x_2 - x_1)[(h'' - h') - p(v'' - v')]$$

$$= 5 \times 0.1928 [(2734.0 - 589.1) - 3.5 \times 10^3 \times (0.50875 - 0.0010801)]$$

$$= 354.8 \text{ kJ}$$

西安交通大学研究生入学复习题与测试题及解答(五)

复习题与测试题(五)

1. 名词解释(每小题 4 分,共 20 分)

(1) 可逆过程

(2) 卡诺循环

(3) 露点

(4) 绝热滞止温度

(5) 孤立系统熵增原理

2. 是非题(是画"√",非画"×")(每小题 1 分,共 10 分)

(1) 因为不可逆过程不可能在 $T\text{-}s$ 图上表示,所以也不能计算过程的熵变量。 ( )

(2) 用压力表可以直接读出绝对压力值。 ( )

(3) 封闭系统中发生放热过程,系统熵必减少。 ( )

(4) 理想气体的 c_p、c_v 值与气体的温度有关,则它们的差值也与温度有关。 ( )

(5) 热力系没有通过边界与外界交换能量,系统的热力状态也可能变化。 ( )

(6) 任意可逆循环的热效率都是 $\eta_t = 1 - \dfrac{T_2}{T_1}$。 ( )

(7) 定压过程的热量 $\delta q_p = c_p \mathrm{d}T$ 只适用于理想气体而不适用于实际气体。 ( )

(8) 实际蒸汽动力装置与燃气轮机装置,采用回热后每千克工质做功量均减少。 ( )

(9) 湿空气的相对湿度愈大,其中水蒸气分压力也愈大。 ( )

(10) 绝热节流的温度效应可用一个偏导数来表征,这个量称为焦耳-汤姆孙系数。它是一个状态的单值函数。实际气体节流后温度可能升高、降低或不变。 ( )

3. 简答题(每小题 5 分,共 15 分)

(1) 压气机高压比时为什么采用多级压缩中间冷却方式?

(2) 有一台可逆机经历了定容加热 1→2、等熵膨胀 2→3 和等压放热 3→1 之后完成一个循环。假定工质为理想气体,其等熵指数为 κ,循环点的温度 T_1、T_2 和 T_3 已知。试在 $p\text{-}v$ 图和 $T\text{-}s$ 图上表示出该循环,并写出循环的热效率计算式。

(3) 在下列两种情况下分别比较活塞式内燃机定压加热理想循环、混合加热理想循环及定容加热理想循环的热效率的大小:

① 初态相同,压缩比 ε 相同,循环吸热量 q_1 相同;

② 初态相同,循环的最高压力和最高温度相同。

计算题

4. (8 分) 一刚性容器初始时刻装有 500 kPa、290 K 的空气 3 kg。容器通过一阀门与一垂直放置的活塞气缸相联接,初始时气缸装有 200 kPa、290 K 的空气 0.05 m³。阀门虽然关闭着,但有缓慢的泄漏,使得容器中的气体可缓慢地流进气缸,直到容器中的压力降为 200 kPa 时为止。活塞的重量和大气压力产生 200 kPa 的恒定压力,过程中气体与外界可以换热,气体的温度维持 290 K 不变。试求过程中气体与外界的总换热量。空气的气体常数 $R_g = 287$ J/(kg·K)。

5.（20分） 如图所示，一渐缩喷管经一可调阀门与空气罐连接。气罐中参数恒定为 $p_a = 500$ kPa，$t_a = 43$ ℃，喷管外大气压力 $p_b = 100$ kPa，温度 $t_0 = 27$ ℃，喷管出口截面面积为 68 cm²。设空气的气体常数 $R_g = 287$ J/(kg·K)，等熵指数 $\kappa = 1.4$。试：

（1）阀门 A 完全开启时（假设无阻力），求流经喷管的空气流量 q_m 是多少？

（2）关小阀门 A，使空气经阀门后压力降为 150 kPa，求流经喷管的空气流量 q'_m，以及因节流引起的做功能力损失为多少？并将此流动过程及损失表示在 T-s 图上。

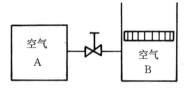

题 4 附图

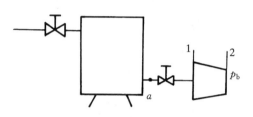

题 5 附图

6.（12分） 某热电厂工作在 1650 ℃ 的高温热源（锅炉炉镗燃气温度）和 15 ℃ 的低温热源（河水中引来的循环水）之间。

（1）求在此高、低温热源下按卡诺循环工作时的热效率；

（2）热电厂实际采用水（蒸汽）作为工质，由于受金属材料耐高压的限制，过热蒸汽的温度为 550 ℃。求以此温度作为高温热源温度并按卡诺循环工作时的热效率；

（3）试分析热电厂提高热效率和减少热污染的途径。

7.（15分） 氨蒸气压缩制冷装置，蒸发器中的温度为 −20 ℃，冷凝器中的温度为 40 ℃。已知压缩机出口处比焓为 1954.2 kJ/kg。

求：（1）循环制冷系数；

（2）如用膨胀机代替节流阀，求循环制冷系数。

氨的热力性质表

$t/℃$	p/MPa	$h'/(\text{kJ/kg})$	$h''/(\text{kJ/kg})$	$s'/[\text{kJ/(kg·K)}]$	$s''/[\text{kJ/(kg·K)}]$
−20	0.190219	327.198	1657.428	3.840	9.096
40	1.554354	609.472	1710.600	4.830	8.350

<h1 align="center">复习题与测试题(五)解答</h1>

1. 略

2. (1)╳　(2)╳　(3)╳　(4)╳　(5)╳　(6)╳　(7)╳　(8)╳　(9)✓　(10)✓

3. (1) 采用多级压缩、中间冷却,有如下一些好处:

① 可降低排气温度,如 $T\text{-}s$ 图上所示,压气机出口温度由 $T_{4'}$ 降为 T_4;

② 可减少压气机耗功量,如 $p\text{-}v$ 图上所示,省去了面积 $4324'4$ 所示的功;

③ 对于活塞式压气机还可提高压气机的容积效率,有利于压比的提高。

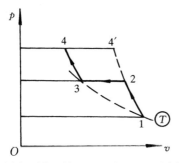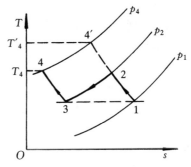

(2)依题意,循环的 $p\text{-}v$ 和 $T\text{-}s$ 图如图所示。

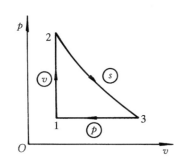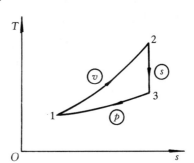

$$\eta_t = 1 - \frac{q_2}{q_1} = 1 - \frac{c_p(T_3 - T_1)}{c_V(T_2 - T_1)} = 1 - \frac{\kappa(T_3 - T_1)}{T_2 - T_1}$$

(3) 在 2 种不同情况下,3 种内燃机循环在 $T\text{-}s$ 图上的表示如下:

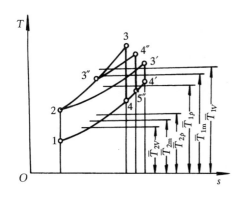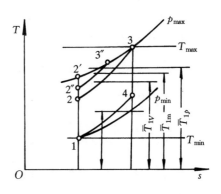

①对于情况 1

因 $\overline{T}_{1V} > \overline{T}_{1m} > \overline{T}_{1p}$

又 $\overline{T}_{2V} < \overline{T}_{2m} < \overline{T}_{2p}$

故 $\eta_{t,V} > \eta_{t,m} > \eta_{t,p}$

②对于情况 2

因 $\overline{T}_{2V} = \overline{T}_{2m} = \overline{T}_{2p}$

而 $\overline{T}_{1p} > \overline{T}_{1m} = \overline{T}_{1V}$

故 $\eta_{t,p} > \eta_{t,m} > \eta_{t,V}$

4. 取容器 A 和容器 B 整体为热力系,则

$$Q = \Delta U + W$$

对于理想气体空气,则 $\Delta T = 0$ 时, $\Delta U = 0$

于是 $Q = W = p_B(V_2 - V_1)$

$$m_{B1} = \frac{p_{B1}V_{B1}}{R_g T_{B1}} = \frac{200 \times 0.05}{0.287 \times 290} = 0.120 \text{ kg}$$

$$V_1 = V_{A1} + V_{B1} = \frac{m_A R_g T_{A1}}{p_{A1}} + V_{B1} = \frac{3 \times 0.287 \times 290}{500} + 0.05 = 0.549 \text{ m}^3$$

$$V_2 = \frac{m_{tot} R_g T_2}{p_2} = \frac{(3+0.120) \times 0.287 \times 290}{200} = 1.298 \text{ m}^3$$

故 $Q = p_B(V_2 - V_1) = 200 \times (1.298 - 0.549) = 149.8 \text{ kJ}$

本题可参见例题 3-10 的详细分析讨论。

5. （1）阀门完全开启时,喷管入口参数为

$$p_1 = p_a = 500 \text{ kPa}, \quad T_1 = T_a = 316 \text{ K}$$

因 $\frac{p_b}{p_1} = \frac{100}{560} = 0.2 < \nu_{cr} = 0.528$

所以 $p_2 = p_{cr} = \nu_{cr} p_1 = 0.528 \times 500 = 264 \text{ kPa}$

$$T_2 = T_1 \nu_{cr}^{(\kappa-1)/\kappa} = 316 \times 0.528^{0.4/1.4} = 263.3 \text{ K}$$

$$v_2 = \frac{R_g T_2}{p_2} = \frac{0.287 \times 263.3}{264} = 0.2862 \text{ m}^3/\text{kg}$$

$$c_{f2} = \sqrt{2c_p(T_1 - T_2)} = \sqrt{2 \times 1004 \times (316 - 263.3)} = 325.3 \text{ m/s}$$

$$q_m = \frac{A_2 c_{f2}}{v_2} = \frac{64 \times 10^{-4} \times 325.3}{0.2862} = 7.27 \text{ kg/s}$$

（2）阀门关小时,有一节流过程

$$h_1 = h_a, \text{ 即 } T_1 = T_a = 316 \text{ K}$$

喷管入口参数为 $p_1 = 150 \text{ kPa}$, $T_1 = 316 \text{ K}$

因 $\frac{p_b}{p_1} = \frac{100}{150} = 0.667 > \nu_{cr} = 0.528$

所以 $p_2 = p_b = 100 \text{ kPa}$

$$c_{f2} = \sqrt{2c_p T_1 \left[1 - \left(\frac{p_2}{p_1}\right)^{(\kappa-1)/\kappa}\right]}$$

$$= \sqrt{2 \times 1004 \times 316 \times \left[1 - \left(\frac{100}{150}\right)^{0.4/1.4}\right]}$$

$$= 263.5 \text{ m/s}$$

$$v_2 = v_1 \left(\frac{p_1}{p_2} \right)^{1/\kappa} = \frac{R_g T_1}{p_1} \left(\frac{p_1}{p_2} \right)^{1/\kappa}$$

$$= \frac{0.287 \times 316}{150} \times \left(\frac{150}{100} \right)^{1/1.4} = 0.8077 \text{ m}^3/\text{kg}$$

$$q'_m = \frac{A_2 c_{f2}}{v_2} = \frac{68 \times 10^{-4} \times 263.6}{0.8077} = 2.22 \text{ kg/s}$$

$$I = q'_m T_0 \Delta S_g = q'_m T_0 \left(-R_g \ln \frac{p_1}{p_a} \right)$$

$$= 2.22 \times 300 \left(-0.287 \times \ln \frac{150}{500} \right)$$

$$= 230.1 \text{ kJ}$$

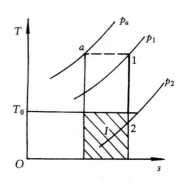

做功能力损失在 T-s 图上的表示,如图所示。

6. (1) $\eta_{t,c} = 1 - \dfrac{T_2}{T_1} = 1 - \dfrac{15 + 273}{1650 + 273} = 85.0\%$

(2) $\eta'_{t,c} = 1 - \dfrac{T_2}{T_1} = 1 - \dfrac{288}{550 + 273} = 65.0\%$

(3) 途径 1:提高蒸汽初压、初温,降低乏汽压力;

途径 2:采用再热(注意满足 $x_2 \geqslant 0.88$);

途径 3:采用抽汽回热;

途径 4:减少过程的不可逆因素,如锅炉中高温烟气与蒸汽间的温差要尽可能的小;汽轮机相对内效率 η_T 要大等;

途径 5:采用热电联产,以减少热污染。

7. (1) 制冷系数

$$\varepsilon = \frac{h_1 - h_4}{h_2 - h_1} = \frac{h_1 - h_3}{h_2 - h_1}$$

$$= \frac{1657.428 - 609.472}{1960 - 1657.428} = 3.46$$

(2) 若用膨胀机,则膨胀机出口处的状态参数为

$$s_{4s} = s_3$$

$$x_{4s} = \frac{s_{4s} - s'}{s'' - s'} = \frac{4.830 - 3.840}{9.096 - 3.840} = 0.1884$$

$$h_{4s} = h' + x_{4s}(h'' - h') = 327.198 + 0.1884(1657.428 - 327.198)$$

$$= 577.81 \text{ kJ/kg}$$

此时的制冷系数为

$$\varepsilon = \frac{q_L}{w_{net}} = \frac{q_L}{w_C - w_P} = \frac{h_1 - h_{4s}}{(h_2 - h_1) - (h_3 - h_{4s})}$$

$$= \frac{1657.428 - 577.71}{(1960 - 1657.428) - (609.472 - 577.81)} = 3.99$$

西安交通大学研究生入学复习题与测试题及解答(六)

复习题与测试题(六)

1. 简答或简单计算题(80 分)

(1)准平衡过程(即准静态过程)与可逆过程有什么异同?实现条件有什么异同?

(2)试用系统的状态参数及其变化表达可逆过程的膨胀功、技术功和吸热量,并将可逆过程的膨胀功、技术功表示在 p-V 图上,将可逆过程的吸热量表示在 T-s 图上。

(3)试写出闭口系能量方程以及稳定流动开口系能量方程。写出将稳定流动开口系能量方程应用于锅炉、汽轮机时的简化形式。

(4)试分析定容积开口系统内理想气体在压力不变条件下加热升温时系统内气体的总热力学能(即内能)变化情况(按定值比热容考虑)。

(5)对刚性密闭容器中的汽水混合物加热,是否最终将全部变为蒸汽,为什么?

(6)热力学第二定律的实质是什么?试写出其两种数学表达式。

(7)系统由同一初态分别经可逆和不可逆过程到达同一终态,比较两个过程系统熵变的大小,环境的熵变又如何?

(8)已知 $ds = c_p \dfrac{dT}{T} - \left(\dfrac{\partial v}{\partial T}\right)_p dp$,则可知 $\left(\dfrac{\partial c_p}{\partial p}\right)_T = \left(-\quad\right)_p$,试将该式补充完整。

(9)已知气体的温度、压力及临界参数,如何利用通用压缩因子图确定状态?简述步骤。

(10)在 $\ln p$-h 图上画出并说明,为什么实际蒸气压缩制冷循环常在冷凝器采用过冷措施?

(11)若 t℃下的湿空气由干空气与干饱和蒸气组成,有人说露点温度 $t_D < t$,是否正确?为什么?

(12)试在 p-V、T-s 图上画出内燃机理想混合加热循环,燃气轮机装置的布雷顿循环。假定各点的状态参数均已知,试用各点的状态参数表示循环吸热量,放热量,热效率。并指出两种提高燃气轮机装置循环效率的措施,简述理由。

(13)绝热节流过程与开口系统中的可逆绝热膨胀过程各有什么特点,状态参数如何变化?

(14)在温度不变的情况下,对湿空气加入一定的干空气,试问湿空气的绝对湿度、相对湿度、含湿量如何变化?

(15)我们知道卡诺循环的效率高,为什么蒸汽动力循环利用了水蒸气在两相区等压等温的特点,而不采用卡诺循环?

(16)有人想设计一台制冷机,它从温度为 283 K 的低温热源吸取 1000 kJ 的热量,排给温度为 300 K 的环境,只需消耗 100 kJ 的功,你认为这台制冷机能否实现,为什么?

(17)将 $p_1 = 0.1$ MPa、$t_1 = 250$ ℃的空气冷却到 $t_2 = 80$ ℃。求单位质量空气放出热量中的有效能为多少?(设环境温度为 27 ℃)

(18)常温、常压下一混合气体由氮气、氧气和二氧化碳组成,其摩尔分数分别为 50%、20% 和 30%。试计算该混合气体的折合气体常数 $R_{g,eq}$ 和折合摩尔质量 M_{eq}。

(19)实验室需要压力为 6.0 MPa 的压缩空气,应采用一级压缩还是两级压缩?若采用两级压缩,最佳中间压力应为多少?设大气压力为 0.1 MPa,大气温度为 20 ℃,$n=1.25$,采用中冷器将压缩空气冷却到初温,压缩终了空气的温度又是多少?设压气机润滑油的允许温度不得超过 160~180℃。

(20)如题 1(20)附图所示的循环 $p-V$ 图上 $1-2-3-1$ 称为 A 循环,循环 $1'-2'-3'$ 称为 B 循环,A、B 循环的工质均为同种理想气体。试比较两可逆循环热效率的高低。(提示:可以将循环画在 $T-s$ 图上)

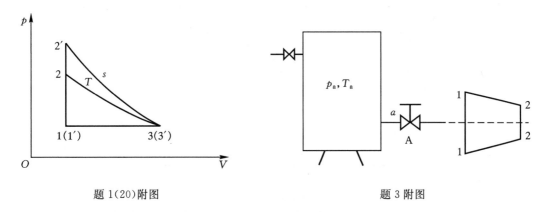

题 1(20)附图   题 3 附图

计算题(70 分)

2.(20 分) 含 N_2 0.2 kg,CO_2 0.3 kg 的烟气与 0.5 kg 的空气(烟气与空气同温同压,分别为 1000 K 和 1 MPa),混合后进入燃气轮机,经绝热膨胀至 0.1 MPa,燃气轮机相对内效率为 0.8。(已知 $R_{air}=287.1$ J/(kg·K),$R=8.314$ J/(mol·K),$T_0=300$ K,$c_{p,air}=1.004$ kJ/(kg·K),$c_{p,N_2}=1.038$ kJ/(kg·K),$c_{p,CO_2}=0.845$ kJ/(kg·K),设混合后气体的绝热指数 $\kappa=1.4$)。求:

(1) 燃气轮机对外做功量;

(2)系统总熵增;

(3)系统做功能力损失。

3.(20 分) 如题 3 附图所示,一减缩喷管经一可调阀门与空气罐连接。气罐中参数恒定为,喷管外大气压力为 $p_a=500$ kPa。$t_a=43$ ℃,温度 $t_0=27$ ℃,喷管出口截面积为 68 cm²。空气的 $R_g=287$ J/kg·K),$\kappa=1.4$。试求:

(1)阀门 A 全开启时(假设无阻力),求流经喷管的空气流量是 q_{m1} 多少?

(2)关小阀门 A,使空气经阀门后压力降为 150 kPa,求流经喷管的空气流量 q_{m2},以及因节流引起的做功能力损失为多少?并将此流动过程及损失表示在 $T-s$ 图上。

4.(10 分) 人体热量的消耗率通常为 356 kJ/h,在做激烈运动时则达 628 kJ/h。在热天皮肤经由汗的蒸发来冷却,若汗的蒸发在定压且与皮肤相同温度(27℃)下进行,问运动时多余热量需每小时蒸发多少汗才能排除?

已知:$t=26$ ℃时,$h'=108.95$ kJ/kg,$h''=2548.6$ kJ/kg;

$t=28$ ℃时,$h'=117.3$ kJ/kg,$h''=2552.3$ kJ/kg

5.(20 分) 有一蒸汽动力装置按一次再热理想循环工作,新蒸汽参数为 $p_1=8$ MPa,$t_1=500$ ℃,再热压力 $p_A=2$ MPa,再热后温度 $t_R=t_1=500$ ℃,汽轮机的背压 $p_b=0.006$ MPa。在

忽略水泵功的情况下,试求:

    (1)定性画出循环的 $T-s$ 图;

    (2)循环吸热量 q_1 及放热量 q_2;

    (3)汽轮机输出功 w_T;

    (4)循环热效率 η_t;

    (5)相应朗肯循环的热效率。

有关状态参数表

p/MPa	t/℃	h/(kJ/kg)	S/[kJ/(kg·K)]
8	500	3398.5	6.7254
2		3002	6.7254
2	500	3476.4	7.4323
0.006		2304	7.4323
0.006		2088	6.7254

饱和水的热力性质

p/MPa	h'/(kJ/kg)	s'/[kJ/(kg·K)]
0.006	151.5	0.5209

复习题与测试题(六)解答

1. 简答题或简单计算题

(1) 准静态过程:由一系列连续的平衡态所组成的过程。

可逆过程:当系统完成某一过程后,如能使过程逆行,而使系统和外界恢复到原始状态,系统和外界都不留下任何变化的过程。

实现条件:前者是在无限小势差推动下进行;后者是无耗散的准静态过程,区别在于是否有耗散上。

(2)用系统的状态参数及其变化表达可逆过程的膨胀功、技术功和吸热量为:

$$w = \int_1^2 p\mathrm{d}v$$

$$w = -\int_1^2 v\mathrm{d}p$$

$$q = -\int_1^2 T\mathrm{d}s$$

可逆过程的膨胀功、技术功表示在 $p\text{-}V$ 图上以及吸热量表示在 $T\text{-}s$ 图上如下:

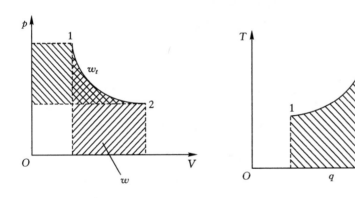

(3)闭口系能量方程式:

$$q = \Delta u + w$$

稳定流动开口系能量方程式:　　　　$q = \Delta h + w_t$

应用于锅炉的能量方程式:　　　　　$q = \Delta h = h_2 - h_1$

应用于汽轮机的能量方程式:　　　　$w_t = -\Delta h = h_1 - h_2$

(4) 由理想气体状态方程 $pV = mR_g T$ 得

$$\frac{\mathrm{d}p}{p} + \frac{\mathrm{d}V}{V} = \frac{\mathrm{d}m}{m} + \frac{\mathrm{d}T}{T}$$

依题意,过程定容、定压,所以

$$\mathrm{d}m = -\frac{m}{T}\mathrm{d}T$$

又因为　　　　　　$\mathrm{d}U = \mathrm{d}(mu) = m\mathrm{d}u + u\mathrm{d}m = mc_V\mathrm{d}T + c_V T\mathrm{d}m$

所以
$$dU = -mc_V dT + c_V T\left(-\frac{m}{T}\right)dT = 0$$

所以,系统内气体的总热力学能在过程中保持变化。

(5)对刚性密闭容器中的汽水混合物加热,最终不一定将全部变为蒸汽,有可能变为液体或者超临界流体;或者蒸汽或超临界流体。

(6)热力学第二定律实质描述自发过程的不可逆性,或能量转换的方向性,或能量的品质性。

热力学第二定律得数学表达式:
$$\eta_t \leqslant \eta_{t,c} = 1 - \frac{T_2}{T_1}$$
$$ds \geqslant \frac{\delta q}{T} \text{ 或 } \oint \frac{\delta q}{T} \leqslant 0$$

或者孤立系: $ds_{iso} \geqslant 0$

(7)系统由同一初态分别经可逆和不可逆过程到达同一终态,两个过程系统熵的变化一样。但是环境的熵变不一样,$dS_{环,可逆} < dS_{环,不可逆}$,这是由于

由 $dS_{iso} \geqslant 0$ 知

因为
$$\begin{cases} dS_{工质} + dS_{环,不可逆} > 0 \\ dS_{工质} + dS_{环,可逆} = 0 \end{cases}$$

则
$$dS_{环,可逆} < dS_{环,不可逆}$$

(8)由 $dS = c_p \dfrac{dT}{T} - \left(\dfrac{\partial v}{\partial T}\right)_p dp$ 可得
$$\left(\frac{\partial c_p/T}{\partial p}\right)_T = -\frac{\partial}{\partial T}\left[\left(\frac{\partial v}{\partial T}\right)_p\right]_p = -\left(\frac{\partial^2 v}{\partial T^2}\right)_p$$

于是
$$\left(\frac{\partial c_p}{\partial p}\right)_T = -T\left(\frac{\partial^2 v}{\partial T^2}\right)_p$$

(9)利用通用压缩因子图确定状态的步骤,简述如下:

①求对比压力,对比温度: $p_r = p/p_c$, $T_r = T/T_C$;

②求压缩因子:$Z = f(p_r, T_r)$ 查通用压缩因子图,得到该状态下的 Z;

③求比体积:$v = ZR_g T/p$

(10)参见 $\ln p$ - h 图。
$$\varepsilon = \frac{h_1 - h_4}{h_2 - h_1}$$
$$\varepsilon' = \frac{h_1 - h_{4'}}{h_2 - h_1}$$

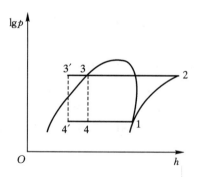

显然,$\varepsilon' > \varepsilon$

性能系数得到了提高。

(11)不正确,因为此时 $t_D = t$。

(12)在 p - V、T - s 图上,内燃机理想混合加热循环

如图所示:

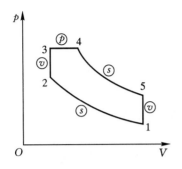 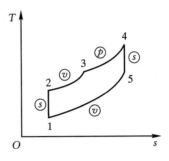

内燃机理想混合加热循环的吸热量、放热量、热效率为

$$q_1 = c_V(T_3 - T_2) + c_p(T_4 - T_3)$$

$$q_2 = c_V(T_5 - T_1)$$

$$\eta_t = 1 - \frac{q_2}{q_1} = 1 - \frac{c_V(T_5 - T_1)}{c_V(T_3 - T_2) + c_p(T_4 - T_3)} = 1 - \frac{(T_5 - T_1)}{(T_3 - T_2) + \kappa(T_4 - T_3)}$$

在 p-V、T-s 图上，燃气轮机装置的布雷顿循环如图所示：

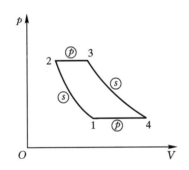 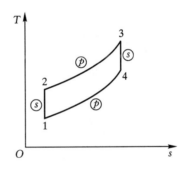

燃气轮机装置的布雷顿循环的吸热量、放热量、热效率为

$$q_1 = c_p(T_3 - T_2)$$

$$q_2 = c_p(T_4 - T_1)$$

$$\eta_t = 1 - \frac{q_2}{q_1} = 1 - \frac{T_4 - T_1}{T_3 - T_2}$$

提高汽轮机装置循环效率的措施：①提高循环增压比；②减少不可逆损失；③采用回热，等。

（13）绝热节流：是一不可逆过程；熵增大；进出口焓值相等；压力下降；温度可能增大，也可能减少或不变），与工质的种类和状态有关。

可逆绝热膨胀：是一可逆过程；熵不变；压力下降；温度降低；焓减少。

（14）绝对湿度下降，相对湿度下降，含湿量不变。

（15）因为实现湿蒸汽膨胀做功过程的装置难以制造，也难于运行。

（16）因为两个温限间的逆卡诺循环，制冷系数为

$$\varepsilon_C = \frac{T_2}{T_1 - T_2} = \frac{283}{300 - 283} = \frac{283}{17} = 16.65$$

而实际循环的制冷系数为

$$\varepsilon = \frac{Q_2}{W_0} = \frac{1000}{100} = 10$$

因为 $\varepsilon < \varepsilon_C$

所以这台制冷机是可以实现的,符合热力学第二定律

也可以通过判断是否满足 $ds_{iso} \geqslant 0$,来判断这台制冷机是否可以实现。

$$(17) \; e_{x,q} = \int_1^2 \left(1 - \frac{T_0}{T}\right)\delta q = \int_1^2 \left(1 - \frac{T_0}{T}\right)c_p dT = c_p(T_2 - T_1) - T_0 c_p \ln\frac{T_2}{T_1}$$

$$1.004 \times (80 - 250) - (273 + 27) \times 1.004 \times \ln\frac{273 + 80}{273 + 250} = -52.27 \text{ kJ/kg}$$

所以单位质量空气释放的热量中的有效能为 52.26 kJ/kg。

(18) 混合气体的折合气体常数和折合摩尔质量分别为:

$$M_{eq} = \sum x_i \cdot M_i = (0.5 \times 28 + 0.2 \times 32 + 0.3 \times 44) \times 10^{-3} = 33.6 \times 10^3 \text{ kg/mol}$$

$$R_{g,eq} = R/M_{eq} = \frac{8.314}{33.6} \times 10^3 = 247.44 \text{ J/(kg} \cdot \text{K)}$$

(19) 应采用两级压缩。

两级压缩的最佳中间压力为

$$p_2 = \sqrt{p_3 \cdot p_1} = \sqrt{6.0 \times 0.1} = 0.7746 \text{ MPa}$$

依题意,压缩终了空气的温度为:

$$T_2 = T_1 \left(\frac{p_3}{p_2}\right)^{\frac{n-1}{n}} = (273 + 20) \times 7.746^{\frac{1.25-1}{1.25}} = 441.2 \text{ K}$$

$$t_2 = T_2 - 273 = 441.2 - 273 = 168.2 \text{ ℃}$$

(20) 两可逆循环热效率的 T-s 图如图所示

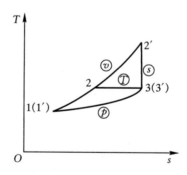

$$\eta_t = 1 - \frac{q_2}{q_1} = 1 - \frac{\overline{T_2}}{\overline{T_1}}$$

显然

$$\overline{T_{2,A}} = \overline{T_{2,B}} < \overline{T_{1,B}}$$

所以

$$\eta_{t,A} < \eta_{t,B}$$

即循环 A 的热效率比 B 低。

计算题

2. 参见图所示，燃气轮机的理想出口温度：

$$T_{2s} = T_1 \left(\frac{p_2}{p_1}\right)^{\frac{\kappa-1}{\kappa}} = 1000 \times \left(\frac{0.1}{1}\right)^{\frac{1.4-1}{1.4}} = 518.0 \text{ K}$$

燃气轮机的实际出口温度：

根据

$$\eta_{\mathrm{T}} = \frac{h_1 - h_2}{h_1 - h_{2s}} = \frac{T_1 - T_2}{T_1 - T_{2s}}$$

所以

$$T_2 = T_1 - \eta_{\mathrm{T}}(T_1 - T_{2s}) = 1000 - 0.8 \times (1000 - 518.0) = 614.4 \text{ K}$$

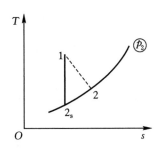

(1) 燃气轮机对外做功量：

$$W_{\mathrm{T}} = m c_p (T_1 - T_2) = 1 \times 1.004 \times (1000 - 614.4) = 387.14 \text{ kJ}$$

(2) 系统总熵增：

$$\Delta S = m \left(c_p \ln \frac{T_2}{T_1} - R_g \ln \frac{p_2}{p_1}\right) = 1 \times \left(1.004 \times \ln \frac{614.4}{1000} - 0.287 \times \ln \frac{0.1}{1}\right)$$

$$= 0.1717 \text{ kJ/K}$$

(3) 系统做功能力损失：

$$I = T_0 \Delta S = 300 \times 0.1717 = 51.51 \text{ kJ}$$

3. 本题可参阅本书**例题 8 - 4**或是西安交通大学研究生入学复习题与测试题（五）中的题 5 的答案。

4. 当 $t = 27℃$ 时

$$h' = \frac{1}{2}(h'_{26℃} + h'_{28℃}) = 113.1 \text{ kJ/kg}$$

$$h'' = \frac{1}{2}(h''_{26℃} + h''_{28℃}) = 2550.5 \text{ kJ/kg}$$

$$r = h'' - h' = 2550.5 - 113.1 = 2437.3 \text{ kJ/kg}$$

运动时多余热量需排除，每小时蒸发

$$m = \frac{628 \times 1}{2437.3} = 0.2577 \text{ kg}$$

5. (1) 循环的 T-s 图，如图所示

(2) 循环的吸热量 q_1：

$q_1 = (h_1 - h_3) + (h_{1R} - h_A) = (3398.5 - 151.5) + (3476.4 - 3002) = 3721.4 \text{ kJ/kg}$

循环的放热量 q_2：

$$q_2 = h_2 - h_3 = 2304 - 151.5 = 2152.5 \text{ kJ/kg}$$

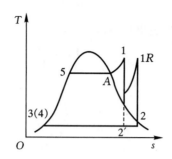

(3)汽轮机输出功 w_T :

$$w_T = (h_1 - h_{1A}) + (h_{1R} - h_2) = (3398.5 - 3002) + (3476.4 - 2304) = 1568.9 \text{ kJ/kg}$$

(4)循环热效率 η_t :

$$\eta_t = \frac{w_T}{q_1} = \frac{1568.9}{3721.4} = 42.16\%$$

(5)相应朗肯循环的热效率：

$$\eta_{t,R} = \frac{w_T}{q_1} = \frac{h_1 - h'_2}{h_1 - h_3} = \frac{3398.5 - 2088}{3398.5 - 151.5} = \frac{1310.5}{3247} = 40.36\%$$

西安交通大学研究生入学复习题与测试题及解答(七)

复习题与测试题(七)

1. 简答题(每题 4 分,共 40 分)

(1) 热力学第二定律的实质是什么? 试写出其两种数学表达式。

(2) 一个立方体容器,容器中充有气体,初始时刻其边界温度各不相同。现隔绝其与外界的质量和能量交换,该系统是否处于热力学平衡状态? 为什么?

(3) 试写出稳定流动的系能量方程,并写出将其应用于换热器和绝热节流装置时的能量方程的简化形式。

(4) 门窗紧闭的房间内有一台电冰箱正在运行,若敞开冰箱大门就有一股凉气扑面,使人感到凉爽。你认为能否通过敞开冰箱大门的方式降低室内温度? 为什么?

(5) 为什么在烘干过程中总是先把烘干用的湿空气加热到较高的温度?

(6) 写出用压缩因子表示的实际气体状态方程式,并说明压缩因子的物理意义。

(7) 一个热力系统中熵的变化可分为熵流和熵产,分别说明它们的含义,并指出它们的正负号。

(8) 某发明家提出一款热机,其工作在 27 ℃温暖的海洋表层和 10 ℃的海洋表面下几米深处之间。该发明家声称:抽取 20 kg/s 的海水可获得最大热量为 1421 kW,进而产生 100 kW 的功率,这可能吗? 为什么?

(9) 简述多级压缩、中间冷却具有的优点。

(10) 朗肯先生宣布他的循环效率(如题 1(10)附图(a)所示)比凯伦先生的循环效率(如题 1(10)附图(b)所示)高,假设两个循环中水平线所对应的熵变相同,请判定上述两个循环是否可行? 朗肯的说法是否正确?

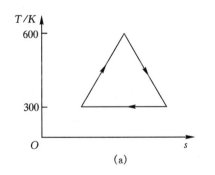 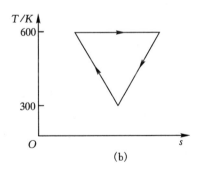

题 1(10)附图

2. 选择与判断题(每题 2 分,共 14 分)

(1)在两个恒温热源间工作的热机 a、b 均进行可逆循环,a 机工质是理想气体,b 机是水蒸

气,则其热效率 $\eta_{t,a}$ 和 $\eta_{t,b}$。 ( )

①相等　　　② $\eta_{t,a} > \eta_{t,b}$　　　③ 不能确定

(2) 理想气体绝热节流后,其状态参数变化为 ( )

① 熵增大,焓不变,温度不变　　② 熵增大,焓不变,温度不定

③ 压力降低,焓不变,熵不变　　④ 压力降低,熵增大,焓增大

(3) 湿空气在大气压力及温度不变的情况下,湿空气的密度愈大,则 ( )

① 湿空气的含湿量愈大　　　② 湿空气的含湿量愈小

③ 湿空气的含湿量不变　　　④ 湿空气的含湿量不能确定

(4) 工质进行了一个吸热、升温、压力下降的多变过程,则多变指数 n: ( )

① $0 < n < 1$　　　② $0 < n < \kappa$　　　③ $n > \kappa$

(5)沸腾状态的水总是烫手的。 ( )

(6)对于混合加热内燃机理想工作循环,增加压缩比可以提高循环的热效率。 ( )

(7)具有相同终点和始点经过两条不同途径的热力过程,一为不可逆,一为可逆,那么不可逆的熵变必大于可逆的熵变。 ( )

3. 证明与作图题(共 18 分)

(1)(8分)某种理想气体完成了一个由下述过程构成的可逆循环。(a)从压强为和温度为的状态 1 经等温膨胀到压强为的状态 2;(b)等压压缩到温度为的状态 3;(c)经过一个等熵过程又回到系统的初始状态。

① 分别在 $p\text{-}v$ 和 $T\text{-}s$ 图上画出这个循环;

② 证明循环热效率为 $\eta_t = 1 - \dfrac{\beta-1}{\ln\beta}$ 或 $\eta_t =$

$1 - \dfrac{\kappa(\beta-1)}{(\kappa-1)\ln\alpha}$(其中,$\kappa = c_p/c_V$)

(说明:只需证明出上述两种表达式中的一个即可)

(2)(5分)试在 $T\text{-}s$ 图上表示出理想气体任意两状态间(1 和 2 之间)的热力学能及焓的变化,并说明所表示方法的原因。

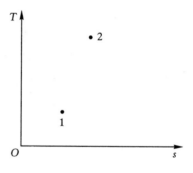

题 3(2)附图

(3)(5分)画出燃气轮机理想循环——布雷顿循环的

$p\text{-}v$ 图和 $T\text{-}s$ 图,推导用状态参数表示的热效率表达式。并提出提高燃气轮机动力装置热效率的方法(至少列出两种)。

计算题(共 78 分)

4.(13 分)　空气流经渐缩喷管作定熵膨胀,已知进口截面上空气的压力 $p_1 = 0.5$ MPa,温度为 $t_1 = 500℃$,流速为 $c_{f1} = 312$ m/s,出口截面面积 $A_2 = 40$ mm²。试:(1)为使喷管达到最大质量流量,背压应如何选择? 其数值为多少?

(2)在此背压下,喷管中的最大质量流量是多少?

5.(20 分)　如题 5 附图所示,气缸 A 和气缸 B 相连。气缸 A 是刚性的,体积为 0.1 m³,内充有0.6 MPa,300 K 状态下的理想气体,其 $R_g = 0.5$ kJ/(kg·K),$\kappa = 1.3$。气缸 B 是垂直的,装有一个无摩擦力的密封活塞,活塞的重量和外界大气压力可产生 0.3 MPa 的恒定压力,外界大气压力为 0.1 MPa。初始时刻活塞在气缸 B 底部,两个气缸及其相连的管子都是绝热的,与管子

相连的阀门虽然关闭,但有缓慢泄漏,使得容器 A 中的气体可缓慢地流入气缸 B,并确保整个系统达到力平衡。连接管的体积忽略不计,试计算:

(1)气缸 A 和气缸 B 的最终温度;

(2)活塞增加的势能。

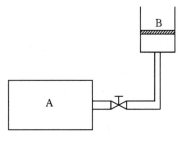

题 5 附图

6.(25 分) 如题 6 附图所示,一废热利用的制冷装置,工作介质为氟利昂 R-12,其中气轮机的输出功恰好用于驱动压缩机。饱和气体经压缩机压缩后和经气轮机膨胀后的气体混合后,进入冷凝器冷却,由于冷凝器的设计存在缺陷,导致冷凝能力不足,只能将混合工质冷却至 40 ℃、干度为 0.25 的湿蒸气,然后分成两股流体,一股饱和液体 $\dot{m}_p$ 进入蒸汽动力循环,剩余的湿蒸气 $\dot{m}_r$ 参与制冷循环,不计泵功大小。试:

(1)画出该复合循环的 T-s 图;

(2)求 $\dot{m}_p/\dot{m}_r$;

(3)求 $\dot{Q}_p/\dot{Q}_r$;

(4)计算该复合循环的性能系数 E(即得到收益与花费代价的比值)。

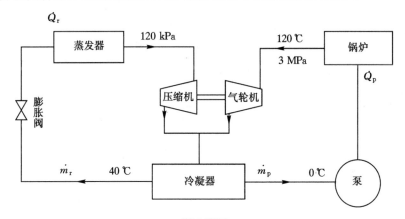

题 6 附图

R-12 的有关热力性质表

$t/℃$	p/kPa	$h'/(kJ/kg)$	$h''/(kJ/kg)$	$s'/(kJ/(kg·K))$	$s''/[kJ/(kg·K)]$
−26.0	120	176.2	340.8	0.909	1.575
40.0	960	239.0	268.0	1.132	1.546
94.0	3000	302.6	377.7	1.313	1.517

R-12 的其它状态点热力参数

p/kPa	$t/℃$	$h/(kJ/kg)$	$s/[kJ/(kg·K)]$
3000	120.0	407.0	1.594
960	52.0	378.1	1.575
960	61.0	384.43	1.594

7.（20 分） 有一蒸汽动力装置按一次再热理想循环工作,新蒸汽参数为 $p_1=14.0$ MPa, $t_1=450$ ℃;再热压力 $p_A=3.8$ MPa,再热后温度 $t_R=480$ ℃,汽轮机的背压 $p_b=0.005$ MPa。在忽略水泵功的情况下,试求:

（1）定性画出循环的 T-s 图;

（2）循环吸热量 q_1 及放热量 q_2;

（3）汽轮机输出功 w_T;

（4）循环热效率 η_t;

（5）实施朗肯循环时的热效率。

有关状态参数表

p /MPa	t/℃	h/(kJ/kg)	s/[kJ/(kg·K)]
14	450	3174.1	6.1919
3.8		2856.3	6.1919
3.8	480	3406.9	7.0458

饱和水的热力性质

p/ MPa	h'/(kJ/kg)	h''/(kJ/kg)	s'/[kJ/(kg·K)]	s''/[kJ/(kg·K)]
3.8	1072.5	2801.5	2.7686	6.0901
0.005	137.82	2560.55	0.4762	8.3930

复习题与测试题(七)解答

1. 简答题

(1)热力学第二定律实质描述自发过程的不可逆性,或能量转换的方向性,或能量的品质性。

热力学第二定律得数学表达式:

$$\eta_t \leqslant \eta_{t,c} = 1 - \frac{T_2}{T_1}$$

$$ds \geqslant \frac{\delta q}{T} \text{ 或 } \oint \frac{\delta q}{T} \leqslant 0$$

或者孤立系:$ds_{iso} \geqslant 0$

双热源热机:$\eta_t \leqslant \eta_{t,c} = 1 - \dfrac{T_2}{T_1}$;

过程:$ds \geqslant \dfrac{\delta q}{T}$;循环:$\oint \dfrac{\delta q}{T_r} \leqslant 0$;

孤立系:$dS_{iso} \geqslant 0$

(2)系统是处于热力学平衡状态,因为该体系仍然处于热平衡和力平衡状态,这是判断热力学平衡的充要条件。

(3)稳定流动的系能量方程式为:

$$q = \Delta h + \frac{1}{2} c_f^2 + g\Delta z + w_s$$

其应用于换热器:$q = \Delta h$;应用于绝热节流装置:$\Delta h = 0$

(4)不能通过敞开冰箱大门的方式来降低室内温度。因为取房间空气为一闭口系的话,则

$$Q = \Delta U + W$$

此时,$Q > 0$,$W = 0$

所以,$\Delta U > 0$

房间内的空气是理想气体,则 $\Delta U > 0$,就说明房间空气的温度不但不能降低,反而会升高。

(5)因为相同含湿量 d 情况下,温度 t 越高,相对湿度 φ 越小,湿空气吸收水分的能力就越强。

(6)$pv = ZR_g T$,Z 表示相同温度、压力下实际气体的比体积与理想气体的比体积之比。

(7)熵流是指热力系统由于质量或者热量变化而引起的熵变;熵产是指热力系统由于不可逆因素而引起的熵变。

$dS = dS_f + dS_g$,其中熵流 dS_f 可正,可负,也可为零;熵产只能 $dS_g \geqslant 0$

(8)卡诺热机效率:$\eta_c = 1 - \dfrac{T_2}{T_1} = 1 - \dfrac{283}{300} = 0.057$;

该热机效率:$\eta_t = \dfrac{100}{1421} = 0.07 > \eta_c = 0.057$,

所以该热机不可行,且违背热力学第二定律。

本题也可以通过判断是否满足 $ds_{iso} \geqslant 0$,来判断该热机是否可以实现。

(9) 多级压缩、中间冷却具有的优点是:降低了压气机出口温度;降低了压气机的功耗;提高了容积效率;增大了产气量。

(10) 两个循环均可行,但是朗肯的说法不正确。

依题意,设 300 K 水平线所对应的热量 $q = T\Delta s = 1$;则,

朗肯发生循环:$q_1 = 2$,$q_2 = 1.5 \times \dfrac{1}{2} \times 2 = 1.5$,$\eta_t = 1 - \dfrac{q_2}{q_1} = 1 - \dfrac{1.5}{2} = 25\%$;

凯伦发生循环:$q_1 = 1.5 \times \dfrac{1}{2} \times 2 = 1.5$,$q_2 = 1$,$\eta_t = 1 - \dfrac{q_2}{q_1} = 1 - \dfrac{1}{1.5} = 33.3\%$

朗肯发生循环热效率低,所以朗肯的说法不正确。

2. 选择与判断题

(1)A;(2)A;(3)A;(4)A;(5)×;(6)√;(7)×

3. 证明与作图题

(1)

① 此循环在 $p - v$ 和 $T - s$ 图上的表示:

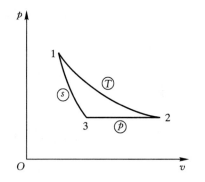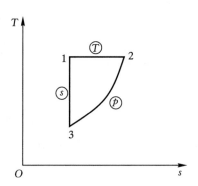

② $q_1 = T_1 \Delta s = T_1 \cdot \left(-R_g \ln \dfrac{p_2}{p_1} \right) = -R_g T_1 \ln \dfrac{\alpha p_1}{p_1} = -R_g T_1 \ln\alpha$

$q_2 = c_p(T_2 - T_3) = c_p(T_1 - \beta T_1) = -c_p(\beta - 1)T_1 = -\dfrac{\kappa}{\kappa - 1}R_g(\beta - 1)T_1$

$\eta_t = 1 - \dfrac{q_2}{q_1} = 1 - \dfrac{-\dfrac{\kappa}{\kappa - 1}R_g(\beta - 1)}{-R_g T_1 \ln\alpha} = 1 - \dfrac{\kappa(\beta - 1)}{\ln\alpha}$

(注:也可证明循环的热效率为 $\eta_t = 1 - \dfrac{\beta - 1}{\ln\beta}$)

(2)过 1 点做水平辅助线并于过 2 点的 p、v 交于 $1'$ 和 $1''$。

$\Delta h_{12} = \Delta h_{1'2} = q_{1'2} = \displaystyle\int_{1'}^{2} T \, ds$ 积分面积

$\Delta u_{12} = \Delta u_{1''2} = q_{1''2} = \displaystyle\int_{1''}^{2} T \, ds$ 积分面积

参见本书例题 **3 - 17**。

（3）燃气轮机理想循环 —— 布雷顿循环的 p-v 图和 T-s 图如下

其热效率为

$$\eta_t = 1 - \frac{q_2}{q_1} = 1 - \frac{c_p(T_4 - T_1)}{c_p(T_3 - T_2)} = 1 - \frac{T_4 - T_1}{T_3 - T_2}$$

提高燃气轮机动力装置热效率的方法：① 提高循环增压比；② 减少不可逆损失；③ 采用回热，等。

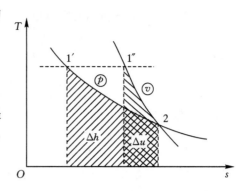

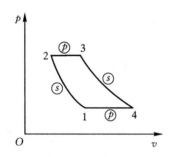 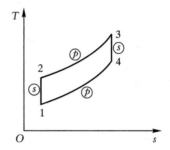

计算题

4. 滞止参数：$T_0 = T_1 + \dfrac{c_f^2}{2c_p} = 773 + \dfrac{312^2}{2 \times 1004} = 821.54$ K

$$p_0 = p_1 \left(\frac{T_0}{T_1}\right)^{\frac{\kappa}{\kappa-1}} = 0.5 \times \left(\frac{821.54}{773}\right)^{\frac{1.4}{0.4}} = 0.6187 \text{ MPa}$$

（1）为使喷管的流量达到最大，则：

$$p_2 = p_{cr} = v_{cr} p_0 = 0.528 \times 0.6187 = 0.3267 \text{ MPa}$$

为使喷管达到最大质量流量，选择背压为：

$$p_b \leqslant p_2 = 0.3267 \text{ MPa}$$

（2）$T_2 = T_0 v_{cr}^{\frac{\kappa-1}{\kappa}} = 821.5 \times 0.528^{\frac{0.4}{1.4}} = 684.4$ K

$$v_2 = R_g \frac{T_2}{p_2} = 287 \times \frac{684.4}{0.3267 \times 10^6} = 0.6012 \text{ m}^3/\text{kg}$$

$$c_{f2} = \sqrt{2c_p(T_0 - T_2)} = \sqrt{2 \times 1004 \times (821.5 - 684.4)} = 524.7 \text{ m/s}$$

或者 $c_{f2} = c_{f,\max} = c_{f,cr} = \sqrt{\dfrac{2\kappa}{\kappa+1} R_g T_0} = 524.7 \text{ m/s}$

则空气流经喷管的最大质量流量为：

$$q_m = \frac{A_2 \cdot c_{f2}}{v_2} = \frac{40 \times 10^{-6} \times 524.7}{0.6012} = 0.03491 \text{ kg/s}$$

5. 取 A＋B 中的气体为研究对象

由 $$R_g = 0.5 \text{ kJ/(kg · K)}, \quad \kappa = 1.3$$

得 $$c_V = 0.7143 \text{ kJ/(kg · K)}$$

$$m = \frac{p_1 V_1}{R_g T_1} = \frac{0.6 \times 10^6 \times 0.1}{0.5 \times 10^3 \times 300} = 0.4 \text{ kg}$$

根据质量守恒,则

$$m = \frac{p_2(V_1 + V_2)}{R_g T_2} = \frac{0.3 \times 10^6 \times (0.1 + V_2)}{0.5 \times 10^3 T_2} = 0.4 \text{ kg}$$

所以有 $\qquad 0.3 \times 10^6 V_2 = 200 T_2 - 300000 \qquad\qquad$ (a)

根据能量守恒,得

$$Q = \Delta U + W = m c_V \Delta T + p_2 V_2 = 0$$

$$0.4 \times 0.7143 \times 10^3 \times (T_2 - T_1) + 0.3 \times 10^6 V_2 = 0$$

所以有 $\qquad 0.3 \times 10^6 V_2 = -285.7 T_2 + 85716 \qquad\qquad$ (b)

联立求解式(a)与式(b),得气缸 A 和气缸 B 的最终温度为

$$T_2 = 238.25 \text{ K}$$

活塞增加的势能为

$$-\frac{2}{3} m c_V \Delta T = 11.76 \text{ kJ}$$

6. (1) 该复合循环的 $T\text{-}s$ 图为

1—2—3—4—1:蒸汽动力循环

1′—2′—3′—4′—1′:制冷循环

各状态点的状态参数为

$p_1 = 3 \text{ MPa}, t_1 = 120 ℃,$

$h_1 = 407.0 \text{ kJ/kg},$

$s_1 = 1.594 \text{ kJ/(kg · K)}$

$p_2 = 960 \text{ kPa}, t_2 = 61 ℃,$

$h_2 = 384.43 \text{ kJ/kg},$

$s_2 = 1.594 \text{ kJ/(kg · K)}$

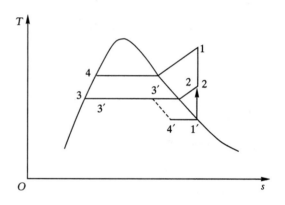

$p_3 = 960 \text{ kPa}, t_3 = 40 ℃, h_3 = 239.0 \text{ kJ/kg}$

$p_1 = 120 \text{ kPa}, t_{1'} = -26 ℃, h_{1'} = 340.8 \text{ kJ/kg}, s_{1'} = 1.575 \text{ kJ/(kg · K)}$

$p_{2'} = 960 \text{ kPa}, t_{2'} = 52 ℃, h_{2'} = 378.1 \text{ kJ.kg}$

(2) 汽轮机做功

$$W_T = \dot{m}_p (h_1 - h_2) = \dot{m}_p (407 - 384.43) = 22.57 \dot{m}_p$$

压缩机耗功 $\qquad W_C = \dot{m}_r (h_{2'} - h_{1'}) = \dot{m}_r (378.1 - 340.8) = 37.3 \dot{m}_r$

两者相等,即 $\qquad 22.57 \dot{m}_p = 37.3 \dot{m}_r,$

所以 $\qquad \dot{m}_p / \dot{m}_r = 1.653$

(3) $h_{3''} = x h''_3 + (1-x) h'_3 = 0.25 \times 268 + 0.75 \times 239 = 246.25 \text{ kJ/kg}$

设进入冷凝器的工质质量流量为 1,则 $\dot{m}_p = 0.623, \dot{m}_r = 0.377$

由能量平衡得 $\qquad\qquad h_{3''} = \dot{m}_p h''_3 + \dot{m}_r h'_3$

$$246.25 = 0.623 \times 239 + 0.377h'_3$$

求得
$$h'_3 = 258.23 \text{ kJ/kg}$$
$$h'_3 = h'_3 = 258.23 \text{ kJ/kg}$$

锅炉的吸热量

$$\dot{Q}_\mathrm{p} = \dot{m}_\mathrm{p}(h_1 - h_3) = \dot{m}_\mathrm{p}(407 - 239) = 168\dot{m}_\mathrm{p}$$

蒸发器吸热量

$$\dot{Q}_\mathrm{r} = \dot{m}_\mathrm{r}(h_{1'} - h_{4'}) = \dot{m}_\mathrm{r}(340.8 - 258.23) = 82.57\dot{m}_\mathrm{r}$$

所以
$$\frac{\dot{Q}_\mathrm{p}}{\dot{Q}_\mathrm{r}} = \frac{168\dot{m}_\mathrm{p}}{82.57\dot{m}_\mathrm{r}} = \frac{168}{82.57} \times 1.653 = 3.363$$

（4）计算该复合循环的性能系数

$$E = \eta_\mathrm{t} = \frac{收益}{代价} = \frac{\dot{Q}_\mathrm{r}}{\dot{Q}_\mathrm{p}} = \frac{1}{3.363} = 0.297 = 29.7\%$$

7.（1）循环的 T-s 图如下

循环各点的状态参数为

$p_1 = 14 \text{ MPa}$，$t_1 = 450 \text{ °C}$，

$h_1 = 3174.1 \text{ kJ/kg}$,

$s_1 = 6.1919 \text{ kJ/(kg·K)}$

$p_A = 3.8 \text{ MPa}$, $h_A = 2856.2 \text{ kJ/kg}$,

$s_A = 6.1919 \text{ kJ/(kg·K)}$

$p_R = 3.8 \text{ MPa}$, $t_R = 480 \text{ °C}$,

$h_R = 3406.9 \text{ kJ/kg}$,

$s_R = 7.0458 \text{ kJ/(kg·K)}$,

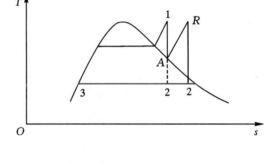

$p_2 = 0.005 \text{ MPa}$, $h_2 = 2148.9 \text{ kJ/kg}$,

$s_2 = 7.0458 \text{ kJ/(kg·K)}$

$p_{2'} = 0.005 \text{ MPa}$ $h_{2'} = 1887.0 \text{ kJ/kg}$ $s_{2'} = 6.1919 \text{ kJ/(kg·K)}$

$p_3 = 0.005 \text{ MPa}$ $h_3 = 137.82 \text{ kJ/kg}$

（2）循环的吸热量 q_1

$$q_1 = (h_1 - h_3) + (h_R - h_A) = (3174.1 - 137.82) + (3406.9 - 2856.2) = 3587.0 \text{ kJ/kg}$$

循环的放热量 q_2

$$q_2 = h_2 - h_3 = 2148.9 - 137.82 = 2011.1 \text{ kJ/kg}$$

（3）汽轮机输出功 w_T：

$$w_\mathrm{T} = (h_1 - h_A) + (h_R - h_2) = (3174.1 - 2856.2) + (3406.9 - 2148.9) = 1575.9 \text{ kJ/kg}$$

（4）循环热效率 η_t

$$\eta_\mathrm{t} = 1 - \frac{q_2}{q_1} = 1 - \frac{2011.1}{3587.0} = 43.9\%$$

（5）实施朗肯循环时的热效率

$$\eta_{\mathrm{t,R}} = 1 - \frac{q'_2}{q'_1} = 1 - \frac{h_{2'} - h_3}{h_1 - h_3} = 1 - \frac{1887.0 - 137.82}{3174.1 - 137.82} = 42.4\%$$

西安交通大学研究生入学复习题与测试题及解答(八)

复习题与测试题(八)

1. 填空题(每题 5 分,共 50 分)

(1)在 p、w_t、T、q、h、s、u、c_p、w、c_f 中,过程量是 _____,状态量为 _____。

(2)闭口系统第一定律的能量方程式为 _____,过程可逆时膨胀功中的有用功 $W_u =$ _____。

(3)稳定流动系经历某一热力过程,向温度为 310 K 的热源放热 190 kJ,流进系统工质的熵为 0.458 kJ/K,流出系统工质的熵为 0.966 kJ/K,该过程中的熵产为 _____。

(4)水在定压加热气化过程中经历的 5 个状态是 _____。

(5)压力为 0.8 MPa,温度为 160 ℃的空气进入渐缩喷管,射向压力背压为 0.5 MPa 的空间,喷管出口处的压力、温度和流速分别为 _____。[空气的 $c_p = 1.004$ kJ/(kg·K),$c_V = 0.717$ kJ/(kg·K)]

(6)用两级活塞式压气机和两级叶轮式压气机分别将压力为 0.1 MPa,温度为 32 ℃的空气压缩到压力为 2.5 MPa。以压气机所耗功最小为条件,两种不同类型的压气机的最佳压比分别为 _____,_____。

(7)对封闭在刚性容器中的湿空气加热,容器内湿空气的含湿量 d 将 _____,湿空气中水蒸气的分压力将 _____。(填"增大"、"减小"或"不变")

(8)画出压缩蒸气制冷循环的 T-s 图,用各点的状态参数表示制冷量 $q_c =$ _____,制冷系数 $\varepsilon =$ _____。

(9)将下面 p-v 图中的循环 1—2—3—4—5 画在图 T-s 上。

题 1(8)附图

题 1(9)附图

(10)将 0.5 MPa、23 ℃的空气进行绝热膨胀,使压力降到 0.2 MPa,以获得 −56 ℃的冷空气。这一过程的熵变为 _____,过程能否实现 _____。

2. 简答题(20 分)

(1)(10 分)冬天对一没有完全封闭的房间加热取暖,房间空气的温度由 10 ℃升高到 23 ℃。房间的体积为 55 m^3,压力为 0.1 MPa。试确定:房间内空气热力学能变化多少? 共对空气加入了多少热量?

(2)(10 分)对湿蒸汽在定容下加热,能否获得未饱和水(过冷水)? 能否获得过热蒸汽? 试在 p-v 图上进行解释和分析。

计算题(80 分)

3.(20 分)　某涡轮喷气推进装置(如附图),燃气轮机输出的功用于驱动压气机。工质的性质与空气近似相同,装置进气压力 90 kPa,温度 290 K,压气机的压比为 14,气体进入汽轮机的温度为 1500 K,排出汽轮机的气体进入喷管膨胀到 90 kPa。若空气的比热容 $c_p = 1.004$ kJ/(kg·K)、$c_V = 0.717$ kJ/(kg·K),试求:

(1)画出该装置中气体的 T-s 图;

(2)气体离开压气机的温度;

(3)气体排出汽轮机的温度;

(4)气体进入喷管时的压力;

(5)气体离开喷管时的气流速度。

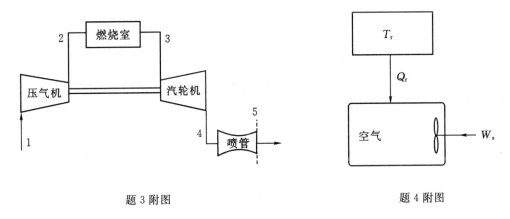

题 3 附图　　　　　　　　　　　题 4 附图

4.(25 分)　刚性密封容器中有 1 kg 压力为 p_1、温度为 T_1 的空气,如附图所示,可以由 T_r 的热源加热及搅拌联合作用,或通过叶轮搅拌,而使空气温度由 T_1 上升到 T_2。试求:

(1)联合作用下系统的熵产 s_g 表达式;

(2)当 $p_1 = 0.1$ MPa,温度为 $T_1 = 290$ K,$T_2 = 590$ K,$T_r = 550$ K 时,系统的最小熵产 $s_{g,min}$。最小熵产时热源的供热量 Q_r 和搅拌功 W_s;

(3)系统的最大熵产 $s_{g,max}$。最大熵产时热源的供热量 Q_r 和搅拌功 W_s。

5.(35 分)　某蒸汽动力循环由一台高压锅炉和一台低压锅炉同时生产蒸汽,两台锅炉每小时的蒸汽生产量相同,如附图所示。高压锅炉生产 $p_a = 18$ MPa、$t_a = 550$ ℃的过热蒸汽,高压级汽轮机的排汽压力 $p_b = 3$ MPa,排出的蒸汽进入高压锅炉再热,再热后蒸汽参数与低压锅炉的新蒸汽参数相同,即 $p_1 = 3$ MPa、$t_1 = 450$ ℃的过热蒸汽,低压级汽轮机的排气压力 $p_2 = 0.004$ MPa。在泵功忽略不计,高、低压锅炉各生产 1 kg 过热蒸汽时,试求:

(1)画出循环的 $T-s$ 图；

(2)水在高、低压锅炉的吸热量；

(3)高、低汽轮机的做功量；

(4)整个循环的放热量；

(5)整个循环的热效率。

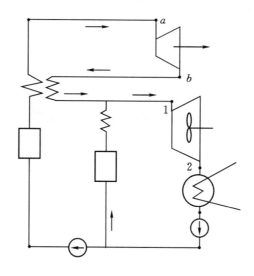

题 5 附图

附:水和水蒸气热力性质表

饱和水的热力性质表

p/MPa	t/℃	h'/(kJ/kg)	h''/(kJ/kg)	s'/[kJ/(kg·K)]	s''/[kJ/(kg·K)]
0.004	29	121.3	2553.5	0.4221	8.4725

过热蒸汽热力性质表

p/MPa	t/℃	h/(kJ/kg)	s/[kJ/(kg·K)]
3	450	3343.0	7.0817
3	272.1	2918.5	6.4049
18	550	3415.9	6.4049

复习题与测试题(八)解答

1. 填空题(每题 5 分,共 50 分)

(1)w_t、q、w;p、T、h、s、u、c_p、c_f

(2)$q=\Delta u+w$(或者 $\delta q=\mathrm{d}u+\delta w$);$W_u=W-p_0\Delta V$

(3)1.121 kJ/K(或者 1.1209 kJ/K)。

(4)过冷水(或者未饱和水)、饱和水、湿饱和蒸汽(或者湿蒸汽)、干饱和蒸汽、过热蒸汽。

(5)0.5 MPa;378.72 K;330.6 m/s。

(6)5;5。

(7) 不变;不变。

(8)

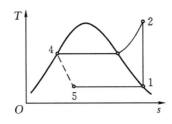

题 1(8) 解图

$$q_c=h_1-h_4 \qquad \varepsilon=\frac{q_c}{w_{\mathrm{net}}}=\frac{h_1-h_4}{h_2-h_1}$$

(9)

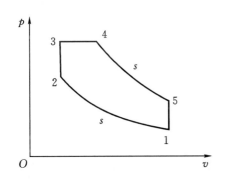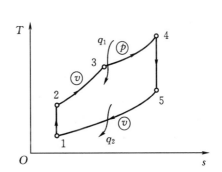

题 1(9) 解图

(10)0.0485 kJ/K;不能实现。

2. 简答题(每题 10 分,共 20 分)

(1) 房间内空气热力学能变化

$$\Delta U = m_2 u_2 - m_1 u_1 = \frac{pV}{R_g T_2} c_V T_2 - \frac{pV}{R_g T_1} c_V T_1 = 0$$

所以,系统热力学能没有变化。

对空气加入的热量:

$$Q = \int_{T_1}^{T_2} m c_p \mathrm{d}T = \int_{T_1}^{T_2} \frac{pV}{R_g T} c_p \mathrm{d}T = \frac{pV}{R_g} c_p \ln \frac{T_2}{T_1}$$

$$= \frac{0.1 \times 10^6 \times 55}{0.287 \times 10^3} \times 1.004 \times \ln \frac{296.15}{283.15}$$

$$= 863.69 \text{ kJ}$$

注:在计算热力学能变化时,也可能采用另一种方法:

可将空气视为理想气体,根据理想气体状态方程 $pV = m R_g T$ 有:

$$\frac{\mathrm{d}p}{p} + \frac{\mathrm{d}V}{V} = \frac{\mathrm{d}m}{m} + \frac{\mathrm{d}T}{T} \tag{1}$$

给房间加热过程是一个定压定容过程,所以有:

$$\frac{\mathrm{d}m}{m} = -\frac{\mathrm{d}T}{T} \qquad \text{即}: \mathrm{d}m = -m \frac{\mathrm{d}T}{T} \tag{2}$$

同时,系统热力学能的变化:

$$\mathrm{d}U = \mathrm{d}(mu) = m\mathrm{d}u + u\mathrm{d}m = m c_V \mathrm{d}T + c_V T \mathrm{d}m \tag{3}$$

将(2)式代入(3)式,得:

$$\mathrm{d}U = m c_V \mathrm{d}T + c_V T \mathrm{d}m = m c_V \mathrm{d}T + c_V T \left(-m \frac{\mathrm{d}T}{T} \right) = 0$$

所以系统热力学能没有变化。

(2) 对湿蒸汽在定容下加热,既可能获得未饱和水,也可能获得过热蒸汽,关键看湿蒸汽的比容与临界比容的大小。如果大于临界比容,则可能获得过热蒸汽,如果小于临界比容,则可能获得未饱和水。

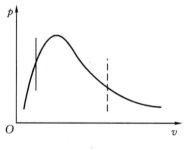

题 2 解图

计算题(80 分)

3. (20 分)

(1) 该装置中气体的 T-s 图:

(2) 气体离开压气机的温度:

$$T_2 = T_1 \times \left(\frac{p_2}{p_2} \right)^{\frac{\kappa-1}{\kappa}} = 290 \times (14)^{\frac{1.4-1}{1.4}} = 616.40 \text{ K}$$

(3) 由于燃气轮机输出的功用于驱动压气机,所以有:

$$w_s = h_2 - h_1 = h_3 - h_4$$

即:$c_p (T_2 - T_1) = c_p (T_3 - T_4)$

气体排出汽轮机的温度:

$$T_4 = T_3 + T_2 - T_1 = 1500 + 290 - 616.40 = 1173.60 \text{ K}$$

(4) 气体进入喷管时的压力:

$$p_4 = p_3 \left(\frac{T_4}{T_3} \right)^{\frac{\kappa}{\kappa-1}} = 1260 \times \left(\frac{1173.60}{1500} \right)^{\frac{1.4}{1.4-1}} = 533.79 \text{ kPa}$$

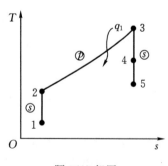

题 3(1) 解图

(5) 先求滞止参数：

$T_0 = T_4 = 1173.60 \text{ K}$

$p_0 = p_4 = 533.79 \text{ kPa}$

$T_5 = T_4 \left(\dfrac{p_5}{p_4}\right)^{\frac{\kappa-1}{\kappa}} = 1173.60 \times \left(\dfrac{90}{533.79}\right)^{\frac{1.4-1}{1.4}} = 705.71 \text{ K}$

气体离开喷管时的气流速度：

$c_{f5} = \sqrt{2c_p(T_0 - T_5)} = \sqrt{2 \times 1004 \times (1173.60 - 705.71)} = 969.29 \text{ m/s}$

4.（25 分）

(1) 取密闭容器内的空气作为研究对象，联合作用时，由闭口系熵方程 $\Delta S = S_g + S_{f,Q}$ 得：

$$S_g = \Delta S - S_{f,Q} = mc_V \ln \frac{T_2}{T_1} - \frac{Q_r}{T_r} = mc_V \ln \frac{T_2}{T_1} - \frac{mc_V(T_2-T_1) - |W_s|}{T_r} \qquad (1)$$

(2) 系统熵产最小时，根据式(1)知，$|W_s|$ 最小。

如果该系统完全由热源加热，系统温度最高为 T_r，供给系统的热量为：

$Q_r = mc_V(T_r - T_1) = 1 \times 0.717 \times (550 - 290) = 186.42 \text{ kJ}$

要想使系统温度升高到 T_2，其余部分需由搅拌功来完成加热，此时搅拌功最小。则搅拌功为

$$|W_s|_{min} = Q - Q_r = mc_V(T_2-T_1) - mc_V(T_r-T_1) = mc_V(T_2-T_r)$$
$$= 1 \times 0.717 \times (590 - 550) = 28.68 \text{ kJ}$$

最小熵产为

$$S_{g,min} = mc_V \ln \frac{T_2}{T_1} - \frac{mc_V(T_2-T_1) - |W_s|}{T_r} = 1 \times 0.717 \times \ln \frac{590}{290} - \frac{186.42}{550} = 0.1703 \text{ kJ/K}$$

(3) 系统熵产最大时，根据式(1)知，$|W_s|$ 最大，即系统温度升高完全由搅拌完成。

此时，热源供热量 $Q_r = 0$

最大搅拌功为

$$|W_s|_{max} = mc_V(T_2-T_1)$$
$$= 1 \times 0.717 \times (590 - 290) = 215.1 \text{ kJ}$$

最大熵产为

$$S_{g,max} = mc_V \ln \frac{T_2}{T_1} = 1 \times 0.717 \times \ln \frac{590}{290}$$
$$= 0.5092 \text{ kJ/K}$$

5.（35 分）

(1) 循环的 T-s 图

(2)

$\quad$ 3 点：$p_3 = p_2 = 0.004 \text{ MPa}$，

$\qquad h_3' = 121.3 \text{ kJ/kg}$

$\quad$ 1 点：$p_1 = 3 \text{ MPa}$，$t_1 = 450 \text{ °C}$，

$\qquad h_1 = 3343 \text{ kJ/kg}$

$\quad$ a 点：$p_a = 18 \text{ MPa}$，$t_a = 550 \text{ °C}$，

$\qquad h_a = 3415.9 \text{ kJ/kg}$

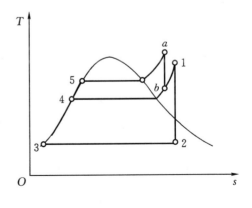

题 5 解图

水在高压锅炉的吸热量：

$Q_{高}=1\times(h_a-h'_3)+1\times(h_1-h_b)$

$=1\times(3415.9-121.3)+1\times(3343-2918.5)=3719.1 \text{ kJ}$

水在低压锅炉的吸热量：

$Q_{低}=1\times(h_1-h'_3)=1\times(3343-121.3)=3221.7 \text{ kJ}$

（3）

b 点：$s_a=s_b=6.4049$，$p_b=3 \text{ MPa}$，$h_b=2918.5 \text{ kJ/kg}$

2 点：$s_2=s_1=7.0817 \text{ kJ/(kg·K)}$

$x_2=\dfrac{s_2-s'_2}{s''_2-s'_2}=\dfrac{7.0817-0.4221}{8.4725-0.4221}=0.827$

$h_2=h'_2+(h''_2-h'_2)x_2=121.3+(2553.5-121.3)\times0.827=2132.73 \text{ kJ/kg}$

高压汽轮机做功量：$W_{高}=m_{高}(h_a-h_b)=1\times(3415.9-2918.5)=497.4 \text{ kJ}$

低压汽轮机做功量：$W_{低}=(m_{高}+m_{低})(h_1-h_2)=2\times(3343-2132.73)=2420.54 \text{ kJ}$

（4）整个循环的放热量：

$q_{放}=2\times(h_2-h_3)=2\times(2132.73-121.3)=4022.86 \text{ kJ}$

（5）整个循环的热效率：

$\eta_t=\dfrac{W_{net}}{Q_{吸}}=\dfrac{W_{高}+W_{低}}{Q_{高}+Q_{低}}=\dfrac{497.4+2420.54}{3719.1+3221.7}=42.04\%$

一些重点大学

研究生入学复习题

与测试题(3套)

一些重点大学研究生入学复习题与测试题（一）

1. 是非判断（正确画"T"号，错误画"F"号，每题 1 分，共 10 分）

(1)可逆过程是指过程进行后，系统能沿原路径反向进行并回到初始状态的过程。（　　）

(2)闭口系与外界必定没有质量交换。（　　）

(3)未饱和空气的干球温度 t、湿球温度 t_w、露点温度 t_d 三者关系为 $t > t_w > t_d$。（　　）

(4)实际气体的焓仅为温度的单值函数。（　　）

(5)不可能存在使热力系熵增 $\Delta S < 0$ 的过程。（　　）

(6)提高预胀比一定可以提高定压加热循环的热效率。（　　）

(7)理想气体是分子自身没有体积、有质量、分子间没有作用力的气体。（　　）

(8) 对于不可逆循环，循环净功 w_0 总等于循环净热量 q_0，即总有 $w_0 = q_0$。（　　）

(9) 如果热源温度改变，卡诺循环的输出功不变，则卡诺循环的热效率改变。（　　）

(10)热力系宏观性质不随时间变化的状态是平衡状态。（　　）

2. 概念辨析题（每题 2 分，共 10 分）

(1)表压力与分压力。

(2)焓熵图与温熵图。

(3)滞止温度与饱和温度。

(4)卡诺循环与等效卡诺循环。

(5)压缩比与增压比。

3. 简答题（每题 5 分，共 25 分）

(1)工程中采用哪些措施可以提高蒸汽动力循环的热效率？

(2)什么是通用压缩因子图，其对工质热力性质研究的意义是什么？

(3)在亚临界压力下加热液体，使之从较低的温度达到较高的温度并变为气体，这一变化过程是如何完成的？

(4)蒸汽压缩制冷循环采用节流阀来代替膨胀机，空气压缩制冷循环是否也可以采用这种方法，为什么？

(5)判断渐放形管道能否使液流加速，为什么？

4. （8 分）　1 kg 某理想气体从初态 p_1、T_1 绝热膨胀到原来容积的 β 倍。设气体的比定压热容和比定容热容分别为 c_{p0} 和 c_{V0}，气体常数为 R_g。试确定在下述情况下气体的终温、对外所做的功及熵的变化量：

(1)可逆绝热过程；

(2)气体向真空进行自由膨胀。

5.（7 分） 试证明：对于燃气轮机装置的定压加热循环和活塞式内燃机的定容加热循环，如果燃烧前气体被压缩的程度相同（压缩比 ε 相同），那么它们将具有相同的理论热效率。

6.（8 分） 有两物体质量相同，均为 m；比热容相同，均为 c_p（比热容为定值，不随温度变化）。A 物体初温为 T_A，B 物体初温为 T_B（$T_A > T_B$）。用它们作为热源和冷源，使可逆热机工作于其间，直至两物体温度相等为止。证明：可逆热机做出的总功为：$W_0 = mc_p(T_A + T_B - 2\sqrt{T_A T_B})$。

7.（7 分） 图示为蒸气压缩制冷循环装置示意图，请在 T - s 图上画出其循环，并说明组成循环各热力过程的特点。

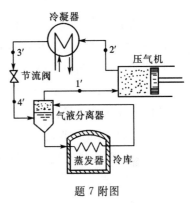

题 7 附图

一些重点大学研究生入学复习题与测试题(二)

1. 是非判断(正确画"T"号,错误画"F"号,每题 1 分,共 10 分)

(1)不可逆过程会造成作功能力损失,所以应该尽力减少热量中的废热。(　　)

(2)绝热系与外界必定没有能量交换。(　　)

(3)饱和空气的干球温度 t、湿球温度 t_w、露点温度 t_d 三者关系为 $t > t_w > t_d$。(　　)

(4)理想气体的焓仅为温度的单值函数。(　　)

(5)可能存在使热力系熵增 $\Delta S < 0$ 的过程。(　　)

(6)提高压缩比不一定可以提高定容加热循环的热效率。(　　)

(7)理想气体是分子自身没有体积、有质量、分子间没有作用力的气体。(　　)

(8)对于制冷循环,循环净功 w_0 总等于循环净热量 q_0,即总有 $w_0 = q_0$。(　　)

(9)如果热源温度不变,卡诺循环的输出功提高,则卡诺循环的热效率保持不变。(　　)

(10)迈耶公式 $c_p - c_v = R_g$ 适用于动力工程中的高压水蒸气。(　　)

2. 概念辨析题(每题 2 分,共 10 分)

(1)绝对压力与分压力

(2)压容图与压焓图

(3)三相点与临界点

(4)湿蒸汽与湿空气

(5)临界压力比与临界压缩因子

3. 简答题(每题 5 分,共 25 分)

(1)工程中采用哪些措施可以提高燃气轮机装置的热效率?

(2)各种气体动力循环和蒸汽动力循环,经过理想化以后可按可逆循环进行计算,但所得理论热效率即使在温度范围相同的条件下也并不相等。这与卡诺定理有矛盾吗?为什么?

(3)能否将湿空气压缩(温度不变)以达到去湿目的?为什么?

(4)为什么渐放形管道也能使气流加速?

(5)在超临界压力下加热液体,使之从较低的温度达到较高的温度并变为气体,这一变化过程是如何完成的?

4.(8 分)　两台卡诺热机串联工作。A 热机工作在 T_1 和 T_m 之间;B 热机吸收 A 热机的排热,工作在 T_m 和 T_2 之间。若 T_1 和 T_2 已知,且 $T_1 > T_m > T_2$。试确定在下述情况下的 T_m 表达式:(1)两热机输出的功相同;(2)两热机的热效率相同。

5.(7 分)　试证明:对遵守状态方程 $p(v-b) = R_g T$(其中 b 为一常数,正值)的气体,其绝热节流后温度升高。

6.(8 分)　空气从 T_1、p_1 压缩到 p_2。设空气的比定压热容和比定容热容分别为 c_{p0} 和 c_{V0}

（假设比热容为定值、不随温度变化），气体常数为 R_g，不考虑摩擦。试确定在下述情况下过程的膨胀功（压缩功）、技术功和热量：

(1)定温过程；

(2)定熵过程；

(3)多变过程（多变指数为 n）。

7.（7分）　图示为带回热器的空气压缩制冷循环装置示意图，请在 $T\text{-}s$ 图上画出其循环，并分析空气压缩制冷循环采用回热后的优点。

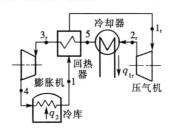

题 7 附图

一些重点大学研究生入学复习题与测试题(三)

1. 概念辨析题(每题 2 分,共 10 分)

(1)闭口系与开口系。

(2)热力学能与可用能。

(3)过热水蒸气与饱和水蒸气。

(4)压缩因子与临界压力比。

(5)湿空气与干空气。

2. 简答题(每题 5 分,共 25 分)

(1)"气体吸热后,热力学能一定增加",该表述是否正确,为什么?

(2)为什么理想气体的焓仅和温度有关?

(3)为什么渐放形管道也能使气流加速?

(4)什么是对应态原理,其用途是什么?

(5)现代大型蒸汽动力装置为什么能同时提高蒸汽的初温和初压?

3. (12 分) 对于活塞式内燃机的混合加热循环,已知其压缩比 ε、压升比 λ 以及预胀比 ρ,并假定工质为定比热容理想气体(定熵指数 γ_0),推导其热效率的表达式。

4. (8 分) 有两物体质量相同,均为 m;比热容相同,均为 c_p(假设比热容为定值、不随温度变化)。A 物体初温为 T_A,B 物体初温为 $T_B(T_A > T_B)$。用它们作为热源和冷源,使可逆热机工作于其间,直至二物体温度相等为止。推导可逆热机所做总功的表达式。

5. (12 分) 热力学第二定律的克劳修斯表述是什么? 利用孤立系熵增原理证明该表述成立。

6. (8 分) 图示为空气压缩制冷循环装置示意图,请在 $T\text{-}s$ 图上画出其循环,并说明该循环如何实现制冷的目的。

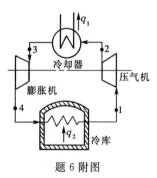

题 6 附图

西安交通大学

工程热力学期末

复习题与测试题

(5套)及解答

西安交通大学工程热力学期末复习题与测试题及解答

期末复习题与测试题(一)

1. 填空题(30 分,每题 3 分)

(1)热力系统与外界的相互作用包括：_____、_____、_____。

(2)平衡状态实现的条件是_____,可逆过程实现的条件是_____。

(3)稳定流动系统中单位质量工质的能量方程式为_____;当用于锅炉时可简化为_____,用于节流过程时可简化为_____。

(4)热力学第二定律的实质是_____,其数学表达式为_____、_____。(写出任意两个)

(5)一台工作于两个恒温热源(1000 K,500 K)间的可逆热机,若从高温热源吸收 200 kJ 热量,其中能转化为功的有_____kJ。(设环境温度为 300 K)

(6)压缩因子 Z 的物理意义为：_____;制冷剂 R134a 在 $p_1=0.1$ MPa、$t_1=20$ ℃时的压缩因子为 1.03,此时,它的比体积为_____。(已知 R134a 的 $R_g=0.0815$ kJ/(kg·K))

(7)1 kg 空气由环境状态 $p_1=100$ kPa,$t_1=20$ ℃不可逆压缩到 $p_2=500$ kPa,$t_2=220$ ℃时,其焓的变化为_____,熵的变化为_____。(设空气 $c_p=1.005$ kJ/(kg·K),$R_g=0.287$ kJ/(kg·K))

(8)焦-汤系数 $\mu_J=\left(\dfrac{\partial T}{\partial p}\right)_h=\dfrac{T\left(\dfrac{\partial v}{\partial T}\right)_p-v}{c_p}$,当 $\mu_J>0$ 时,节流过程为_____效应,当 $\mu_J<0$ 时,节流过程为_____效应。

(9)两级压缩、级间冷却压气机,将压力为 0.1 MPa 的空气压缩到 1.6 MPa。最佳中间压力为_____MPa,这样取值的好处有_____、_____。(至少答出两个)

(10)燃气轮机定压加热理想循环中,随循环增压比的提高,热效率_____;随循环增温比的提高,热效率_____。(填写"变大""变小"或者"不变"。)

2. 简答题(30 分,每题 6 分)

(1)在 T-s 图上,画出吸热且温度降低的理想气体多变过程,并在图中用面积表示该过程的技术功。

(2)在循环最高压力和最高温度相同的条件下,试比较活塞式内燃机定容加热、混合加热、定压加热理想循环的热效率。

(3)如 p-v 图中所示,可逆循环 1—2—3—1 称为 A 循环,可逆循环 1′—2′—3′—1′ 称为 B 循环。设 A、B 循环的工质均为同种理想气体,且 A、B 两个循环的温度范围相同。请根据 p-v 图,将 A 和 B 循环表示在 T-s 图中,并分析比较 A、B 两个可逆循环热效率的高低。(要求写出推导过程)

题 2 附图

(4)有人设计了一台制冷机,它从温度为 273 K 的低温热源吸取 1500 kJ 的热量,并释放给温度为 300 K 的环境,只需消耗 100 kJ 的功,你认为这台制冷机能否实现,为什么?

(5)在焓湿图上定性画出绝热加湿过程,并说明相对湿度、焓、湿球温度、露点温度及含湿量的变化趋势。

计算题(40 分)

3. (12 分) 有人想设计一种热力装置,该装置可不消耗额外能量,将 60 ℃ 空气中的 20% 等压升温到 90 ℃,而其余 80% 的 60 ℃ 的空气则等压降温到环境温度 15 ℃。从热力学角度分析该热力装置是否可以实现? 若能实现,则 60 ℃ 空气变成 90 ℃ 空气的极限比率为多少? [已知空气的 $c_p = 1.005$ kJ/(kg·K),$R_g = 0.287$ kJ/(kg·K)]。

4. (12 分) 空气流经渐缩喷管,进口截面上 $p_1 = 0.5$ MPa、$T_1 = 600$ K,$c_{f1} = 150$ m/s,喷管背压 $p_b = 0.3$ MPa。喷管出口截面积 $A_2 = 3.0 \times 10^{-3}$ m²,喷管速度系数 $\varphi = 0.90$,环境温度 $T_0 = 300$ K,已知空气的 $R_g = 0.287$ kJ/(kg·K),$c_p = 1.004$ kJ/(kg·K)。试求:

(1)喷管出口截面上的温度和流速;

(2)质量流量;

(3)摩擦引起的有效能损失,并表示在 $T\text{-}s$ 图上。

5. (16 分) 蒸汽动力装置,水蒸气进入汽轮机的状态参数为 18 MPa、600 ℃,在 5 kPa 下排入冷凝器。水蒸气在 2 MPa 压力下从汽轮机中被部分抽出,送入混合式回热器加热给水,形成一次抽汽回热循环。若忽略水泵功。试求:

(1)画出该循环的 $T\text{-}s$ 图;

(2)循环抽气量;

(3)循环热效率;

(4)回热器内的有效能损失(设环境温度为 300 K)。

饱和水与水蒸气的热力性质表(节选)

p /MPa	t_s/℃	h'/(kJ·kg⁻¹)	h''/(kJ·kg⁻¹)	s'/[kJ·(kg·K)⁻¹]	s''/[kJ·(kg·K)⁻¹]
0.005	32.90	137.8	2561.6	0.4763	8.3960
2	212.38	908.50	2798.3	2.4468	6.3390
18	356.99	1827.2	2412.3	4.0156	4.9314

过热水蒸气的热力性质表(节选)

p/MPa	T /℃	v/(m³·kg⁻¹)	h/(kJ·kg⁻¹)	s/[kJ·(kg·K)⁻¹]
18	600	48.945	3556.8	6.5720
2	255.08	8.8507	2916.1	6.5720

期末复习题与测试题(一)解答

1. 填空题(30 分,每题 3 分)

(1)质量交换,热量交换,功量交换。(三个并列,不考虑顺序)

(2)系统内外一切势差趋于零,准平衡过程且过程中无耗散效应。

(3) $q = \Delta h + \frac{1}{2}\Delta c_f^2 + g\Delta z + w_s$ 或 $q = \Delta h + w_t$; $q = \Delta h$; $\Delta h = 0$ 。

(4)热力过程具有方向性;

$\oint \frac{\delta q}{T_r} \leqslant 0$, $ds \geqslant \frac{\delta q}{T_r}$, $\Delta S = S_{fQ} + S_g$, $dS_{iso} \geqslant 0$ 等任意两个。

(5)140 kJ。

(6)实际气体的比体积(摩尔体积)与同温同压下理想气体的比体积(摩尔体积)之比,0.246 m^3/kg。

(7)201 kJ/kg;0.061 kJ/(kg·K)。

(8)冷,热。

(9)0.4;压气机耗功最小、各级功耗相等、各气缸终温相同、各级散热相同、各中冷器散热相同等(任意两个)。

(10)变大,不变。

2. 简答题(30 分,每题 6 分)

(1)过程线如图 1 所示。由 $q = \Delta h + w_t$,可得 $w_t = q - \Delta h$ 。

其中,q 可由过程线和横坐标围成的面积 S_{12ba1} 表示。

通过 2 点做等压线,过 1 点做等温线,相交于 $1'$ 点,则有:

$\Delta h = c_p \Delta t = c_p(T_2 - T_1) = c_p(T_2 - T_1')$

$\quad = q_{p,1'-2} = -q_{p,2-1'} = -S_{21'cb2}$

所以,$w_t = q - \Delta h = S_{12ba1} + S_{21'cb2}$,即解图 1 中的阴影部分面积。

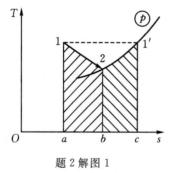
题 2 解图 1

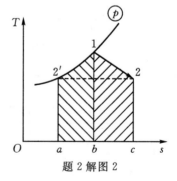
题 2 解图 2

或:

过程线如解图 2 所示。由 $q = \Delta h + w_t$,可得 $w_t = q - \Delta h$ 。

其中,q 可由过程线和横坐标围成的面积 S_{12cb1} 表示。

通过 1 点做等压线,过 2 点做等温线,相交于 $2'$ 点,则有:

$$\Delta h = c_p \times \Delta t = c_p \times (T_2 - T_1) = c_p \times (T_2' - T_1)$$

$$= q_{p,1-2'} = -q_{p,2'-1} = -S_{2'1ba2'}$$

所以，$w_t = q - \Delta h = S_{12cb1} + S_{2'1ba2'}$，即图 2 中的阴影部分面积。

(2)如解图 3 所示：三种理想循环的 T-s 图，图中：

1—2—3—4—5—1 为混合加热理想循环；

1—2′—4—5—1 为定压加热理想循环；

1—2″—4—5—1 为定容加热理想循环。

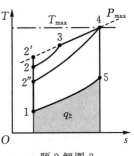

题 2 解图 2

工质在循环过程中放热量相同，即 q_2 相等，但是各循环吸热量（q_1）各不相同：

$$q_{1,v} < q_{1,m} < q_{1,p}$$

故三种理想循环的热效率有如下关系：$\eta_{tv} < \eta_{tm} < \eta_{tp}$。

(3)循环的 T-s 图如解图 4 所示：

分析 A、B 循环平均吸热温度：

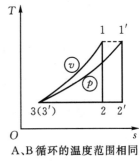

A、B 循环的温度范围相同

题 2 解图 4

$$\overline{T}_{吸,A} = \frac{q_{吸,A}}{\Delta s_{31}} = \frac{c_V(T_1 - T_3)}{c_V \ln \dfrac{T_1}{T_3}} = \frac{T_1 - T_3}{\ln \dfrac{T_1}{T_3}}$$

$$\overline{T}_{吸,B} = \frac{q_{吸,B}}{\Delta s_{3'1'}} = \frac{c_p(T_{1'} - T_{3'})}{c_p \ln \dfrac{T_{1'}}{T_{3'}}} = \frac{T_{1'} - T_{3'}}{\ln \dfrac{T_{1'}}{T_{3'}}} = \frac{T_1 - T_3}{\ln \dfrac{T_1}{T_3}}$$

可得：$\overline{T}_{吸,A} = \overline{T}_{吸,B}$，即两个循环的平均吸热温度相同。

同时，两个循环的平均放热温度也相同。

所以 A、B 两循环的热效率相等。

(4)通过热力学第二定律判断(卡诺定理、孤立系统熵增、克劳修斯不等式等均分别可判断)

相同温限间逆卡诺循环的制冷系数为 $\varepsilon_c = \dfrac{T_2}{T_1 - T_2} = \dfrac{273}{300 - 273} = 10.11$；

而要设计的制冷循环的制冷系数为 $\varepsilon = \dfrac{q_c}{w_{net}} = \dfrac{1500}{100} = 15$。

所设计制冷机的制冷系数高于相同温限间逆卡诺的制冷系数，因此，无法实现。

(5)绝热加湿过程如解图 5 中 1—2 所示。

相对湿度增加；

焓不变；

湿球温度不变；

露点温度降低；

含湿量升高。

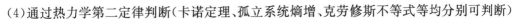

题 2 解图 5

计算题(40 分)

3.(12 分)

(1)一个热力过程要想能够实现，必须同时满足热力学第一定律和热力学第二定律。

由热力学第一定律可知：$H_1 + Q = H_2 + H_3$

即，$m_1 c_p T_1 + Q = m_2 c_p T_2 + m_3 c_p T_3$

$Q = m_2 c_p T_2 + m_3 c_p T_3 - m_1 c_p T_1$

$q = 0.2 c_p T_2 + 0.8 c_p T_3 - c_p T_1 = -30.15$ kJ/kg

该过程向环境释放热量 30.15 kJ/kg，满足热力学第一定律。

由热力学第二定律的孤立系统熵增原理，可知：

$$\Delta S_{iso} = m_2 c_p \ln \frac{T_2}{T_1} + m_3 c_p \ln \frac{T_3}{T_1} + \frac{Q}{T_0}$$

解得：$\Delta s_{iso} = -0.204$ kJ/(kg·K)

孤立系统熵增小于零，故该热工设备不可以实现。

(2)极限是发生可逆过程，孤立系统熵增为 0。

设此时有 x kg 工质从 60 ℃提高到 90 ℃，$(1-x)$ kg 从 60 ℃降低到 15 ℃。

由热力学第一定律可知，$q = x c_p T_2 + (1-x) c_p T_3 - m_1 c_p T_1 \leqslant 0$

即，$75x - 45 \leqslant 0$

解得：$x \leqslant 0.6$

由热力学第二定律可知：$\Delta s_{iso} = x c_p \ln \frac{T_2}{T_1} + (1-x) c_p \ln \frac{T_3}{T_1} + \frac{|q|}{T_0} = 0$

两式联立可得：$x c_p \ln \frac{T_2}{T_1} + (1-x) c_p \ln \frac{T_3}{T_1} + \frac{|x c_p T_2 + (1-x) c_p T_3 - c_p T_1|}{T_0} = 0$

代入数据，可得：$0.0867x - 0.1459(1-x) + \frac{45 - 75x}{288} = 0$

解得：$x = 0.372$

因此，60 ℃空气变成 90 ℃空气的极限比率为 0.372。

4.（12 分）

(1)先求滞止参数

$$T_0 = T_1 + \frac{c_{f1}^2}{2c_p} = 600 + \frac{150^2}{2 \times 1004} = 611.2 \text{ K}$$

$$p_0 = p_1 \times \left(\frac{T_0}{T_1}\right)^{\frac{\kappa}{\kappa-1}} = 0.5 \times \left(\frac{611.2}{600}\right)^{\frac{1.4}{1.4-1}} = 0.533 \text{ MPa}$$

$$p_{cr} = \nu_{cr} \times p_0 = 0.528 \times 0.533 = 0.281 \text{ MPa}$$

$$p_b = 0.3 \text{ MPa} > p_{cr} = 0.281 \text{ MPa}$$

所以：$p_2 = p_b = 0.3$ MPa

若可逆膨胀，则：

$$T_{2s} = T_1 \times \left(\frac{p_2}{p_1}\right)^{\frac{\kappa-1}{\kappa}} = 600 \times \left(\frac{0.3}{0.5}\right)^{\frac{1.4-1}{1.4}} = 518.52 \text{ K}$$

$$c_{f,2s} = \sqrt{2(h_0 - h_{2s})} = \sqrt{2 c_p (T_0 - T_{2s})}$$

$$= \sqrt{2 \times 1005 \times (611.2 - 518.52)} = 431.61 \text{ m/s}$$

由于过程不可逆，所以

$$c_{f2} = \varphi c_{f,2s} = 0.90 \times 431.61 = 388.45 \text{ m/s}$$

$$T_2 = T_0 - \frac{c_{f2}^2}{2c_p} = 611.2 - \frac{388.45^2}{2 \times 1005} = 536.13 \text{ K}$$

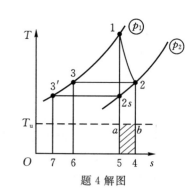

题 4 解图

(2) $v_2 = \dfrac{R_g T_2}{p_2} = \dfrac{287 \times 536.13}{0.3 \times 10^6} = 0.513 \ \text{m}^3/\text{kg}$

$q_m = \dfrac{A_2 c_{f2}}{v_2} = \dfrac{3.0 \times 10^{-3} \times 388.45}{0.513} = 2.27 \ \text{kg/s}$

(3) $\Delta s_g = \Delta s_{1-2} = c_p \ln \dfrac{T_2}{T_{2s}} = 1.005 \times \ln \dfrac{536.13}{518.52} = 0.03357 \ \text{kJ/(kg · K)}$

$I = q_m T_0 \Delta s_g = 2.27 \times 300 \times 0.03357 = 22.86 \ \text{kW}$

有效能损失如题 4 解图中阴影部分面积 S_{ab45a} 所示。

5. (16 分)(1)$T-s$ 图如题 5 解图所示：

首先确定各点状态参数：

1 点：$p_1 = 18 \ \text{MPa}, t_1 = 600 \ ℃$,

$\quad h_1 = 3556.8 \ \text{kJ/kg}, s_1 = 6.5720 \ \text{kJ/(kg · K)}$

7 点：$p_7 = 2 \ \text{MPa}, s_7 = s_1 = 6.5720 \ \text{kJ/(kg · K)}$,

$\quad h_2 = 2916.1 \ \text{kJ/kg}$

2 点：$p_2 = 0.005 \ \text{MPa}, s_2 = s_1 = 6.5720 \ \text{kJ/(kg · K)}$,

$\quad s_2' = 0.4763 \ \text{kJ/(kg · K)}, s_2'' = 8.3960 \ \text{kJ/(kg · K)}$

题 5 解图

干度：$x = \dfrac{s_2 - s_2'}{s_2'' - s_2'} = \dfrac{6.5720 - 0.4763}{8.3960 - 0.4763} = 0.7697$

$h_2 = x h_2'' + (1 - x) h_2' = 0.7697 \times 2561.6 + (1 - 0.7697) \times 137.8 = 2003.40 \ \text{kJ/kg}$

3 点：$h_3 = h_2' = 137.8 \ \text{kJ/kg}$

5 点：$p_5 = 2 \ \text{MPa}, h_5 = 908.50 \ \text{kJ/kg}$

(2)计算抽汽量：

$\alpha = \dfrac{h_5 - h_3}{h_7 - h_3} = \dfrac{908.50 - 137.8}{2916.1 - 137.8} = 0.277$

(3)循环吸热量：$q_1 = h_1 - h_5 = 3556.8 - 908.50 = 2648.3 \ \text{kJ/kg}$

循环放热量：

$q_2 = (1 - \alpha)(h_2 - h_3) = (1 - 0.277) \times (2003.4 - 137.8) = 1348.83 \ \text{kJ/kg}$

循环净功：$w_{net} = q_1 - q_2 = 2648.3 - 1348.83 = 1299.47 \ \text{kJ/kg}$

或 $w = (h_1 - h_7) + (1 - \alpha)(h_7 - h_2)$

$\quad = (3556.8 - 2916.1) + (1 - 0.277) \times (2916.1 - 2003.4) = 1300.58 \ \text{kJ/kg}$

循环热效率：$\eta_t = \dfrac{w_{net}}{q_1} = \dfrac{1299.47}{2648.3} = 0.491$

(4)由回热器内的熵平衡方程：$\Delta s_{CV} = (1 - \alpha)s_4 + \alpha s_7 + \Delta s_{f,Q} + \Delta s_g - s_5 = 0$

且回热器和外界没有热量交换，$\Delta s_{f,Q} = 0$。因此：

$\Delta s_g = s_5 - \alpha s_7 - (1 - \alpha)s_3$

$\quad = 2.4468 - 0.277 \times 6.5720 - (1 - 0.277) \times 0.4763$

$\quad = 2.4468 - 1.8204 - 0.3444$

$\quad = 0.2820 \ \text{kJ/(kg · K)}$

有效能损失 $i = T_0 \times \Delta s_g = 300 \times 0.282 = 84.60 \ \text{kJ/kg}$

西安交通大学工程热力学期末复习题与测试题及解答(二)

期末复习题与测试题(二)

1. 填空题(39 分,每题 3 分)

(1)热力系统处于平衡状态,其实现的充要条件是_____;系统经历可逆过程的条件是_____;闭口系工质在可逆膨胀过程中所做的有用功为_____(环境压力为 p_0);

(2)1 kg 工质稳定流动开口系统的能量方程式为_____,该方程应用于锅炉时,可简化为_____,应用于喷管时,可简化为_____。

(3)氧气的平均比定压热容如右表所示,5 kg 氧气从 200 ℃定容吸热至 300 ℃,利用该表计算其焓变 ΔH =_____。

$t/℃$	$c_p \left. \right|_0^t /[\mathrm{kJ/(kg \cdot K)}]$
200	0.935
300	0.950

(4)热力学第二定律的克劳修斯表述为:_____,适用于判断热力过程方向性的热力学第二定律数学表达式(积分形式)为_____,对于不可逆绝热过程,可简化为_____。

(5)工作在恒温热源 T_1 和 T_2 之间的正卡诺循环,热效率可表示为_____;如果是恒温热源 T_1 和 T_2 之间的逆卡诺循环,用于制冷时的性能系数可表示为_____;用于供暖时的性能系数可表示为_____。(用状态参数 T_1 和 T_2 表示,$T_1 > T_2$)

(6)压缩因子 Z 的物理意义是_____。氟利昂 R134a 处于 $p=100$ kPa,$t=50$ ℃状态时,如果按理想气体处理,其比体积为_____;如果按实际气体处理,假设该状态 R134a 的压缩因子 $Z=0.981$,其比体积为_____。(R134a 的摩尔质量为 102 g/mol)

(7)空气经过绝热节流后,其状态参数熵_____,压力_____,温度_____。(填增大,减少,不变,不确定)

(8)20 ℃的 2 kg 氮气从热源定容吸热温度升至 65 ℃,所吸热量中的有效能(做功能力,热㶲)$E_{x,q}=$_____。(环境温度为 20 ℃,按定值比热容计算,$c_v=0.662$ kJ/(kg·K))

(9)一台带有级间冷却的两级压缩的压气机,吸入环境压力为 0.1 MPa 的空气,压缩终了的气体表压力为 1.5 MPa。以压气机耗功最小为条件,压气机的最佳中间压力应取_____,除了耗功最小外,这样取值的优点还包括_____和_____。

(10)简单燃气轮机装置循环 Brayton 循环中,工质绝热指数一定的前提下,随着循环增压比的提高,热效率_____,循环净功_____。(填写"变大""变小""不变"或"不能确定"。)

(11)湿空气的喷水绝热加湿过程中,状态参数含湿量_____,相对湿度_____,比焓_____。(填写"变大""变小"或者"不变"。)

(12)在循环最高压力和吸热量 q_1 相同的条件下,活塞式内燃机定容加热、混合加热、定压加热理想循环的热效率分别为 $\eta_{t,p}$、$\eta_{t,vp}$ 和 $\eta_{t,v}$ 则三个循环热效率大小关系为＿＿＿＿＿＿＿＿。

(13)蒸气压缩制冷循环的制冷系数总是＿＿＿＿1;供暖系数总是＿＿＿＿1。(填写"大于""小于"或者"不一定"。)

2. 简答题(25 分,每题 5 分)

(1)试推导理想气体经可逆多变压缩的压气机的耗功表达式,$w_{c,n} = \dfrac{n}{n-1} p_1 v_1 \left[\left(\dfrac{p_2}{p_1} \right)^{\frac{n-1}{n}} - 1 \right]$,并在 p-v 图上表示出来,多变指数 $n = 1.3$。理想气体从初态 $1(p_1, T_1)$ 经过不可逆绝热膨胀至终态 $2(p_2, T_2)$,请在 T-s 图上定性表示上述过程,并图示不可逆过程的焓变和做功能力损失。(环境温度为 T_0)

(2)水和水蒸气的五种状态指的是什么? 在 0 ℃以下,有没有液态水存在? 有没有水蒸气存在?

(3)回热的作用是什么? 在热力循环中,回热一定能提高循环的经济性能指标吗? 请举例说明。

(4)提高燃气轮机动力循环热效率的措施有哪些?(至少回答三种措施)

计算题(36 分)

3.(9 分)　5 kg 水初始时刻与温度为 295 K 的大气处于热平衡状态,现用一台制冷机在 5 kg 水与大气之间工作,使得水定压冷却到 280 K。试求制冷机所需消耗的最小功是多少?(水的比热容 $c_p = 4.1868$ kJ/(kg・K))

4.(12 分)　压力 $p_1 = 1.2$ MPa,温度 $t_1 = 1000$ K 的空气,以 $q_m = 3$ kg/s 的流量流经节流阀,压力降到 $p_2 = 1.0$ MPa,然后进入喷管作可逆绝热膨胀。已知喷管出口背压 $p_b = 0.6$ MPa,环境温度 $T_0 = 300$ K,按定值比热容计算,$c_p = 1.004$ kJ/(kg・K),$R_g = 0.287$ kJ/(kg・K)。问:

(1)应选用何种形状的喷管?

(2)喷管出口流速及截面积为多少?

(3)因节流引起的做功能力损失为多少?

(4)如果喷管内流动为不可逆,速度系数 $\varphi = 0.92$,试确定喷管内不可逆流动引起的熵增?

5.(15 分)　某蒸汽动力循环如附图所示,由两台锅炉 A、B 供给新蒸汽,两台锅炉每小时的蒸汽生产量相同,A 为高压锅炉,所产生的蒸汽参数为 $p_0 = 18.0$ MPa,$t_0 = 550$ ℃;高压锅炉的新蒸汽进入高压汽轮机膨胀做功,排汽背压为 3.0 MPa,排汽进入锅炉再热,再热后的蒸汽参数与另一台中压锅炉 B 产生的蒸汽参数相同,即为 $p_1 = 3.0$ MPa,$t_1 = 450$ ℃,两股蒸汽汇合进入中压汽轮机膨胀做功到 10 kPa,然后进入凝汽器,水泵加压,完成整个循环,忽略水泵功。试求:

(1)定性画出循环的 T-s 图;

(2)锅炉 A 中吸热量(包含再热);

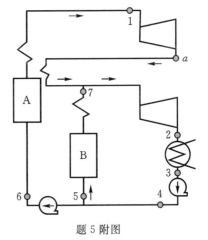

题 5 附图

(3)锅炉 B 中吸热量；

(4)求循环放热量；

(5)求循环热效率。

附:水和水蒸气热力性质表

饱和水的热力性质表

P/MPa	t/℃	h'/(kJ/kg)	h''/(kJ/kg)	s'/[kJ/(kg·K)]	s''/[kJ/(kg·K)]
0.01	45.799	191.76	2583.72	0.6490	8.1481
3	233.893	1008.2	2803.19	2.6454	6.1854

过热蒸汽热力性质表

p/MPa	t/℃	h/(kJ/kg)	s/[kJ/(kg·K)]
18.0	550	3415.9	6.4049
3.0	450	3343.0	7.0817
3.0	271.21	2918.2	6.4049

期末复习题与测试题(二)解答

1. 填空题(39 分,每题 3 分)

(1)系统内外一切势差趋于零,准平衡过程且过程中无耗散效应;

$$w_u = \int_1^2 p dv - p_0 \Delta v$$

$$q = \Delta h + w_t = \Delta h + \frac{1}{2} \Delta c_f^2 + g \Delta z + w_s \; ; \; q = \Delta h \; ; \; \Delta h + \frac{1}{2} \Delta c_f^2 = 0$$

(3)490 kJ

(4)热量不可能自发地、不付代价地从低温传至高温物体;$\Delta s \geqslant \int_1^2 \frac{\delta q}{T_r}$;$\Delta s_g > 0$

(5)$\eta_t = 1 - \dfrac{T_2}{T_1}$; $\varepsilon = \dfrac{T_2}{T_1 - T_2}$; $\varepsilon' = \dfrac{T_1}{T_1 - T_2}$

(6)实际气体比体积与同温同压下的理想气体比体积之比,实际气体对理想气体性质偏离的程度;

$0.2634 \text{ m}^3/\text{kg}, 0.2584 \text{ m}^3/\text{kg}$

(7)变大;变小;不变

(8)4.153 kJ

(9)0.4 MPa;每一级耗功相等,有利于曲轴平衡;提高容积效率

(10)增大,不能确定

(11)增加,增加,不变

(12)$\eta_{t,p} > \eta_{t,vp} > \eta_{t,v}$

(13)不一定;大于

2. 简答题(每题 5 分,共 25 分)

(1)证明

由多变过程方程:$pv^n = \text{const}$

故:

$$w_{c,n} = -w_t = \int_1^2 v dp = n \int_1^2 p dv$$

$$= -\frac{n}{n-1}(p_1 v_1 - p_2 v_2) = -\frac{n}{n-1} R_g (T_1 - T_2)$$

$$= -\frac{n}{n-1} R_g T_1 \left[1 - \left(\frac{p_2}{p_1} \right)^{\frac{n-1}{n}} \right] = \frac{n}{n-1} p_1 v_1 \left[\left(\frac{p_2}{p_1} \right)^{\frac{n-1}{n}} - 1 \right]$$

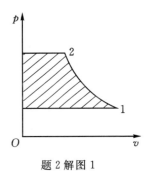

题 2 解图 1

(2)画图

此题有不同画法

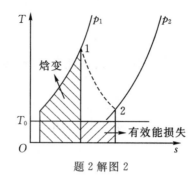

题 2 解图 2

(3)过冷水、饱和水、湿蒸汽、干饱和蒸汽、过热蒸汽区

0 度以下,有液态水,如冰的加压溶解;有水蒸气存在,如冰的升华现象。

(4)①回热的作用:就是把本来要放给冷源的热量利用起来,来加热工质,以减少工质从热源的吸热量。

②回热不一定能提高循环的经济性能指标。燃气轮机循环的回热是通过安装一个回热器,利用燃气轮机排出的高温工质的热量来加热压缩后的空气,循环的热效率提高了;而蒸汽动力循环从蒸汽轮机出来的乏汽的温度较低,不能直接采用类似于燃气轮机回热的方式,而是采用从汽轮机的适当部位抽出尚未完全膨胀的、压力和温度相对较高的少量蒸汽去加热低温凝结水,循环的热效率会提高。压缩空气制冷循环采用回热的理想循环,循环的制冷系数未发生变化,但是压缩机增压比减少。

(5)提高燃气轮机动力循环热效率的措施有:

①回热;②回热基础上膨胀机分级膨胀中间再热;③压缩机分级压缩中间冷却;④提高压缩机的绝热效率和膨胀机的相对内效率。

计算题(共 36 分)

3.(9 分)

从水中吸收 $Q_1 = 4.1868 \times 5 \times (295 - 280) = 314.01$ kJ

取孤立系,当孤立系统熵增为 0 时,制冷机消耗功最小

$$\Delta S_{\text{iso}} = \Delta S_{\text{水}} + \Delta S_{\text{制冷机}} + \Delta S_{\text{环境}} = 4.1868 \times 5 \times \ln\frac{280}{295} + \frac{Q_2}{295} = 0$$

求得:$Q_2 = 322.27$ kJ

制冷机消耗功:$W = Q_2 - Q_1 = 8.26$ kJ

4.(12 分)

(1)求滞止参数:理想气体节流前后温度不变,忽略进口速度

$p_0 = p_2 = 1.0$ MPa;$T_0 = T_1 = 1000$ K

$p_{\text{cr}} = v_{\text{cr}} p_0 = 0.528 \times 1 = 0.528 < p_b$

故选择渐缩喷管。

(2)出口:$p_2 = p_b = 0.6$ MPa,

$$T_{2s} = T_0 \left(\frac{p_2}{p_0}\right)^{\frac{\kappa-1}{\kappa}} = 1000 \times \left(\frac{0.6}{1}\right)^{\frac{1.4-1}{1.4}} = 864.2 \text{ K}$$

$$v_{2s} = \frac{R_g T_{2s}}{p_2} = \frac{0.287 \times 864.2}{0.6 \times 1000} = 0.4134 \text{ m}^3/\text{kg}$$

$$c_{f,2s} = \sqrt{2c_p(T_0 - T_{2s})} = \sqrt{2 \times 1004 \times (1000 - 864.2)} = 522.19 \ \text{m/s}$$

$$A_2 = \frac{v_2 q_m}{c_{f,2s}} = \frac{0.4134 \times 3}{522.19} = 2.375 \times 10^{-3} \ \text{m}^2$$

(3)节流为不可逆过程,前后温度不变,压力降低

$$I = q_m T_0 \Delta s_{iso} = q_m T_0 (s_2 - s_1) = q_m T_0 R_g \ln \frac{p_1}{p_2}$$

$$= 3 \times 300 \times 0.287 \times \ln \frac{1.2}{1.0} = 47.09 \ \text{kJ/s}$$

(4) $c_{f,2} = \varphi c_{f,2s} = 0.92 \times 522.19 = 480.41 \ \text{m/s}$

$$T_2 = T_0 - \frac{c_{f,2}^2}{2c_p} = 1000 - \frac{480.41^2}{2 \times 1004} = 885.06 \ \text{K}$$

$$\Delta S_{iso} = q_m \Delta s_{iso} = q_m (s_2 - s_1) = q_m \left(c_p \ln \frac{T_2}{T_1} - R_g \ln \frac{p_2}{p_1} \right)$$

$$= 3 \times \left(1.004 \times \ln \frac{885.06}{1000} - 0.287 \times \ln \frac{0.6}{1.0} \right) = 0.072 \ \text{kJ/(kg \cdot K)}$$

5. (15 分)

(1) T-s 图

首先确定各点状态参数:

1 点:$p_1 = 18 \ \text{MPa}, t_1 = 550 \ ℃, h_1 = 3415.9 \ \text{kJ/kg}$,

  $s_1 = 6.4049 \ \text{kJ/(kg \cdot K)}$

a 点:$p_a = 3 \ \text{MPa}, s_a = s_1 = 6.4049 \ \text{kJ/(kg \cdot K)}, h_2 = 2918.2 \ \text{kJ/kg}$

7 点:$p_7 = 3 \ \text{MPa}, t_7 = 450 \ ℃, h_7 = 3343.0 \ \text{kJ/kg}$,

  $s_7 = 7.0817 \ \text{kJ/(kg \cdot K)}$

2 点:$p_2 = 0.01 \ \text{MPa}, s_2 = s_7 = 7.0817 \ \text{kJ/(kg \cdot K)}, t_2 = 45.799 \ ℃$

处于湿饱和蒸汽区

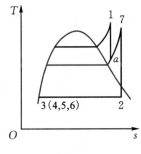

题 5 解图

干度:$x = \dfrac{s_2 - s'}{s'' - s'} = \dfrac{7.0817 - 0.6490}{8.1481 - 0.6490} = 0.8578$

所以:$h_2 = x h'' + (1-x) h' = 0.8578 \times 2583.72 + (1 - 0.8578) \times 191.76 = 2243.58 \ \text{kJ/kg}$

3 点:$h_3 = 191.76 \ \text{kJ/kg}$

(2)锅炉 A 吸热量:

$q_{1A} = h_1 - h_3 + h_7 - h_a = 3415.9 - 191.76 + 3343.0 - 2918.2 = 3648.94 \ \text{kJ/kg}$

(3)锅炉 B 吸热量:

$q_{1B} = h_7 - h_3 = 3343.0 - 191.76 = 3151.24 \ \text{kJ/kg}$

(4)循环放热量:

$q_2 = 2(h_2 - h_3) = 2 \times (2243.58 - 191.76) = 4103.64 \ \text{kJ/kg}$

(5)热效率:

$$\eta_t = 1 - \frac{q_2}{q_1} = 1 - \frac{4103.64}{3648.94 + 3151.24} = 0.3965$$

西安交通大学工程热力学期末复习题与测试题及解答(三)

期末复习题与测试题(三)

1. 填空题(30 分)

(1) $\Delta h = c_p \Delta t$ 对于理想气体适用于_____热力过程;对实际气体适用于_____热力过程。

(2) 混合气体由 N_2 和 CO_2 组成,已知 N_2 的质量成分为 0.72,则混合气体的平均气体常数 $R_g =$ _____,平均摩尔质量 $M =$ _____。

(3) 可逆过程膨胀功的计算式 $w =$ _____,可逆过程技术功的计算式 $w_t =$ _____,并将前者表示在 $p\text{-}v$ 图上。

(4) 如图所示,1—2 为某一理想气体的可逆绝热过程,试在 $T\text{-}s$ 图上用面积表示出 $\Delta h_{1-2} = h_2 - h_1$。

(5) 热力学第二定律的数学表达式为①_____,②_____。

(6) 冬季取暖,若不采取任何其它措施,室内温度_____,室内相对湿度_____。(填增大,减少或不变)。

(7) 如左图所示容器被刚性壁分成两部分。环境压力为 0.1 MPa,压力表 B 的读数为 0.04 MPa,真空计 C 的读数为 0.03 MPa。则容器两部分内气体的绝对压力:$p_1 =$ _____,$p_2 =$ _____。

(8) 氧气的平均比定压热容

$$c_p \Big|_{0\,℃}^{80\,℃} = 0.914 \text{ kJ/(kg · K)}$$

$$c_p \Big|_{0\,℃}^{195\,℃} = 0.933 \text{ kJ/(kg · K)}$$

则 $c_p \Big|_{80\,℃}^{195\,℃} =$ _____,$c_V \Big|_{80\,℃}^{195\,℃} =$ _____。

题 1(3)附图

题 1(4)附图

题 1(7)附图

2. 选择与是非题(8 分)

(1) 系统工质经历一个可逆定温过程,由于温度没有变化,故该系统工质不能与外界交换热量。( )

(2) 循环净功越大,则循环的热效率也愈大。( )

(3) 工质完成不可逆过程,其初、终态熵的变化无法计算。( )

(4) 对湿空气,保持干球温度不变的过程,若含湿量增加则为_____过程。

   A.纯加热   B.纯冷却   C.绝热加湿   D.加热加湿

(5) 一定量的理想气体经历一个不可逆过程,对外做功 15 kJ,放热 5 kJ,则气体温度变化为_____。

    A. 升高   B. 降低   C. 不变

3. 简答论证题（12分）

（1）试根据 p-v 图所示理想气体循环，在 T-s 图上画出相应的循环。

（2）理想气体的膨胀过程 1—2—3—4 如图所示，其中 1—2 和 3—4 过程为定熵过程，状态 1.3 和 2.4 分别在温度 T_1 和 T_2 的定温线上，试证

$$p_2 = \sqrt{p_1 p_4}$$

（3）试画出蒸气压缩制冷简单循环的 T-s 图，并用各状态点的焓表示出其制冷系数。

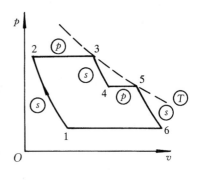

题 3(1)附图

4. 计算题（50分）

（1）（8分） 空气进入一渐缩喷管，进口参数 $p_1 = 0.6$ MPa，$T_1 = 600$ K，背压 $p_b = 0.2$ MPa，若喷管出口截面积 $A_2 = 25$ cm^2，试求：

    ①出口流速 c_{f2}； ②喷管流量 q_m。

［空气 $c_p = 1.004$ kJ/(kg·K)，$R_g = 0.287$ kJ/(kg·K)］

（2）（15分） 有两股压力相同的空气流，一股气流温度 $t_1 = 400$ ℃，流量 $q_{m1} = 120$ kg/h；另一股气流温度 $t_2 = 150$ ℃，流量 $q_{m2} = 210$ kg/h。令两股气流先绝热等压混合，然后用 $T_r = 500$ ℃ 的热源将此混合气流等压加热至 $t_4 = 400$ ℃ 以满足工艺需要，试计算：

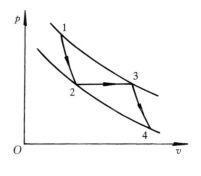

题 3(2)附图

    ①绝热混合后的气流温度；

    ②绝热混合过程的熵变；

    ③混合气流加热至 t_4 每小时所需热量；

    ④混合气流加热过程不等温传热的熵产和可用能（有效能，做功能力）损失（环境温度 $T_0 = 300$ K）。

（3）（12分） 压力为 0.1 MPa、温度为 20 ℃ 的空气进入压缩机，绝热压缩至 0.6 MPa 后排入储气筒。

    ①试问压缩机空气出口温度能否是 180 ℃？

    ②若将空气绝热压缩至 0.6 MPa，250 ℃，试问绝热效率是多少？可用能（做功能力，有效能）损失为多少？并用 T-s 图表示之（环境温度 $t_0 = 20$ ℃）。

    ③压缩机在吸气状态下的吸气量为 100 m^3/h，试求在②情况下的压缩机功率为多少？

（4）（15分） 某蒸汽动力厂按一级抽汽回热（混合式）理想循环工作，如图所示，已知新蒸汽参数 $p_1 = 4.0$ MPa，$t_1 = 420$ ℃，汽轮机排汽压力 $p_2 = 0.007$ MPa，抽汽压力 $p_A = 0.4$ MPa，忽略泵功。试求：

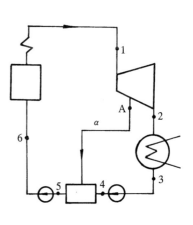

题 4(4)附图

①定性画出循环的 $T-s$ 及 $h-s$ 图；

②抽汽系数 α；

③循环吸热量 q_1，放热量 q_2 及输出净功 w_{net}；

④循环热效率；

⑤相应朗肯循环的热效率。

附：

有关水蒸气状态参数

p/MPa	$t/℃$	$h/(\mathrm{kJ/kg})$	$s/[\mathrm{kJ/(kJ \cdot K)}]$	p_s/MPa	$h'/(\mathrm{kJ/kg})$	$h''/(\mathrm{kJ/kg})$	$s'/[\mathrm{kJ/(kJ \cdot K)}]$	$s''/[\mathrm{kJ/(kJ \cdot K)}]$
4	420	3261.4	6.8399	0.4	604.7	2737.6	1.7764	6.8943
0.4		2716.3	6.8399	0.007	163.4	2572.6	0.5597	8.2767

期末复习题与测试题(三)解答

1. (1) 任何;定压

(2) 0.267 kJ/(kg·K)，31.1×10^{-3} kg/mol

(3) $w=\int_1^2 p\mathrm{d}v$；$w_t=-\int_1^2 v\mathrm{d}p$。在 $p-v$ 图上的表示如图所示。

(4) 如图 Δh_{12}可用面积 $121'ab1$ 表示。

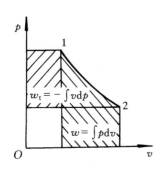
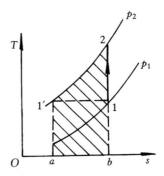

题 1(3)解图

题 1(4)解图

(5) ① $\oint\dfrac{\delta q}{T}\leqslant 0$　② $\Delta s\geqslant\int_1^2\dfrac{\delta q}{T}$　③ $\mathrm{d}s_{iso}\geqslant 0$　三者任选二者

(6) 增大,减少

(7) $p_1=0.11$ MPa, $p_2=0.03$ MPa

(8) $c_p\Big|_{80℃}^{195℃}=0.946$ kJ/(kg·K)

$c_V\Big|_{80℃}^{195℃}=0.686$ kJ/(kg·K)

2. (1) ×, (2) ×, (3) ×, (4) D, (5) B

3. (1)

(2) 由 1—2,3—4 定熵过程得

$$\frac{p_1}{p_2}=\left(\frac{T_1}{T_2}\right)^{\kappa/(\kappa-1)},\quad \frac{p_3}{p_4}=\left(\frac{T_3}{T_4}\right)^{\kappa/(\kappa-1)}$$

又因　$T_1=T_3$, $T_2=T_4$, $p_2=p_3$

则　$\dfrac{p_1}{p_2}=\dfrac{p_3}{p_4}=\dfrac{p_2}{p_4}$

于是　$p_2=\sqrt{p_1 p_4}$

(3) $\varepsilon=\dfrac{q_2}{w_C}=\dfrac{h_1-h_4}{h_2-h_1}=\dfrac{h_1-h_3}{h_2-h_1}$

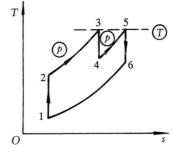

题 3(1)解图

4. (1) 这是一喷管校核计算的问题。

① 因 $\dfrac{p_b}{p_0}=\dfrac{p_b}{p_1}=\dfrac{0.2}{0.6}=0.33<\nu_{cr}=0.528$

所以，出口压力 $p_2 = p_{cr} = 0.528 p_1 = 0.3168$ MPa

$$T_2 = T_1 \left(\frac{p_2}{p_1} \right)^{(\kappa-1)/\kappa} = 600 \times 0.528^{0.4/1.4} = 500 \text{ K}$$

$$c_{f2} = \sqrt{2 c_p (T_1 - T_2)} = \sqrt{2 \times 1004 \times (600 - 500)} = 448.1 \text{ m/s}$$

② $v_2 = \dfrac{R_g T_2}{p_2} = 0.453 \text{ m}^3/\text{kg}$

$$q_m = \frac{c_{f2} A_2}{v_2} = \frac{448.1 \times 25 \times 10^{-4}}{0.453} = 2.47 \text{ kg/s}$$

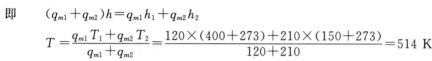

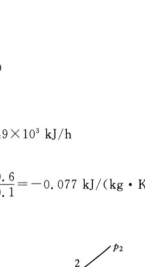

题 3(3)解图

（2）①绝热混合过程：由稳定流动能量方程得

$$\Delta H = 0$$

即

$$(q_{m1} + q_{m2}) h = q_{m1} h_1 + q_{m2} h_2$$

$$T = \frac{q_{m1} T_1 + q_{m2} T_2}{q_{m1} + q_{m2}} = \frac{120 \times (400 + 273) + 210 \times (150 + 273)}{120 + 210} = 514 \text{ K}$$

② $\Delta S = q_{m1} c_p \ln \dfrac{T}{T_1} + q_{m2} c_p \ln \dfrac{T}{T_2}$

$$= 120 \times 1.004 \times \ln \frac{514}{673} + 210 \times 1.004 \times \ln \frac{514}{423} = 8.61 \text{ kJ/(K·h)}$$

③ $\dot{Q} = q_m c_p \Delta T = (120 + 210) \times 1.004 \times [(400 + 273) - 514]$

$$= 5.27 \times 10^4 \text{ kJ/h} = 14.63 \text{ kW}$$

④ $\Delta S_{\text{工质}} = q_m c_p \ln \dfrac{T_4}{T_1} = 330 \times 1.004 \times \ln \dfrac{674}{514} = 89.8 \text{ kJ/(K·h)}$

$$\Delta S_r = -\frac{\dot{Q}}{T_r} = -\frac{5.27 \times 10^4}{500 + 273} = -68.18 \text{ kJ/(K·h)}$$

$$I = T_0 \Delta S_{\text{iso}} = T_0 (\Delta S_{\text{工质}} + \Delta S_r) = 300 \times (89.8 - 68.18) = 6.49 \times 10^3 \text{ kJ/h}$$

（3）① 若压缩机出口温度为 180 ℃，则绝热压缩过程的熵产

$$\Delta s_g = c_p \ln \frac{T_2}{T_1} - R_g \ln \frac{p_2}{p_1} = 1.004 \times \ln \frac{180 + 273}{20 + 273} - 0.287 \times \ln \frac{0.6}{0.1} = -0.077 \text{ kJ/(kg·K)}$$

$$< 0$$

可见，压缩机空气出口温度不可能是 180 ℃。

② $T_{2s} = T_1 \left(\dfrac{p_2}{p_1} \right)^{\frac{\kappa-1}{\kappa}} = 488.9 \text{ K}$

$$\eta_C = \frac{c_p (T_{2s} - T_1)}{c_p (T_2 - T_1)} = \frac{488.9 - (20 + 273)}{250 - 20} = 0.852$$

$\Delta s_g = c_p \ln \dfrac{T_2}{T_1} - R_g \ln \dfrac{p_2}{p_1}$

$$= 1.004 \times \ln \frac{250 + 273}{20 + 273} - 0.287 \times \ln \frac{0.6}{0.1}$$

$$= 0.0675 \text{ kJ/(kg·K)}$$

$$i = T_0 \Delta s_g = 293 \times 0.0675 = 19.78 \text{ kJ/kg}$$

题 4(3)解图

③ $P=q_m c_p(T_2-T_1)=\dfrac{p_1 q_{V1}}{R_g T_1}c_p(T_2-T_1)$

$\qquad =\dfrac{0.1\times10^3\times100}{0.287\times293}\times(250-20)=2.74\times10^4\ \text{kJ/h}=7.60\ \text{kW}$

(4) ①

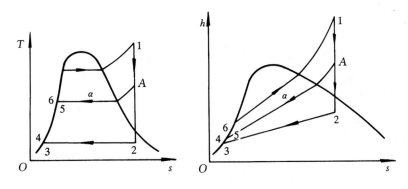

题 4(4)解图

② $\alpha=\dfrac{h_5-h_4}{h_A-h_4}=\dfrac{604.7-163.4}{2716.3-163.4}=0.173$

③ $q_1=h_1-h_6=3261.4-604.7=2656.7\ \text{kJ/kg}$

$\quad x_2=\dfrac{s_2-s'_2}{s''_2-s'_2}=\dfrac{s_1-s'_2}{s''_2-s'_2}=0.814$

$\quad h_2=h'_2+x_2(h''_2-h'_2)=2124.0\ \text{kJ/kg}$

$\quad q_2=(1-\alpha)(h_2-h_3)=(1-0.173)(2124.0-163.4)=1621.4\ \text{kJ/kg}$

$\quad w_{\text{net}}=q_1-q_2=2656.7-1621.4=1035.3\ \text{kJ/kg}$

④ $\eta_t=\dfrac{w_{\text{net}}}{q_1}=\dfrac{1035.3}{2656.7}=39.0\%$

⑤ 朗肯循环

$\quad q_1=h_1-h_4=3261.4-163.4=3098.0\ \text{kJ/kg}$

$\quad q_2=h_2-h_3=2124.0-163.4=1960.6\ \text{kJ/kg}$

$\quad \eta_{t,R}=1-\dfrac{q_2}{q_1}=1-\dfrac{1906.6}{3098.0}=36.7\%$

西安交通大学工程热力学期末复习题与测试题及解答(四)

期末复习题与测试题(四)

1. 填空题(30 分)

(1) 右图为朗肯循环简图,试写出图中 B、T、C、P 各热力系中循环工质的能量方程式:

系统 B 的能量方程式:＿＿＿＿＿＿＿＿＿。

系统 T 的能量方程式:＿＿＿＿＿＿＿＿＿。

系统 C 的能量方程式:＿＿＿＿＿＿＿＿＿。

系统 P 的能量方程式:＿＿＿＿＿＿＿＿＿。

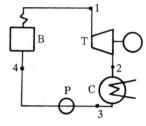

题 1(1)附图

(2) 如图所示的容器,被一刚性壁分成两部分。环境压力为 0.1 MPa,压力表 B 的读数为 40 kPa,真空计 C 的读数为 30 kPa,则容器两部分内气体绝对压力 $p_1 = $ ＿＿＿＿＿＿＿, p_2 ＿＿＿＿＿＿＿。

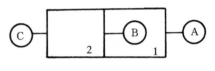

题 1(2)附图

(3) $p-v$ 图上 OA、OB 为理想气体多变过程,在表中填上这 2 个过程的 ΔT、W、Q 的"＋"、"－"号;并在 $p-v$ 图上画出过程 OC。

过程	ΔT	W	Q
OA			
OB			
OC	－	＋	－

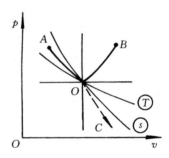

题 1(3)附图

(4) 用遵循范德瓦尔方程的气体在两个恒热源 T_1、T_2 间进行一卡诺循环,则其热效率 $\eta_t = $ ＿＿＿＿＿＿＿。

(5) 氮气和氧气的混和物为 2 m³,压力为 0.1 MPa,其中氮气的分容积为 1.4 m³,则氮气和氧气的分压力分别为 $p_{N_2} = $ ＿＿＿＿＿＿, $p_{O_2} = $ ＿＿＿＿＿＿。

(6) 用干球温度计和露点仪对湿空气测量得到 3 个温度:16 ℃、18 ℃和 29 ℃,则干球温度为＿＿＿＿＿,露点温度为＿＿＿＿＿。

(7) 已知湿空气的含湿量 d,则干空气的质量分数 $w_a = $ ＿＿＿＿＿＿＿,水蒸气的质量分数 $w_v = $ ＿＿＿＿＿＿＿。

(8) 在 $T-s$ 图上以面积示出:状态为 2 的湿蒸汽在冷凝器中冷凝到饱和液体所放热量的面积为＿＿＿＿＿＿＿,其中热量可用能(即热量有效能)的面积为＿＿＿＿＿＿＿。

(9) 提高理想单级燃气轮机装置循环热效率的途径有:

① _____ ,

② _____ 。

（10）将 $p\text{-}v$ 图上所示之可逆循环 A(12341)和可逆循环 B(12′341)画在 $T\text{-}s$ 图上，并比较这 2 个循环的热效率 $\eta_{\mathrm{t,A}}$ 和 $\eta_{\mathrm{t,B}}$ 的大小。

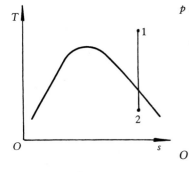
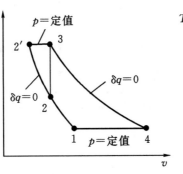
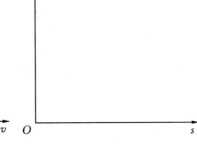

题 1(8)附图　　　　　　　　　　　　　题 1(10)附图

2. 判断与选择（判断打√或×；选择在正确项上打√；10 分）

（1）系统熵增加的过程必为不可逆过程。（　　）

（2）绝热过程必是定熵过程。（　　）

（3）湿空气的含湿量表示 1 kg 湿空气中水蒸气的含量。（　　）

（4）对气体加热其温度一定升高。

（5）可逆压缩时压气机的耗功为

① $\oint p\mathrm{d}v$　　② $\int_1^2 \mathrm{d}(pv)$　　③ $-\int_1^2 v\mathrm{d}p$

（6）理想气体流过阀门，前后参数变化为：

① $\Delta T=0,\Delta s=0$；② $\Delta s>0,\Delta T=0$

③ $\Delta T\neq 0,\Delta s>0$；③ $\Delta s<0,\Delta T=0$

（7）$\delta q=c_V\mathrm{d}T+p\mathrm{d}v$ 适用于

① 仅闭系，可逆过程；

② 仅稳流系，理想气体；

③ 仅闭系、理想气体，可逆过程；

④ 闭系或稳流系，理想气体，可逆过程。

（8）湿空气在总压力不变，干球温度不变的条件下，湿球温度愈低，其含湿量（比湿度）

① 愈大；② 愈小；③ 不变。

（9）以下关系式哪个正确：

① $c_p-c_V=-T\left(\dfrac{\partial v}{\partial T}\right)_p^2\left(\dfrac{\partial p}{\partial T}\right)_T$

② $c_p-c_V=-T\left(\dfrac{\partial p}{\partial v}\right)_T^2\left(\dfrac{\partial v}{\partial T}\right)_p$

③ $c_p-c_V=-T\left(\dfrac{\partial v}{\partial T}\right)_p\left(\dfrac{\partial p}{\partial T}\right)_v$

（10）学习了热力学第一、第二定律，对于节能的认识应该是：

① 能量守恒,节能就是少用能;

② 不但在数量上要节约用能,而且要按"质"用能。

3.简答题:(15 分)

(1) 如图所示循环 1—2—3—1,其中 1、2、3 分别为 3 个平衡态,试问此循环能否实现? 为什么?(其中 3—1 为不可逆绝热过程)

(2) 试以一循环为例,说明提高动力循环热效率或制冷循环制冷系数的方向和方法?

(3) 若已知 N_2 的临界参数 p_c、T_c 及状态参数 p、T,试简述当 N_2 不能作理想气体对待时,如何利用通用压缩因子图确定比容。

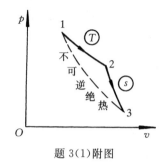

题 3(1)附图

4.计算题(45 分)

(1)(10 分) 一具有级间冷却器的两级压缩机,吸入空气的温度是 27 ℃,压力是 0.1 MPa,压气机将空气压缩到 $p_3=1.6$ MPa。压气机的生产量为360 kg/min,两级压气机压缩过程均按 $n=1.3$ 进行。若两级压气机进气温度相同,且以压气机耗功最少为条件。(空气 $R_g=0.287$ kJ/(kg · K);$c_p=1.004$ kJ/(kg · K)) 试:

① 求空气在低压缸中被压缩所达到的压力 p_2;

② 求压气机所耗总功率;

③ 求空气在级间冷却器所放出的热量。

④ 画出过程 p-V 图,并在图上表示该机较单级压缩至相同压力(相同多变指数)所省的功。

(2)(10 分) 空气预热器利用锅炉出来的废气来预热进入锅炉的空气。压力为 100 kPa,温度为 780 K,焓为 800.03 kJ/kg,熵为 7.6900 kJ/(kg · K)的废气以 75 kg/min 的流量进入空气预热器,废气离开时的温度为 530 K,焓为 533.98 kJ/kg,熵为 7.2725 kJ/(kg · K)。进入空气预热器的空气压力为 101 kPa,温度为 290 K,质量流量为70 kg/min,假定空气预热器的散热损失及气流阻力都忽略不计,试计算:

① 空气在预热器中获得的热量。

② 空气的出口温度。

③ 若环境温度 $T_0=290$ K,试计算该预热器的不可逆损失(做功能力损失)。

(3)(15 分) 某火力发电厂按一级抽汽回热循环工作,如图所示。新蒸汽参数为 $p_1=4.0$ MPa,$t_1=420$ ℃,背压 $p_2=0.007$ MPa。抽汽压力 $p_A=0.4$ MPa,回热器为混合式。汽轮机相对内效率为 $\eta_T=0.80$,忽略泵功。试求:

① 定性画出循环的 T-s 图;

② 抽汽系数 α;

③ 循环吸热量 q_1,放热量 q_2,净输出功 w_0;

④ 循环热效率。

查得有关状态参数如下表:

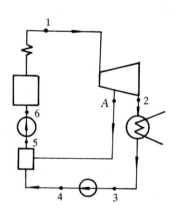

题 4(3)附图

p/MPa	t/℃	h/(kJ/kg)	s/[kJ/(kg·K)]
4.0	420	3261.4	6.8399
0.4		2716.0	6.8399
0.007		2452.0	6.8399

p/MPa	0.4	0.007
h/(kJ/kg)	604.7	163.88

　　(4)（10分）　有人设计了一种特殊装置,它可使一股氮气（通过这种装置）分离成两股流量相等、压力相同的氮气,其中一股为高温,另一股为低温,参数如图所示,试通过定量计算论证这种装置是否可行? 从理论上讲这一设计是否是最佳设计? 氮气作理想气体处理,并取定值比热容,$C_{p,m}=29.2$ J/(mol·K)。

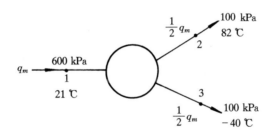

题 4(4)附图

<h1 style="text-align:center">期末复习题与测试题(四)解答</h1>

1. (1) $Q_1 = H_1 - H_4$(或 $q_1 = h_1 - h_4$);$W_T = H_1 - H_2$(或 $w_T = h_1 - h_2$)

$Q_2 = H_2 - H_3$(或 $q_2 = h_2 - h_3$);$W_P = H_4 - H_3$(或 $w_P = h_4 - h_3$)

(2) $p_1 = 30$ kPa,$p_2 = 70$ kPa

(3)

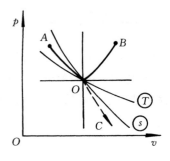

题 1(3)解图

过程	ΔT	W	Q
OA	+	−	−
OB	+	+	+
OC	−	+	−

(4) $\eta_t = 1 - \dfrac{T_2}{T_1}$

(5) $p_{N_2} = 0.07$ MPa,$p_{O_2} = 0.03$ MPa

(6) 29 ℃,16 ℃

(7) $w_a = \dfrac{1}{1+d}$,$w_v = \dfrac{d}{1+d}$

(8) $2-a-b-c-2$

$2-a-d-e-2$

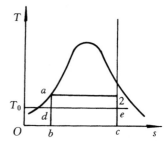

题 1(8)解图

(9) ① 提高进入汽轮机的初温,即提高温升比 τ;

② 采用回热循环等。

(10) $\eta_{t,A} < \eta_{t,B}$

2. (1) × (2) × (3) × (4) × (5) ③

(6) ② (7) ③ (8) ② (9) ① (10) ②

3. (1) 此循环不可能实现,因为此循环中仅有一个热源。(或用孤立系熵增原理来说明,此循环 $\Delta S_{iso} < 0$,所以不可能实现)。

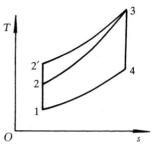

题 1(10)解图

(2) ① 求出对比压力和对比温度,即 $p_r = \dfrac{p}{p_c}$,$T_r = \dfrac{T}{T_c}$;

② 查通用压缩因子图,得 z;

③ 再由 $v = \dfrac{z R_g T}{p}$ 求 v。

4. (1) ① $p_2 = \sqrt{p_1 p_3} = 0.4$ MPa

② $P = 2 q_m \dfrac{n}{n-1} R_g T_1 (\pi^{(n-1)/n} - 1)$

$= 2 \times \dfrac{360}{60} \times \dfrac{1.3}{1.3-1} \times 0.287 \times 300 \times (4^{0.3/1.3} - 1)$

$$=1687.95 \text{ kW}$$

③ $T_2 = T_1 \pi^{(n-1)/n} = 300 \times 4^{0.3/1.3} = 413.1 \text{ K}$

$$Q = q_m c_p (T_2 - T_1) = \frac{360}{60} \times 1.004 \times (413.1 - 300) = 681.3 \text{ kW}$$

④ 省功：面积 $2—3'—3—2'—2$ 如解图所示

(2) 设 q_{m1} 的空气,状态从 1 变为 2；q_{m2} 的废气,状态从 3 变为 4。

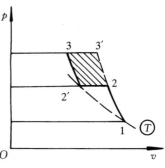

① $\dot{Q} = q_{m2}(h_3 - h_4) = \frac{75}{60} \times (800.03 - 533.98)$

$$= 332.6 \text{ kW}$$

② $\dot{Q} = q_{m1} c_p (T_2 - T_1)$

则 $T_2 = T_1 + \dfrac{\dot{Q}}{q_{m1} c_p} = 290 + \dfrac{332.6}{\dfrac{70}{60} \times 1.004} = 573.9 \text{ K}$

题 4(1)解图

③ $I = T_0 \Delta S_{iso} = T_0 (\Delta S_1 + \Delta S_2)$

$$= T_0 \left[q_{m1} c_p \ln \frac{T_2}{T_1} + q_{m2}(s_4 - s_3) \right]$$

$$= 290 \times \left[\frac{70}{60} \times 1.004 \times \ln \frac{573.9}{290} + \frac{75}{60} \times (7.2725 - 7.6900) \right]$$

$$= 290 \times [0.7995 - 0.5219] = 80.50 \text{ kW}$$

(3) ① 循环的 T-s 图如图示

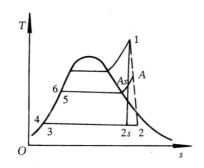

题 4(3)解图

② $h_A = h_1 - \eta_T (h_1 - h_{As}) = 3261.4 - 0.80 \times (3261.4 - 2716.0) = 2825.08 \text{ kJ/kg}$

$h_2 = h_1 - \eta_T (h_1 - h_{2s}) = 3261.4 - 0.80 \times (3261.4 - 2452.0) = 2613.88 \text{ kJ/kg}$

$\alpha = \dfrac{h_5 - h_4}{h_A - h_4} = \dfrac{604.7 - 163.88}{2825.08 - 163.88} = 0.1656$

③ $q_1 = h_1 - h_6 = 3261.4 - 604.7 = 2656.7 \text{ kJ/kg}$

$q_2 = (1 - \alpha)(h_2 - h_3) = (1 - 0.1656) \times (2613.88 - 163.88) = 2044.28 \text{ kJ/kg}$

$w_{net} = q_1 - q_2 = 612.42 \text{ kJ/kg}$

④ $\eta_t = \dfrac{w_{net}}{q_1} = 23.05 \%$

(4) ① 先验证其是否满足热力学第一定律

流入系统的能量为 $\quad q_m c_p t_1 = 21 q_m c_p$

流出系统的能量为

$$\frac{1}{2} q_m c_p t_2 + \frac{1}{2} q_m c_p t_3 = \frac{1}{2} q_m c_p \times 82 + \frac{1}{2} q_m c_p \times (-40) = 21\, q_m c_p$$

上述两者相等,显然符合热力学第一定律。

② 再验证其是否满足热力学第二定律

取孤立系,$\Delta S_{iso} = \Delta S_{12} + \Delta S_{13}$

$$= \frac{1}{2} q_m \left(c_p \ln \frac{82+273}{21+273} - R_g \ln \frac{100}{600} \right) + \frac{1}{2} q_m \left(c_p \ln \frac{-40+273}{21+273} - R_g \ln \frac{100}{600} \right)$$

$$= \frac{1}{2} q_m \left(\frac{29.2}{28} \times \ln \frac{355}{294} - \frac{8.314}{28} \times \ln \frac{1}{6} \right) + \frac{1}{2} q_m \left(\frac{29.2}{28} \times \ln \frac{233}{294} - \frac{8.314}{28} \times \ln \frac{1}{6} \right)$$

$$= 0.509\, q_m > 0$$

显然符合热力学第二定律。

因同时满足热力学第一、第二定律,所以这一装置可行。但从理论上讲,这一设计还不是最佳设计,因为经过该装置后,有效能有损失。最佳的设计应是在满足设计条件下,尽量满足 $\Delta S_{iso} = 0$。

西安交通大学工程热力学期末复习题与测试题及解答(五)

期末复习题与测试题(五)

1. 简要回答以下问题(50分)

(1) 闭口系进行一放热过程,其熵是否一定减少,为什么? 闭口系进行一放热过程,其非做功能是否一定减少,为什么?

(2) 某一工质在相同的初态1和终态2之间分别经历2个热力过程,一为可逆过程,一为不可逆过程。试比较这两个过程中相应外界的熵变化量哪一个大,为什么?

(3) 简述压缩因子、通用压缩因子图及其应用。

(4) 喷管中作可逆绝热流动时,进口初速的定熵滞止参数与出口速度的定熵滞止参数是否相同? 作不可逆绝热流动时又如何?

(5) 右图所示为叶轮式压气机进行不可逆绝热过程1—2的 T-s 图,试在此图上表示出比可逆压缩时多消耗的功量及有效能损失,并写出相应的计算式(T_0 为环境大气温度)。

(6) 简述多级压缩中间冷却的作用,对叶轮式压气机是否有意义?

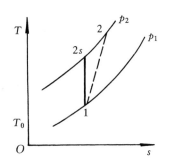

题 1(5)附图

(7) 已知自由焓 $g=h-Ts$,试导出 $\left(\dfrac{\partial s}{\partial p}\right)_T=-\left(\dfrac{\partial v}{\partial T}\right)_p$,已知 $\left(\dfrac{\partial s}{\partial T}\right)_P=\dfrac{c_p}{T}$,试导出

$$\mathrm{d}s=\frac{c_p}{T}\mathrm{d}T-\left(\frac{\partial v}{\partial T}\right)_p\mathrm{d}p。$$

(8) 用喷水方式冷却湿空气,能否把此湿空气的湿度降至原先湿空气状态下的露点温度,为什么?

(9) 右图所示为蒸气压缩制冷循环的 T-s 图,试指出进行各热力过程相应设备的名称,并写出制冷量和制冷系数的计算式。

(10) 对简单燃气轮机装置循环(布雷顿循环),影响理论循环和实际循环热效率的因素有哪些不同?

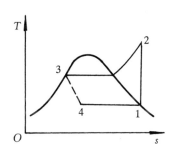

题 1(9)附图

2. 计算题(50分)

(1)(14分) 以下两题任选一题

① 有一压气机试验站,为测定流经空气压气机的流量,在储气筒上装一只出口截面积为 4 cm² 的渐缩喷管,空气排向压力为 0.1 MPa 的大气。已知储气筒中空气的压力为 0.7 MPa,温度为 60 ℃,喷管的速度系数 $\varphi=0.96$,空气的定值比热 $c_p=1.004$ kJ/(kg·K),试求流经喷管的空气流量。

② 一简单燃气轮机循环,压气机的压力比 $\pi=8:1$,循环最高温度为1000 ℃,压气机进口

温度为 25 ℃,设压气机效率 $\eta_C = 0.75$,燃气轮机效率 $\eta_T = 0.85$。工质按空气及定值比热容计算,$c_p = 1.004$ kJ/(kg·K),试求:

(a) 画出装置简图及 T-s 图;

(b) 燃气轮机做功量和压气机耗功量;

(c) 循环热效率;

(d) 当采用完全回热时的循环热效率。

(2)(16 分)　右图所示为采用一次抽汽回热的蒸汽动力装置简图。对应各状态点的参数见下列附表,采用表面式回热加热器,水在管内流过,被抽汽加热至温度 t_5,抽汽进入回热器冷凝放热,并以饱和水流出回热器,再经节流阀流入冷凝器放热。试求:

① 画出循环的 T-s 图,并标明相应的状态点;

② 抽汽量 α;

③ 汽轮机做功量 w_T 和水泵耗功量 w_P;

④ 锅炉吸热量 q_H 和冷凝器放热量 q_L;

⑤ 循环热效率 η_t;

⑥ 装置中有哪部分进行的过程是不可逆的,并算出其有效能损失,设环境大气温度 $t_0 = 27$ ℃;

⑦ 实施朗肯循环时的热效率。

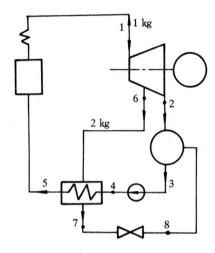

题 2(2)附图

(3)(20 分)　质量为 2 kg 的某理想气体,在可逆多变过程中,压力从 0.5 MPa 降至 0.1 MPa,温度从 162 ℃降至 27 ℃,做出膨胀功 267 kJ,从外界吸收热量 66.8 kJ。试求该理想气体的定值比热容 c_p 和 c_V[kJ/(kg·K)],并将此多变过程表示在 p-v 图和 T-s 图上(图上先画出 4 个基本热力过程线)。

计算题 2(2)附表

状态点	p/MPa	t/℃	h/(kJ/kg)	s/[kJ/(kg·K)]	x
1	3.00	450.0	3334.6	7.0854	过热汽
2	0.005	32.9	2160.5	7.0854	0.8345
3	0.005	32.9	137.8	0.4763	0.0
4	3.00	33.0	140.8	0.4763	过冷水
5	3.00	130.0	548.2	1.6317	过冷水
6	3.00	151.6	2763.9	7.0854	过热汽
7	3.00	133.5	561.4	1.6716	0.0
8	0.005	32.9		1.8604	0.1748

期末复习题与测试题(五)解答

1. (1) 闭口系进行一放热过程,其熵不一定减少,因为过程满足 $ds \geqslant \dfrac{\delta q}{T}$,放热时 $\dfrac{\delta q}{T} < 0$,则 ds 可能小于零,也可能大于零或等于零。或根据熵方程:$ds = ds_f + ds_g$,放热时 $ds_f < 0$,但 $ds_g \geqslant 0$,所以 ds 可能小于零,也可能大于零或等于零。

闭口系进行一放热过程,其非做功能也不一定减少,因 $dA_w = T_0 ds$,$ds \lesseqgtr 0$,则 $dA_w \lesseqgtr 0$。

(2) 不可逆过程相应外界的熵变化量大。原因如下:

不可逆时:$\Delta S_{iso} = \Delta S'_{sys} + \Delta S'_{surr} > 0$

可逆时:$\Delta S_{iso} = \Delta S_{sys} + \Delta S_{surr} = 0$

因系统可逆与不可逆时,初、终态相同,则 $\Delta S'_{sys} = \Delta S_{sys}$。于是,$\Delta S'_{surr} > \Delta S_{surr}$。

(3) 压缩因子 $z = \dfrac{pv}{R_g T}$,z 反映了实际气体与理想气体的偏差。通用压缩因子图是以压缩因子为纵坐标,以对比压力 $p_r = \dfrac{p}{p_c}$ 为横坐标,绘出 T_r、v'_r 不变时的、适用于所有气体的 $z - p_r$ 曲线图。用它可以在 T_r、p_r、z、v'_r 4 个量中任知 2 个量,而求出其余 2 个量。

(4) 可逆时,喷管进口流速和出口流速的滞止参数相同;不可逆时只有滞止焓 h_0 相等,对于理想气体 T_0 也相等,其余参数不相等。

(5) 多耗的功如面积 2—2s—a—b—2 所示,其计算式为:

$$w'_c - w_c = (h_2 - h_1) - (h_{2s} - h_1) = h_2 - h_{2s}$$

有效能损失如面积 c—a—b—d—c 所示,其计算式为

$$i = T_0(s_2 - s_1) = T_0(s_2 - s_{2s})$$

(6) 多级压缩、中间冷却的作用:

① 可省功;② 降低排气温度;③ 有利于提高容积效率,增加产气量。

对于叶轮式压气机同样有意义,也可以省功和降低排气温度。

题 1(5)解图

(7) ①

$$dg = d(h - Ts) = dh - Tds - sdT$$

又

$$dh = Tds + vdp$$

则

$$dg = -sdT + vdp$$

根据全微分充要条件得

$$\left(\frac{\partial v}{\partial p}\right)_T = -\left(\frac{\partial v}{\partial T}\right)_p$$

② 若 $s = f(T, p)$

$$ds = \left(\frac{\partial s}{\partial T}\right)_p dT + \left(\frac{\partial s}{\partial p}\right)_T dp = c_p \frac{dT}{T} - \left(\frac{\partial v}{\partial T}\right)_p dp$$

(8) 不能。如图示,喷水冷却湿空气的过程近似是一定焓过程 1—2,显然 $t_{d2} > t_{d1}$。

（9）过程 1—2 在压缩机中进行，

过程 2—3 在冷凝器中进行，

过程 3—4 在节流阀中进行，

过程 4—1 在蒸发器中进行。

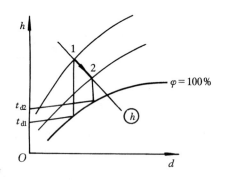

制冷量 $q_L = h_1 - h_4 = h_1 - h_3$

制冷系数 $\varepsilon = \dfrac{h_1 - h_4}{h_2 - h_1} = \dfrac{h_1 - h_3}{h_2 - h_1}$

（10）影响理想循环的因素仅有增压比 π，且 $\pi \uparrow$，

$\eta_t \uparrow$。而影响实际循环的因素不仅有增压比 π，还有增

温比 τ、压气机和气轮机的效率 η_c、η_T，且 $\tau \uparrow$，$\eta_t \uparrow$；

题 1(8)解图

$\eta_c \uparrow$，$\eta_t \uparrow$；$\eta_T \uparrow$，$\eta_t \uparrow$。无论是理想循环还是实际循环，都存在最佳增压比 π_{opt}。

2.（1）① 因 $\dfrac{p_b}{p_0} = \dfrac{p_b}{p_1} = \dfrac{0.1}{0.7} = 0.143 < \nu_{cr} = 0.528$

则 $p_2 = p_{cr} = \nu_{cr} p_1 = 0.528 \times 0.7 = 0.369\ 6$ MPa

$T_2 = T_1 \nu_{cr}^{(\kappa-1)/\kappa} = 333 \times 0.528^{0.4/1.4} = 277.46$ K

$c'_{f2} = \varphi c_{f2} = \varphi \sqrt{2 c_p (T_1 - T_2)} = 0.96 \times \sqrt{2 \times 1004 \times (333 - 277.46)} = 320.59$ m/s

$T_{2'} = T_1 - \dfrac{c_{f2}'^2}{2 c_p} = 333 - \dfrac{320.59^2}{2 \times 1004} = 281.8$ K

$v_{2'} = \dfrac{R_g T_{2'}}{p_2} = \dfrac{0.287 \times 281.8}{0.369\ 6 \times 10^3} = 0.2188$ m³/kg

$q_m = \dfrac{A_2 c'_{f2}}{v_{2'}} = \dfrac{4 \times 10^{-4} \times 320.59}{0.2188} = 0.5861$ kg/s

②（a）装置简图及在 $T\text{-}s$ 图上的表示如图所示。

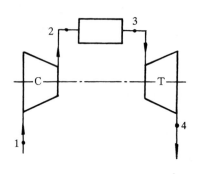
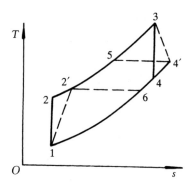

题 2②解图

（b）$T_4 = \left(\dfrac{p_4}{p_3}\right)^{(\kappa-1)/\kappa} T_3 = \left(\dfrac{1}{8}\right)^{0.4/1.4} \times 1273 = 702.75$ K

$T_{4'} = T_3 - \eta_T (T_3 - T_4) = 1273 - 0.85 \times (1273 - 702.75) = 788.29$ K

$w_T = c_p (T_3 - T_{4'}) = 1.004 \times (1273 - 788.29) = 486.65$ kJ/kg

$T_2 = \left(\dfrac{p_2}{p_1}\right)^{(\kappa-1)/\kappa} T_1 = 8^{0.4/1.4} \times 298 = 539.8$ K

$$T_{2'} = T_1 + \frac{T_2 - T_1}{\eta_{C,s}} = 298 + \frac{539.8 - 298}{0.75} = 620.4 \text{ K}$$

$$w_C = c_p(T_{2'} - T_1) = 1.004 \times (620.4 - 298) = 323.69 \text{ kJ/kg}$$

c) $\eta_t = \dfrac{w_{net}}{q_1} = \dfrac{w_T - w_C}{c_p(T_3 - T_{2'})} = \dfrac{486.65 - 323.69}{1.004 \times (1273 - 620.4)} = 24.87\ \%$

d) $\eta_{t,R} = \dfrac{w_{net}}{q_{1'}} = \dfrac{w_T - w_C}{c_p(T_3 - T_5)} = \dfrac{w_T - w_C}{c_p(T_3 - T_{4'})} = \dfrac{486.65 - 323.69}{1.004 \times (1273 - 788.29)} = 33.49\ \%$

(2) ① 循环在 T-s 图上的表示如图所示。

② 因 $h_5 - h_4 = \alpha(h_6 - h_7)$

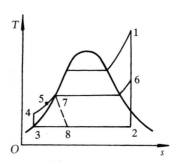

题 2(2)解图

则　　$\alpha = \dfrac{h_5 - h_4}{h_6 - h_7} = \dfrac{548.2 - 140.8}{2763.9 - 561.4} = 0.18497$

③ $w_T = h_1 - h_6 + (1 - \alpha)(h_6 - h_2)$

$= 3334.6 - 2763.9 + (1 - 0.18497) \times (2763.9 - 2160.5)$

$= 1062.49 \text{ kJ/kg}$

$w_P = h_4 - h_3 = 140.8 - 137.8 = 3 \text{ kJ/kg}$

④ $q_H = h_1 - h_5 = 3334.6 - 548.2 = 2786.4 \text{ kJ/kg}$

$q_L = (1 - \alpha)(h_2 - h_3) + \alpha(h_8 - h_3)$

$= (1 - 0.18497) \times (2160.5 - 137.8) + 0.18497 \times (561.4 - 137.8)$

$= 1726.9 \text{ kJ/kg}$

⑤ $\eta_t = 1 - \dfrac{q_L}{q_H} = 38.02\ \%$

⑥ 节流阀中工质进行的过程是不可逆的，其有效能损失为：

$$I = T_0 \Delta S_g = T_0(s_8 - s_7)\alpha = 300 \times (1.8604 - 1.6716) \times 0.18497 = 10.48 \text{ kJ}$$

另外，在回热器中，工质进行的过程也是不可逆的。其有效能损失为

$$I = T_0 [(s_5 - s_4) + \alpha(s_7 - s_6)]$$

$$= 300 \times [(1.6317 - 0.4763) + 0.18497 \times (1.6716 - 7.0854)]$$

$$= 46.20 \text{ kJ}$$

⑦ $\eta'_t = 1 - \dfrac{h_2 - h_3}{h_1 - h_4} = 1 - \dfrac{2160.5 - 137.8}{3334.6 - 140.8} = 36.67\ \%$

(3) ① 由能量方程 $Q = mc_V \Delta T + W$ 得

$$c_V = \frac{Q - W}{m \Delta T} = \frac{66.8 - 267}{2 \times (-135)} = 0.741 \text{ kJ/(kg · K)}$$

② 由 $\dfrac{T_2}{T_1} = \left(\dfrac{p_2}{p_1}\right)^{(n-1)/n}$ 得

$$\frac{n-1}{n} = \ln \frac{T_2}{T_1} / \ln \frac{p_2}{p_1} = \ln \frac{27 + 273}{162 + 273} / \ln \frac{0.1}{0.5}$$

解得　　$n = 1.3$

根据　$Q = m \dfrac{n - \kappa}{n - 1} c_V \Delta T$ 得

$$\kappa = n - \frac{Q(n-1)}{mc_V \Delta T} = 1.3 - \frac{66.8 \times (1.3 - 1)}{2 \times 0.741 \times (-135)} = 1.4$$

于是　　　　　　　　　$c_p = \kappa c_V = 1.4 \times 0.741 = 1.0374 \text{ kJ/(kg} \cdot \text{K})$

或根据　$W = m \dfrac{R_g}{n-1}(T_1 - T_2)$，解得 R_g，于是

　　　　$c_p = c_V + R_g$

过程在 p - v 图和 T - s 图上的表示，如图所示。

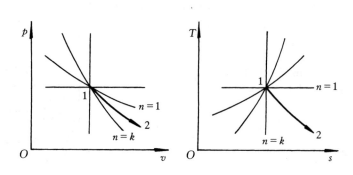

题 2(3)解图

一些重点大学
工程热力学
期末复习题
与测试题(4套)

一些重点大学工程热力学期末复习题与测试题(一)

一、简答题(每题 5 分,共 12 题)

1. 什么是可逆过程? 使系统实现可逆过程的条件是什么?

2. 热力学第一定律解析式有时分别写成下列两种形式,分别讨论两式的适用范围。

$$\delta q = du + \delta w \qquad (1)$$
$$\delta q = du + p dv \qquad (2)$$

3. 迈耶公式是否适用于实际气体,为什么? 若某一气体满足迈耶公式,则随着温度的变化,c_p/c_v 是否为定值?

4. 参照图,试证明:$q_{123} \neq q_{143}$ $q_{123} \neq q_{143}$。图中 1—2、4—3 为定容过程,1—4、2—3 为定压过程。

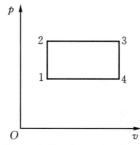

5. 物质经历一可逆过程,温度从 T_1 变化到 T_2,假定过程比热容为定值,试推导出该过程的热力学平均温度。

6. 为什么说范德瓦尔斯方程为实际气体状态方程的建立指明了方向?

7. 在 100 ℃下完全蒸发 1 kg 的饱和水和在 120 ℃下完全蒸发 1 kg 的饱和水,需要的热量是一样的。这种说法对吗? 为什么?

8. 请在水蒸气的 $T\text{-}s$ 图上示意性地标出相对湿度为 60% 时湿空气对应的干球温度、湿球温度与露点温度。

9. 对于喷管,降低背压就一定能增加出口流速和流量吗?

10. 如图所示,设 1—2—3—1 循环和 $1'—2'—3'—1'$ 循环的工质均为同种理想气体,1 和 $1'$ 在同一条等温线上。比较图中两可逆循环热效率的高低。

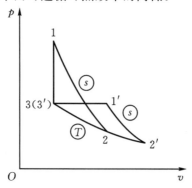

11. 蒸汽动力装置采用再热循环的目的是为了提高汽轮机出口乏汽干度,从而提高循环热效率。这句话是否正确?

12. 空气压缩式制冷循环采取理想回热措施,是否一定增加了系统的制冷系数?

二、计算题(共 40 分)

1. (14 分) 如图所示的刚性绝热气缸内储有空气,初始状态时由一刚性导热的活塞分隔成容积均为 0.5 m³ 的 A、B 两部分,A 侧压力为 0.2 MPa、温度为 400 K,B 侧压力为 0.1 MPa、温度为 300 K。现将销钉拔去,活塞随之发生移动,最后两侧达到平衡。若忽略活塞与缸壁之间的摩擦,且空气有:$R_g = 0.287 \text{ kJ/(kg·K)}$,$c_V = 0.717 \text{ kJ/(kg·K)}$,试计算:

(1)最后达到平衡时的温度、压力;

(2)整个气缸内气体的熵变和可用能损失(环境温度为 300 K)。

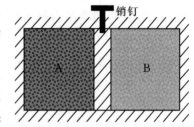

2. (13 分) 一刚性容器内有温度为 40 ℃ 的理想气体,一轮桨不断搅拌气体,对气体做功 200 kJ,如图所示。由于系统与环境之间的热量传递,理想气体的温度在整个过程中保持不变,环境温度为 30 ℃。求过程中理想气体的熵变、搅拌引起的熵产以及传热引起的熵产。

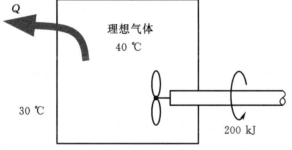

3. (13 分) 某活塞式内燃机定容加热循环,压缩比 $\varepsilon = 10$,气体在压缩过程中的初始状态为 $p_1 = 100 \text{ kPa}$、$t_1 = 35 \text{ ℃}$,加热过程中气体吸热量为 650 kJ/kg。假定比热容为定值且 $c_p = 1.005 \text{ kJ/(kg·K)}$,$\kappa = 1.4$。求:

(1)循环的 T-s 图;

(2)循环各点的温度和压力;

(3)循环热效率,并与同温度限的卡诺循环热效率做比较;

(4)若压缩过程和膨胀过程均不可逆,其它各转折点参数保持不变,请示意性地画出不可逆循环的 T-s 图,并分析循环的热效率是增加了还是降低了。

一些重点大学工程热力学期末复习题与测试题(二)

一、简答题(每题 5 分,共 50 分)

1. 对于给定的热力系统,其可以独立变化的热力学参数数目是多少? 简单可压缩系统的该数目是多少,并简要解释为什么。

2. 推动功的表达式是 $p\mathrm{d}v$ 还是 pv ? 其中 v 代表系统工质总体积还是流入/流出工质的体积? 为什么推动功不出现在闭口系统能量方程式中?

3. 对于定值比热容理想气体的任何一种过程,下列两组公式是否都适用?

$$\begin{cases} \Delta u = c_V(T_2 - T_1) \\ \Delta h = c_p(T_2 - T_1) \end{cases} \qquad \begin{cases} q = \Delta u = c_V(T_2 - T_1) \\ q = \Delta h = c_p(T_2 - T_1) \end{cases}$$

4. 克劳修斯不等式表明,对于任何热力学循环,均有 $\oint \dfrac{\delta Q}{T} \leqslant 0$,而 $\mathrm{d}S = \dfrac{\delta Q}{T}$,因此有 $\oint \mathrm{d}S \leqslant 0$,这种说法是否正确,为什么?

5. 不可逆绝热膨胀的终态熵大于初态熵,$S_2 > S_1$,不可逆热压缩的终态熵小于初态熵 $S_2 < S_1$。此说法是否正确,为什么?

6. 实际气体在 T-s 图上 3 区是怎样划分的?

7. 如图所示渐缩喷管,在背压 p_b 逐渐减小(一直大于临界压力)的过程中,问出口压力 p_2、流速和质量流量如何变化?

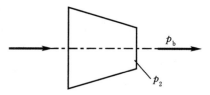

8. 若封闭气缸内的湿空气定压升温,问湿空气的参数 φ、d、h 如何变化?

9. 燃气轮机装置的 Brayton 循环可以采用回热的条件是什么? 若增温比不变,则提高增压比对循环回热量有何影响?

10. 空气压缩制冷循环采用回热后,循环性能系数、增压比以及单位质量工质的制冷量受何影响?

二、作图题(每题 5 分,共 10 分)

1. 试在 p-v 和 T-s 状态参数坐标图上定性地画出理想气体过点 1 的下述过程(图中请标明四个基本过程线):(1)压缩、升温、吸热的过程;(2)膨胀、降温、吸热的过程。

2. 试在同一 T-s 图上示出进气状态相同、压缩比相同、循环吸热量相同的活塞式内燃机定容加热、定压加热和混合加热的三种理想循环,按必要条件比较它们的热效率大小。用如下符号来区分不同循环:O——定容加热(奥托)循环;D——定压加热(狄塞尔)循环;S——混合加热(萨巴德)循环。

三、计算题(共 40 分)

1.（13 分）　如图所示,某绝热刚性气缸被一导热的无摩擦活塞分成两部分,初始时活塞被销钉固定在某一位置上,气缸 A 侧储有压力为 0.2 MPa、温度为 300 K 的 0.01 m^3 空气;B 侧储有同容积、同温度的空气,其压力为 0.1 MPa。现去除销钉,放松活塞任其自由移动,最后两侧达到平衡。设空气的比热容为定值 $c_p = 1.004\,kJ/(kg\cdot K)$, $c_V = 0.72\,kJ/(kg\cdot K)$。试求:

(1)平衡时的温度为多少?

(2)平衡时的压力为多少?

(3)两侧空气的熵变值及整个气体的熵变值是多少?

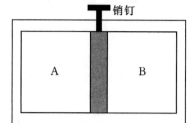

2.（13 分）　流量为 24000 kg/h 的蒸汽在汽轮机中稳定膨胀。在入口处蒸汽 $p_1 = 8$ MPa, $t_1 = 450\,℃$,出口处蒸汽为 $p_2 = 50$ kPa 的饱和蒸汽,如图所示。如果汽轮机的功率为 4 MW,环境温度为 25 ℃,试计算此过程中汽轮机与环境交换的热量,并确定此过程的熵产率。

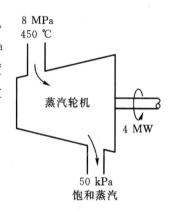

附表:饱和蒸汽热力性质表(节录)

p/ MPa	t/℃	h'/ (kJ/kg)	h''/(kJ/kg)	s' /[kJ/(kg·K)]	s'' /[kJ/(kg·K)]
0.050	81.3388	341.7	2645.9	1.0912	7.5939

附表:过热蒸汽热力性质表(节录)

$p=8.0$ MPa		
t/℃	h/(kJ/kg)	s /[kJ/(kg·K)]
450	3272	6.5551

3.（14 分）　一空气压缩制冷循环,已知环境温度为 27 ℃,冷库温度为 -13 ℃,压缩机入口压力 $P_1 = 0.1$ MPa,出口压力 $P_2 = 0.5$ MPa。试画出该制冷循环的 T-s 图,计算该循环的制冷量 q_2、循环的净功 w_0,以及制冷系数 ε。并与工作于相同环境温度和冷库温度间的卡诺制冷循环的制冷系数 ε_c 相比较。假设空气 $c_p = 1.004\,kJ/(kg\cdot K)$, $\kappa = 1.4$。

一些重点大学工程热力学期末复习题与测试题(三)

一、简答题(每题 5 分,共 40 分)

1. 简述什么是绝热系统、孤立系统和简单可压缩系统。

2. 对于理想气体,已知 p、v、T、u、h、s 中任意两个状态参数能否确定一个状态,为什么?

3. 举例说明在生产生活中哪些现象属于不可逆过程,简要说明其存在哪些不可逆因素。

4. 简述绝热节流过程的热力学参数变化特点,并写出焦耳-汤姆孙系数的定义式。

5. 什么是干球温度 T 和湿球温度 T_w? 如果干球温度不变,湿球温度降低时的含湿量如何变化?

6. 画出燃气轮机装置定压加热理想循环的 p-v 图,并写出其用循环增压比表示的热效率公式。(假设工质为理想气体,比热容取定值)

7. 什么是回热? 简述提高空气制冷循环效率的方法。

8. 什么是化学反应过程的热效应? 其计算主要依据哪两个定律?

二、计算题(共 3 题,60 分)

1. (15 分) 2 kg 气体工质装在一绝热的刚性容器内,压强为 0.2 MPa,温度为 127 ℃。如果用电动搅拌机对容器内的气体工质进行搅拌,使其压力升高到 0.4 MPa。假如工质可以看作是理想气体,比定压热容为 0.895 kJ/(kg·K),比定容热容为 0.706 kJ/(kg·K)。试求:

(1)搅拌后气体工质的最终温度;

(2)容器内气体热力学能的变化;

(3)容器内气体焓的变化;

(4)容器内气体的传热量;

(5)容器内气体所做的功。

2. (20 分) 空气初态为 $p_1 = 0.4$ MPa、$T_1 = 450$ K,初速忽略不计。经一喷管绝热可逆膨胀到 $p_2 = 0.1$ MPa。若空气的 $R_g = 0.287$ kJ/(kg·K);$c_p = 1.005$ kJ/(kg·K);$\kappa = c_p/c_V = 1.4$;临界压力比 $v_{cr} = 0.528$;试求:

(1)在设计时应选用什么形状的喷管? 为什么?

(2)喷管出口截面上空气的流速 $c_{f,2}$、温度 T_2;

(3)若通过喷管的空气质量流量为 $q_m = 1.0$ kg/s,喷管出口截面积和临界截面积为多少。

3. (25 分) 某蒸汽动力厂按一级再热理想循环工作,蒸汽初参数为 $p_1 = 13.5$ MPa,$t_1 = 550$ ℃,再热压力为 $p_A = 3$ MPa,再热温度 $t_R = t_1 = 550$ ℃,背压 $p_2 = 0.004$ MPa,忽略泵功。试求:

(1)定性画出循环的 T-s 图;

(2)循环净功 w_{net};

(3)循环吸热量 q_1;

(4)循环热效率 η_t;

(5)汽轮机出口干度 x。

蒸汽的有关参数如下:

蒸汽参数

状态点	p/MPa	t/℃	h/(kJ/kg)	s/[kJ/(kg·K)]
1	13.5	550	3464.5	6.585
A	3		3027.6	6.585
R	3	550	3568.5	7.374
2	0.004		2222.0	7.374
2″	0.004		2554.0	8.473
3(2′)	0.004		121.41	0.4224
4	13.5		121.41	0.4224

一些重点大学工程热力学期末复习题与测试题(四)

一、简答题(每题 5 分,共 40 分)

1. 一个立方体容器,其边界温度各不相同。容器中充有某种气体,当突然隔绝与之相关的质量交换和能量交换时,该系统是否处于热力学平衡状态?为什么?

2. 在炎热的夏天,有人试图用关闭厨房的门窗和打开电冰箱门的办法使厨房降温,开始时会感到凉爽,但过一段时间后,这种制冷效果逐渐消失,甚至会感到更热,这是为什么?

3. 简述熵增原理及其应用,并说明有效能的损失如何计算。

4. 简述绝对湿度、相对湿度和含湿量之间的关系。

5. 什么是多变过程?试证明理想气体多变过程的比热容 $c_n = \dfrac{n-\kappa}{n-1} c_V$。

6. 假设滞止压力 p^* 不变,渐缩喷管内的气体流动情况在什么条件下不受背压 p_b 变化的影响?并说明该情形下气体在管内和管外流动的压力变化情况。

7. 在相同的温度范围内(冷藏室温度为 T_2、环境温度为 T_1)工作的蒸汽压缩制冷循环与空气压缩制冷循环相比,有哪些优点?并请阐述其原因。

8. 赫斯定律在化学反应过程热效应的计算中有哪些应用?

二、计算题(共 3 题,60 分)

1. (20 分) 由甲烷和氮气组成的 1 kmol 天然气,已知其摩尔分数甲烷占 70 %,氮气占 30 %。现将它从 1 MPa、220 K 可逆绝热压缩到 10 MPa。试计算该热力过程的最终状态温度、熵的变化以及各组成气体的熵变。假设该混合气体可按定值比热容的理想混合气体计算,已知甲烷的摩尔比定压热容为 35.72 kJ/(kmol·K),氮气的摩尔比定压热容为 29.08 kJ/(kmol·K)。

2. (20 分) 两个内燃机理想循环,一为定容加热循环 1—2—3—4—1,另一为定压加热循环 1—2′—3—4—1,已知压缩比 $\varepsilon=8$,定容升压比 $\lambda=2$,定压预涨比 $\rho=1.5$,若工质为空气,$\kappa=1.4$,试求:

(1)请画出两个循环的 $p\text{-}v$ 图;

(2)定容加热循环的热效率;

(3)定压加热循环的热效率;

(4)进一步提高两种循环效率的措施有哪些?

3. (20 分) 某蒸汽动力电厂按一级再热和一级抽气回热的朗肯循环工作,如图所示。已知蒸汽初始参数为 $p_1=14.5$ MPa,$t=560$ ℃ 再热压力 $p_A=3.5$ MPa,再热温度 t_R 与 t_1 相同,回热抽气压力 $p_B=0.5$ MPa,回热器为混合式,背压 p_2 为 0.005 MPa。若水泵做功可忽略不计。试求:

(1)画出该循环的 $T\text{-}s$ 图;

(2)抽气系数 α_B;

(3)循环输出净功 w_{net}、吸热量 q_1 以及放热量 q_2;

(4)循环热效率 η_t。

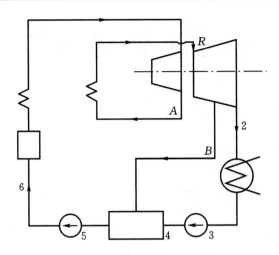

蒸汽参数如下表：

蒸汽参数

状态点	$t/℃$	p/MPa	$h/(kJ/kg)$	$s/[kJ/(kg \cdot K)]$
1	560	14.5	3482.0	6.5755
A		3.5	3053.0	6.5755
R	560	3.5	3587.4	7.3284
B		0.5	2990.7	7.3284
2		0.005	2234.7	7.3284
3(4)		0.005	121.39	0.4224
5(6)		0.5	640.09	1.8604

自 我 测 验 题 答 案

第 1 章　自我测验题答案

1 - 2　(1) 可逆过程；(2) 不可逆过程；(3) 不可逆过程；

（4）可以是可逆的，也可以是不可逆的。

1 - 3　(1) $p_{真空室}=2.3$ kPa，　$p_{I}=362.3$ kPa，　$p_{II}=192.3$ kPa；

（2）$p_{g,c}=190$ kPa。

（3）$F=1.57\times10^4$ N。

1 - 4　不对。可出现数值相同的情况，其温度为 $t=-40$ ℃　$t=-40$ ℉。

提示：$t/℃=\dfrac{5}{9}(t/℉-32)$，　令 $t/℃=t/℉=t$ 代入该式即可解得。

1 - 5　① $W=\int p\mathrm{d}V=-34.5$ kJ

② 活塞移动的位移 $\Delta x=-1.5$ m，克服摩擦力耗功-1.5 kJ，
　实际耗功 $W_{实}=-34.5$ kJ-1.5 kJ$=-36$ kJ

1 - 6　循环 A－B－C－A 的净功量为 $w=\dfrac{1}{2}(v_2-v_1)(p_2-p_1)$

循环 A－C－B－A 的净功量为 $w'=\dfrac{1}{2}(v_1-v_2)(p_2-p_1)$

即 $w'=-w$

第 2 章　自我测验题答案

2 - 5　锅炉：$q=\Delta h$；　汽轮机：$w_t=-\Delta h$
压气机：$w_t=-\Delta h$；　冷凝器：$q=\Delta h$

2 - 7　$u_1+p_1v_1+\dfrac{1}{2}c_{f1}^2+gz_1$；　p_1v_1。

$u_2+p_2v_2+\dfrac{1}{2}c_{f2}^2+gz_2$；　p_2v_2。

2 - 8　$h=u+pv$，J/kg（或 $H=U+pV$,J）

2 - 9　$w_t=\dfrac{1}{2}\Delta c_f^2+g\Delta z+w_s$，　$w_{t,re}=-\int v\mathrm{d}p$，

$w_t=w-\Delta(pv)$

2 - 10　$w_{有用}=W-p_0(V_2-V_1)$

2 - 11　(1) $Q_{adb}=62$ kJ；

（2）$Q_{ba}=-72$ kJ　系统向外放热；

（3）$Q_{ad}=52$ kJ，　$Q_{db}=10$ kJ。

2 - 12　(1) $Q=690$ kJ；　(2) $\Delta U=90$ kJ。

2 - 13 (1) 10 kJ； (2) 20 kJ。

2 - 14 (1) $\Delta U = 2.67 \times 10^5$ kJ； (2) $\Delta U = 0$。

2 - 16 $q_m = 0.031\ 72$ kg/s

2 - 17 $q_m = 8.83$ kg/min

2 - 18 (1) $w_C = -55.8$ kJ/kg； (2) $q = 527.4$ kJ/kg；

(3) $c_{f3'} = 685.8$ m/s； (4) $w_T = 235.2$ kJ/kg。

2 - 19 $T = T_A T_B \left(\dfrac{p_A V_A + p_B V_B}{p_A V_A T_B + p_B V_B T_A} \right)$, $p = \dfrac{p_A V_A + p_B V_B}{V_A + V_B}$

第 3 章　自我测验题答案

3 - 1 (1) 有,无。无,无。8.314, J/(mol·K)。

(2) $C_m = Mc = 22.41C'$。

(3) 有,有。有,无。有,有。

(4) 理想气体的任何过程。

(实际上,$\mathrm{d}u = c_V \mathrm{d}T$ 也适用于实际气体的定容过程;$\mathrm{d}h = c_p \mathrm{d}T$ 也适用于实际气体的定压过程。)

(5) $\Delta U = 252.4$ kJ, $Q_p = \Delta H = 353.3$ kJ

$\Delta H' = -436.5$ kJ, $Q_V = \Delta U' = 311.8$ kJ

3 - 6

过程	n	w	q	Δu
I	$-\infty < n < 0$	+	+	+
II	$n = \kappa$	+	0	−
III	$\kappa < n < \infty$	+	−	−

3 - 8 有漏气,$\dfrac{m_1 - m_2}{m_1} = 2.8\%$

3 - 9 (1) 取绝热容器为系统,由能量方程得 $\Delta U = 0$,从而得终态温度 $t_2 = t_1 = 20$ ℃。

(2) 利用状态方程求出终态压力 $p_2 = 20$ kPa。

(3) 小瓶破裂时气体经过的是不可逆绝热过程。

3 - 10 (1) 取整个绝热容器为系统,由闭口系能量方程得:

$$\Delta T = 0, \Delta U = 0, \Delta H = 0;$$

(2) 由状态方程得 p_2, $\Delta p = -0.2$ MPa;

(3) $\Delta S = 2409.5$ J/K。

3 - 11 $q_{V0} = 5\ 686.5$ m³/h(标准状态下), $D = 0.478$ m

3 - 12 1—2 定容过程:$q = \Delta u = -277.5$ kJ/kg, $\Delta h = -388$ kJ/kg

$\Delta s = -0.497\ 7$ kJ/(kg·K), $w = 0$

2—3 定熵过程:$w = \Delta u = -277.5$ kJ/kg, $\Delta h = 388$ kJ/kg

$$\Delta s=0,q=0$$

3—1 定温过程:$\Delta u=\Delta h=0$, $\Delta s=0.4977$ kJ/(kg·K)

$$q=w=384.4 \text{ kJ/kg}$$

3-13 将放气过程视为可逆绝热过程,根据定熵过程状参之间的关系可得 $p\leqslant133.3$ kPa。

3-14 先求多变指数 $n=\dfrac{\ln(p_2/p_1)}{\ln(V_1/V_2)}=1.28$

再求气体质量 $m=0.0345$ kg

$W=-12.96$ kJ,$Q=-3.95$ kJ,$\Delta U=9.014$ kJ

3-15 包含两个过程:定压过程 1—2 及定容过程 2—3。

$t_2=69.8$ ℃, $W_{12}=5.72$ kJ, $p_3=335.8$ kPa

3-16 $\Delta u=-297.4$ kJ/kg, $\Delta s=0.644$ kJ/(kg·K),$q=362.6$ kJ/kg

3-17 $T_{A2}=T_{B2}=T_2=425.6$ K, $p_{A2}=p_{B2}=p_2=246.2$ kPa

第 4 章　自我测验题答案

4-1 (1) ✕;(2) ✕;(3) ✕;(4) ✕;(5) ✕;(6) ✕

4-2 (1) 70 kJ;

(2) 能量的㶲,高于,低于,高于;

(3) $\eta_t=1-\dfrac{T_2}{T_1}$, $\varepsilon=\dfrac{T_2}{T_1-T_2}$;

(4) $\eta_t=1-\dfrac{\overline{T_2}}{\overline{T_1}}$;

(5) 略。

4-3 $\Delta S_{iso}=0.001934Q_1$($Q_1$ 为工质的吸热量,为正值)即 $\Delta S_{iso}>0$,所以发动机的工作没有违反热力学第二定律。

4-4 在 B 喷嘴中的过程更好些,因为其有效能损失比 A 喷嘴小。

4-5 (1) $T=\sqrt[(C_A+C_B)]{T_A{}^{C_A}T_B{}^{C_B}}$;

(2) $W_{max}=C_AT_A+C_BT_B-(C_A+C_B)=T_A^{\frac{C_A}{C_A+C_B}}\quad T_B^{\frac{C_B}{C_A+C_B}}$。

4-6 熵是状态参数,只要初终状态一定,则不论什么过程,Δs 都相同,$\Delta s=0.128$ kJ/(kg·K)

4-7 先求出电冰箱将 25 ℃的水制成 0 ℃的水所需的功 $W_1=4.647$ kJ;再求出继续将 0 ℃的水制成 0 ℃的冰所需的功 $W_2=30.65$ kJ;则总功量 $W=35.297$ kJ$=0.01$ kW·h;需要的最少电费为 0.0016 元。

4-8 (1) 50%,750000 kJ/s;(2) $1.75×10^6$ kJ/s;(3) 2.54 K。

4-9 先求出终态温度 $T_2=\dfrac{\dot{Q}}{q_mc_p}+T_1=416$ K;再求出系统与环境组成的绝热系的熵产 $\Delta S_g=\Delta S_{sys}+\Delta S_{surr}=1.28$ kW/K;最后求得过程有效能的损失 $I=T_0\Delta S_g=368.6$ kW

4-10 (1) -499 kJ;(2) 52944 kJ。

4-11 154.2 kJ

4-12 (1) 86.8 kJ/kg， 36.7 kJ/kg；

　　　(2) 49.9 kJ/kg；

　　　(3) 133.5 ℃， 693.1 kW。

第5章　自我测验题答案

5-3 (1) $\Delta u=0$

$$w=R_{g}T\ln\frac{v_{2}+\dfrac{C}{T_{2}^{2}}}{v_{1}+\dfrac{C}{T_{1}^{2}}}+p_{2}(v_{1}-v_{2})$$

　　　　$q=w$

　　　(2) $\mu_{J}=\dfrac{1}{c_{p}}\cdot\dfrac{3C}{T^{2}}$

5-4 $V=aT-bp+$常数

5-5 (1) $p=19.33$ MPa。

　　　(2) $p=17.46$ MPa。

5-6 $p=3.98$ MPa

第6章　自我测验题答案

6-1~6-3 略

6-4 $m_{1}=277.2$ kg， $m_{2}=1722.8$ kg

6-5 (1) $p_{2}=p_{1}=1.5$ MPa， $v_{2}=0.0659$ m³/kg， $x_{2}=0.5$， $h_{2}=1817.3$ kJ/kg

　　　(2) $p_{2}=3.0$ MPa， $v_{2}=0.0659$ m³/kg， $x_{2}=0.989$， $h_{2}=2782.6$ kJ/kg

6-6 (1) $\dot{Q}=6.964\times10^{6}$ kJ/h， $\overline{T}_{1}=434.15$ K

　　　(2) $D_{c}=315$ kg/h， $I=3.18\times10^{6}$ kJ/h

6-7 (1) $\Delta t=196.7$ ℃

　　　(2) $w_{s}=1124.2$ kJ/kg

　　　(3) $i=254.8$ kJ/kg

6-8 (1) $q_{2}=1117.01$ kJ/kg

　　　(2) $i=24.23$ kJ/kg

6-9 由 $p_{1}=700$ kPa、$t_{1}=20$ ℃ 确定初态,查未饱和水表得初态参数。由 $V_{2}=V_{1}+A\Delta x$ 求得 V_{2},进而求得 v_{2},根据 v_{2}, $p_{2}=p_{1}$ 可确定终态,进而查得终态各参数。又

$$W=\int_{1}^{2}p\mathrm{d}V$$

$$Q=\Delta U+W$$

求得系统吸热量,于是 $\tau=\dfrac{Q}{\dot{Q}}$。

$\tau=57.32$ min

第 7 章　自我测验题答案

7-2　$x_{N_2} = 79.3\%$；　$x_{O_2} = 20.7\%$

　　　$M = 28.9 \times 10^3$ kg/mol；　$R_g = 287$ J/(kg·K)

7-3　$p' = p_1 = 0.5$ MPa，　$T' = T_1 = 303$ K

　　　$\Delta U = 0$，　$\Delta H = 0$，　$\Delta S = 0.929$ kJ/K

7-4　(1) $T_2 = 548.6$ K；

　　　(2) $w_{t,s} = 811.1$ kJ/kg，$w_t = 697.4$ kJ/kg；

　　　(3) $i = 66.65$ kJ/kg。

7-5　(1) $T_2 = 353.1$ K；

　　　(2) $\Delta S = 6.229$ kJ/K。

7-6　(1) $d = 0.0194$ kg/kg$_{(干空气)}$；

　　　(2) $p_v = 0.0297 \times 10^5$ Pa；

　　　(3) $h = 79.8$ kJ/kg$_{(干空气)}$；

　　　(4) 查 h-d 图　$d = 19.0 \times 10^{-3}$ kg/kg$_{(干空气)}$

　　　　　　　　$p_v = 0.03 \times 10^5$ Pa，　$h = 79$ kJ/kg$_{(干空气)}$；

　　　(5) $\Delta m_w = \Delta d = (19.0 - 7.6) \times 10^{-3}$ kg/kg$_{(干空气)}$ $= 11.4 \times 10^{-3}$ kg/kg$_{(干空气)}$

　　　　　放热量 $q = 49.5$ kJ/kg$_{(干空气)}$。

7-7　提示:由 t_1、p_1、φ_1 可求得 $d_1 = 0.0162$ kg/kg$_{(干空气)}$

　　　由 p_2、t_2 及依题意 $\varphi_2 = 100\%$ 可求得 $d_2 = 0.0100$ kg/kg$_{(干空气)}$

　　　于是 $\Delta m_w = \Delta d = 0.0062$ kg/kg$_{(干空气)}$

7-8　$d_3 = 0.009994$ kg/kg$_{(干空气)}$，　$t_3 = 17.68$ ℃，　$\varphi_3 = 77.39\%$

7-9　(1) 能量守恒 $q_{m1,a}h_1 + q_{m3,a}h_3 = q_{m2,a}h_2 + q_{m4,a}h_4$，

　　　质量守恒　$q_{m1,a} = q_{m2,a} = q_{m,a}$，

　　　　　　　$q_{m,w_1} - q_{m,w_2} = q_{m,a}(d_4 - d_3)$；

　　　(2) $q_{m,a} = 256 \times 10^3$ kg/h；

　　　(3) $\Delta q_{m,w} = 5.17 \times 10^3$ kg/h。

第 8 章　自我测验题答案

8-1　(1) 焓,动能,降低,增大,降低。

　　　(2) 等于零;小于零;大于零;等于零。

　　　(3) $\mu_J = \left(\dfrac{\partial T}{\partial p}\right)_h$,降低。

　　　(4) 高于(因测得的是滞止温度)

　　　(5) $t = \dfrac{q_{m1}t_1 + q_{m2}t_2}{q_{m1} + q_{m2}}$

　　　(6) 不变,变大。

8-3 $T_0 = 502.7$ K，$p_0 = 0.366$ MPa

8-4 (1) 选缩放喷管，可获得 $Ma>1$ 的气流；

(2) $c_{f2} = 1044.4$ m/s，$A_2 = 17.72$ cm²；

(3) $c_{f2} > c_{f2'}$，为使 q_m 不变，必须增大出口截面积。

8-5 $q_{m,max} = 0.0269$ kg/s，$p_b \leqslant 0.375$ MPa

8-6 (1) $p_2 = p_{cr} = 4.8$ MPa，$c_{f2} = 612.2$ m/s，$q_m = 20.27$ kg/s；

(2) 选缩放喷管，使 $p_2 = p_b = 4.0$ MPa，$c_{f2} = 699.9$ m/s；

(3) $c'_{f2} = 587.7$ m/s，q_m 变小。

8-7 (1) 选渐缩喷管；

(2) $c_{f3} = 572.4$ m/s，$A_3 = 26.00$ cm²；

(3) $\dot{I} = 47.09$ kW；

(4) $q_{m,max} = 3.03$ kg/s。

8-8 (1) $t_2 = 99.63$ ℃，$h_2 = 762.6$ kJ/(kg·K)，$u_2 = 136.6$ kJ/kg；

(2) $i = 27.06$ kJ/kg。

8-9 $c_{f3} = 272.5$ m/s，$T_3 = 426.3$ K

第9章 自我测验题答案

9-4 不可逆绝热压缩耗功 $w'_t =$ 面积 $2BA'1'2$

可逆多变过程压缩耗功 $w_t =$ 面积 $21AA'1'2$

$|w'_t| - |w_t| =$ 面积 $2BA12 > 0$

因此，不可逆绝热压缩过程的压气机耗功多。

9-5 $P_T = -49.77$ kW，$P_n = -59.86$ kW，

$P_s = -64.99$ kW

$t_{2,T} = 20$ ℃，$t_{2,n} = 146.3$ ℃，$t_{2,s} = 215.9$ ℃

9-6 $t_{2'} = 245.8$ ℃　　$P = -880.7$ kW

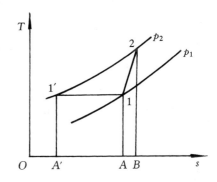

题 9-4 解图

9-7 (1) $\Delta s_g = 0.097$ kJ/(kg·K) >0 所以不可逆；

(2) $w_t = 244.0$ kJ/kg，$\eta_{C,s} = 79.8\%$。

9-8 先求压缩过程指数 $n = 1.21$；再求压气机耗功 $P = -7.72$ kW，最后根据稳定流动能量
方程得 $\dot{Q} = \Delta \dot{H} + P = q_m c_p \Delta t + P = -3.03$ kW。

9-9 由 $\pi = \sqrt[N]{\dfrac{p_{终压}}{p_{初压}}} = \left(\dfrac{T_2}{T_1}\right)^{n/(n-1)} = 6.6$ 得

$N = \dfrac{\ln(p_{终压}/p_{初压})}{\ln\pi} \geqslant 2.98$

所以 $N_{min} = 3$

9-10 (1) $P = -11.6$ kW；(2) $P = -10.1$ kW，$V = V_1 - V_4 = 174.1$ m³/h，$\eta_V = 89.7\%$。

9-11 (1) $p_2 = 0.3514$ MPa；(2) $t_2 = t_4 = 110.2$ ℃；

(3) $p = -19.88$ kW；(4) $Q_n = -5.961$ kW，$Q_p = -6.955$ kW；

(5) $t'_4 = 224.8$ ℃，$P' = -22.86$ kW。

第 10 章　自我测验题答案

10 - 7 锅炉，汽轮机；定压，绝热压缩。

10 - 8 $q_1=h_1-h_6+h_3-h_2$；　　$\overline{T}_1=(h_1-h_6+h_3-h_2)/(s_3-s_2)$

$q_2=h_4-h_5$；　　$\overline{T}_2=(h_4-h_5)/(s_4-s_5)$

$w_{net}=(h_1-h_2+h_3-h_4)-(h_6-h_5)$，

$\eta_t=\dfrac{(h_1-h_2+h_3-h_4)-(h_6-h_5)}{h_1-h_6+h_3-h_2}$

10 - 9 $\alpha_A=\dfrac{h_5-h_4}{h_A-h_4}$，　$q_1=h_1-h_6$

$q_2=(1-\alpha_A)(h_2-h_3)$，

$w_{net}=q_1-q_2=(h_1-h_6)-(1-\alpha_A)(h_2-h_3)$

$\eta_t=\dfrac{w_{net}}{q_1}=1-\dfrac{q_2}{q_1}=1-\dfrac{(1-\alpha_A)(h_2-h_3)}{h_1-h_6}$

10 - 10 是制冷循环。

10 - 12 $\varepsilon=\dfrac{q_L}{w_{net}}$；$\varepsilon'=\dfrac{q_H}{w_{net}}$；可以利用一台制冷装置在冬天供暖。

10 - 13 $T_2=681.9\text{ K}$，$T_3=1906.1\text{ K}$，$q_2=429.2\text{ kJ/kg}$

$\eta_t=0.512$

10 - 14 $q_1=1395.7\text{ kJ/kg}$，$q_2=641.1\text{ kJ/kg}$

$w_{net}=q_1-q_2=754.6\text{ kJ/kg}$，$\eta_t=0.541$

10 - 15 $p_{max}=6.9\text{ MPa}$，$T_{max}=1790.2\text{ K}$

$\eta_t=0.651$

10 - 16 $p=1304\text{ kW}$，$\eta_t=0.212$

10 - 17 $\alpha=\dfrac{h_5-h_4}{h_A-h_{A'}}$

$q_1=(h_1-h_5)+(1-\alpha)(h_R-h_A)$

$q_2=(1-\alpha)(h_2-h_3)+\alpha(h'_A-h_3)$

$w_0\approx w_T=(h_1-h_A)+(1-\alpha)(h_R-h_2)$

$\eta_t=1-\dfrac{q_2}{q_1}=1-\dfrac{(1-\alpha)(h_2-h_3)+\alpha(h'_A-h_3)}{(h_1-h_5)+[(1-\alpha)(h_R-h_A)]}$

$d=\dfrac{3600}{w_0}=\dfrac{3600}{(h_1-h_A)+(1-\alpha)(h_R-h_2)}$

10 - 18 (1) $\varepsilon=4.95$　　(2) $q_{m,冰}=715\text{ kJ/h}$　　(3) $q_{V,NH_3}=137.4\text{ m}^3/\text{h}$

第 11 章　自我测验题答案

11 - 1 反应(2)的反应热效应 Q_p 为 CO_2 的标准生成焓 $\Delta H^0_{f,CO_2}$；

反应(4)的反应热效应 Q_p 为 $H_2O(g)$ 的标准生成焓 $\Delta H^0_{f,H_2O(g)}$。

11-2 (1) 平衡被破坏,K_p 不变,反应向正方向进行;

(2) 平衡被破坏,K_p 不变,反应向正方向进行;

(3) 平衡被破坏,K_p 不变,反应向正方向进行;

(4) 平衡被破坏,K_p 增大,反应向正方向进行;

(5) 平衡被破坏,K_p 不变,反应向反方向进行;

(6) 平衡被破坏,K_p 增大,反应向正方向进行。

11-3 不能。$\Delta G^0 > 0$ 只能说明此反应不能在标准状态 25 ℃、1.013×10^5 Pa 下自发进行。当反应温度、压力变化后,如 $\Delta G < 0$,则反应即可自发地进行。

11-4 多相反应的平衡常数用 K_p' 表示,$\Delta G_T^0 = -RT \ln K_p'$ 对。

11-5 $Q_p = -2879.1 \times 10^3$ J/mol

11-6 $Q_p = -2040\ 841.6$ J/mol

11-7 $Z = 28.56$, $Z' = 18.8$

11-8 $Z = 26.42$, $\alpha = 1.11$,反应方程为

$$C_3H_8 + 5.56O_2 + 20.91N_2 = 2.82CO_2 + 0.17CO + 0.66O_2 + 20.91N_2 + 4.00H_2O$$

11-9 $K_p = 1.333$

11-10 $K_{p2} = \dfrac{1}{K_{p1}} = 3.45 \times 10^{-6}$; $K_{p3} = \sqrt{K_{p1}} = 5.39 \times 10^2$

11-11 341 mol

参考文献

1 何雅玲. 工程热力学精要分析 典型题解[M]. 西安:西安交通大学出版社,2000.

2 何雅玲. 工程热力学精要解析[M]. 1 版. 西安:西安交通大学出版社,2014.

3 Yunus A. Çengel , Michael A. Boles, Mehmet Kanoğlu. Thermodynamics—An Engineering Approach[M]. 9th ed. McGraw – Hill. , 2019.

4 李明佳,刘向阳,杨富鑫,缩编. Thermodynamics—An Engineering Approach[M]. 第 9 版(英文缩编版).西安:西安交通大学出版社,2022.2.

5 刘桂玉,刘志刚,阴建民,等. 工程热力学[M]. 北京:高等教育出版社,1998.

6 吴晶,过增元. 工程热力学[M]. 北京:高等教育出版社,2021.

7 曾丹苓,敖越,张新铭,等. 工程热力学[M]. 3 版. 北京:高等教育出版社,2002.

8 朱明善,刘颖,林兆庄,等编著,史琳,吴晓敏,段远源改编. 工程热力学[M]. 2 版. 北京:清华大学出版社,2011.

9 MORAN M J, SAPRIO H N, BOETTNER D D. Fundamentals of Engineering Thermodynamics[M]. 8th ed. Wiley Press, 2014.

10 GRANET I, BLUESTEIN M. Thermodynamics and Heat Power[M]. 9th ed. CRC Press, 2015.

11 WHITMAN A M. Thermodynamics:Basic Principles and Engineering Applications[M]. Springer, 2019.

12 SAGGION A, FARALDO R, PIERNO M. Thermodynamics:Fundamental Principles and Applications[M]. Springer, 2019.

13 严家騄,余晓福,王永青,等. 水和水蒸气热力性质图表[M]. 4 版. 北京:高等教育出版社,2021.

14 俞炳丰,许晋源,吴铭岚,等. 动力工程及工程热物理学科综合水平全国统一考试大纲及指南[M]. 北京:高等教育出版社,2000.

15 刘志刚,刘咸定,赵冠春. 工质热物理性质计算程序的编制及其应用[M]. 北京:科学出版社,1992.